A CLASSIC BOOK OF
GARDEN PLANTS

# 花园植物
# 大图典

江胜德 主编

中国林业出版社
China Forestry Publishing House

## 本书主创

**主　编**　江胜德

**副主编**　黄林芳　李熙莉　蔡向阳

**编委会**（按首字母先后排序）

杜家烨　戴丽丽　苏　樱　田　宏　王林艳

张荷君　赵世英　周桂娟

**图书在版编目（CIP）数据**

花园植物大图典 / 江胜德主编. -- 北京：中国林业
出版社，2022.9

ISBN 978-7-5219-1532-7

Ⅰ. ①花… Ⅱ. ①江… Ⅲ. ①园林植物 - 世界 - 图
集 Ⅳ. ①S68-64

中国版本图书馆CIP数据核字(2022)第001726号

花园时光 TIME
G ARDEN

**图书策划**　花园时光工作室
**策划编辑**　印芳
**责任编辑**　印芳　赵泽宇
**营销编辑**　王思明　蔡波妮　刘冠群
**封面设计**　后声文化

**出版发行**　中国林业出版社有限公司
**服务热线**　010-83143565
**网上订购**　zglyebs.mall.com
**官方微博**　花园时光gardentime
**官方微信**　中国林业出版社

**印　　刷**　北京雅昌艺术印刷有限公司
**版　　次**　2022年9月第1版
**印　　次**　2022年9月第1次印刷
**开　　本**　710mm×1000mm　1/16
**印　　张**　39
**字　　数**　580千字
**定　　价**　228.00元

A CLASSIC BOOK OF
GARDEN PLANTS

花园植物
大图典

# 致读者的一封信

亲爱的读者:

在虹越花卉成立22周年之际,《花园植物大图典》正式上线。

很感谢您因为种种原因捧起这本书——倾情讲述虹越创立至今所有凝聚对植物研究的心血之书;也很高兴您没有忽略这篇大多数人都选择忽略的文字——我们制作本书的初衷,也就是此书的价值。源于对植物的热爱和研究,本次我们联合中国林业出版社,出版了《花园植物大图典》。

这是一本每一个热爱园艺的人都可以拥有的典藏级花卉百科全书。

自2000年公司成立以来,我们出版的配套产品、技术手册、专业书籍都受到了业内外人士的高度评价和认可。如《穴盘种苗生产》《园林苗木生产》《无土栽培介质选购与应用指南》《阳台、露台、庭院花草艺饰》《韧如铁丝,花开如莲》《容器苗木栽培》《花园设计者说》等。

秉自然之性,成造化之功,我们用文字记录了我们在擅长领域的执行规则,为同行、花友和消费者做植物栽培技术指导。结合这本《花园植物大图典》,如果我们的这些努力能在推广美好生活方式的范畴内给予大家一定的启发和帮助,让大家对待花卉植物能审其燥湿,避其寒暑,使各顺其性,营造出向往的花园生活,我们会很欣慰,因为让大家爱上园艺、让园艺融入生活是我们的使命。

《花园植物大图典》以目前市场上的植物种类为蓝本，同时展示了多元的行业服务板块。除了线上线下花园中心联合推广家庭园艺零售板块，我们在花卉工程、花展服务、花园营造、教育培训和花旅服务等领域都有自己的作为，同时积极推进建立同行交流机制，包括建立学术和业务交流机构、世界花园大会等交流平台。这是我们能够遵循着使命想去完成的事，也是能够做好的事。

　　一般的工具书让人感觉乏味，好在我们所在的行业是美到"博人眼球"的行业，相比其他图书，本书有太多绝美图片，无处不是图，无处不开花，没有人会抗拒美好的事物。关于内容，我们不仅仅酌情使用了植物最流行的、最为人熟知的通俗名称，我们还依据国际权威分类体系，标注最专业的拉丁学名，让每一类植物都有"料"可查。同时我们增加了关于植物养护，介绍更具体的内容，旨在推动植物养护知识的全面普及。

　　当下私家花园和家庭园艺消费需求上升，城市中一个个屋顶花园、阳台花园，一屋一室配佳卉，成为一片片自然的缩影。因为植物的表现力不仅在于它花容叶貌的视觉魅力，也在于它可以作为一味良药给予我们灵魂的抚慰。植物作为精神寄托，千年传承百世传递的文字都在言说。

　　地籍树为衣，山得草木而华，植物是新生命孕育的载体，对生态有天然的治愈力。我们通过在做的事，推广园艺，推广绿色生态。未来十年，我们希望和大家一起，共同努力，让中国的花园无处不在，并以此创造美，传播爱。

2022 年 8 月

# 目录

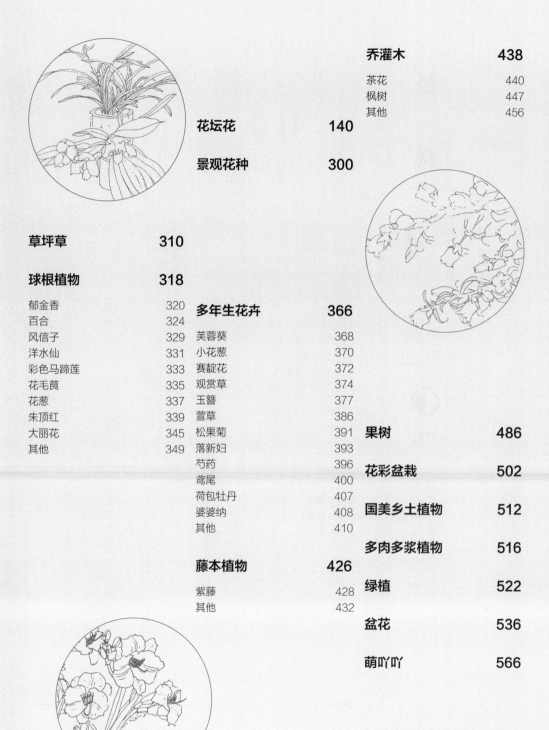

# 本书图例说明

 春季开花

 持续开花

 单瓣型

 半重瓣型

 重瓣型

 有香味

 花味轻香

 花味中香

 花味浓香

 1类修剪、不剪

 2类修剪、轻修剪

 3类修剪、重剪

 种植方位（N/W/S）

 发芽需要光照

 发芽需要黑暗

 发芽对光照不敏感

 生长喜冷凉

 生长喜温暖

 在特定温度条件下促成栽培，春节开花

 在特定温度条件下促成栽培

 花期：早

 花期：中

 花期：晚

 喜半阴全光照

 喜散射光半阴环境

 喜光耐半阴

 喜半阴，耐阴

 喜光

 喜阴

 果期a b月

 种子发芽温度 a-b℃

 种子发芽天数 a-b天

 花苞数量 a-b

 花朵直径 a-b（cm）

 花期 a-b月

 盆栽花卉适宜生长温度a-b℃

 成熟植株高度

 a：成熟植株冠幅 b：成熟植株高度

 冻害温度

 耐寒区：a-b区

---

# 耐寒气候区温度范围

按照各地的最低温分为 1-11 区，1 区为最寒冷区域。耐寒区的号码表明该植物的耐寒程度，即区域号码越高，该植物的耐寒能力就越弱。

| 1 | 低于−45.5℃ |
| 2 | −45.5℃~ −40.0℃ |
| 3 | −40.0℃~ −34.5℃ |
| 4 | −34.4℃~ −28.9℃ |
| 5 | −28.8℃~ −23.4℃ |
| 6 | −23.3℃~ −17.8℃ |
| 7 | −17.7℃~ −12.3℃ |
| 8 | −12.2℃~ −6.7℃ |
| 9 | −6.6℃~ −1.2℃ |
| 10 | −1.1℃~ 4.4℃ |
| 11 | 4.5℃以上 |

# 月季

*Rosa hybrida*

月季（Rose）享有"花中皇后"的美誉，是半常绿或落叶植物，很多种类可以反复开花。美丽芳香的月季最具浪漫色彩，是任何其他单一植物类群不可比拟的。市场上进口的月季是用蔷薇播种实生苗在根茎处嫁接各类品种，这类根苗适应性强，根系粗壮，植株生长速度快，能在短期内达到很好的园艺观赏效果。目前市场上销售的月季包括灌木月季、藤本月季、地被月季、树状月季、微型月季等 200 多个月季品种。

# 养护小知识

## 月季苗的购买

### 适合购买月季的时间

12月至翌年3月购买裸根苗，全年可购买容器苗。

### 裸根大苗

裸根苗是从地里挖出后经过修剪根系和枝条的苗，通常只在秋冬季出售。进口的月季苗因为需要检疫，通常也是以裸根形式进口。

裸根苗多数是嫁接苗，因为砧木为蔷薇，根系粗大，有时花友称它们为人参根苗。

### 盆栽大苗

盆栽苗经过几个月到一年的养护后，通常在春秋季线上商城和线下花店出售，带有较多花苞。冬季也会有修剪好的休眠苗出售。

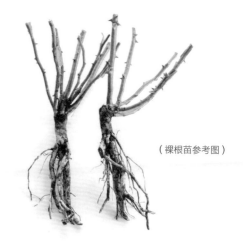

（裸根苗参考图）

## 种植月季前的准备

### 适合的花盆

●**陶盆或瓦盆**：陶盆透气性好，样式古朴，但是夏季的月季需水量大，必须及时浇水，也可以选用较大尺寸的陶盆。

●**塑料盆／加仑盆**：塑料盆轻便，容易搬动，但是透气性差，只要选对尺寸，做好水分管理，还是可以使用的。夏季避免高温直射，以免盆土温度太高而伤根。

### 不适合的花盆

●**瓷盆**：瓷盆和上釉的陶盆适气性差，沉重且不容易移动，不适合大多数植物，月季也不建议使用。

●**铁盆**：铁皮花盆透气性差，容易生锈，不适合直接栽培。如果喜欢铁皮盆的造型，可以在里面放一个控根盆栽好的月季，将铁盆当作套盆使用。

●**木盆**：木盆的透气性很好，但是很容易腐烂，如果非要选择木盆，可以选择防腐木的，并在内侧涂上桐油防腐。

（陶盆参考图）　　　　（塑料盆参考图）

## 工具

- **修枝剪**：修枝用，相比普通剪刀，修枝剪对枝条的伤害较少，不会发生枝条劈裂等情况。
- **花剪**：剪除残花用，也可以选择头较尖的家庭剪刀代替。
- **喷壶**：为月季喷药时用，一般家庭使用 1~2L 的气压喷壶较为实用。在喷药时最好穿好防护装备，可用雨衣、口罩及太阳镜替代。
- **水壶**：长嘴水壶较为实用，特别是花盆多、堆放密集的时候用长嘴壶浇水更方便。
- **园艺扎线**：用于牵引和绑扎，常见有金属扎线、麻绳和包塑铁丝。金属扎线方便耐用，但是可能会对枝条产生伤害。麻绳对植物最安全，大约一年后腐朽，也可以结合冬季牵引更换。
- **铲子**：可以准备大型和小型两种铲子，大的用于拌土，小的用于盆栽松土。
- **支架**：灌木和微型月季一般不用支架，枝条柔弱的品种可以铁杆或包塑铁丝支撑。半藤本和藤本则采用圆形或塔形花架，大的品种则要用拱门或大木架。注意月季的支架一定要选择坚实可靠的制品。

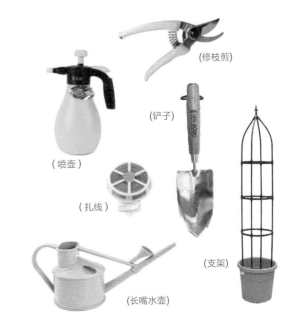

（修枝剪）

（铲子）

（喷壶）

（扎线）

（支架）

（长嘴水壶）

## 位置选择

月季喜欢阳光，选择每天至少 4~6 小时光照的位置最佳。庭院里一般耐热的月季可以种植在房屋南侧，耐半阴的月季可以种植在房屋的东侧为佳。

## 基质

月季喜好肥沃、疏松的土壤，根系不喜欢长期处于黏重的土壤，一般来说，透气、排水好、营养丰富的土壤最佳。种植时不建议直接使用纯园土，盆栽时建议使用虹越花卉出售的月季专用介质，地栽时可以将月季专用介质与园土进行 1：1 混合改良后再种植月季，土壤的改良深度建议 40cm 左右。

## 肥料

月季是喜好肥料的花卉，合理的施肥对于正常生长和开花都非常重要。月季常用的肥料可以分为冬肥、花后肥和日常肥，冬肥和花后肥多用有机肥或缓释肥，日常肥则用速效的复合肥和水溶性液体肥。

（月季专用介质）

（园艺肥料）

- **冬肥**：以发酵好的豆饼、鸡粪等有机肥为主，施肥适期为 12 月下旬到翌年 2 月上旬。庭院种植只施用一次，量多些；盆栽的话可以多施几次，少量多次。

缓释肥按说明书使用。

- **花后肥**：花后施用，根据品种开花时期不同。

有机肥在庭院栽培使用量要减少，具体可参考使用说明。缓释肥也按照说明书使用。

- **日常肥**：一般来说，除了严冬酷暑的季节，其他季节都应该每周追施一次水溶肥。或定期使用速效的复合肥。水溶肥可选用磷酸二氢钾，复合肥也建议选用氮磷钾平衡肥。

（缓释肥）

## 浇水

移栽之初，浇透水，大水，以利于水分的吸收和保持。

●**干湿交替**：干干湿湿，有利于根系发育。土壤长期干燥，会使根系干枯；长期潮湿，则导致烂掉根部，均不利于根系生长发育。所以宜盆土半干了才浇，浇必浇透（浇至盆底流水）。

●**浇水时间**：温和的春、秋季节宜清晨浇水，因晚上植物蒸腾减少，水多影响根部透气；夏天以傍晚浇水为好，保证浇透浇足；冬天应减少浇水次数和浇水量。

## 修剪

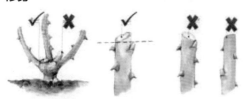

不管是日常月季修剪，还是冬季修剪，请注意一定在饱满芽点上方修剪，斜口修剪最佳，宜离芽点上方0.5cm处。一些老枝可以齐根修剪清除，不要总留很多小节在上面。

总体原则：去弱留强，去老留壮，清除内生枝、细弱枝、交叉枝、枯枝、病枝、老枝，尽量留朝外的芽点。

微型月季修剪很简单，一般稍微修剪造型就可以，不用特别重剪。注意的是，对于月季小苗不建议修剪，保留枝条对来年复壮有好处，其实修剪的主要目的是保持株型的通透、合理，不要为了修剪而修剪。

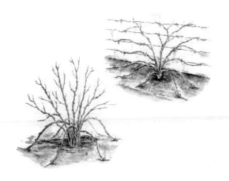

大花月季修剪示意图，因为枝条老化速度快、爆笋多，因此修剪可以重一点，剪掉整体枝条的1/2，那么来年分枝多一些。或者种植的位置空间不够大，植株偏冠太严重，希望重塑株型，或者希望来年花开得大，也可以修剪重一些。

藤灌类月季或枝条很强壮的长枝条如果舍不得修剪，除靠墙的枝条可以墙面横向牵引以外，如果没有附着物，枝条也可以原地向四面固定在地上，如喷泉式的个性造型方法，来年可以原地花量更多。

现在流行的欧洲月季，藤灌类月季可以修剪得适当轻一些，修剪掉整体植株的1/3基本就可以。

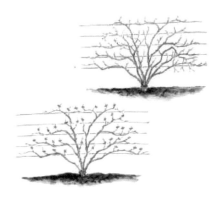

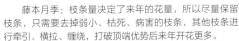

藤本月季：枝条量决定了来年的花量，所以尽量保留枝条，只需要去掉弱小、枯死、病害的枝条，其他枝条进行牵引、横拉、缠绕，打破顶端优势后来年开花更多。

注意：没有好的芽点的枝条，第二年也开不好花，所以老枝上如果有芽点粗壮小枝记得留3个左右的芽（不要紧挨着老枝剪光），来年才能开出好的花。

树状月季：美丽造型主要显示在开花的树冠部分。因此，修剪时必须注意保持树冠各方向生长得匀称，修剪主要是去除死枝、交错枝及无用分枝，然后把主分枝再控制高度，注意使各方向的主分枝长度近似。对小分枝也按一定长度进行修剪，以形成匀称树冠，开花的分枝上只留2~3个腋芽。修剪完要把植株缚牢在支撑柱上。支撑柱插入地下的部分要防腐，缚带的松紧要恰当，不能过紧而损坏树干。记得去除砧木上的蔷薇芽。

## 病虫害

### ●白粉病
通常在早春开始发生，直到初夏结束，部分叶片或整个植株上出现白色的粉末状病变，导致叶片变形、花蕾落蕾，严重时甚至落叶死亡。

防治：加强通风，不要过度施肥，在春季定期喷洒石硫合剂、多菌灵等药剂，发病期擦除受害部位上的粉末或剪除受害部分。还可喷洒药剂：拿敌稳、乙嘧酚、绿妃等。

### ●灰霉病
在全年都可能发生，尤其春季较多，在湿度高的时候多见花后如果没有及时收拾残花，很可能导致灰霉病。

防治：被感染的花瓣和叶片会成为传染源。摘除病叶和销毁已经褪色和受感染的花朵，喷洒药剂：凯津、凯泽、百菌清。

### ●黑斑病
梅雨季节到夏季最多，黑斑病的植株叶片发黄，出现黑色斑点，最后脱落。如果大量落叶，很可能造成植株死亡，或是部分枝条死亡。

防治：浇水时直接浇至盆土或土壤中，避免从顶部整个植株都洒湿。尽量白天早些浇水，避免晚上浇水后湿气太重。症状较轻时摘除病叶、清理落叶。病害扩散时喷洒药剂：拿敌稳、杜邦福星、戊唑醇。

### ●黄叶
一般是移栽后发生，水分过多，植物不能立刻吸收就会造成黄叶和落叶。

防治：不要多浇水，如果是移栽后发生的临时性生理现象，则不用过分担心，等一段时间植物会自我改善。

### ●蚜虫
**表现症状：** 嫩芽、花蕾或叶片下面一簇小昆虫。叶和花发育不良或畸形。黏黏的蜜露会吸引蚂蚁。

**解决办法：** 七星瓢虫可以捕食蚜虫。药剂推荐：吡虫啉。

### ●红蜘蛛
**表现症状：** 叶片呈现灰黄点或斑块，叶片变得枯黄，甚至脱落。

**解决办法：** 早春清理垃圾和杂草，破坏繁殖场所。由于红蜘蛛怕水，可以在叶片背部喷水进行预防。严重时摘除受害的叶片。喷洒药剂：金满枝、爱卡螨、阿维菌素。

### ●蓟马
**表现症状：** 花瓣有斑点、不开花、叶片卷曲。

**解决办法：** 摘除受侵花朵，或修剪受害枝条。喷洒药剂：吡虫啉、阿维菌素、艾绿士。

# David Austin Rose
# 英国大卫·奥斯汀月季

英国"大卫·奥斯汀"月季开创性地将古典月季和现代月季完美融合，形成拥有华丽花型、丰富香味、重复开花、花色系列丰富的精品英国月季。这些优质种质资源被引进入中国，丰富了月季种质资源库，同时也大大促进了中国月季园品质提升。目前"大卫·奥斯汀"月季依然是大众最喜欢的月季品牌之一，爱好者遍布全球。

### '什罗普郡一少年' 'A Shropshire Lad'

叶片大、有光泽，浓郁果香味。花开前期为杯状形，逐渐开放为迷人的莲花型，花色为柔桃粉色。是优秀的中等高度的灌木品种，亦可作藤本。
植株类型：藤灌类

### '克莱尔奥斯汀' 'Claire Austin'

可爱的柠檬黄杯状花蕾，逐渐开放成乳白色的大花，花瓣围绕中心整齐排列。浓郁的没药香味。重复开花性好，是一个难得的白色月季品种。
植株类型：藤灌类

### '玛格丽特王妃' 'Crown Princess Margareta'

花大，开放成规整的莲座状，花朵杏橙色，具浓郁的水果香。植株健壮，生长速度快，是一个经典的橙色重瓣藤本月季，适合作花境的背景。
植株类型：藤灌类

**'格拉汉托马斯'** 'Graham Thomas'

世界上最受欢迎的品种之一，花朵杯状，深黄色。植株挺立，长势旺盛，抗病性强。拥有清新的茶香味，略含紫罗兰香味。

植株类型：藤灌类

**'詹姆斯高威'** 'James Galway'

花朵中心是温和的粉色，边缘为浅粉色，花瓣紧凑。植株强健、生长速度快且抽枝健壮，抗病性强。可用于混合花境背景种植。枝条几乎无刺。

植株类型：藤灌类

**'圣斯威辛'** 'St. Swithun'

杯状大花，浓郁没药香，花瓣有褶边；花朵呈引人注目的柔粉色，外侧花瓣逐渐褪至白色；植株高大有活力，抗病性强。培育成藤本更具有欣赏价值。

植株类型：藤灌类

**'慷慨的园丁'** 'The Generous Gardener'

花朵中间部位是柔和的亮粉色，外侧花瓣颜色色变淡。香味浓郁，混合古典月季、麝香和没药香味；植株强健、分枝性好、覆盖面大，作花境背景种植可达到极好的效果。

植株类型：藤灌类

**'马文山'** 'Malvern Hills'

花朵中部为深黄色，白色，具淡榛子香味；重复开花性好，花朵呈集群式开放。植株非常抗病，耐寒性强。

植株类型：藤本类

**'福斯塔夫'** 'Falstaff'

硕大的深红色杯状花朵，中心包裹了无数的小花瓣。花朵刚开放时是鲜艳的深红色，最终转变为艳紫色，具浓郁的古典月季香味。植株挺立，枝干强健。

植株类型：藤灌类

## '格特鲁德杰基尔' 'Gertrude Jekyll'

漂亮的莲花型艳粉色花朵，富有纯粹而浓郁的古典月季香味。植株挺立健壮，可生长成中等高度的灌木，分枝性强。
植株类型：藤灌类

## '黄金庆典' 'Golden Celebration'

金黄色的花瓣，包成杯状。整个株型丰满美观，可作为任何庆祝和重要场合的首选月季品种。花开初期散发浓郁的茶香味，后逐渐变为白葡萄酒和草莓香味。
植株类型：藤灌类

## '夏洛特女郎' 'Lady of Shalott'

花苞橙红色，盛开呈高脚杯状，花瓣膨松，正面肉鲑粉红色，反面金黄色。散发清新温和的茶香味，融合轻微的苹果和丁香的香味。植株强健、抗性强、生长快、开花量大、开花性好。
植株类型：藤灌类

## '朝圣者' 'The Pilgrim'

最美丽的英国藤本月季之一，花心呈柔和纯净的黄色，边缘逐渐淡化为淡黄色或白色。花型美丽，花蕾初开时浅杯状至扁平状，花香甜美，均衡了茶香和没药的香味。
植株类型：藤灌类

## '苏珊' 'Susan Williams Ellis'

灌木月季，纯白色花朵，拥有古老的玫瑰花型，浓郁的玫瑰香味，特别长的开花时间，植株非常坚韧、健康。花期特别长。应用：花坛、盆栽、花境。
植株类型：灌木类

## '威基伍德玫瑰' 'The Wedgwood Rose'

中型大小的花朵，花瓣细腻饱满，拥有柔和的玫瑰粉红色和令人愉悦的水果香味；生长异常强劲，可以作为攀缘植物培养，叶色深绿有光泽，可北墙种植。
植株类型：藤灌类

16

**'自由精神'** 'Spirit of Freedom'

杯状花朵的中心部位有很多花瓣，形成轻微向内的碟形；花色初开时为柔和的亮粉色，然后渐变为淡粉色，着紫晕，具没药香味；植株健壮，枝干刺少，花朵簇生开放，开花性强。

植株类型：藤灌类

**'沃勒顿老庄园'** 'Wollerton Old Hall'

花瓣为柔和的杏色，后期淡化成奶油色，具有浓郁的没药香味，间杂轻微的柑橘香；枝条强健、攀缘能力强、分枝性好，是墙体、廊架覆盖物的理想选择，重复开花性好。

植株类型：藤灌类

**'詹姆斯·奥斯汀'** 'James L Austin'

灌木月季，深粉色花朵，每一朵花都带有纽扣眼，有一种淡淡的中等果香，植株整洁而浓密直立，成熟高度1.6m。老大卫·奥斯汀的儿子和小大卫·奥斯汀的兄弟命名。应用：花坛、盆栽、花境。

植株类型：灌木类

**'欢笑格鲁吉亚'** 'Teasing Georgia'

可爱的杯状花朵中部交织着丰富的花瓣，整花为黄色泛杏色晕，外侧花瓣边缘淡化至浅黄色，具宜人的中度茶香味；单枝大花，叶片深绿半光滑，植株长势强劲，抗病性强，开花性好。

植株类型：藤灌类

**'姗姗来迟'** 'Tottering-by-Gently'

单瓣的黄色花朵美丽而简单，盛开时非常壮观，黄色的花朵中心又拥有金色的花蕊，随着逐渐开放，花色变淡。有淡淡的麝香和新鲜的橘皮味。重复开花不断，是一个大而健康的灌木品种，株型饱满。

植株类型：灌木类

**'莫林纽克斯'** 'Molineux'

华丽的重瓣花朵，整体色调呈黄色泛杏色色晕，外侧花瓣边缘淡化至浅黄色，中度茶香味。开花性强，可实现持续开花。植株独立、健壮，株型饱满，病虫害少。曾获园艺界多项国际大奖，是优秀的花坛、容器栽培材料。

植株类型：灌木类

**'本杰明布里顿'** 'Benjamin Britten'

鲜艳的橙红色，深杯状花开放为浅杯状的莲花型，香味浓郁。植株生长快，并且重复开花性好。

植株类型：灌木类

**'博斯科贝尔'** 'Boscobel'

花盛开时为鲑鱼粉色或橙红色，花型杯状，每片花瓣颜色深浅不一。香味浓郁，令人愉悦。此品种重复开花性非常好，花朵挺立且株型紧凑而饱满。

植株类型：灌木类

**'凯蒂兄弟'** 'Brother Cadfael'

花朵亮粉色，似牡丹，具浓郁的古典月季香味。花朵大而挺立，植株抗病性好且易于打理，适于初级种植者选择。

植株类型：灌木类

**'查尔斯达尔文'** 'Charles Darwin'

花朵呈杯状，花色为非常漂亮的深黄色，偶见夹杂柠檬黄或者沙子的色调。植株健壮，枝叶繁茂，重复开花性非常好，是混合或者单色花境种植的理想品种。

植株类型：灌木类

**'凡妮莎'** 'Vanessa Bell'

淡黄色的花朵，边缘呈淡白色，花蕾粉红色；大簇开放，非常勤花；香味与绿茶相似，有柠檬和蜂蜜味道，中至浓香。浓密直立的灌木，抗性强。

植株类型：灌木类

**'达西布塞尔'** 'Darcey Bussell'

暗红至紫红色花朵，花朵多头且非常勤花，花瓣完全开放后有序地排列在花蕊周围，轻至中香。花朵非常挺立且植株饱满。抗病性强。应用：盆栽、花坛、花境、切花。

植株类型：灌木类

**'仁慈的赫敏'** 'Gentle Hermione'

花朵杯状，柔粉色，边缘过渡为浅粉色，芬芳而迷人。具有浓郁的古典月季香味。开花性强，株型饱满挺立，植株健康。

植株类型：灌木类

**'银禧庆典'** 'Jubilee Celebration'

花朵球形，橙粉色，花瓣的下部着有金色。植株繁茂，株型挺立，持续开花性强，非常健康。具有芬芳的水果香味，略含清新的柠檬和树莓香味。

植株类型：灌木类

**'艾玛汉密尔顿夫人'** 'Lady Emma Hamilton'

花朵内部为橘黄色，外侧为橙黄色，有浓郁迷人的水果香味。植株均匀挺立，株型紧凑。叶片由深铜绿色逐渐转为深绿色。

植株类型：灌木类

**'玛丽罗斯'** 'Mary Rose'

花朵莲花状，艳粉色。拥有古典月季的特性香味，并含有蜂蜜和杏仁的香味。植株健壮且紧凑，开花性好。

植株类型：灌木类

**'曼斯特德伍德'** 'Munstead Wood'

内侧花瓣为天鹅绒般的深暗红色，外瓣颜色较浅。花大，初开为杯状，逐渐成浅杯状；植株茂密，非常抗病。有浓郁的水果味。

植株类型：灌木类

**'夏日之歌'** 'Summer Song'

圆形的花蕾逐渐开放成杯状，花朵为混合橙色，中心包裹了很多的花瓣，有浓郁的香味；植株挺立，灌丛生长，具有出色的重复开花能力，条纹刺少。

植株类型：灌木类

**'阳光港'** 'Port Sunlight'

花瓣杏色，边缘花色略淡；花型中等，扁平莲座状，四等分；无香至丰富的茶香；植株健壮直立，非常抗病。
植株类型：灌木类

**'亚历山德拉公主'**
'Princess Alexandra of Kent'

花朵为粉红色深杯状重瓣，有迷人的茶香味，随着花朵开放转为柠檬香味；开花性非常好，花量大，株型饱满紧凑。
植株类型：灌木类

**'安妮公主'** 'Princess Anne'

花色深粉，花瓣下部带有黄色；植株直立紧凑，叶片略厚肉质且有光泽，非常抗病；具中度茶香味。
植株类型：灌木类

**'瑞典女王'** 'Queen of Sweden'

花初开时小巧迷人，而后逐渐宽展呈浅杯状；花色柔粉，微带杏色；香味从无至温和；植株茂密直立，抗性强。
植株类型：灌木类

**'权杖之岛'** 'Scepter'd Isle'

杯状大花，露出黄色的花蕊；柔粉色的外侧花瓣会逐渐褪至浅粉色，浓郁的没药香味；株型紧凑饱满，开花自由且持续不断。
植株类型：灌木类

**'约翰贝杰曼爵士'** 'Sir John Betjeman'

亮深粉色的重瓣花朵，由初开时的莲座状逐渐开放成球状，且花瓣颜色也会逐渐变深，具清香味；花朵簇生，开放自由，植株健壮饱满。
植株类型：灌木类

**'安尼克城堡'** 'The Alnwick® Rose'

漂亮的柔粉色，花朵初开时为深杯状，后期会开放成更大的浅杯状，具浓郁的古典月季香味；植株饱满挺立且分枝性好，灌丛生长，枝条几乎无刺。

植株类型：灌木类

**'温彻斯特大教堂'** 'Winchester Cathedra'

花瓣白色，花朵中间偶尔有粉色的色斑；开花早，大量的花朵在灌丛状枝头上开放，具古典月季的香味，略含蜂蜜和杏仁的味道。株型饱满且漂亮。

植株类型：灌木类

**'威斯利 2008'** 'Wisley 2008'

软粉色、浅杯状的花朵，外侧花瓣略向内包裹；株型优雅而充满活力。蕴含迷人而清新的水果香、覆盆子和茶香味。

植株类型：灌木类

**'无名的裘德'** 'Jude the Obscure'

花中间为杏黄色，边缘浅黄色；植株生长强健且非常抗病，耐旱性强；花香馥郁，散发水果香混合了番石榴和白葡萄酒香味，非常香甜；株型紧凑，可盆栽及小空间种植欣赏。

植株类型：灌木类

**'安宁'** 'Tranquillity'

花型美丽大方，齐整圆润；花朵于小枝集群式开放，蕴含清香，纯净的白色花朵给人安详、宁静的美好感觉；植株直立紧凑，十分强健。

植株类型：灌木类

**'草莓山'** 'Strawberry Hill'

纯玫瑰粉色，高杯状的花型外围花瓣逐渐淡至浅粉色，最终显露出黄色的花蕊。植株高大有活力，叶片深绿有光泽。散发馥郁而迷人的没药和蜂蜜的香味。

植株类型：藤灌类

21

### '希斯克利夫' 'Heathcliff'

深红色杯状花朵，簇生开放；花瓣柔软，花型饱满；香味馥郁，混合松木香的茶香味；叶片深绿有光泽，植株健壮挺立。

植株类型：灌木类

### '番红花玫瑰' 'Emanuel (syn.Crocus Rose)'

花开起初为杯状，逐渐变为莲花状。花色为杏色，外侧花瓣逐渐褪为乳白色，具有好闻的茶香味。此品种开花性非常好，且株型饱满健康，是一个初级花友必选的好品种。

植株类型：灌木类

### '杰夫汉密尔顿' 'Geoff Hamilton'

花朵为温和的柔粉色，开放为杯状，外部花瓣逐渐翻卷且褪至白色；具轻微的古典月季香味，略含苹果香；植株健壮，非常抗病。

植株类型：灌木类

### '艾米莉勃朗特' 'Emily Bronte'

花朵非常美丽，花瓣整齐排列而开放平坦，每朵花都是可爱的柔粉色，带有淡淡的杏黄色色调，中心花瓣是深杏色，有纽扣眼。浓郁的茶香到玫瑰香，同时混合了柠檬和葡萄柚的香味。

植株类型：灌木类

### '福爱' 'Eustacia Vye'

一个非常漂亮的月季品种，花朵是亮亮的杏粉色，花朵成簇开放，花型初开时是浅杯状的，逐渐开放成玫瑰状，花具有非常浓郁的水果香味。抗病优秀，植株直立、茂密，适合盆栽，可作切花。

植株类型：灌木类

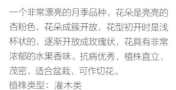

### '加百列欧克' 'Gabriel Oak'

一个大花月季品种，花瓣数量非常多，花色深粉色，带有一点紫红色晕，花具有非常浓郁的水果香味。抗病优秀，株型直立、长势快，可以快速形成圆形灌丛，在耐贫瘠和长势方面堪称完美。

植株类型：灌木类

# Kawamoto Rose
# 日本河本月季

河本月季来自日本岐阜县大野町以植物繁育和销售为主的河本月季园，主要生产符合日本气候环境的月季品种。河本纯子作为日本少有的女性育种家，她培育的品种自带一种女性的温柔，每一朵花都会显得秀气而灵动，整体色调属于暗色调，与"奥斯汀"明丽的风格完全不一样，由她培育的天堂系列(Heaven Series)奠定了河本纯子在育种届的地位。

### '蓝月石'　'Blue Moon Stone'

灌木月季，小至中型花朵，中香。绿色的外瓣包裹着或白或紫粉色的花瓣，层层叠叠，中心纽扣眼，紧凑而丰花的株型适合小空间种植，盆栽欣赏。多季勤花。2018年日本东京玫瑰展推出便备受青睐。
植株类型：灌木类

### '莎菲'　'Saphiret'

白色花朵泛淡淡粉紫色晕。蓬松而带波浪边的花朵雅致而自带仙气。花朵淡香而持续开放。该品种养护时需要多关注和定期喷洒药剂。可盆栽、花坛、花境种植。
植株类型：灌木类

### '闪闪发光'　'Chou Chou'

奶黄至杏色花朵，柔软的圆形花瓣，非常可爱。花期久且花枝挺立，植株饱满。花朵亦是优秀的切花。可盆栽、花坛、花境种植。
植株类型：灌木类

### '新娘' 'La Mariee'

茶香月季，浅粉色重瓣花朵，浓郁甜香，高心卷边花型，花瓣自带大波浪卷，雅致而灵动。植株紧凑，非常适合容器栽培。该品种养护时需要多关注和定期喷洒药剂。
植株类型：灌木类

### '加百列大天使' 'Gabriel'

纯白的花朵泛着淡紫色晕，超级浓香且多季节重复开放。雅致而自带仙气。植株紧凑，非常适合容器栽培。该品种养护时需要多关注和定期喷洒药剂。
植株类型：灌木类

### '路西法（光之天使）' 'Lucifer'

杂交茶香月季，淡紫色重瓣中等花朵，超级浓香且多季节重复开放。植株紧凑，非常适合容器栽培。该品种养护时需要多关注和定期喷洒药剂。
植株类型：灌木类

### '珊瑚果冻' 'Corail Gelee'

珊瑚果冻的重瓣花朵，从杯状逐渐开放，波浪边的花朵簇生开放，鲜艳而迷人。花朵挺立而不垂头，且植株健康。非常勤花而整体表现佳的灌木月季。适合花坛、花境种植。
植株类型：灌木类

### '羽毛' 'Plume'

柔和的淡粉色花朵，带着甜蜜的香味。球状或杯状的花朵可爱开放，花朵有时露出黄色花蕊。植株挺立且多季节勤花，可盆栽、花坛、花境种植。
植株类型：灌木类

### '惑' Charne

灌木月季，薰衣草色着粉色。拥有甜美的香味，中花，花朵可瓶插欣赏。多季节重复开花，植株长势强，抗病性强。
应用：花坛、盆栽、花境。
植株类型：灌木类

### '金缎'　'La Bell Peau'

灌木月季，杏色重瓣花朵，浓郁的茶香味，中型花。植株长势强，且抗病性好，耐热性强。多季节重复开花。应用：盆栽、花坛、小花柱、矮栅栏。
植株类型：灌木类

### '针绣'　'Crochet'

灌木月季，桃红色、白色，外层花瓣淡绿色。花朵重瓣率高而精致，茶香和没药混合香味，树势强而抗病性强。耐热性强。多季节重复开花。应用：盆栽、花坛，亦可切花欣赏。
植株类型：灌木类

### '紫星'　'Motif'

灌木月季，淡紫色至粉色花朵，花朵小而精致可爱。香味轻香。小花簇生开放且植株饱满而紧凑。多季节重复开花。应用：盆栽、花坛。
植株类型：灌木类

### '天家胭脂'　'Colline Rouge'

灌木月季，酒红色花朵拥有天鹅绒的质感，拥有温柔而甜甜的香气，中香。花朵簇生开放，中花。多季节重复开花。应用：盆栽、花坛、花境。
植株类型：灌木类

### '小乖乖'　'C'est Mignon'

灌木月季，淡紫色花朵，波浪状的花瓣层层绽放，散发着薄荷一样的清爽香味，让人顿觉可爱至极。植株半扩张生长，饱满而茂盛。多季节重复开花。应用：盆栽、花坛。
植株类型：灌木类

### '芳香礼服'　'Robe a La Frangaise'

灌木月季，花朵古典而华丽，花朵开放时从中心开始呈现棕色，同时露出美丽的粉红色。如同中世纪贵族的礼服一样华美，中花，多季节重复开花，植株生长高大而抗病性强。应用：花坛、小花柱、小栅栏。
植株类型：藤本类

### '清流'　　　'Seiryuu'

灌木丰花月季，柔软的紫粉色花瓣上细微的波纹如清澈的河流在飞舞，春季紫粉色花朵盛开，秋季花色为宁静的紫色，中香。多季节重复开花，植株半直立。应用：盆栽、花坛。

植株类型：灌木类

### '夜来香'　　　'Yelaixiang'

高雅的紫色花朵，拥有浓郁的玫瑰香味同时混合了清爽的柠檬味和甜味，是一种明亮精致的香味。植株高大且容易生长。多季节重复开花。应用：盆栽、花坛。

植株类型：灌木类

### '金扇'　　　'Eventail D'or'

灌木月季，复古的金棕色花朵，花瓣形状如金色的扇子。该品种极富个性，色彩迷人。勤花，养护过程中需要花相对多的精力。应用：盆栽、花坛、花境。

植株类型：灌木类

### '玫瑰时装'　　　'Couture Rose Tilia'

灌木月季，淡蓝色花朵，有着丁香粉的色调，不同季节有着微妙的变化，清甜的香气，花瓣边缘有锯齿，轻盈的花瓣重叠在一起，高雅而华丽。枝条纤细而有动感，多季节重复开花不断。

植株类型：灌木类

### '暗恋'　　　'Silent Love'

灌木月季，淡桃粉色大花，香味浓郁，花瓣波浪边。温度低时花色呈浓桃粉色。该品种抗性强，长势好，但是一旦肥料耗尽树势就会下降，所以要及时追肥。多季节重复开花。

植株类型：灌木类

### '爽'　　　'Sou'

灌木月季，蓝紫色，该品种不同于其他蓝紫色月季品种，花色没有太多的粉色，花色会开得越来越蓝。浓郁玫瑰香，耐阴，多季节重复开花。应用：盆栽、花坛、花境。

植株类型：灌木类

英国大卫·奥斯汀月季 · · 日本河本月季 · · 英国皮特月季 法国戴尔巴德月季 法国玫昂月季 德国科德斯月季

**'粉姬'**    'Pink of Princess'

灌木月季，深粉色花朵，花瓣背面奶油粉色更突显花朵的光泽度，大花波浪边。轻香，多季节重复开花。应用：盆栽、花坛、花境。

植株类型：灌木类

**'天宫公主'**    'Princess Tenko'

灌木月季，纯粹的白色带着淡淡的粉色，花开梦幻，柔软的杯状花展开如翅膀般优雅，轻雅的水果香味。花朵如陶瓷般透亮。应用：盆栽、切花、花坛。

植株类型：灌木类

**'玫瑰珊瑚'**    'Rose Korona'

灌木月季，鲑红色花朵，高温时花朵有绿色，该品种可以欣赏花色的变化。花瓣有美人尖。植株抗病性强而花朵挺立。应用：盆栽、切花、花坛、花境。

植株类型：灌木类

**'小抒情曲'**    'Arietta'

藤本月季，白粉色小苞状花，花径6cm左右，可伸展成小藤本，香气甜蜜，中香。

植株类型：藤本类

**'珠宝盒'**    'Coffret'

紫色和绿色的奇妙组合，杯状花，花瓣多而紧密，外瓣绿色有时是灰绿色。多季开花，中大型灌木，枝条挺立略外扩。

植株类型：灌木类

# 虹越月季
Hongyue Rose

## '星光闪耀'

浅杯状古典花型，樱桃红至深红粉色，花大饱满，有轻度至浓郁香味，大簇成群盛开。叶面光滑，深绿色。枝条粗壮，略呈拱形弯曲状。植株非常耐热，耐寒，勤花，抗病。广东、广西可轻松种植，全年开花不断且几乎不打药，低维护。是工程绿化、庭院种植首选品种。单株可独立成景，开花达上万朵！

植株类型：灌木类

1.5-2.5m
1.5-2.5m

Z 6/10

# Peter Beales Rose
# 英国皮特月季

英国皮特月季公司由Peter Beales于1972年创立。公司杂交和培育出了独具风格的古典玫瑰，并集有英国最多的市售月季的种类。在英国所销售的1200个品种中有300个品种为公司所独有。2009年皮特月季公司与虹越花卉开始建立合作，先后已经将上百种月季品种推荐给中国的园艺爱好者。

### '保罗喜马拉雅' 'Paul's Himalayan Musk'

大藤本月季，生长速度非常快，可轻松爬满支架，需要较大空间种养。无数小花开满枝头，有着浅粉色晕的白色花朵绽放露出花蕊，引来无数蜜蜂采蜜。枝条细而密集，适应性广，抗病性好，是一个低维护的品种。
植株类型：藤本类

### '阿兹玛赫德' 'Ghislaine de Féligonde'

攀缘藤本，为数不多的可以重复开花的攀缘类月季，拥有很多橘黄色小花，植株健壮且花量繁多，叶片有光泽而枝条几无刺。种植时需要较大的空间。耐阴，抗病。
植株类型：藤本类

### '蓝蔓月季' 'Veilchenblau'

攀缘藤本，紫红色略有白色斑纹，半重瓣，中度近似苹果香或山谷百合的香味，大型集群盛开，春夏季一次性开花。叶片浅绿色，有光泽。耐阴，耐寒，抗病性强，耐贫瘠土壤，可北墙种植。可培育成树状月季。
植株类型：藤本类

**'塞维蔡斯'** 'Chevy Chase'

攀缘藤本，长速很快，重瓣，深红色花朵，春夏季一次性开放，花期很长，耐雨淋，浅绿色叶片，开花非常壮观。耐贫瘠土壤，可北墙种植，耐阴，耐寒。
植株类型：藤本类

**'亚历山大吉罗'** 'Alexander Girault'

玫红色的花朵，花量多，具有光滑的叶子，花朵色彩鲜艳，用途广，花朵有浓烈的果香味。
植株类型：藤本类

**'海华莎'** 'Hiawatha'

攀缘月季，花量超级大，重瓣绯红色花朵，白心，有金黄色花蕊，单瓣俏丽动人。具有蔷薇生长迅速、天生强健、耐贫瘠恶劣环境且生长茂盛的特点。
植株类型：藤本类

**'生活乐趣'** 'Joie de Vivre'

奶油色花朵，中心为杏色，中到大型花，集群式开放，莲座状花朵，重复开花性非常高，株型紧凑，叶片具光泽。可盆栽或小空间种植。
植株类型：灌木类

**'摆渡'** 'Ferdy'

鲜粉色花朵，小花单瓣至半重瓣，花朵覆盖整个植株，异常壮观，特别适合大型景观应用。枝条四周扩散生长，可培育为藤本，亦可作地被，植株非常抗病，低维护月季。
植株类型：灌木类

**'马美逊的纪念'** 'Souvenir de la Malmaison Cl.'

波旁月季，匀称的四芯重瓣花朵，十分漂亮。淡粉色泛奶油色晕，具中度茶香味，花大，小集群式盛开，多季节重复开花。攀缘性好，耐阴。
植株类型：藤本类

### '海格瑞' 'Highgrove'

花朵簇生开放，有淡淡的香味。花朵饱
满紧实，花色暗红，持续开花。耐阴、
耐贫瘠土壤，抗病性强，表现出众。

植株类型：藤本类

### '紫色客机' 'Purple Skyliner'

淡紫色或紫色混合色，具温和的香味，
半重瓣至重瓣花型，成簇开放。枝条攀
缘性好，可作藤本、灌木养护。

植株类型：藤本类

### '超级埃克塞尔萨' 'Super Excelsa'

大型藤本月季，半重瓣。花为深红色，
中心为白色，集群盛开，可重复开花。
耐贫瘠土壤，耐阴。

植株类型：藤本类

### '苹果点心' 'Pippin'

粉色，香味甜美，花型饱满，中等大
小。叶片深绿有光泽，耐阴、耐热、抗
性好，可培养成藤本或灌木。

植株类型：藤本类

### '席琳弗里斯蒂' 'Celine Forestier'

浅黄色泛粉色晕，中心为深黄色，具浓
郁的香料、茶香味，重瓣大花，花型由杯
状逐渐散开至平展，花朵单枝成群开放，
持续开花。攀缘能力强，耐热性好。

植株类型：藤本类

### '蓝洋红' 'Bleu Magenta'

攀缘月季，拥有紫色或紫罗兰色的花朵，
具淡香味，花朵饱满，大簇成群盛开，春
季开花。植株高大，耐阴、耐热。

植株类型：藤本类

**'朱墨双辉'** 'Crimson Glory'

花朵为天鹅绒般的深红色，具浓烈的香味。花朵巨大，球状重瓣花型，持续开花。叶片深绿色。

植株类型：藤本类

**'保罗·特兰森'** 'Paul Transon'

鲑鱼粉色，略带出挑的丁香紫，具黄色底晕。具清淡的苹果、茶香香味，花型中等，平型开放形式，花朵呈小集群式盛开，春季或夏季开花后零星再开。叶片深绿有光泽，植株抗旱、耐阴。

植株类型：藤本类

**'克拉伦斯宫'** 'Clarence House'

大花藤本，花朵白色混合淡黄色，中心为黄色，具强烈水果香味。开放式古典花型，呈小型集群式盛开。叶片深绿有光泽，抗病性强。

植株类型：藤本类

**'克里斯汀船长'** 'Captain Christy'

大花，柔粉色，花芯呈深粉色，高心重瓣，花球状至扁平状，具淡茶香，多为单枝开放，花量丰富。植株挺拔向上，枝叶茂密，耐贫瘠土壤，枝条几乎无刺。

植株类型：藤本类

**'玫瑰园尤特森'** 'Uetersen'

花朵红色，具轻香，花型中等，半重瓣，集群式开放。株型茂密直立灌丛生长，抗病性强，耐阴，重复开花性非常好。

植株类型：藤本类

**'路易克莱门兹'** 'Louise Clements'

古典重瓣花型，小集群式开放。橙铜色花朵格外引人注目，具宜人的水果香。叶片铜绿色，中等大小，枝叶茂密，较耐阴，非常勤花。

植株类型：灌木类

### '小饼干' 'Eclair'

重瓣，花色深红，逐渐显现出淡玫红色，花朵后期还会显现出紫色色调。具甜美的荔枝香味。深杯状花型，逐渐舒展成莲座状，花朵饱满。枝干粗壮，植株高大，耐寒，耐贫瘠土壤。

植株类型：灌木类

### '蓝色狂想曲' 'Rhapsody in Blue'

杯状半重瓣，大集群式开花，具清淡至浓郁的香料香味。花初开时为梅紫色，逐渐变为灰蓝色、烟紫色混合色，可见黄色的花蕊。植株高大，直立生长，耐寒，耐贫瘠土壤。

植株类型：灌木类

### '说愁' 'Scentimental'

鲜红、白色、奶油色混合条纹具浓郁的玫瑰、香料香味。重瓣大花，呈小集群式开放。叶片中绿色，半光滑。株型圆润紧凑，耐阴，抗性强。

植株类型：灌木类

### '圣埃泽布嘉' 'St.Ethelburga'

古典花型，柔粉色花，香味浓郁。花朵中型，高度重瓣，大簇集群式盛开。植株浓密，叶片中绿，半光滑，非常勤花。

植株类型：灌木类

### '眉开眼笑' 'Tickled Pink'

丰花月季，粉色重瓣，莲座状花型，花香较淡。花朵中型，成簇开放。叶片深绿，有光泽。耐寒。

植株类型：灌木类

### '邓纳姆梅西' 'Dunham Massey'

花朵糖果粉色，四等分玫瑰花型，香味适中，簇花开放，持续开花。叶片中绿，植株耐阴性好。

植株类型：灌木类

英国大卫·奥斯汀月季 日本河本月季

英国皮特月季

法国戴尔巴德月季 法国玫昂月季 德国科德斯月季

**'柠檬柑橘'** 'Oranges and Lemons'

丰花型月季，花朵橙黄色，具橙红色条纹和斑点。具淡水果香味，花朵饱满，小簇开放。植株高大，株型蓬松。叶片中型暗绿色，非常抗病，长势旺盛。

植株类型：灌木类

**'罗宾汉'** 'Robin Hood'

樱桃红，花心泛白色，具温和麝香香味，小花，单瓣至半重瓣。花量惊人，大规模成群开放，持续开花。植株直立挺拔，耐阴。

植株类型：灌木类

**'火热巧克力'** 'Hot Chocolate'

丰花，古典重瓣花型，花色为橙红色和棕色混合而成，花朵具淡香味，叶片深绿有光泽。植株枝条浓密，非常抗病。

植株类型：灌木类

**'美妙绝伦'** 'Absolutely Fabulous'

丰花月季，奶黄色的花朵，具浓郁的八角、甘草香味，球杯状古典花型，中等大小，小簇单枝开放。叶片中绿色，有光泽，较稠密；植株中等高度，茂密紧凑。耐热、抗病性强。

植株类型：灌木类

**'格罗夫纳屋酒店'** 'Grosvenor House'

金黄色，花瓣边缘奶油色，具浓郁香味。高心重瓣大花，持续开放。叶片中绿色，枝条多刺。

植株类型：灌木类

**'大喜之日'** 'Red Letter Day'

朱红色四等分玫瑰花型，重瓣，无香味，簇生开放。叶色灰绿，具磨砂质感。植株高大直立，非常健康。

植株类型：灌木类

# Georges Delbard Rose
# 法国戴尔巴德月季

法国戴尔巴德育种公司 (Georges Delbard) 由乔治·戴尔巴德一手创办，至今已培育出了近250个月季品种，该团队的使命是培育更芬芳的月季品种，绽放更绚丽的色彩。2014年秋季浙江虹越花卉股份有限公司和法国戴尔巴德育种公司成功牵手，将其著名的庭院月季引入中国，继续谱写有关玫瑰、有关爱情的花园故事。

**'欢迎'** 'Bienvenue'

深粉色的杯状大花挺立枝头，花瓣中心颜色较深，有浓烈的柑橘混合玫瑰香味，高度重瓣。多季节持续开花，集群式开放。植株挺拔，长势旺盛，具有很好的抗病性。
植株类型：藤灌类

**'娜希玛'** 'Nahéma'

杯状或古典花型的淡粉色中型花朵，高度重瓣，具浓郁的玫瑰香味，融合了杏、桃、柑橘等水果香味；花朵单开或小群集中式开放，多季节持续开花。抗寒性和抗病性极强。
植株类型：藤本类

**'柠檬雪酪'** 'Amnesty International'

花朵中部为柠檬黄色，外侧花瓣乳白色，具柑橘、玫瑰香味。叶片暗绿有光泽。植株高大茂盛。
植株类型：藤本类

**'蒙马特共和国'**
'Republique de Montmartre'

丰花类月季，花朵深红色，初开时为古
典杯状，随后转变成四等分玫瑰花型；
花期长，花朵大，具温和的覆盆子香
味。叶片油绿，生长迅速，抗病性强，
耐性好，枝条横张生长，株型饱满。
植株类型：藤灌类

**'阿尔弗莱德·西斯莱'** 'Alfred Sisley'
（印象派画家系列）

整花遍布橘粉色条纹，反面为黄色，平
展开放；多花，花朵香味适中，具苹
果、胡椒香味；长速快、长势旺。
植株类型：灌木类

**'奥秘'**
'Mysterieuse'

丰花月季。淡紫色的花瓣上略带紫红色
条纹；重瓣杯状花型，花朵较小，集群
式开放，多季节重复性开花。
植株类型：灌木类

**'马蔻'** 'Regis Marcon'

杂交茶香月季，花瓣深粉色泛紫色晕，
具中度水果香味，高度重瓣，杯状花
型；植株生长迅速，叶片深绿有光泽，
非常健康。
植株类型：灌木类

**'维希'** 'Vichy'

丰花月季，花朵为贝壳粉色，泛奶油色
晕，具浓郁柠檬香；花型饱满丰腴，高度
重瓣，呈集群式开放，效果华丽壮观，多
季节重复性开花。长速快，非常抗病。
植株类型：灌木类

**'莫利纳尔玫瑰'**
'La Rose de Molinard'

花瓣为贝壳粉色，背面浅粉色，杯状重
瓣花型，花朵集群式开放；散发中度到
浓烈的果香、紫罗兰花香；叶片深绿有光
泽，植株性状强健，非常抗病，长速快。
植株类型：灌木类

**'庞巴度玫瑰'** 'Rose Pompadour'

灌木，粉色花朵，中心颜色更深一些。拥有浓郁的玫瑰香味，中大型花朵，莲座状花朵非常饱满而富贵。抗病性强，且植株挺立性好，可切花欣赏，亦可盆栽。
植株类型：灌木类

**'爱德华·马奈'** 'Edouard Manet'

淡黄色花朵上有粉色条纹，浓郁的玫瑰香味混合水果香，中到大花，杯状花朵饱满而迷人。花朵多季开放。植株挺立少刺，枝条细软易造型，生长快速高大而健康。
植株类型：藤本类

**'纪念芭芭拉'** 'Hommage á Barbara'

深红色花朵，花瓣边缘颜色更深。深红色花朵逐渐开放为黑红，花边褶皱，如大波裙摆，具天鹅绒质感。灌丛生长，植株紧凑或饱满，叶片中绿，耐寒、耐热，非常抗病勤花。
植株类型：灌木类

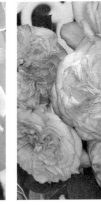

**'法国电台'** 'France Info'

灌木大花月季，鲜艳的黄色大花偶尔花瓣边缘有粉色渐变，杯状花朵兼有荷叶浪边，非常迷人。中度的柑橘花香混合了薄荷、可可等水果的香味，清爽。花朵簇生开放。该品种抗病且生长茂盛。
植株类型：灌木类

**'橘子酱'** 'Henri Delbard'

灌木大花月季，橙色花朵，黄色外缘。花朵重瓣且平展，花朵绽放时如地平线上的落日。果香味，带有绿色柑橘和芒果的味道。剪下来做切花，瓶插期超过10天，非常有活力和抗病。该品种多季节重复开花。
植株类型：灌木类

**'玫瑰香橙'** 'Domaine de Chantilly'

灌木浓香月季，一个具有高贵气质的月季品种，花朵重瓣而华贵，混合了黄色、橙色和粉色色调，浓郁的柑橘、玫瑰香味。抗病性强健，非常丰花，花成5~7朵小花序开放。花期5月到霜降。耐寒-20℃。
植株类型：灌木类

37

### '甜蜜生活' 'Dolce Vita'

丰花月季，花朵黄色泛橙色晕，外侧花瓣为杏色。无香味，球型花朵集群式开放，非常勤花的品种。

植株类型：灌木类

### '马克·夏加尔' 'Marc Chagall'

丰花月季，花朵粉色，中心为黄色，有时花瓣上可见乳白色条纹；杯状重瓣大花，具温和的水果香味。植株挺立，灌丛生长，叶片有光泽；非常抗病。可作切花。

植株类型：灌木类

### '纽曼姐妹' 'Soeur Emmanuelle'

杂交茶香月季，丁香粉色，杯状重瓣大花，具浓郁的茴香、薰衣草香味。叶片革质，植株高挺，抗性强。

植株类型：灌木类

### '达梅思' 'Dames de Chenonceau'

杯状大花，花瓣为粉色泛杏晕，重瓣度高，具浓郁的水果香味。植株矮壮，生长速度中等，抗病能力强，多季节重复盛开。

植株类型：灌木类

### '南瓜灯笼' 'Lanterne Citrouille'

橙红色花朵，背面黄色，花朵中大型，无数花瓣反折而起如同一只只蝴蝶的翅膀。该品种略藤性，适合小型的栅栏或者小花柱，同样是大灌木栽培。

植株类型：灌木类

### '寓言' 'Allegorie'

紫红色花朵，香味浓郁莲座状花朵。多季节重复开花，该品种植株紧凑而饱满，非常适合容器、花坛、花境等应用。

植株类型：灌木类

### '桃子糖果'  'Peche Bonbons'

杏粉混合色球状花朵开满枝头，花瓣外侧颜色较浅。橙粉色的花朵簇生开放，小巧而可爱。多季节重复开花，亦可培养成小型藤本。植株挺立而健康。

植株类型：藤灌类

### '幸福之门'  'Porte Bonheur'

大花微型月季，粉色，重瓣，香味温和。小而紧凑的株型，特别适合小空间和容器栽培，该品种丰花且持续开花不断。

植株类型：灌木类

### '铃之妖精'  'Fée Clochette'

大花微型月季，粉色、重瓣花朵，香味浓郁。小而紧凑的株型，特别适合小空间和容器栽培，该品种丰花且持续开花不断。

植株类型：灌木类

### '蜂蜜'  'Le Miel'

大花微型月季，黄色、粉红色条纹花朵，杯状重瓣。小而紧凑的株型，特别适合小空间和容器栽培，该品种丰花且持续开花不断。

植株类型：灌木类

### '克劳德·莫奈'  'Claude Monet'

橙黄色及淡粉色相间的中大花径的花，结合可爱与独特的品种吸引力。强果香，中型灌木，有较强的抗病性，多季节重复开花。挺立的株型，花朵不垂头且花期长。非常适合容器、花坛、花境等应用。

植株类型：灌木类

### '花宫娜（日本）'  'Fragonard'

深粉红色花朵，莲座状非常重瓣，香味浓郁，非常好闻。植株抗病而多季节重复开花。该品种荣获"2014摩纳哥玫瑰试验优异奖"。

植株类型：灌木类

## '黄金城堡' 'Chateau de Cheverny'

藤灌丰花月季，黄色花朵呈现出杏色色调，具有粉色镶边，浓香，中花簇生开放。多季持续开花。该品种抗病且生长茂盛。可藤可灌，应用多样。多次获国际奖项。

植株类型：藤灌类

## '火烈鸟' 'Flamant Rose'

藤灌月季，橙红大花月季，华丽和潇洒兼备。浓香，植株刺少，花朵略低头，所以非常适合拱门、花墙。植株抗病性强且生长旺盛。花开放时如火烈鸟一般火热而动感。

植株类型：藤灌类

## '苏菲罗莎' 'Sophie Rochas'

藤灌大花月季，浅粉色花朵，具有浓郁的柑橘、丁香、玫瑰香味。花朵大且具有明显的锯齿，非常特别而有趣。多季持续开花。植物生长茂盛而健康。

植株类型：藤灌类

## '蓝莓蛋糕' 'Thierry Marx'

紫罗兰色花朵，花朵中心颜色更深，拥有玫瑰、柠檬、香茅、柚子混合强香。十分抗病且勤花，要求全日照种植。以法国著名米其林星级大厨蒂埃里·马克思(Thierry Marx)名字命名。

植株类型：灌木类

## '伟大世纪' 'Grand Siècle'

粉红色大花，花径可达20cm，温和的苹果、覆盆子和玫瑰香味，长势很快，抗病良好，植物浓密而分枝性好，耐热。适合庭院、花坛和花境以及切花欣赏。

植株类型：灌木类

## '比利时公主' 'Princesse Astrid de Belgique'

奶油色大花，花径12～15cm。强香，胡椒基调，带梨、荔枝、老玫瑰、洋茴香气。非常抗病。要求全日照。生长迅速，适合庭院、花坛、花境和切花。

植株类型：灌木类

# Meilland International Rose
# 法国玫昂月季

一棵月季'和平'搭建了中国月季和法国月季的桥梁，玫昂月季拥有全美景观用量第一的月季品种"Knock out"系列，其中文名为"绝代佳人"，该月季系列集抗病、丰花、低维护等优点于一身。玫昂月季总部有一个专门的"月季魔鬼训练营"，致力于开发抗病、耐热、持续开花的月季品种。

### '蓝铃' 'Bluebell®'

丰花月季，花朵紫粉色，香味轻香，花朵簇生开放，花径6~9cm。抗病性：4星；植株饱满，花量大且持续多季开放。获国际大奖1枚。应用：庭院、盆栽、花坛。为法国玫昂2020年新品。

植株类型：灌木类

### '玫昂小姐' 'Mademoiselle Meilland®'

杂交茶香月季，花朵糖果粉色，中等水果香，花径11cm。抗病性：5星；植株饱满，持续多季开放。获国际大奖1枚。应用：庭院、盆栽、花坛。

植株类型：灌木类

### '粉色尤里卡' 'Pink Eureka®'

杂交茶香月季，花朵亮粉色，淡淡的水果香，花径11cm，花瓣非常多。抗病性：5星；植株饱满，持续多季开放。获国际大奖6枚。应用：庭院、盆栽、花坛、切花。

植株类型：灌木类

### '伊芙伯爵'
'Yves Piaget'

杂交茶香月季，深粉色花朵，香味浓郁，花径约13cm，重瓣大花，杯状花朵逐渐开放为球形花。多季开放。叶片半光泽，深绿色。可花坛、容器种植，亦可用于切花、礼盒、花束等。伊芙系列中最推荐的品种，花朵非常漂亮。

植株类型：灌木类

### '百丽浪漫'
'Belle Romantica'

浪漫系列庭院丰花月季。外侧花瓣粉色，中心橙色，浓郁的柑橘果香味。多头集群开花。花型浅杯状。多季节重复开放。

植株类型：灌木类

### '甜蜜地被绝代佳人'
'Sweet Drift® Rose'

地被月季，粉色重瓣花朵。该系列可种植于全日照或半阴处位置。开花可以从5月持续到霜降。非常抗病，且耐寒、耐热性好。打理起来非常简单。

植株类型：地被类

### '桃色地被绝代佳人'
'Peach Drift® Rose'

地被月季，桃色重瓣花朵。该系列可种植于全日照或半阴处位置。开花可以从5月持续到霜降。非常抗病，且耐寒、耐热性好。打理起来非常简单。

植株类型：地被类

### '粉色重瓣绝代佳人'
'Pink Double Knock Out®'

丰花月季，粉色花，单瓣。可种植于全日照或半阴处位置。开花从5月持续到霜降。成熟植株高度1m，冠幅1m。就算是光照略不足的环境也正常生长，非常抗病，且耐寒、耐热性好。打理非常简单。

植株类型：灌木类

### '红色重瓣绝代佳人'
'Red Double Knock Out®'

丰花月季，樱桃红色花，单瓣。可种植于全日照或半阴处。开花从5月持续到霜降。成熟植株高度1m，冠幅1m。就算是光照略不足的环境也正常生长，非常抗病、且耐寒、耐热性好。打理非常简单。

植株类型：灌木类

## '美人丽芙'　'Belles Rives®'

杂交茶香月季，胭脂红泛紫晕。浓郁的玫瑰和柑橘混合香味，花径10cm，抗病性：4星。植株挺立，持续开花。适合庭院、盆栽、切花。

植株类型：灌木类

## '恩钿女士'　'Botero®'

杂交茶香月季，红色花朵，优雅而大气。浓郁的玫瑰香味，花径13cm，抗病性：4星。植株挺立，持续开花。获国际大奖4枚。适合庭院、盆栽、花坛、切花。

植株类型：灌木类

## '欢快乐章'　'Allegro®'

藤本月季，紫红、洋红色，温和的香味，花朵小集群开放，杯状花型。花朵四季开放，植株生长浓密且攀爬能力强。非常抗黑斑病、白粉病。适合花柱、拱门、花墙。

植株类型：藤本类

## '蒙娜丽莎'　'Mona Lisa®'

丰花月季，红色花朵，轻香，花径10cm，花朵簇生开放。抗病性：5星。植株非常饱满，持续开花。获国际大奖2枚。适合庭院、盆栽、花坛。

植株类型：灌木类

## '深圳红'　'Scarlet Bonica'

丰花月季，亮红色花朵，无香，花瓣多于25瓣。平均花径8cm。中至大花、球状至杯状花朵，小簇生。多季开花，植株灌丛，叶片油亮深绿色。持续开花、花期长、抗病、耐热、耐寒，被选为2020年虹越年度植物。

植株类型：灌木类

## '伊丽莎白'　'Elizabeth Stuart'

（法国洛特月季）

杏色花，温和的香味，杯状古典月季，多季节重复开花。植株中高，紧凑，叶片有光泽。抗病性强，适合花坛、花境、盆栽欣赏。

植株类型：灌木类

英国大巴·奥斯汀月季｜日本河本月季｜英国皮特月季｜法国戴尔巴德月季｜法国玫昂月季｜德国科德斯月季

### '龙沙宝石' 'Eden Rose'

奶油色调，花朵边缘为柔粉色，香味温和。球杯状重瓣花型，单枝开放。叶片深绿色，具油亮的光泽。具有非常好的耐性和抗性，植株高大，充满活力。
植株类型：藤本类

### '红龙' 'Red Eden Rose'

深红色杯状重瓣大花，花朵非常饱满紧实，小簇聚群式开放，具浓郁的香味。叶片稠密，叶色中绿有光泽，植株挺拔直立。耐性、抗病性强。
植株类型：藤本类

### '深粉龙沙宝石' 'Pink Eden Rose'

经典的'龙沙宝石'的芽变品种，花朵依然保持经典的莲座状花型，深粉色花瓣，瓣背银色，轻香。大花藤本。多季节开花。植株健壮而高大，适合拱门、廊架、花柱、花墙等种植。
植株类型：藤本类

### '白色龙沙宝石' 'White Eden'

白色或白色混合色，无香至微香，重瓣大花，古典玫瑰花型，杯状开花形式，小集群式开放。枝叶繁茂，叶片深绿色有光泽，植株高大，攀缘扩散。
植株类型：藤本类

### '粉天鹅'（粉红斯娃妮） 'Pink Swany'

花朵深粉红色，高度重瓣，花大，集群开放。多季节重复开花，耐性强。
植株类型：藤本类

### '摩纳哥夏琳王妃' 'Princesse Charlene de Monaco'

杂交茶香月季，花朵浅粉色，有杏色晕，浓香大花，重瓣，花朵中心有纽扣眼，古典月季花型。重复开花性好。植株饱满且紧凑，耐热，生长强健而漂亮。
植株类型：灌木类

### '法式优雅' 'Elegance® Francaise'

深粉紫色，杂交茶香大花月季，浓郁的大马士革玫瑰香味，花径10cm，小簇生开放，抗病性：5星。植株挺立。应用：庭院、盆栽、切花、花坛。法国玫昂2020年新品。

植株类型：灌木类

### '莫妮卡·贝鲁奇' 'Monica Bellucci®'

杂交茶香月季，粉白双色（胭脂粉的花瓣，瓣背为白色），浓郁的丁香、胡椒、茴香混合香味，花径14cm。抗病性：5星。植株饱满，持续多季开放。应用：庭院、盆栽、花坛、切花。

植株类型：灌木类

### '冷香' 'Pierre Arditi®'

杂交茶香月季，纯白色花朵，浓郁的果香、覆盆子香味，花径15cm。抗病性：5星。植株饱满，持续多季开放。应用：庭院、盆栽、花坛、切花。

植株类型：灌木类

### '园艺王子' 'Prince Jardinier'

白色花透着香槟或粉红色，花瓣坚实，耐雨，耐瓶插。浓郁的柑橘香混合了玫瑰香，花径12～13cm，高心至杯状花。ADR认证品种，植物非常强健，适合庭院、花坛、花境和切花欣赏。

植株类型：灌木类

### '丽娜雷诺' 'Line Renaud'

一款接近完美的月季，深粉色花朵，带淡紫光彩，花径13cm，强烈而精致的玫瑰香气，混合柑橘、覆盆子、杏的香调。ADR认证品种，植物非常强健，极为抗病，适合庭院、花坛、花境和切花欣赏。

植株类型：灌木类

### '萨布丽娜' 'Gpt Sabrina®'

白底带红色或杏色花朵，带有温和的香味，花瓣可达95枚，花径7～10cm，非常抗病且耐半阴，可作藤本，也可作灌木，ADR认证品种，切花欣赏，瓶插寿命7天左右。

植株类型：藤本类

# Kordes Rosen
# 德国科德斯月季

德国科德斯公司（Kordes Rosen）有130多年的历史，是一家世界领先的老牌月季育种公司，他们致力于健康耐寒月季的培育，至今已经培育了600多个月季品种，并且其中有80多个品种通过了被月季育种者们称为世界上最具挑战性的德国月季新品种综合表现测试（ADR）的认证，是真正的抗病月季制造机。

**'海洋之心'** 'Nautica'

粉紫色重瓣花朵，平均花径5～6cm，香味中等。株型小巧直立紧凑的丰花月季，极富魅力，适合容器栽植，可以作切花，抗病性强。ADR测试认证。
植株类型：灌木类

**'金粉回忆'** 'Souvenir de Baden-Baden'

奶油粉红色重瓣花朵，花瓣边缘颜色浅，独特的羽毛花边的花朵非常持久，中度玫瑰香味，平均花径10cm，花大非常饱满，多单生，簇生，花型从杯状到扁平。
植株类型：灌木类

**'蜜桃冰淇淋'** 'Peach Melba'

杏粉色、桃红色底纹，气温高时偏橙黄色，平均花径8cm左右，中小型杯状花。有一定直立性的小型藤本，体积与长势适中，高度抗病，是小型花园与容器种植的理想选择。
植株类型：藤本类

## '蓝花诗人' 'Novalis'

淡紫色重瓣花朵，中心颜色逐渐变深，花朵由深杯状逐渐展开至莲座型。花朵集群式开放，具温和的香味。叶片亮绿，植株灌丛状生长，直立而紧凑，抗病性强。

植株类型：灌木类

## '冬宫' 'Hermitage'

丰花月季，花朵酷似龙沙宝石。外缘白色，中心为柔嫩的粉红色，杯状重瓣花型，香味温和。植株紧凑直立，叶片深绿有光泽，长速快，抗病性强，亦可作藤本。

植株类型：灌木类

## '灰姑娘' 'Cinderella'

粉红色杯状花朵，小簇聚群开放，花香从无至温和，具苹果味。花朵中到大型，高度重瓣，植株挺拔茂密，枝条弯曲，分枝性好，叶片深绿有光泽，抗病性强。

植株类型：藤灌类

## '弗洛伦蒂娜' 'Florentina'

红色重瓣大花，簇生开放，花型杯状至扁平，花期长。植株茂密且生长迅速，分枝性好，抗病性强。

植株类型：藤本类

## '艾拉绒球' 'Pomponella'

丰花月季。花深粉色，具温和香味。小型杯状花，集群式开放。植株挺立，叶片光泽，暗绿色。植株长速快，非常抗病。

植株类型：灌木类

## '音乐厅' 'Chippendale'

橙粉至深橙色，高度重瓣，古典玫瑰花型，四等分开花型式，具浓郁的桃或芒果香味。

植株类型：灌木类

### '刁蛮公主' 'Kiss Me Kate'

玫瑰粉色花朵，花瓣背面颜色更深，强烈的青苹果、柠檬、没药、覆盆子香气，平均花径10cm左右，重瓣，花型非常饱满。叶片高度抗病的攀缘藤本，获得多项国际大奖。

植株类型：藤本类

### '尘世天使' 'Herzogin Christiana'

花朵浅粉红色，花瓣外侧奶油色，具有强烈的苹果、玫瑰、柠檬甜香味，平均花径约7cm，小巧可爱的球形花朵，花量大，植株浓密直立，适合盆栽，也适合庭院片植。

植株类型：灌木类

### '茴香酒夫人' 'Madame Anisette'

花色奶油色或浅杏色，有强烈的茴香和没药香味，平均花径8cm左右，植株株型浓密、分枝性好，直立性强。生长快，单花花期长，适合盆栽种植。

植株类型：灌木类

### '爱的气息' 'Carmen Würth'

粉红色重瓣花，杯状花型，平均花径7~8cm，浓郁的柠檬和苹果香味，夹杂一些茶香，特别之处在于花香随着花朵开放逐渐变成奶油混合着玫瑰香，最后变成麝香味。叶色深绿有光泽，株型浓密。

植株类型：灌木类

### '花园公主' 'Gartenprinzessin Marie-José'

樱桃红，紧凑直立的灌木株型，小巧可爱的球型花群体开放，散发出强烈的覆盆子和香料的香味，花期久且耐晒，花径5~6cm，非常抗病的一个品种，ADR测试认证品种。入门花友强烈推荐。

植株类型：灌木类

### '冰雪奇缘' 'Alaska®/Future®'

杂交茶香月季，花朵亮粉色，淡淡的水果香，花径11cm，花瓣非常多。抗病性：5星。植株饱满，持续多季开放。获国际大奖6枚。应用：庭院、盆栽、花坛、切花。

植株类型：藤本类

### '猩红剪影' 'Crimson Siluetta®'

猩红色花瓣，花朵小，平均花径3~4cm，重瓣花，呈小簇状开放，淡香或无香，抗病性强。小型花朵成群开放，枝条柔软需要支撑，十分易造型，叶片高度抗病。

植株类型：藤本类

0.7m
1.8m

### '金粉丽人' 'Rose de Tolbiac®'

淡粉色花朵，花大饱满，平均花径可达20cm，花朵多数单生。叶片革质半光滑，植株直立，生长缓慢的藤本月季，复花能力强，抗病性强。长势与大小适中。

植株类型：藤本类

0.75m
2.2m

### '童话魔法' 'Märchenzauber®'

奶油粉色花朵，中心杏色。温和的香味，花瓣多达120片，花朵大而饱满。叶片高度抗病的丰花月季，多季开放。切花非常美丽，适合容器栽植。

植株类型：灌木类

0.7m
0.9m

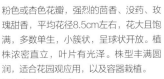

### '仙女泉' 'Wellenspiel®'

浅粉色花朵，圆润的花朵优雅复古，中等香味，花径8.5cm左右，植株浓密挺直，叶色深绿有光泽，株型松散自然的现代灌木，适合单独群植造景或用于混合花境中，春天相对开花较晚。

植株类型：灌木类

0.8m
1.2m

### '科隆香水' 'Flora Colonia'

粉色或杏色花瓣，强烈的茴香、没药、玫瑰甜香，平均花径8.5cm左右，花大且饱满，多数单生，小簇状，呈球状开放。植株浓密直立，叶片有光泽。株型丰满圆润，适合花园观应用，以及容器栽植。

植株类型：灌木类

0.8m
1.2m

### '红堡' 'Alexander von Humboldt'

红色花瓣，无香味，花簇生，单瓣，平均花径5cm左右，可作地被。小巧紧凑，枝繁叶茂，红花金心，抗性出色，应用场景极广，可观果。ADR认证品种。

植株类型：灌木类

1m
0.7m

英国大卫·奥斯汀月季 | 日本河本月季 | 英国皮特月季 | 法国戴尔巴德月季 | 法国玫昂月季

德国科德斯月季

## '大公夫人'
'Großherzogin Luise'

杏黄色大花月季，特别浓郁的香味，混合了杏、桃子、肉桂、丁香、茶的香味。花朵大而饱满，可以切花欣赏。多季节开放。花期久，抗病性强，植株挺立。强烈推荐品种。
植株类型：灌木类

## '田园憧憬'
'Landlust'

奇幻多变的花朵非常耀眼，杏黄到粉红之间变幻的花色与大波浪花型别具魅力，温和果香，中到大型重瓣花朵。植株生长茂盛而挺立。多季节开放。
植株类型：灌木类

## '怦然心动'
'Constanze Mozart'

花朵奶油色带粉色，强烈的杏或桃、柑橘果香，平均花径6cm左右，中等大小，花型非常饱满，杯状，多季节持续整齐开放。高度抗病。适合容器栽植。
植株类型：灌木类

## '小女友'
'Amica'

可爱的白底粉心重瓣小花成群开放，极为丰花，花朵耐雨淋，多季节持续开花，叶片半光滑。抗病性非常强。用途非常广泛，适用于小花园、露台或阳台上的花盆或悬挂以美化环境。ADR认证品种。
植株类型：灌木类

## '勇气'
'Courage'

浅杏色花朵，花大而优美，花径可达12cm，植株生长健康，花期久，耐风雨，可切花欣赏。是一个非常容易出效果的月季。入门花友强烈推荐。
植株类型：灌木类

## '晴空'
'Sunny Sky'

黄色大花月季，优美的波浪边，混合了苹果、梨和玫瑰的香味。植株生长健康，花期久，耐风雨，可切花欣赏。ADR认证品种。得奖大户。入门花友强烈推荐。
植株类型：灌木类

### '夏日韵事'
'Marie Henriette®'

丰花型月季，玫瑰粉花朵，花朵持久耐雨淋，玫瑰芳香带苘香酒和没药前调，随着花朵开放，转为苹果果香，香味浓郁，花径10cm。

植株类型：灌木类

### '暗夜芬芳'
'Gräfin Diana'

紫罗兰色至红色花朵，平均花径10cm左右，有强烈的荔枝、蜂蜜、柠檬、白桃、老鹳草、杏、没药和玫瑰混合香味，花大且饱满。抗性极强，抗白粉病和黑斑病。

植株类型：灌木类

### '绒球门廊'
'Pompon Flower Circus'

丰花阳台月季，重瓣花朵奶油色，中心浅粉色。球状花朵紧凑而花期久，簇生开放，多季节开花。植株丛生且紧凑，抗病性强。可切花、花坛、盆栽欣赏。

植株类型：灌木类

### '卡罗琳夫人'
'Freifrau Caroline'

深粉色花朵，中到大型花，花朵整齐而美观，香味是苹果、杏或桃香与天竺葵的混合香味。植株浓密、紧凑且直立，ADR认证品种，非常适合庭院、花坛和花境应用。

植株类型：灌木类

### '比弗利'
'Beverly'

粉色大花，花径可达10cm，香味强烈而清新，柠檬混合柑橘的果香味。植株浓密且直立性好，植物抗病耐热。非常适合庭院、花坛和花境应用。

植株类型：灌木类

### '雅典娜'
'Athena'

米黄色花朵，粉红色边缘，花径可达12cm。花朵大且挺立，适合切花，植株抗病耐雨淋，直立，抗病性强，非常适合花园和容器栽培欣赏。

植株类型：灌木类

2021 月季比美大赛作品选 花友：菲林斯　坐标：江苏省南通市 品种：甜梦

2021 月季比美大赛作品选 花友：细嗅蔷薇 Qing　坐标：贵州省贵阳市 品种合集

2021 月季比美大赛作品选 花友：your 青芬　坐标：江苏省扬州市 品种：朝圣者

2021 月季比美大赛作品选 花友：肉小媛　坐标：广西壮族自治区 品种：瑞典女王

# 铁线莲

*Clematis florida*

铁线莲 (Clematis) 是毛茛科铁线莲属植物的统称，多数为落叶或常绿草质藤本，靠叶柄缠绕攀缘生长，少数为宿根直立草本，茎棕红色似铁丝，花开如莲，故得名铁线莲。铁线莲的花型、花色丰富多样，花朵美丽繁茂，花期从早春至晚秋（也有少数冬天开花的品种），具有很高的观赏价值，并享有"藤本花卉皇后"之美称。

# 养护小知识

## 盆栽苗收货注意事项

●收货后 P7/P9 建议更换 1 加仑大小规格盆器，P11/P14/C2/1 加仑规格建议更换 2 加仑大小盆器，2 加仑 /6L 规格建议更换 3 加仑大小盆器，建议新手不要更换过大的盆器，避免烂根的风险，盆器建议选择高瘦型的，避免矮胖型的。

● P7 和 P9 规格属于小规格，不建议地栽，若有地栽需求，可以选择 P11/P14/C2/1 加仑 /2 加仑 /6L 等规格。

●换盆后浇定根水，即浇透，如在冬季休眠期购买铁线莲，直至萌芽抽枝前请不要频繁浇水，避免烂根。

●盆器可选择红陶盆或透气良好的塑料盆。

●一般枝条木质化表层的折损不会影响内部的韧皮部，因此基本不影响铁线莲的生长，可将折损部位的上下部分分别固定好观察几天，若叶片枯萎则为折断，将枯萎的枝条修剪掉，断点以下节点处还会继续萌发新枝条。

●冬季休眠期购买的 P7/P9 盆栽铁线莲上部枝条可能没有芽点，但根茎处会在初春时期长出笋芽，请耐心等待，正常养护。

## 铁线莲换盆要点

●选择透气、排水良好的盆。为了良好的排水性，在盆底放一层大颗粒的浮石或赤玉土作为排水层。

●盆内加入约盆高 1/3 的介质，把旧盆的铁线莲带土轻倒出，将底部盘结的根系散开，置于盆中央再覆土，完成后最好轻提一下苗，可让根系的缝隙尽量充实，南方地区覆土至根颈处，以不露根颈为宜，北方地区建议根颈以上 1~2 节埋入土壤介质。

●放入适量缓释肥（也可和介质充分拌匀）：换好盆后浇透水，也可用多菌灵和生根剂配制的溶液作定根水，让根系和介质充分接触，盆体不要暴晒，土面建议覆盖松鳞、鹅卵石或浅根系的植物。

放置于阳光充足、排水，通风良好之地，移盆避开炎热的夏天，夏季 7~8 月因高温会进入休眠状态，生长滞缓，气温下降时再次萌动生长。

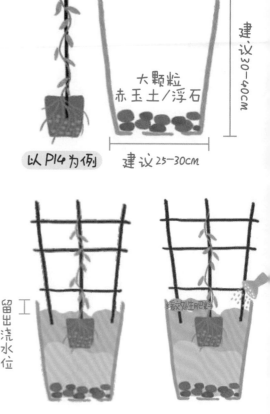

建议 30~40cm

大颗粒 赤玉土/浮石

以 P14 为例　　建议 25~30cm

留出浇水水位

移效缓生肥料

## 花后修剪

将残花或已失去欣赏价值的花朵及时修剪掉可以避免铁线莲结种子带来的营养消耗，从而有效延长铁线莲的花期。

## 休眠期的修剪

铁线莲品种众多，除常绿品种外，其余均在冬季落叶休眠，可通过冬季休眠期，或冬末初春时期的枝条修剪方式来区分为3大类，即1、2、3类修剪品种。

### ● 1类修剪（即不修剪）

**铁线莲类型：**长瓣型、常绿型、蒙大拿型、卷须型、威灵仙型、西藏型。

**品种特性：**老枝开花，花朵开在去年春季或秋季生长出来的枝条上，早春开花。

**修剪方法：**春季花后建议将开过花的枝条修剪掉，全年其余时间段只需修剪枯叶、枯枝即可。如有植株整形或控高等因素需要修剪枝条，可在春季花后或夏末进行，秋季至来年初春期间壮枝尽量保留，不要修剪，若修剪则影响翌年春季花量。

### ● 2类修剪（轻剪）

**铁线莲类型：**早花大花型、佛罗里达型、艾维森铁线莲重瓣品种。

**品种特性：**大花杂交品种，去年生老枝在早春开花，当年生新枝可在春末、夏季或秋季开花。

**修剪方法：**冬末初春，即立春前后修剪，此时芽点开始萌发，健康的芽点很容易观察到，剪掉细弱枝以及受损枝，并修剪至饱满健康的对生芽上方。以盆栽搭配1.2~1.5m支架为例，从下往上保留5-7个的枝节即可，若支架偏矮，则可少保留一些枝节，若支架偏高或地栽，则可多保留一些枝节。

### ● 3类修剪（重剪）

**铁线莲类型：**晚花大花型、意大利型、德克萨斯型、铃铛型、单叶型、佛罗里达型、华丽杂交型、艾维森铁线莲单瓣品种。

**品种特性：**花朵开在当年生的枝条上，早春先萌芽抽枝，待枝条生长一段时间后再开花。

**修剪方法：**冬末或早春萌芽前进行修剪，在离植株基部约15-30cm的高度，（3-5节处）修剪并剪至一对饱满芽点的上方，其余枝条剪光，注意不要破坏从植株根部萌发的新芽。

1类修剪（即不修剪）

2类修剪（轻剪）

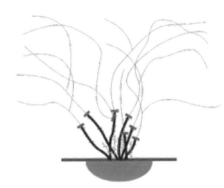

3类修剪（重剪）

**特别说明：**
● 铁线莲的新枝指的是当年生，没有经历过冬季低温春化的枝条，老枝则是指去年春季/秋季生，并且经历过冬季低温春化的枝条。广东、广西、福建等冬季较为温暖的地区建议选择3类修剪等新枝开花的品种或2类修剪的单瓣品种；
● 佛罗里达型铁线莲新老枝均开花，所以2/3类修剪方式均可，但该型铁线莲天生分枝性偏少，建议购买P7/P11/1加仑等规格后前2~3年进行3类重剪增加分枝性，等植株架构较为完整后再根据需要转为2类修剪，或继续保持3类修剪；
● 1、2、3类修剪均只指冬末初春时期的不同品种的修剪方式，夏末的修剪则是根据实际情况决定。

**修剪位置**
剪口位于饱满芽点上方0.5~1cm处的地方

## 生长期的修剪

生长过程中一些因枝条折断造成的枯萎枝条或自然老化淘汰的叶片应及时剪除，保持植株美观。P7/P9 规格属于小规格，无论该品种属于哪种修剪方式，都建议在当年春季进行 2~3 次的打顶修剪，增加分枝性，并在收货后的下一个冬季进行重剪（1 类修剪品种除外）。

## 夏末修剪——秋季复花的关键

因此夏末修剪的重要程度仅次于冬末初春的修剪，也是新手最容易忽视的修剪。夏末修剪可以打破高温地区的夏季休眠，促进枝条更新，增加分枝性，控制株高以及提升秋季复花能力。

## 温度

除常绿和佛罗里达型（F 系）品种外，其余铁线莲品种均为耐寒品种，一般可耐受 -30~-20℃ 的低温，长瓣品种更可以耐受 -40℃ 的低温。我国北方绝大部分地区均可种植且露天过冬。铁线莲的耐热性因品种而异，早花型（多为 2 类修剪）大部分品种在盛夏 35℃ 以上会逐渐出现热休眠现象，直接表现为停止生长，待初秋气温下降便会重新抽枝生长并开花，另外，部分早花重瓣品种需要低温春化才能重瓣开花，春化不够则开单瓣，所以广西、广东、福建等地区不建议种植早花重瓣品种。晚花型、意大利型、单叶型、铃铛型耐热能力强，在广西、广东、福建等地区的夏季表现优秀。

## 光照

一般铁线莲的枝叶每天需要至少 3~4 小时的直射光，其余时间散射即可，当然，光线充足开花更好。铁线莲基本没有喜阴品种，若养护环境的光照偏少，可以选择佛罗里达型铁线莲（例如新幻紫、大河等）或花色较浅的品种（例如乌托邦）。铁线莲的根茎喜欢阴凉，建议尽量避免阳光直射，盆栽可覆盖鹅卵石或发酵好的松鳞，若地栽则不妨在根茎周围栽种一些浅根性低矮植物。

## 支架

铁线莲可以通过叶柄变形缠绕的方式缠绕支架，支架可选择通用的锥形、圆柱形、扇形或可以发挥想象力 DIY 甚至使用废旧的家具。地栽作花墙花柱造型时需要在墙面或花柱上覆盖一层铁丝网或木质网格。支架或支撑物的直径最好不超过 2cm，若超过 2cm 则需要更多的人为固定。

## 牵引绑扎

铁线莲大部分品种攀爬缠绕能力强，但依旧需要人为牵引绑扎来造型，否则枝条会纠缠在一起，显得很杂乱。新生枝条柔韧性好，生长一段时间后的枝条表面会逐渐木质化，柔韧性减弱，重新绑扎可能会造成枝条折损。建议春秋两季每周都做一次牵引绑扎，让枝条分布均匀，受光均匀，合理的牵引绑扎还可以从视觉上降低铁线莲在盆栽支架上的开花高度，观赏效果更好。铁线莲枝条的牵引绑扎直接说明其主人的用心程度。

注：部分品种，例如单叶型品种并无攀爬性，需人为固定在支撑物上，否则容易折断，另外，冬季来临前请再次确认枝条是否固定好，冬季干冷地区枝条若被风刮伤则可能造成枝条失去水分。

## 水分管理

铁线莲大部分品种为肉质根系，不喜积水，所以种植铁线莲要选择保水性好且排水透气的介质，推荐使用铁线莲专用介质。平时浇水要遵循"见干见湿"的原则，即快干了再浇，浇则浇透。如果根系长期处于一个非常潮湿的环境，再加上夏季的高温，则可能会造成烂根，最直观的表现为叶尖发黑或整株枝条枯萎，所以浇水没有固定的时间，建议新手浇水前确认一下是否真的需要浇水。有两个小方法：

● 将手指插入土壤表面 2~3cm 深度，如果介质依旧是干的，就说明需要浇水了；
● 浇水前拎一下盆子的重量，如果相比浇透水后的重量轻了许多，就说明需要浇水了。

红陶盆有着良好的透气性，推荐南方地区使用，但水分散发也会更快一些，如果家里同时有红陶盆和塑料盆种植的铁线莲，请注意它们的浇水频率可能有所不同。

**注**：铁线莲冬季休眠期间由于没有叶子，水分蒸发慢，南方地区由于冬季土壤不会上冻，介质干了依旧需要浇水，但浇水频率需要大幅度下降，否则会有烂根的风险，浇水前建议根据以上两个方法确认是否需要浇水。北方地区无论盆栽或地栽，只需在土壤上冻前浇透一次水，直至早春化冻前都不必再浇水。

（红陶盆参考图）

## 施肥

铁线莲生长迅速，花量大，所以生长过程中需要及时补充肥料以供应生长和开花消耗。铁线莲通常使用缓释肥和液态肥（速效肥）两种。

缓释肥建议每隔 4-6 个月重新添加，可以在换盆的时候和介质混合，无须换盆时也可以均匀撒在介质表面，但更建议均匀埋入介质表面下 3cm 左右（用量参考产品说明）。

另外，在春秋两季，建议使用可以快速释放养分的液态肥。液态肥通常分为通用型或花卉型两种。液态肥需要薄肥勤施，大约每隔 10 天施一次（稀释浓度参考产品说明），通用型可在早春或夏末初秋使用，花期前 1 个月左右改用花卉型。南方地区的夏季高温可能会造成铁线莲夏季休眠，如果夏季温度超过 35℃ 或植株在夏季停止生长，则应停止使用液态肥，夏末天气凉快后可继续使用。

**注**：重瓣品种由于开花相比单瓣更消耗养分，应在花期中后期及时补肥，避免花后因缺肥导致的黄叶、枯叶以及抵抗力下降、生长速度减缓等情况；

铃铛型、单叶型、德克萨斯型品种夏季开花，由于植株依然在生长开花，所以依旧需要液态肥弥补养分消耗，增加花量和延长花期，广东、广西、福建等地区可适量减少稀释浓度，薄肥勤施。

（铁线莲肥料及介质参考）

## 药剂使用——为你的铁线莲保驾护航

铁线莲的病虫害从春季到秋季均有发生，随着温度升高，通常在夏季 7~8 月达到高发期。虽然通过施药可以治疗，但病虫害对植株造成的伤害，例如枯枝、叶片破损等无法挽回，所以病虫害防治应以预防为主。

（药剂参考）

# Early Largeflowered Group

## 早花大花型

大花铁线莲中的早花品种，多在春夏季老枝上开花，修剪类型多为轻修剪，若重修剪花期会推迟，部分重瓣品种会开单瓣花。早花的代表品种有：'水晶喷泉''约瑟芬''钻石''风之森林''多蓝''宝石蓝光''沃金美女''皇帝''经典''啤酒泡泡'。

**'蓝光宝石'** 'Blue Light'

花径9~11cm，紧凑型品种，是少数几个在新枝上开重瓣花的品种之一。在黄叶或者黄花植物前搭配种植效果更好。适合种植在光线较好的小庭院，或阳台、露台盆栽。荷兰品种，由Frans van Haastert选育，1998年推出。被选为2019年虹越年度植物。

**'皇帝'** 'Kaiser'

花径10~14cm。由Fukutaroo Miyata 和 Kazushi Miyazaki在1994年培育而成，2009年命名并推向市场。品性强健，生长快速，整个夏天不断零星开花。

**'亲爱的'** 'My Darling'

甜美艳丽的粉红色重瓣大花，一个颜色非常有趣的波兰品种，由Szczepan Marczyński于2017年推出的铁线莲新品。夏季开半重瓣或者单瓣花，丰花程度很高，即便在夏季也具有优良的重复开花习性，喜肥沃、湿润但是排水良好的中性或微酸性土壤，适合容器栽培的优秀品种。

## '啤酒泡泡' 'Bijou'

花径8～12cm，英国品种。Raymond Evison和Poulsen Roser A/S培育，2003—2004年推出。中到大花，单瓣。高贵的淡紫色或苯胺紫色花瓣带略微偏粉色条纹。粉色花药。埃维森'Tudor'系列。被选为2020年虹越年度植物。

## '经典' 'Doctor Ruppel'

花径15～20cm，阿根廷品种。又叫鲁佩尔博士。由Dr.Ruppel培育，1975年推出。偶尔会开出半重瓣花。生长速度较快。不喜欢过热或过分强光照的环境。该品种曾获得由英国皇家园艺学会(RHS)颁发的花园优异奖(AGM)。

## '钻石' 'Diamantina'

花径10～15cm，英国品种，Raymond Evison培育，2010年推出，Regal系列，2010切尔西花展获奖品种。又名'蓝色喷泉''迪亚曼蒂纳'。重瓣品种中开花量比较多的品种。长势快，耐热，喜欢光照充足环境，植株紧凑，适合盆栽。'钻石'与'魔法喷泉'是同一个品种。

## '瑞贝卡' 'Rebecca'

大道系列铁线莲。花径15～20cm，英国品种，著名铁线莲育种家Raymond Evison于2007—2008年推出。红色大花，花径15-20cm，一年中后期也能保持良好的开花性，以Evison最大的女儿名字命名。红色铁线莲首选。

## '约瑟芬' 'Josephine'

花径10～15cm，是1980年英国的约瑟芬夫人偶然买到的一棵铁线莲苗，并以其名字命名，并由Raymond Evison公司在1998年的切尔西花展上展出并推广。株型紧凑，适合小花园种植和盆栽。2002年曾获得由英国皇家园艺学会(RHS)颁发的花园优异奖(AGM)。

## '多蓝' 'Multi Blue'

花径为10-15cm，耐寒区改为4-8区，荷兰品种，由J. Bouter & Zoon培育，1983年推出。适应性强，株型紧凑。新枝和老枝均开重瓣或半重瓣花，花朵形状变异丰富。适合花园立体造景，阳台或露台盆栽。

**'水晶喷泉'** 'Crystal Fountain'

花径12cm，日本品种。1994年由早川博(Hayakawa Hiroshi)率先发现。这个品种是'H.F.Young'的一个芽变品种，在2002年英国切尔西花展上展出。花朵中心花蕊长，酷似喷泉。株型紧凑，适于小花园栽种或盆栽。新枝和老枝上均可开花，不宜进行强剪。

**'风之森林'** 'Sen-No-Kaze'

花径11~14cm，当年生枝上开花，花多。该品种喜充足阳光，适合花园种植，阳台或露台盆栽，搭配深色背景看起来会更引人注目。日本品种，育种家Tetsuya Hirota于2004年推出。

**'蓝色风暴'** 'Blue Explosion'

早花大花型，花径12~14cm，波兰品种，由Szczepan Marczyński培育，2011年开始在市场上销售。花量大。春季在老枝上开半重瓣花，夏秋季在新枝上开单瓣花。建议在充足光照环境中种植，搭配浅色背景。

**'粉香槟'** 'Pink Champagne (Kakio)'

花径12~16cm，是开花最早的大花型品种之一。抗性比较强，不喜欢阳光很强烈的环境。适合小花园种植以及阳台、露台容器栽植。日本品种，又译作'柿生'，由Kazushige Ozawa培育，1971年推出。

**'雪妆'** 'Yukiokoshi'

非常吸引人的一个古老的日本精选品种。洁白卷曲的花瓣于春天和夏末开放。18世纪以前生长在日本的古老品种，由Philipp Franz von Siebold于1836年引进英国。从春季持续开花至夏末，8~9月接着第二波花。适合攀缘花园支撑物或小灌木，在深色背景前显得十分华丽。

**'塞尚'** 'Cezanne'

艾维森大道系列，英国品种，Raymond Evison和Mogens Nyegaard Olesen培育，2002年推出。单瓣花，花朵干净清新，形状整齐，散发轻微香味。枝条壮实，绑扎工作量少。株型紧凑，习性强健，花量很大而且开花时间长，盆栽，阳台族和小空间种植的理想品种。

### '新紫玉' 'Shin-shigyoku'

花径10~12cm，春季在老枝上开重瓣花，夏秋季在新枝上开单瓣花。适合盆栽，搭配浅色背景效果看起来更好。日本品种，Hiroshi Hayakawa于1999年育成。

### '仙女座' 'Andromeda'

花径12~15cm，英国品种，由Ken Pyne培育，1994年推出。生长较为快速。春季在老枝上开半重瓣的花，夏秋季在新枝上开单瓣花。不喜光照过于强烈的环境。

### '钻石球' Diamond Ball

波兰品种，由Szczepan Marczyński于2012年推出。花径10~12cm，浅蓝色，重瓣，球形，盛开的花朵为半重瓣(花瓣数30~50)，在老枝上和新枝上开。花瓣椭圆形，尖端略有波浪形褶皱，上端往下垂，边缘暗色，中部和下部浅色。花药淡黄色，花丝米色。

### '伊萨哥' 'Isago'

花径10~14cm，日本品种，由Susumu Arafune培育，1991年推出。春季在老枝上开重瓣花，夏秋季在新枝上开单瓣至半重瓣花。适宜种植在向阳、避风的深色背景前。

### '初恋' 'First Love'

国际新品。美丽的白色半重瓣花朵，适合在花园及阳台、露台的容器中种植。由Szczepan Marczyński于1999年在波兰培育，2016年夏季推出。适合种植在各种花园各种支撑物及围栏附近，在深色背景的映衬下或者搭配针叶树、落叶灌木都非常美丽。

### '变心' 'Change of Heart'

波兰新品，由Szczepan Marczyński于2012年推出。花朵繁茂，花期长，特别是开花过程中色彩的变化令人想起曾经的爱情，适合种植于各类花园。2016年夏季推出。初开时深红色，完全绽放时粉红色，当花朵凋谢时变淡变白，所以为变心。在上年生老枝和当年生新枝上都可开花。

### '蔚蓝绒球'　　'Azure Ball'

国际新品，波兰育种家Szczepan Marczyński于2016年夏天推出。该品种花朵大，开半重瓣及重瓣花，在新老枝条上都可以开花。5月中旬至7月下旬开花，花朵出现于离基部1m左右的位置。适合攀缘各种支撑物，或者各种自然支撑物生长，如不需要强剪的植物上。

### '红星'　　'Red Star'

花径10~14cm，适宜在阳光充足的地方种植。日本品种，由Takashi Watanabe培育，1995年推出。

### '哥白尼'　　'Copernicus'

永远重瓣，国际新品，2016年夏季推出的波兰品种，艳蓝色半重瓣花和金黄色花药相映成趣，适合种植于家庭花园。花朵大小中等，10~12cm，最常见的是由30~40瓣组成，花朵在上年生老枝条和当年生新枝条上都可以开放。

### '斯丽'　　'Thyrislund'

英国品种，由Flemming Hansen发现。十分独特的品种，开重瓣、半重瓣和单瓣三种花型。花瓣很多，具有波浪形褶皱，浅丁香紫色，中线颜色浅，花药黄色，花丝奶油色。春季在老枝上开重瓣或半重瓣花，夏秋季在新枝上开单瓣花。理想的盆栽品种。

### '美岛绿'　　'Midori'

花径12~15cm，花多，适宜小花园栽培，阳台或露台盆栽。喜欢阳光充足的种植环境，在暗色背景前最引人注目。日本品种，Masaaki Kurata培育。

### '火焰'　　'Kaen'

日本品种，又叫'花炎'，由Hiroyasu Shinzawa在2003年以前育成，非常独特的品种。花朵淡红色，重瓣和半重瓣，花径8~14cm。花瓣大小不一，较宽，桃尖拱形，边缘波浪状，上端尖，中部带粉红色条纹，花瓣的颜色从上部向基部逐渐变浅，有绿斑，在外层花萼上更为明显。

**'月光'** 'Moonlight(Yellow Queen)'

花径12～18cm，花色十分独特，但对环境要求较高。散发淡淡西洋樱草的清香。植株生长速度较快，不喜欢酷热强光，适宜部分遮阴保持花色鲜艳。Magnus Johnson于1947年推出。

**'波罗尼亚'** 'Viva Polonia'

花径12～15cm，波兰品种，由Szczepan Marczyński培育，2014年推出。花非常多。适宜种植在浅色背景前。拥有三类铁线莲抗性强和持续爆花的特点。

**'伍斯特美女'** Beauty of Worcester

花径12～15cm，1890年推出。春季在老枝上开重瓣或半重瓣花，夏季在新枝上开单瓣花。生长速度中等，在全日照环境下生长较好。英国品种，由Messrs Richard Smith & Co.培育。

**'沃金美女'** 'Belle of Woking'

英国品种，由George Jackman & Son培育，1875年育成，1881年推出。花朵钢铁灰色或淡紫色，春季在老枝上开重瓣花，夏季在新枝上开单瓣花。在光照充足的环境长势和开花更佳。

**'小美人鱼'** 'Little Mermaid'

花径5～12cm，花色极少见。日本品种，Takashi Watanabe在1994年培育。是十分受欢迎的鲑鱼色品种。

**'居里夫人'** 'Maria Sklodowska Curie'

花径12～15cm，2014年3月15日推出，由Szczepan Marczyński培育。花朵极有魅力。适宜种植在阳光明媚、避风和排水良好处。2014年在荷兰获得新闻奖和铜奖。

### '总统' 'The President'

英国品种，由Charles Noble培育，1876推出。很经典的一个品种。生长强健，株型矮小紧凑，丰花，大花，颜色从紫色到海军蓝色，花药深红色，花丝浅粉色。它是各类花架、墙面、廊柱造景，灌木装饰，容器栽培的优秀品种。

### '薇安' 'Vyvyan Pennell'

花径15～20cm，英国品种，由Walter Pennell培育，1959年推出，被称为目前所培育的最强健的重瓣品种。花型和花色变化多。春季在老枝上开重瓣花，夏秋季在新枝上开单瓣花。在光照好的环境下生长旺盛。生长速度较快。

### '维罗妮卡的选择' 'Veronica's Choice'

花径12～20cm，一个很有魅力的品种，春季6～7月在老枝上开重瓣花，夏秋季在新枝上开单瓣花。适合种在光照好的位置。英国品种，由Walter Pennell培育，1973年推出。

### '中国红' 'Westerplatte'

花径10～13cm，1998年Plantarium植物商贸展会上获得金奖。波兰品种。由Stefan Franczak培育。

### '科尔蒙迪利女士' 'Mrs Cholmondeley'

花径12～23cm，英国品种，由Charles Noble培育，1873年推出。花期极长，花量极大。适宜光照好的位置，搭配暗色背景或与黄色花叶的植物混植效果更好。是蓝色系中目前花径最大的铁线莲。

### '美佐世' 'Misayo'

花径15～20cm，日本品种，由Kootaroo Ishiwata培育，1967年推出，其亲本为'冰美人'和'总统'，较受日本人钟爱。喜欢阳光充足的环境，在暗色背景前栽培效果最好。适合盆栽。

## '伊丽莎白'　　'Violet Elizabeth'

英国品种，由Walter Pennell培育，1974年推出。花朵浅粉色，雄蕊淡黄色。5月在上年老枝条上开半重瓣花，夏季在当年新枝条上开单瓣花。生长速度较快，适合较矮的花园支撑物，比如花架、立柱等。特别适合栽植在小花园向阳地。

## '卡娜瓦'　　'Kiri Te Kanawa'

花径12～20cm，花多，新枝和老枝均开重瓣大花。适合小花园种植或阳台、露台盆栽。英国品种，由Barry Fretwell培育，1986年推出。

## '繁星'　　'Nelly Moser'

花径12～20cm，法国品种，由Moser培育，1897年推出。长势强健，不喜过热、光强的地方，种植在阴凉位置可以防止花朵褪色，盆栽地栽均可。

## '帕特丽夏'　　'Patricia ann Fretwell'

花径12～20cm，英国品种，由Barry Fretwell培育。生长速度较快。春季在老枝开重瓣花，夏季在新枝开单瓣花。种在全光照的位置表现最佳，也耐半遮阴环境。

## '普鲁吐斯'　　'Proteus'

花径15～20cm，英国品种，由Charles Noble培育，1876年推出。春季在老枝上开重瓣花，夏秋季在新枝上开单瓣花，成年植株开花型态多样。生长速度较快，在光照良好的条件下生长旺盛。

## '小鸭'　　'Piilu'

花径5～10cm，爱沙尼亚品种，由Uno Kivistik和他的妻子 Aili Kivistik培育，1988年命名。株型矮小紧凑，花量大。春季在老枝开重瓣花，夏秋季在新枝上开单瓣花。生长速度适中。适合小庭院向阳地栽植或盆栽置于阳台、露台。

### '丹尼尔德隆达' 'Daniel Deronda'

花径12~20cm，5~6月首次开花时为半重瓣，夏季再次在新枝上开单瓣花。适合种植在阳光充沛的地方，搭配亮色背景效果更佳。英国品种，由Charles Noble培育，1882年推出。

### '爱丁堡公爵夫人' 'Duchess of Edinburgh'

花径约12cm，英国品种，由George Jackman和他的儿子培育，1874年推出。花型为玫瑰花样式，具有强烈芳香。生长速度较快，春季在老枝上开重瓣花，夏秋季在新枝上开单瓣花。全光照下生长旺盛，适合盆栽或庭园种植，深色背景前效果最好。

### '爱莎' 'Asao'

花径15~20cm，日本品种，由Kazushige Ozawa培育，1971年推出。花期较长，生长速度中等。不喜极热或光照极强的环境。

### '美丽新娘' 'Beautiful Bride'

花径15~28cm，波兰品种，由Szczepan Marczyński培育，2011年育成。5~7月花量大，夏季再次开花但花量较少。耐寒性强，不适宜风力或光照过强的环境。获奖众多。目前花径最大的铁线莲。

### '倪欧碧' 'Niobe'

花径10~15cm，波兰品种，由Wladyslaw Noll培育，1975年推出。全世界最受欢迎的品种之一，适合盆栽。

### '爱诺露' 'Ai-Nor'

一个颜色很有趣的品种，由前苏联育种家M.A.Beskaravainaya培育，1972年推出。花瓣椭圆形，一般6片。花瓣颜色为柔和的淡粉色，中部为很独特的暖色调，尾端颜色稍微变深。花药黄色，花丝白色。在暗色背景的映衬下最引人注目。

## '元' 'Yuan'

英国品种，Raymond Evison培育，大道系列，双色条纹款，枝条顶部和节间处均有开花能力，开花期间植株从顶部到底部均能开花，盆栽的理想品种。

## '玛丽' 'Franziska Maria'

英国品种，Raymond Evison培育，大道系列，花型与大丽花很相似，新老枝均开重瓣花，株型紧凑，适合小空间的花园或阳台盆栽或地栽。

## '努比亚' 'Nubia'

英国品种，Raymond Evison培育，大道系列，株型紧凑，分枝性好，习性强健，花量很大而且开花时间长，盆栽的理想品种。

## '骑士' 'Chevalier'

2009年在切尔西花展上推出。同一植株上可以同时开放单瓣花、半重瓣花和重瓣花，开花非常自由，由于其深色的花朵，在阳光直射下看起来很好。适合小花园或屋顶花园、庭院或户外用餐区容器栽培。

## '福乐里' 'Fleuri'

英国品种，Raymond Evison培育，大道系列，枝条顶部和节间处均有开花能力，开花期间植株从顶部到底部均能开花。

## '奥林匹亚' 'Olympia'

英国品种，Raymond Evison培育，大道系列，株型紧凑，从春季花期可持续到初夏。

## '撒马利亚' 'Samaritan Jo'

英国品种，Raymond Evison培育，大道系列，株型紧凑，半重瓣，花瓣尾端尖细，清新藕紫色，较耐阴。

## '吉赛尔' 'Giselle'

英国品种'大道系列'，来自Raymond Evison育种项目的最新品种之一，在2013年切尔西花展上推出市场。株型紧凑，习性强健，是一个花量巨大、开花习性自由、开花时间长的优秀品种，适合盆栽、阳台和小空间种植，可以和藤本月季搭配，攀缘拱门或廊架景色迷人。

## '朱丽安' 'Juliane'

英国品种，Raymond Evison培育，大道系列，纯白色的花瓣，每片花瓣都略有凹型，十分别致，较耐阴。

## '紫光'

热门品种，且永远重瓣，长势强健，花量大，不管是盆栽还是花墙花柱的应用都可以快速出效果，花期集中，容易爆花，花期很长，完全展开后花型十分饱满。

## '飒拉' 'Zara'

矮生'大道系列'，花期长，花量密集，英国Raymond Evison培育，在2012年切尔西花展上推出，绽放美丽的中到大型淡蓝色花朵，适合花园或阳台里任何略微遮阴的位置。

## '金银丝' 'Filigree'

英国品种，Raymond Evison培育，帝舵(Tudor)系列，超矮生，花量密集，半重瓣，植株高度仅为30cm左右，特别适合盆栽，除了攀爬花架，更可以让枝条自然匍匐生长，作为吊篮或花园的地被植物。

### '千层雪' 'Matka Siedliska'

花径15～20cm，波兰品种，由Stefan Franczak培育，1987年推出。5～6月在上年的老枝上开重瓣花，7～8月在当年的新枝上开单瓣花。

### '皮卡迪' 'Picardy'

英国品种'大道'系列，由Raymond Evison和Mogens Nyegaard Olesen培育，2002年推出。单瓣大花，花瓣6～8瓣，紫红色带红色条纹，株型紧凑，习性强健，花量很大而且开花时间长，适合盆栽，阳台和小空间种植的理想品种。

### '哦啦啦' 'Ooh La La'

属'大道'系列，由Raymond Evison培育，于2007年推出。株型紧凑，习性强健，花量很大而且开花时间长，适合盆栽，阳台和小空间种植的理想品种。

### '冰蓝' 'Ice Blue'

英国育种家培育，由Raymond Evison培育，2005年推出。如果种植在阴凉处，白色大花略带漂亮阴影，整体呈冰蓝色，在其他任何方位，冰蓝色淡出几乎为白色。开花过程中，深浅花朵次第绽放，满园清新扑面。

### '切尔西' 'Chelsea'

大道系列品种，由Raymond Evison培育，花是清澈的天空蓝色，白色中带有蓝色或灰色调，并且种在部分阴影中表现最佳，实物比图片更为漂亮，适合于种植在超小型的花园、屋顶花园或露台、庭院或户外用餐区，也可以种植在吊篮中。切尔西的名字是为了纪念切尔西花展100周年。

### '巴黎风情' 'Parisienne'

大道系列品种，由Raymond Evison培育。单瓣花，花朵干净清新，花瓣宽椭圆形，基部互相重叠，尾端比较尖锐，花瓣紫色至天蓝色，花蕊紫红色。枝条壮实，绑扎工作量少。株型紧凑，习性强健，花量很大而且开花时间长，适合盆栽，阳台和小空间种植的理想品种。

**'静海石'**　　'Tranquilité'

**'许愿星'**　　'Elodi'

**'绿色激情'**　　'Green Passion'

大道系列品种，矮生型，由Raymond Evison培育，2018年切尔西花展首发，非常清新的薰衣草浅紫花瓣，有一定概率开半重瓣，可在较阴环境下种植，叶腋开花能力优秀，开花时整根枝条从顶部到底部均能开花，花量可观，花朵分布均匀且饱满，盆栽的观赏效果极佳。

超级矮生品种，由Raymond Evison培育，2019年切尔西花展首发。花朵通常由8片左右且互相重叠的花瓣组成，浓郁的粉红色花朵极易给让花友留下深刻的印象。它生长高度极矮，无攀爬性，种起来的感觉更偏向草花，无需支架。

早春开花时为漂亮的重瓣，花瓣数量极多，花尖有些许奶油白，春末初夏或秋季开花时则花瓣相对变少，更像半重瓣，且花色中的奶油白占比更多。株型紧凑，适合小空间盆栽，搭配1.2m支架，或小围栏边地栽。

**'円空'**　　'Enku'

**'超级多蓝'**　　'Belle of Taranaki'

**'天盐'**　　'Teshio'

皮实好养的日本早花重瓣品种，生长速度快，植株强健，耐热和抗病能力都很优秀，全国南北地区皆可种植。花朵大，盛开的花瓣直径都维持在10cm以上，春秋两季花期很长且单根枝条即有可观花量，随着种植时间增加，3年左右苗龄即1次花期的花量便可达上100朵。

铁线莲多蓝的芽变品种，由新西兰育种家培育。花型可在一年当中呈现多种变化，早春开漂亮的重瓣花，春末初夏或秋季开半重瓣或单瓣花。

花型紧凑，开花自由，初开时花瓣内卷呈管状，花朵看起来像是一只小刺猬，全开时，花朵则更显平展。天盐是以北部的一个小岛名字命名，适合盆栽或花园小围栏边上地栽。

**'永恒的爱'** *'Grazyna'*

波兰品种，花瓣有红粉色的中线，花丝乳白，花药黄色，色调明快，4～5月老枝条开半重瓣花或单瓣，8～10月新枝条开单瓣花，新枝条花量可观。冬季春化低温时间够长则半重瓣花瓣会更多。

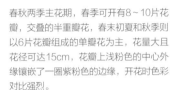

**'花边石竹'** *'Picotee'*

春秋两季主花期，春季可开有8～10片花瓣，交叠的半重瓣花，春末初夏和秋季则以6片花瓣组成的单瓣花为主，花量大且花径可达15cm，花瓣上浅粉色的中心外缘镶嵌了一圈紫粉色的边缘，开花时色彩对比强烈。

**'琉璃'** *'Ruriokoshi'*

日本原生品种，雪青色全重瓣，气质型，花朵立体感很强，即使花朵开到后期也依旧可以保持一定的挺立感。生长强健且迅速，春季老枝条花量巨大，但冬季花芽分化低温不足时开花重瓣程度略低，夏末修剪后秋季生长旺盛，枝条易大量萌发。

**'重瓣丹妮'** *'Denny's Double'*

由Vince & Sylvia Denny于1993年培育，春季在老枝开重瓣，秋季在新枝开单瓣或半重瓣，初开时花色为紫粉色，后期逐渐转为淡蓝色，开花时花朵外层花瓣的局部偶尔会有紫绿的颜色。

**'水星二号'** *'Shikoo/Suisei'*

春季在老枝上开重瓣花，花朵外围由6～8个大花瓣加上中心数个小花瓣组成，秋季在新枝上开半重瓣或单瓣花。水星二号的颜色的深度因种植环境而异。

**'烈火'** *'Fireflame'*

春季在老枝上开重瓣花，秋季在新枝上开半重瓣或单瓣花，是少有的红色重瓣大花，花朵由鲜艳的红色组成，但最外层花瓣可能呈现不规则的叶绿色斑纹，别具一格。

# Late Largeflowered Group
## 晚花大花型

晚花铁线莲花量丰富，且株高越高，花量越多，容易在花墙、花柱和拱门的造型上形成花朵瀑布的效果。晚花品种多为单瓣品种，新枝开花，无需春化，可以耐受极寒和极热，皮实好养，有非常优秀的环境适应、抗病和花后恢复能力，南北方均可放心种植，同时特别推荐广东、广西和福建等夏季高温地区种植。

**'萨夏'**     'Sacha'

英国品种，Raymond Evison培育，大道系列，株型紧凑，半重瓣，花瓣尾端尖细，粉红色外围，较耐阴。

**'倒影'**     'Reflections'

英国品种，Raymond Evison培育，2010年推出。颜色很迷人，半重瓣，浅紫罗兰，初开经常呈现浅粉紫色，随着时间推移颜色变浅，甚至为白色，株型紧凑，强健，花量很大而且开花时间长，盆栽以及花墙、廊架的理想材料，还适合搭配深色系月季。新世界系列，冬末或早春需要强修剪。

**'微光'**     'Shimmer'

英国品种，Raymond Evison培育，2010年推出。在盛花期过后花色逐渐变淡，花药变成紫红色。株型紧凑，习性强健，花量很大而且开花时间长，盆栽，阳台和小空间的理想品种。新世界系列，冬末或早春需要强修剪。

## '前卫' 　　　'Avantgarde'

英国Raymond Evison公司专利品种，2004年推出，由Raymond Evison和Mogens Nyegaard Olesen培育，为'Kermesina'的芽变品种。生长强健，抗病性强。花朵为漂亮的星形，漂亮的红色，粉色的中心绒球是花瓣状的雄蕊，黄色花药。

## '美好祝福' 　　　'Best Wishes'

纯白色，花瓣中心为紫色条纹，花瓣上散落着紫色的斑点，花蕊为深紫色，整个花朵的颜色非常特别。

## '美好回忆' 　　　'Fond Memories'

英国品种，Geoffrey Tolver培育，2004年推出。具有缎面光泽的粉白色大花，花瓣边缘带有玫瑰紫色晕边，花瓣背面深玫瑰紫色。在寒冷地区，冬季可能需要保护过冬，盆栽冬季可以移到室内，在这种环境下植株会保持半常绿状态。

## '罗莎蒙德' 　　　'Rosamunde'

该品种由Willem Straver于2000年在德国培育。最引人注目的就是它带有深粉色的条纹的6片粉橘色花瓣，且条纹越往上越浅。花朵大小中等，直径8～12cm。对种植的要求不高，可在任意花园中种植，也可在大花盆中种植。

## '黎明的天空' 　　　'Morning Sky'

由Szczepan Marczyński培育的最新波兰品种之一。花亮粉紫色，近圆形，中部逐渐变亮，脉序粉色。由4～6枚花瓣组成，花瓣背面亮紫色，中部带粉白色条纹。花药暗紫红近黑色，花丝黄色，短短的雄蕊绽放时树立的姿态像个小刺猬，与花被片形成巧妙对比。在亮色背景前种植效果华丽。

## '紫水晶美人' 　　　'Amethyst Beauty'

花径10～15cm，英国品种，Raymond Evison2010年隆重推出的"新世界"铁线莲系列之一。非常勤花，花量很大，在花园中很出彩。单瓣15cm，紫红色大花，边缘有轻微波状，花晚期呈蓝紫色。

**'爱炫'**    'Ashva'

花径5～8cm，Bakevicius培育，2010年推出。花朵近圆形，花瓣边缘呈迷人的波浪形。花量多。株型矮小紧凑，非常理想的盆栽品种。

**'包查德女伯爵'** 'Comtesse de Bouchaud'

花径10～15cm，法国品种，由Francisque Morel培育，1900年推出。一个性状强健，生长较为快速，花量极大的品种。

**'戴纽特'**    'Danuta'

花径10～15cm，丰花品种，是阳台和露台很理想的盆栽品种。波兰品种。由Stefan Franczak在20世纪90年代培育。

**'东方晨曲'**   'Ernest Markham'

花径10～15cm，生长比较快速，多花。花瓣有天鹅绒般的光泽。在光照充足的地方长得较好，适合种植在大型容器中。英国品种，由Ernest Markham培育，1938年推出。

**'如梦'**    'Hagley Hybrid'

花径10～18cm，适应性强，生长速度较快，丰花品种。不喜光照强烈的环境，可在荫蔽环境下种植。英国品种，由Percy Picton培育，1956年推出。

**'杰克曼二世'**   'Jackmanii'

花径10～12cm，是英国培育的最古老的大花品种，十分强健，适应性强，花量极大，也适于盆栽。由George Jackman和他的儿子培育，1863年推出。

### '天幕坠落'    'Skyfall'

波兰品种，由Szczepan Marczyński培育，花朵浅蓝色，带不规则的亮紫色斑点，对生长环境要求不高，十分强健的品种。适合垂直绿化的应用，拱门必备，也适宜种植于栅栏、棚架、架或其他较高的花园支撑物上。可以攀绕在自然支撑物上如大型灌木或乔木，在亮色背景的映衬下十分华丽。

### '红衣主教'    'Rouge Cardinal'

花径10~12cm，法国品种，由A. Girault培育，1968年推出。很优秀的品种，生长速度适中，花量很大，花期持久，花具有天鹅绒质感。适合阳台或平台大型容器栽培，搭配浅色背景更引人注目。

### '超级新星'    'Super Nova'

荷兰品种，Wim Snoeijer培育，2015年前推出。花小到中等，紫色花瓣，白色条纹，深紫色花蕊，株型更紧凑，习性更强健，开花多，新手上手快。

### '斯塔西'    'Stasik'

花径8~10cm，俄罗斯品种，由Maria F. Sharonova培育，1972年推出。花朵星形，株型矮小，适合盆栽。

### '乌托邦'    'Utopia'

晚花大花型，花径15~16cm，日本杂交品种，由佛罗里达型铁线莲和一个不知名的大花品种杂交而来。整个花具有明显的丝绸般光泽。适宜种植在阴凉且光照充足的环境。

### '里昂村庄'    'Ville de Lyon'

晚花大花型，花径12~14cm，法国品种，由Francisque Morel培育，1899年推出。适应性强，丰花。适合盆栽。特别适合在荫蔽环境下生长。

# Viticella Group
## 意大利型

非常强健的铁线莲品种，适应性强，喜阳、不宜荫；极少得枯萎病；花径4-13cm，多数4瓣，少数5-6瓣；成型植株3米以上，适合地栽；花期夏至秋季，花期长花量大，花型多数垂铃型，三类强剪。特别推荐和其他藤本植物一起混搭做花墙。

**'薇尼莎'**    'Venosa Violacea'

意大利型，法国品种，1883年推出。生长强健，适应性强，理想的露台或阳台盆栽品种，也适合作地被栽植。推荐给园艺业余爱好者和有经验的园丁。

**'神秘面纱'**    'Night Veil'

意大利型，日本品种，由Masako Iino培育，2005年推出。喜光照充足的环境。搭配明亮的背景或自然支撑物种植，效果会很好。

**'精灵'**    'Elf'

意大利型，小花，英国品种，由Barry Fretwell培育。花型可爱，很适合小花园种植。

**'小仙女'** 'Fay'

意大利型，花径2~3cm，德国品种，Willem Straver培育，2007年推出。花期特长，观赏性很高的品种。喜欢阳光充足的种植环境，特别推荐种植在花园小径边，从近处观赏花朵之美。

**'典雅紫'** 'Purpurea Plena Elegans'

意大利型，花径3~6cm，法国品种，由Francisque Morel培育，1899年推出。一个生长快速的吸引人的品种。夏天植株会被大量深紫红色花朵覆盖。全日照环境下长得更好，也可作地被种植。

**'索利纳'** 'Solina'

意大利型，花径中花，波兰品种，由Stefan Franczak培育。因波兰东南部Bieszczady Mountains的村庄和湖泊而得名。花量大，管理相对粗放。

## '大河' 'Taiga'

日本品种，由Koichiro Ochiai于2017年培育，2015年前推出。珍贵罕见的品种，花的变化很有意思，从刚开始开花到结束，可以看到花各种各样的表情。上下分为两种颜色的花瓣。花量大，养护简单，适合小花园栽种或阳台盆栽。

# Florida Group
## 佛罗里达型

又称F系，丰花且复花能力优秀，以春秋两季开花为主，晚春初夏花期为辅，气候温和的地区则可以每隔60-70天开一波花。广东、广西等冬季相对温暖的地区可在秋花后再开一波花。重瓣F系也是少有的无需春化，广东、广西地区可以种植的重瓣的铁线莲品种。F系温度低于-6℃时需防寒措施。

## '幻紫' 'Sieboldiana(Sieboldi)'

花径5~12cm，花型独特，花瓣乳白色，花朵中央有一大团暗紫色花蕊，秋季花会变为绿色。只在新枝上开花。适应性不强，最好种植于南向的墙边等避风的地方。要求土壤湿润，排水好，冬季需作防护。较不耐寒，适合盆栽，以便冬季置于温度为0-5℃的室内越冬。

## '新幻紫' 'Viennetta'

花径8~12cm，植株叶片小，花朵大，观赏效果佳。长势中等，单朵花期长，持续开花，适合盆栽或小庭院栽培。新幻紫是老幻紫的芽变异品种，紫色部分大，有一层层的渐变过渡色，其他习性都一样。最低耐受低温-10℃。英国品种，Raymond Evison和Mogens Nyegaard Olesen1997年推出。

## '水面妖精' 'Minamo no yousei'

淡紫、浅绿的基调，中间带深浓的斑点，少见的复古色，日本网站上的描述是："它是一种艺术之美，就像沙子一样，因为花朵的颜色是绿色和紫色，花瓣是白色的。从开花的开始到结束，花的颜色会变成棕色，成为古色古香的颜色。"

## '紫子丸' 'Shishimaru'

F系里的热门品种，且永远重瓣，长势强健，花量大，不管是盆栽还是花墙花柱的应用都可以快速出效果，花期集中，容易爆花，花期很长，完全展开后花型十分饱满。

## '绿玉' 'Alba Plena'

F系里的热门品种，开花量极大且永远重瓣，苹果绿色的花朵一朵挨着一朵格外的清新靓丽，夏季高温高湿时期建议避雨种植。

## '恭子小姐' 'Lady Kyoko'

相当令人惊艳的花型，像傲娇的小公主一般，秀气逼人，淡淡紫红色重瓣品种，花瓣一层层由外至内打开，花蕊较小，长势迅猛。花瓣偏细长，更显妖娆。紫色晕边均匀，更像是一个重瓣版的乌托邦。

## '变色龙' 'Chameleon'

花如其名，花色多变，深紫、浅紫、浅粉，渐渐过渡，这个品种在半阴至全阳环境下均能正常生长开花，且在不同种植环境下花色会有变化。浅蓝或浅紫红色的花瓣上带有白色点点，犹如星空一般，看起来别具一格。花朵直径可以达到8~12cm，春秋两季主花期，春末初夏也可少量复花，夏季休眠不明显。

## '昼天使 / 桃万重' 'Shamshel'

F系里的热门品种，开花量极大且永远重瓣，花如其名，桃粉色透着苹果绿色的花朵一朵挨着一朵格外的清新靓丽，夏季高温高湿时期建议避雨种植。

## '九重' 'Kokonoe'

非常优秀的F系品种，除了永远重瓣之外，整体的长势非常强健，特别是在根系生长速度和分枝性方面，在F品系种里数最好的，甚至比很多早花品种更加优秀，九重也是推荐给新手种植的F系品种。

### '哈库里' 'Hakuree'

单叶型，花径5-12cm，成熟植株高度为1m。日本品种，由Kazushige Ozawa培育。花铃铛形，蓝白色，基部淡紫色，有清香。无攀缘性，可作地被栽种。特别适宜做花境边缘，或者与灌木搭配种植。

# Integrifolia Group
# 单叶型

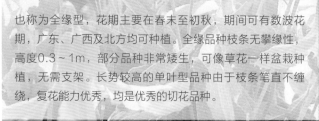

也称为全缘型，花期主要在春末至初秋，期间可有数波花期，广东、广西及北方均可种植。全缘品种枝条无攀缘性，高度0.3～1m，部分品种非常矮生，可像草花一样盆栽种植，无需支架。长势较高的单叶型品种由于枝条笔直不缠绕，复花能力优秀，均是优秀的切花品种。

### '花岛' 'Hanajima'

花径3-4cm，日本品种，钟形花，直立，无攀缘，匍匐于地，但可倚靠在支撑物上。花微下垂，紫红色，边缘浅紫红色，花被片卷曲。强健，良好的地被、墙体、栅栏覆盖物，适合阳台盆栽或地被应用。

### '浅紫罗兰' 'Bluish Violet'

单叶型品种，可作切花，相当的耐热，推荐给广东、广西地区种植，同时可耐受-20℃的低温，北方大部分地区均可露天过冬。浅紫罗兰在新枝上开浅蓝紫色花，3类重剪，修剪非常方便，冬天将枝条修剪至基部上方，保留从土壤表面往上大约10cm的枝条即可。

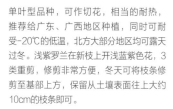

### '罗茜' 'Rosea'

单叶型品种，可做切花，紫红色花萼有明显的条棱，质感厚实精致。相当耐热，推荐给广东、广西广地区种植，同时可耐受-20℃的低温，北方大部分地区均可露天过冬。罗茜在新枝上开花，3类重剪，修剪非常方便，冬天可将枝条修剪至基部上方，保留从土壤表面往上大约10cm的枝条即可。

# Integrifolia Viorna Texensis Group

## 铃铛型

花朵像铃铛的铁线莲品种普遍都可以称为铃铛铁，其中包含了单叶型（全缘型）、铃铛型和德克萨斯型品种，适合广东、广西等夏季炎热地区种植；丰花且复花性极好，花期漫长，4～5月至10月期间可有数波花期；抗性好，几乎不得枯萎病。

**'玉'**     'Jade'

花径3～4cm，种植难度真的很低，只要日照充足，通风良好(室外)，水肥跟上，基本上没有长得不好的。小巧玲珑，惹人喜爱。有香味的红色铃铛铁。

**'紫铃铛'**     'Rooguchi'

单叶型花径5cm，日本品种，由Kazushige Ozawa培育，1988年育成。花朵呈优雅铃铛形。茎直立，没有攀缘性，可作地被种植或作大型盆栽栽种。

**'胭脂扣'**     'Rouge'

铃铛型，花径3～4cm，种植难度低，喜日照充足、通风良好的环境，水肥适当。双色铃铛铁，小巧玲珑，惹人喜爱。

## '银珠'

德克萨斯系的铁线莲，铃铛型，种植难度真的很低，只要日照充足，通风良好(室外)，水肥跟上，基本上没有长得不好的。小巧玲珑，惹人喜爱。

## '克里斯帕天使' 'Crispa Angel'

日本品种。纤巧花铃类型，花小极淡青紫色钟形，微低头下垂，尾端张开，强烈向上翻卷，花蕊黄色。是铃铛型Viorna Group与卷花铁线莲Crispa的杂交，花芳香。花后强剪会增加来年花量，耐寒、耐酷暑，攀缘性好。

## '红色公主' 'Princess Red'

迷人的日本品种，Mikiyoshi Chikuma于2008年前培育。花铃铛型，下垂，愉悦水果香，花直径3~3.5cm。花朵由5片胭脂红色萼片组成，浅粉色的边缘，尖尖的强烈向上翻卷的尾端，萼片外围有5根精致的棱边。雄蕊由白色花丝和金色花药组成。

## '樱桃唇' 'Cherry Lips'

著名日系铃铛铁，花径3-4cm，玫红色铃铛有金黄色的唇线，种植难度非常低，长势强健，具有极佳的耐热性和抗性，只要日照充足，通风良好(室外)，水肥跟上，基本上没有长得不好的。全国可种，特别推荐黄河以南流域种植，尤其是广东、广西福建等地区。小巧冷珑，惹人喜爱，很适合小花园种植。

## '王梦' 'King's Dream'

热门铃铛铁，精致的花朵花径3-4cm，小巧可爱，紫色铃铛有黄白色的唇线，仙气十足，种植难度低，喜日照充足，通风良好的环境，水肥适当的铃铛铁花量大，花期长，可以从4、5月开到10月。全国可种。

## '草莓吻' 'Strawberry Kiss'

热门铃铛铁，开花精致可爱，玫紫色花朵带着白色的唇线，而且开花多，让人一眼就能够记住。种植难度很低，长势强健，具有极佳的耐热性和抗性。花期十分漫长，可以从春季(4-5月)延绵到初秋(10-11月)，全国可种。

### '索菲亚' 'Sophie'

尾叶铁线莲组杂交品种(Vioma)，华丽的日本品种，直立，不攀爬。花朵钟形，下垂，长在紫色长柄上。花径1.5~2cm，花瓣4枚，紫色。萼瓣背面带3条中棱，正面粉紫色，颜色向基部逐渐变浅，靠近雄蕊的部分颜色近于白。花药黄色，花丝白色。花期很长，从5~10月在当年的新枝条上开花，花谢后全部落下。

### '粉红色的你' 'Pink you'

热门铃铛铁，粉红色的铃铛，非常梦幻，具有极佳的耐热性和抗性，全国可种，尤其是广东、广西福建等地区。丰花，花期十分长，可以从4~5月延绵到10月，更靠南的地区春季可以更早开花，秋季的花期也可以持续到更晚。盛夏时节，正是铃铛铁开挂时。

### '御福君' 'Ofuku no Kimi'

热门日系铃铛铁，花色清新浪漫，是少女的粉色，还有淡黄色的唇线，十分强健，长势迅猛，非常适合花园、露台。花期长，4~5月延绵到10月，更靠南的地区春季可以更早开花，秋季的花期也可以持续到更晚。特别推荐黄河以南流域种植，尤其是广东、广西福建等地区。

### '阿迪森/阿迪索尼' 'Addisonii'

株型较小，紫色的铃铛有黄色的唇线，有很好的耐热性和抗性，特别推荐黄河以南流域种植，尤其是广东、广西福建等地区。花期5~10月，可以从春季(4~5月)延绵到初秋(10月)，更靠南的地区由于温暖的气候，春季可以更早开花，秋季的花期也可以持续到更晚。

### '小樱桃' 'Pitcheri'

日系铃铛铁，浅藕荷紫色，有淡淡黄色唇线，小巧可爱，是极易在盛夏时节开出大量花朵的铁线莲，具有极佳的耐热性和抗性，长势好，特别推荐黄河以南流域种植，可以从春季延绵到初秋。

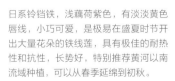

### '天使的首饰' 'Tenshi-no-kubikazari'

热门铃铛铁，是在30cm左右就能开花的紧凑铃铛铁，花亮洋红色，非常丰花，种植难度低，长势强，具有极佳的耐热性和抗性，全国可种，特别推荐黄河以南流域种植，尤其是广东、广西福建等地区。铃铛铁花量大，花期长，可以从5月开到10月，更温暖的地区，春季可以更早开花。

### '玲珑城市'   'Sonnette'

花朵精致，花萼卷曲，花粉色，很适合小花园种植。铃铛铁都是丰花品种，花期十分漫长，可以从春季(5月)延绵到初秋(10月)。具有极佳的耐热性和抗性，特别推荐黄河以南流域种植，尤其是两广福建等地区。

### '奇异恩典'   'Amazing Grace'

鲜艳的粉红色，颜色向萼瓣基部逐渐变浅变黄，小巧玲珑，惹人喜爱。花期十分漫长，可以从春季延绵到初秋，更靠南的地区由于温暖的气候会延长花期，春季更早开花，秋季的花期持续到更晚。

### '篷巴杜/缤纷娃娃'   'Ofuku no Kimi'

淡紫色花，有黄色唇线，开花精致可爱，而且开花多，让人一眼就能够记住。铃铛铁是最好养的铁线莲，具有极佳的耐热性和抗性，盛夏时节，其他铁线莲停止开花休眠之际，只有铃铛铁依旧盛花。

### '夏日风铃'

花型像一颗一颗小风铃，淡淡粉色，是丰花品种，花期十分漫长，可以从春季(5月)延绵到初秋(10月)，更靠南的地区由于温暖的气候，春季可以更早开花，秋季的花期也可以持续到更晚。盛夏时节，正是铃铛铁开挂时。

### '天使舞裙'

奶油与草莓酱混合色，花萼卷幅较大配以鹅黄色的花药十分可爱迷人。是丰花品种，花期十分漫长，可以从春季(4-5月)延绵到初秋(10月)。

### '紫龙晶'

拥有华丽袭人的色彩，浓烈的紫色向基部逐渐变淡，神秘十足。喜光照充足，是最好养得铁线莲，非常耐热，也非常耐寒，花期也非常长，是非常皮实的品种。

## '妙福'  'Myofuku'

柔和的粉红色，特别丰花，长势强健，具有极佳的耐热性和抗性，特别推荐黄河流域以南种植，花期5-10月，更靠南的地区由于温暖的气候，春季可以更早开花，秋季的花期也可以持续到更晚。

## '贵夫人'

"裙摆"极长，呈一种微绿的奶油白色，萼片上有绸布质感的自然纹理，可爱宜人。开花多，让人一眼就能够记住，花期十分漫长，可以从春季(4-5月)延绵到初秋(10月)。

## '鸨色之君'

可爱的铃铛铁，花胭脂红色，唇线泛白，看起来十分有质感。铃铛铁对生长环境要求不高，十分强健，长势迅猛，非常适合种植在花园、露台。铃铛铁都无需春化，且更靠南的地区由于温暖的气候会延长花期，特别推荐黄河以南流域种植，尤其是广东、广西福建等地区。

# Atragene Group
## 长瓣型

长瓣型铁线莲长势强健，原生于山脉地区，喜欢凉爽的环境，非常适合夏季凉爽或高温天气较短的北方种植，冬季可耐-40℃低温，但并不耐受夏季的高温高湿，江浙沪地区新手不推荐种植。长瓣铁线莲一般全年只需修剪枯枝病枝即可。

**'紫梦'**    'Purple Dream'

波兰品种，由Szczepan Marczyński培育，2012年推出。开花壮观，往往是老枝和新枝上都开花。花径在10~12cm，钟形，花朵有香味。叶片深绿色，该品种耐寒。

**'塞西尔'**    'Cecile'

花径5~12cm，英国品种，在Caddick发现。可爱的早花品种，早春开花，花量大，半重瓣，深邃蓝紫色。耐半遮阴环境，是篱笆、墙体、岩石园、老树桩、小灌木的理想装饰材料，适合盆栽，也是很好的地被材料。

**'拉古'**    'Lagoon'

2002年获得英国皇家园艺协会（RHS颁发的园艺优异奖，半重瓣，长势强健，枝条木质化程度较高，喜光，耐寒，不耐湿热，特别适合长江以北地区种植。

## '柠檬之梦'  'Lemon Dream'

由Szczepan Marczyński推出的波兰品
种，2012年夏季引入市场。长瓣型中花瓣较
大的品种。萌芽时青柠色，盛开为白色，雄
蕊花药黄色，花丝黄绿色，雌蕊淡黄色。葡
萄柚般花香。特别适合花架、围栏、怪石、
古树桩或灌木，可作地被。

## '梅德威尔'  'Maidwell Hall'

英国品种，由George Jackman和他的儿子培
育，1956年推出。早花，丰花品种。可用来
装饰篱笆、墙体、岩石地或老树桩。可与小树
或落叶一针叶灌木搭配种植。适合盆栽，也是
很好的地被，喜光，耐寒，不耐湿热，特别适
合长江以北地区种植。是最受欢迎的长瓣铁。

## '芭蕾舞裙'  'Ballet Skirt'

春季在老枝开花，初夏可零散开花，外萼片呈
淡红色-紫色，内部有许多较小的瓣化雄蕊，
适合在篱笆、墙壁、岩石和老树干上生长，也
可盆栽，喜光，耐寒，不耐湿热，特别适合长
江以北地区种植。

# Evergreen Group
## 常绿型

四季常绿，冬季不落叶，3月开花，花量极为丰富，一些品种更带有香味，有春化需求，冬季最好在0~5℃的低温春化累计30天左右，江、浙、沪地区可以春化。但常绿铁线莲并不特别耐寒，适合8~9区种植，一般全年只需修剪枯枝病枝即可，如有控制株高和更新枝条的需求，则可在春季花后或夏末根据需求进行轻剪或重剪。

**'雪崩'**    'Avalanche'

花径4~5cm，英国品种，Robin White培育的优质常绿品种，株型紧凑，花量非常大，单瓣，在常绿铁线莲中花型较大。早春在当年生枝条开花，花开繁盛，大量成簇纯白色小花覆盖全株，壮观类似雪崩，释放美妙香气。十分理想的盆栽植物，也可用于覆盖低矮的墙体和斜坡，还是优良地被品种。

**'银币'**    'Joe'

花径5cm左右，英国品种，1983年育成。花量大，单瓣，株型紧凑，常绿。早春纯白色小花覆盖全株。是十分理想的盆栽植物，也可用于覆盖低矮的墙体。

**'苹果花'**    'Apple Blossom'

威灵仙型，花径4-6cm，常绿品种，生长势强，花有香味。喜温暖、向阳、避风的环境及肥沃、排水好的土壤。可以忍受-12℃的低温。特别推荐用于冬季花园，可以与落叶植物搭配种植，填补冬季花园绿色凋零的缺憾。2002年获得英国皇家园艺学会（RHS）优秀奖（AGM）。

**Montana**
# 蒙大拿型

蒙大拿铁线莲是个极易在春天可以开出大量花朵的铁线莲品类，花径4~6cm，株高通常在3~7m，更高的株高代表其更多的花量和更加壮丽的观赏效果。花期通常持续一个月，同时伴有愉悦的香气弥漫在空气中，令人心醉，冬季可以耐受-20℃低温，中国大部分北方地区都可以种植，但根系属毛细根，耐高温高湿能力差。华北地区可放心种植，可盆栽可地栽，华中、华东地区更适合盆栽。

### '巨星'　　'Giant Star'

极易在春天开出大量花朵的铁线莲群组，自叶腋生长出一簇簇的小花，一个枝节四五个小花蕾，花径4~6cm，蒙大拿铁线莲株型在铁线莲里属最大的，株高通常在3~7m，但巨星则可达到8m。

### '玫瑰花蕾'　　'Rosebud'

极易在春天可以开出大量花朵，自叶腋生长出一簇簇的小花，一个枝节四五个小花蕾，花径4~6cm，与其他蒙大拿型不同，它可以开出半重瓣的花朵。花期通常持续一个月，同时伴有愉悦的香气弥漫在空气中，令人心醉。长势强健，抗枯萎病、抗虫害，株高3~5m，最高可达6m。

### '鲁本斯'　　'Rubens'

一个相对古老的蒙大拿品种，1958年便推向市场，多年来在英式花园中被大量运用，也因此获得英国皇家园艺协会RHS的AGM奖项。长势非常迅速，可以很快覆盖住一面花墙，同时也是拱门和方尖碑上生长的绝佳选择，还可以生长在大树的树干上，以增加悬垂效果。

**1 查尔斯王子、天幕坠落、阿拉贝拉**

花友：嘉 Hermione　坐标：浙江省嘉兴市

**2 皇帝**

花友：蔡司头　坐标：山东省济南市

**3 昼天使**

花友：承晚阳　坐标：安徽省宣城市

**4 紫水晶**

花友：夏落不明　坐标：江苏省孝感市

# 绣球

*Hydrangea*

绣球（Hydrangea）为虎耳草科绣球属落叶灌木，又名"八仙花""紫阳花"，原产中国、日本。绣球花朵的大型聚伞花序呈球型、平瓣型和圆锥型三种，以球型居多。彩色的大绒球不是一朵花，而是由一朵朵小花组合拼凑而成的大型花序，我们所见到的彩色花瓣其实是彩色的花萼。绣球大类涵盖了乔木绣球、大花绣球、圆锥绣球、栎叶绣球、粗齿绣球等几个门类，是现代私家庭院里不可或缺的景观植物。

# 养护小知识

## 绣球家族

绣球一个大家庭，成员主要有大花绣球、乔木绣球、圆锥绣球、栎叶绣球、藤绣球和粗齿绣球。

| 主要成员 | 大花绣球 | 乔木绣球 | 圆锥绣球 | 栎叶绣球 | 藤绣球 | 粗齿绣球 |
|---|---|---|---|---|---|---|
| 别名 | 大叶绣球 | 光滑绣球 | – | – | – | 山绣球 |
| 拉丁名 | *Hydrangea macrophylla* | *Hydrangea arborescens* | *Hydrangea paniculata* | *Hydrangea quercifolia* | *Hydrangea anomala* | *Hydrangea serrata* |
| 成型高度 | 0.9-1.5m | 1.2-1.5m | 0.6-2.4m | 1.2-2.4m | 9-10m | 0.9-1.5m |
| 光照 | 散射光充足 | 散射光充足 | 全光 | 全光至半阴 | 全光至半阴 | 全光至半阴 |
| 开花 | 老枝开花 部分新枝开花 | 新枝开花 修剪控花 | 新枝开花 修剪控花 修剪控高 | 老枝开花 | 老枝开花 | 老枝开花 |
| 低温 | −10℃ | −40℃ | −30℃ | −28℃ | −28℃ | −23℃ |
| 修剪 | 花后修剪 冬季减负 | 花后修剪 落叶后、萌芽前 重剪 | 花后修剪 落叶后、萌芽前 中度修剪 | 花后修剪 冬季减负 | 花后修剪 冬季减负 | 花后修剪 冬季减负 |
| 花朵 | 球型花、蕾丝型花 | 球型花 | 圆锥型花 饱满或蕾丝型 | 圆锥型花 饱满或蕾丝型 | 蕾丝型花 | 球型 蕾丝型花 |
| 变色 | 除白色或某些品种 大部分可 "酸蓝碱红" | 不变色 绿-白-绿 绿-粉-绿 | 不变色 白-绿 白-粉红 | 不变色 | 不变色 | 变色（白色除外） "酸蓝碱红" |

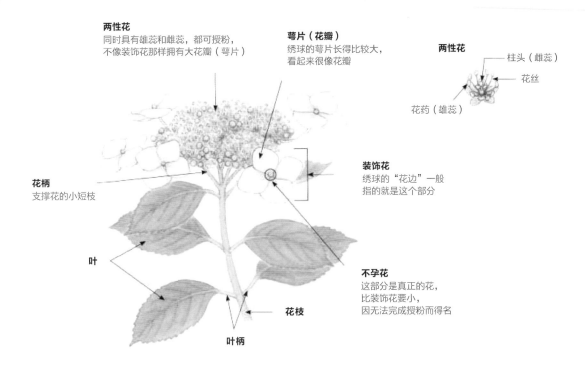

**两性花**
同时具有雄蕊和雌蕊，都可授粉，
不像装饰花那样拥有大花瓣（萼片）

**萼片（花瓣）**
绣球的萼片长得比较大，
看起来很像花瓣

**两性花**
柱头（雌蕊）
花丝
花药（雄蕊）

**花柄**
支撑花的小短枝

**装饰花**
绣球的"花边"一般
指的就是这个部分

**叶**

**不孕花**
这部分是真正的花，
比装饰花要小，
因无法完成授粉而得名

**花枝**

**叶柄**

## 绣球的管理

### 土壤
绣球对介质的要求不高，只需要排水性较好，保湿性略高。

### 光照
绣球属于喜散射光充足植物，人们通常认为绣球喜欢在阴凉处生
长，但其实在日照充足条件下，才能茁壮成长，花大色艳。如果
日照不足 2 小时，也可以开花，但有可能会花枝细长，易伏倒。
有些品种天生习性爱垂，这些品种可以种在抬高的花坛，让枝条
自然下垂，具有别样魅力。

### 水分
当气温上升，水分蒸腾加快的时候，介质略保湿，尽量不要脱水。
按需求浇水，且避开花朵，防止高温强光灼伤。地栽在夏季土壤
持续干燥时注意浇水。

### 施肥
绣球对肥料要求大，花谢后追肥，缓释肥为主，秋季以复合肥为主，
冬季以腐熟充分的有机肥为主。春季萌芽后，施磷钾肥含量高的
液肥。

# 绣球的修剪

大部分大花绣球都是老枝开花，从秋季开始在老枝上花芽分化，为了避免修剪掉花芽，大花绣球的修剪建议花后修剪残花和整形控高，冬季落叶后做整形式修剪。新老枝开花的'无尽夏'系列绣球、'佳澄'等为增加观赏期也参考这种修剪方式。圆锥绣球和乔木绣球在新枝开花，乔木绣球落叶后重剪，圆锥绣球做中等修剪。

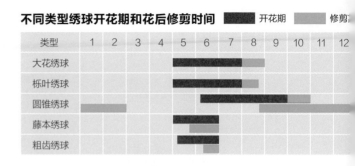

**不同类型绣球开花期和花后修剪时间** ■ 开花期 ■ 修剪

| 类型 | 1 | 2 | 3 | 4 | 5 | 6 | 7 | 8 | 9 | 10 | 11 | 12 |
|---|---|---|---|---|---|---|---|---|---|---|---|---|
| 大花绣球 | | | | | ■ | ■ | ■ | ■ | | | | |
| 栎叶绣球 | | | | | ■ | ■ | ■ | ■ | | | | |
| 圆锥绣球 | ■ | ■ | ■ | | | ■ | ■ | ■ | ■ | | | |
| 藤本绣球 | | | | | ■ | ■ | | | | | | |
| 粗齿绣球 | | | | | | ■ | ■ | ■ | | | | |

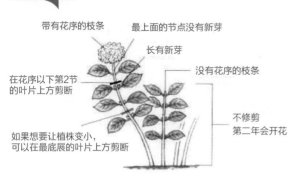

**花后修剪**

带有花序的枝条
最上面的节点没有新芽
长有新芽
在花序以下第2节的叶片上方剪断
没有花序的枝条
如果想要让植株变小，可以在最底展的叶片上方剪断
不修剪第二年会开花

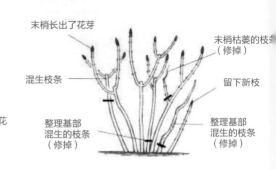

**休眠期的修剪**

末梢长出了花芽
末梢枯萎的枝条（修掉）
混生枝条
留下新枝
整理基部混生的枝条（修掉）
整理基部混生的枝条（修掉）

---

# 绣球夏季遮阴

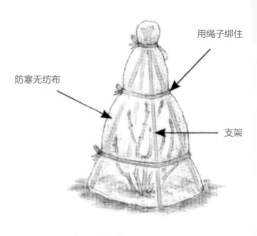

苇帘或遮阴网
将花盆置于架子上

**南边**

# 绣球冬季防寒

用绳子绑住
防寒无纺布
支架

在庭院栽培的绣球旁边立 3-4 个略高于植株的支架，然后裹保温布，用绳子固定（针对大花绣球、粗齿绣球类，长江以北地区）

## 绣球的调色

### 花色和土壤酸碱度的关系

大花绣球很多品种可以调色，鉴于土壤 pH 酸性开蓝紫色，碱性开红粉色，中性开混合色的原理，建议按需要调色，但调色时间在花芽分化的时候最有效。如果想快捷方便，也可选择园艺家在售的已经调好的绣球。其他类绣球虽然不能调色，但是天然的色彩变化同样令人心动。

### 测试土壤酸碱度/pH

**采用市面上在售的设备，比如pH试纸、药剂或者测量仪测试介质的酸碱度。**

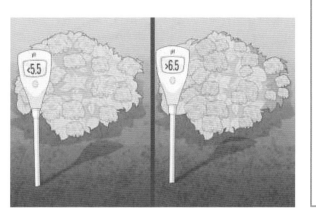

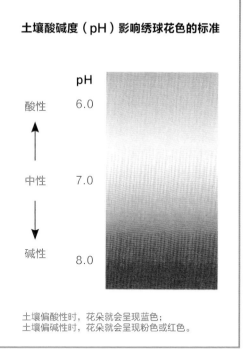

**土壤酸碱度（pH）影响绣球花色的标准**

| pH |
|---|
| 酸性　6.0 |
| 中性　7.0 |
| 碱性　8.0 |

土壤偏酸性时，花朵就会呈现蓝色；
土壤偏碱性时，花朵就会呈现粉色或红色。

---

## 如何让大花绣球变蓝色

**1** 种绣球的介质里有丰富的铝离子；

**2** 为了让铝离子成为植物可吸收状态，土壤介质 pH 需要呈酸性（5.2-5.5）

**备注**：硫酸铝本身既可以给介质提供铝离子，又可以维持介质呈酸性，但目前大部分自来水偏碱，不利于介质一直维持酸性，所以需要在浇灌的水中加入醋酸来调酸（也可用 35% 稀硫酸来调酸，注意安全）。

● 采购硫酸铝粉剂，按产品说明配成硫酸铝溶液，以浇水的方式给土壤介质补充铝离子；

● 在大花绣球花苞形成期开始浇灌，每 10 天一次，或者贯穿绣球整个生长季；

● 其他时间用白醋兑水来给介质调酸，浓度为每 1L 水 5-10ml 白醋；

● 如此持续操作，绣球花会逐步向蓝色或蓝紫色转变；

**3** 让绣球快速变蓝的的方法：使用绣球调蓝剂，秋季 9-10 月花芽分化期，春季 3-4 月花芽形成期，定量使用，操作简单、效果更好。

**注意：**
● 土壤介质偏干的情况下先用清水浇灌润湿，避免干燥状态直接施用硫酸铝溶液或白醋水导致烧根；
● 注意硫酸铝的配比浓度，太浓容易烧根；
● 低磷高钾肥料的施用有利于蓝色花的形成，要想绣球变蓝，避免施用磷酸盐和骨粉等高磷肥，也可以主动增加钾肥如红钾王来增加介质中钾含量。

## 如何让大花绣球变粉色

土壤中性或碱性，配合高磷酸含量的肥料，开花前在根部外围施石灰粉，一般 20cm 口径 1 把。

**备注**：白色大花绣球临近开花后期可能稍微被介质酸碱度的影响，渲染成微蓝色或粉色。

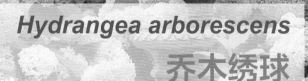

# Hydrangea arborescens
# 乔木绣球

又称光滑绣球，落叶灌木或半灌木，高1.2～1.5m。叶纸质较薄，秋季变黄绿色。大型聚伞花序呈球状，外围为大型白色不孕花，内部为可孕花，花期5～7月。原产美国东部，栖息地为落叶乔木林下的潮湿土壤。

**'贝拉安娜'**    'Annabelle'

最著名的乔木绣球品种之一，花色纯白色后变墨绿色，其令人惊艳的纯白色花朵直径可达25～30cm，十分丰花，即使每年受到多次重剪或者遭受极低温度的影响。

植株型态：丰满圆形    秋色叶：黄绿色

**'粉贝拉'**    'Pink Annabelle'

最新乔木绣球品种，球花紧凑，直径可达25～30cm，丰花，初开淡粉色，盛开为浪漫的粉红色，夏末淡化为淡粉红至浅黄色，冬季积雪压枝头时非常动人，与'无敌贝拉安娜'组合效果神奇。花色不受土壤酸碱度影响，喜光或部分遮阴，非常耐寒。

植株型态：丰满圆形    秋色叶：黄绿色

**'无敌贝贝'**    'Strong Annabelle'

'贝拉安娜'的直系后代，纯白色花球直径达30cm，花团紧凑，初开时绿色，整个夏季呈白色，夏末转为绿色，冬季依然美丽动人。部分遮阴最佳，花色不受土壤酸碱性影响，非常耐寒。

植株型态：丰满圆形    秋色叶：黄绿色

## Hydrangea macrophylla
# 大花绣球

大花绣球多为不育花形成的大型伞房花序，花期5-7月。花朵呈球形，花色丰富多样，有蓝色、粉色、紫红色、白色和复色等类型，喜散射光环境，喜排水良好的湿润土壤，除了庭院应用外，此类绣球还多作盆花或切花。

### '花手鞠' 'Temari Temari'

'花手鞠'绣球是和手鞠球一样精致而美丽的球形绣球品种，花球直径可大于20cm，每朵花都是重瓣。'花手鞠'叶片厚实，叶色浓绿，表面富有光泽，秋叶可变成红色，美丽异常，花色随pH变化。

植株型态：丰满圆形　秋色叶：黄绿色

### '佳澄' 'Kasumi'

可新老枝开花的重瓣品种，花球蕾丝型，边缘的不育花较大，中心的不育花较小，整体花球饱满漂亮，花量丰富；新枝也能开花，第二次花期集中在9～10月；植株挺立，不倒伏；花颜色随pH变化呈现酸蓝碱红。

植株型态：直立型　秋色叶：黄绿色

### '亲爱的' 'You And Me Together'

重瓣新品种，株型圆润紧凑，花球扁平球状，直径约20cm，不育花重瓣，约三层，常八角星形，花色从淡绿色转为粉红色或蓝紫色，花期超长。

植株型态：丰满圆形　秋色叶：黄绿色

**'花神'** 'You and Me Perfection'

重瓣新品种，株型紧凑，茎秆粗壮，球花直径约25cm，不育花重瓣，花瓣星形，明亮的粉色或蓝紫色，隔一定时间二次开花，花期春夏秋，直至霜冻。
植株型态：丰满圆形 秋色叶：黄绿色

**'万华镜'** 'Mangekyo'

经典重瓣品种，球型花饱满，不育花细长精致，边缘有白色边纹，气候炎热的地区白色边纹可能会消失，花色浪漫，人气超高；植株挺立，不倒伏；花颜色随pH变化呈现酸蓝碱红。
植株型态：直立型 秋色叶：黄绿色

**'夏洛特公主'** 'Princess Charlotte'

最新重瓣品种，球型花饱满，初开时小花中部为深邃粉色或紫色，边缘逐步过渡到浅粉或浅紫，非常特别；植株挺立，不倒伏；花颜色随pH变化呈现酸蓝碱红。
植株型态：直立型 秋色叶：黄绿色

**'妖精之瞳'** 'Fairy Pupil'

经典重瓣品种，花球蕾丝型，整个花球全部为不育花，饱满漂亮，花量丰富，有时不育花里面还会开一轮小花；植株挺立，不倒伏；花颜色随pH变化呈现酸蓝碱红。
植株型态：直立型 秋色叶：黄绿色

**'妖精之吻'** 'Fairy Kiss'

'妖精之瞳'的姐妹品种，经典重瓣，花球饱满球型，整个花球全部为不育花，花量丰富；植株挺立，不倒伏；花颜色随pH变化呈现酸蓝碱红。
植株型态：直立型 秋色叶：黄绿色

**'太阳神殿'** 'Sun Temples'

重瓣品种，球型花饱满，初开时小花中部为淡黄色，边缘为淡粉色或天蓝色，非常特别；植株挺立，不倒伏；花颜色随pH变化呈现酸蓝碱红。
植株型态：直立型 秋色叶：黄绿色

## '纱织小姐' 'Miss Saori'

花型饱满润泽，白色花瓣玫红色花边，像祥云图案。株型紧凑，花序饱满密集，适合盆栽，可做切花或干花。

植株型态：丰满圆形　秋色叶：黄绿色

## '戴安娜王妃' 'Princess Diana'

数量众多的重瓣星型不孕花构成了一整朵大花球，花球相对紧凑，直径甚至可达30cm，长势旺盛，但会因花头太大而有点垂头，不过绝对是花园中的焦点所在。

植株型态：丰满圆形　秋色叶：黄绿色

## '艾薇塔' 'Lvetta'

经典重瓣品种，球型花饱满，初开时小花中部为淡黄色，边缘为玫红色或藕紫色，非常特别；植株挺立，不倒伏；花颜色随pH变化呈现酸蓝碱红。

植株型态：直立型　秋色叶：黄绿色

## '祝你平安' 'Fare You Well'

特色重瓣品种，球型花饱满，不育花花瓣细长有特色，非常精致耐看。植株挺立，不倒伏；花颜色随pH变化呈现酸蓝碱红。

植株型态：直立型　秋色叶：黄绿色

## '惠子' 'Keiko'

特色重瓣品种，初开蕾丝花型，后期中间可育花慢慢打开，成为一个球形，花色为淡淡粉色或淡淡蓝紫色，边缘颜色逐渐晕染到全部；植株挺立，不倒伏；花颜色随pH变化呈现酸蓝碱红。

植株型态：直立型　秋色叶：黄绿色

## '头花' 'Headdress Flower'

经典重瓣品种，蕾丝花型，不育花初开时小花中部为淡黄色，边缘为玫红色或天蓝色，中心为可育花；植株挺立，不倒伏；花颜色随pH变化呈现酸蓝碱红。

植株型态：直立型　秋色叶：黄绿色

### '哥合士' 'Coopers'

非常特色的重瓣品种，蕾丝花型，边缘不育花为大花重瓣，单朵花可达乒乓球大，飘飘欲仙，玫红色和深邃蓝色；植株挺立，不倒伏；花颜色随pH变化呈现酸蓝碱红。

植株型态：直立型　秋色叶：黄绿色

### '雪舞' 'Dancing Snow'

欢乐重瓣系列大花绣球新品种，新老枝开花，花球大而美丽，重瓣不育花为纯洁的象牙白色，在新老枝都能开花，耐寒性比其他大花绣球要好，叶片也十分具有观赏性。

植株型态：丰满圆形　秋色叶：黄绿色

### '灵感' 'Inspire'

花重瓣，星形，有波纹，球花为柔和的粉红色，色彩会受土壤pH影响产生美丽变化，从淡黄绿色变为粉色甚至蓝紫色。在老枝上开花，花期长，从早夏开放至仲秋，低维护品种。

植株型态：丰满圆形　秋色叶：墨绿色

### '星星糖' 'Star Candy'

经典重瓣品种，蕾丝花型，边缘不育花较大，花朵边缘纯白色，中心为玫红色或深邃蓝色；植株挺立，不倒伏；花颜色随pH变化呈现酸蓝碱红。

植株型态：直立型　秋色叶：黄绿色

### '你我的情感' 'You and Me Emotion'

重瓣绣球专利品种，春至夏季重复开花。初开像蕾丝花边帽，完全盛开呈重瓣球状花。枝干粗壮，直立生长，少倒伏情况发生。花色因土壤pH变化。

植株型态：丰满圆形　秋色叶：黄绿色

### '你我的永恒' 'You and Me Forever'

重瓣绣球品种，花半球形，蓝色重瓣，花期春至夏季重复开放，枝干直立生长，少倒伏情况发生。因土壤pH变化可能呈现蓝色或蓝粉渐变色。

植株型态：丰满圆形　秋色叶：黄绿色

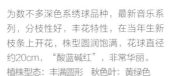

### '你我的浪漫' You and Me Romance'

重瓣绣球品种，花半球形，粉色重瓣，花期春至夏季重复开放。枝干直立生长，少倒伏情况发生。因土壤pH变化可能呈现粉色或蓝粉渐变色。

植株型态：丰满圆形　秋色叶：黄绿色

### '摇滚乐' 'Rock and Roll'

在当年新枝开花的最新音乐系列绣球品种，分枝性好，花量多，花球直径约20cm，花色受土壤pH影响，"酸蓝碱红"。在适宜条件下养护得当，花期可长达数月。

植株型态：丰满圆形　秋色叶：黄绿色

### '流行乐' 'Pop Music'

最新音乐系列绣球，分枝性好，丰花特性，在当年生新枝条上开花，花球直径约20cm，花色受土壤pH影响，遵循"酸蓝碱红"规律，通过适当的养护，绣球花将会有个非常长的开花期，并将给你几个月的快乐。

植株型态：丰满圆形　秋色叶：黄绿色

### '莎莎舞曲' 'Salsa'

最新音乐系列绣球，分枝性好，丰花特性，在当年生新枝条上开花，花球直径约20cm，花色受土壤pH影响，遵循"酸蓝碱红"规律，通过适当的养护，绣球花将会有一个非常长的开花期。

植株型态：丰满圆形　秋色叶：黄绿色

### '紫色旋律' 'Purple Melody'

为数不多深色系绣球品种，最新音乐系列，分枝性好，丰花特性，在当年生新枝条上开花，株型圆润饱满，花球直径约20cm，"酸蓝碱红"，非常华丽。

植株型态：丰满圆形　秋色叶：黄绿色

### '永恒热情' 'Forever & Ever Red'

老枝和侧枝上开花，最突出的特点是持续开放的花朵大大延长了花期，忍受低温的能力比普通绣球要强，即使历经冬季寒冷天气也能照常开花，皮实易打理，新手上手快，花大如足球，多色可选。

植株型态：丰满圆形　秋色叶：黄绿色

### '永恒纯洁' 'Forever & Ever White'

老枝和侧枝上开花，最突出的特点是持续开放的花朵大大延长了花期，忍受低温的能力比普通绣球要强，即使历经冬季寒冷天气也能照常开花，皮实易打理，新手上手快，花大如足球，多色可选。

植株型态：丰满圆形　秋色叶：黄绿色

### '永恒浪漫' 'Forever & Ever Pink'

老枝和侧枝上开花，最突出的特点是持续开放的花朵大大延长了花期，忍受低温的能力比普通绣球要强，即使历经冬季寒冷天气也能照常开花，皮实易打理，新手上手快，花大如足球，多色可选。

植株型态：丰满圆形　秋色叶：黄绿色

### '无尽夏' 'Endless Summer'

绣球的一个变种。植株直立，球形，花球直径至少18cm，花色受土壤pH影响，因整个夏季都能绽放美丽的花朵，由此得名。与其他绣球最大的区别在于花期超长，比普通绣球平均要长10-12周。

植株型态：丰满圆形　秋色叶：黄绿色

### '无尽夏新娘' 'Blushing Bride'

无尽夏系列品种。植株直立，球形。花球直径至少18cm，花色初为纯白，成熟花现粉红晕泽，花色不受土壤pH影响，茎秆粗壮，株型紧凑。

植株型态：丰满圆形　秋色叶：黄绿色

### '魔幻紫水晶' 'Magical Amethyst'

魔幻系列品种，整个花期花色随季节变化，花球状，初开时翠绿色，边缘逐渐变粉红色，花球呈玉色与玫红色镶嵌的状态，似被魔法杖神奇点化。可作切花或干花。喜光，耐半阴。

植株型态：丰满圆形　秋色叶：黄绿色

### '魔幻珊瑚' 'Magical Coral'

魔幻系列品种，花球状，花朵粉红色与绿色相间，在6月中旬至7月中旬修剪形成花蕾。可做切花或干花，喜酸性至中性土壤。

植株型态：直立形　秋色叶：黄绿色

## '魔幻革命' 'Magical Revolution'

叶片节间短，花量大，花球整齐紧凑，萼状小花初开时像一团精致的蜂巢，小花逐步打开时，颜色呈浅粉红色或浅蓝色，上面还镶嵌着翠绿色的斑纹，非常魔幻。

植株型态：丰满圆形　秋色叶：黄绿色

## '魔幻贵族' 'Magical Noblesse'

魔幻系列品种，花朵初开时为白色，后逐渐转为淡绿色，花朵中心呈现紫色，花瓣边缘有锯齿，可做切花、干花或盆花，花色受土壤pH影响。

植株型态：直立型　秋色叶：黄绿色

## '花火' 'Fireworks'

惊艳的新品种，株型矮小，花团紧凑，花头挺立，花球非常多，初开绿色，盛开热烈红色，开放过程中带绿色，直至全红。

植株型态：丰满圆形　秋色叶：黄绿色

## '魔玉' 'Magic Jade'

珍贵的绿色大花绣球新品种，株型矮小，花团紧凑，花头挺立，花球非常多，不孕花清新绿色，花朵中心略微带红色，后期边缘红色，秋季在足够寒冷地区，整个花球晕染呈壮丽红色。

植株型态：丰满圆形　秋色叶：黄绿色

## '万花筒' 'Schloss Wackerbarth'

球状花序由几十片红色花瓣包围，中心蓝紫色，每片苞片尖端为黄绿色，每个球花花色会随生长期变化，季末重复开花，不同土壤酸碱度也会使花色略有不同，可作优良地被、绿篱、插花、大型容器栽培。

植株型态：丰满圆形　秋色叶：黄绿色

## '美杜莎' 'Medusa'

绣球新品，株型非常紧凑，球状大花非常华丽，瓣状花萼拥有像裙摆的波浪边纹，花色由中心粉红色逐渐渲染成亮红色，花色随pH变化，酸蓝碱红，非常华丽。

植株型态：丰满圆形　秋色叶：黄绿色

**'海洋之心'**　　'Heart of the Sea'

最新特色品种，球型花饱满，边缘为蓝色或玫红色，颜色逐步向中心晕染，最终会变成玫红色或蓝紫色；植株挺立，不倒伏；花颜色随pH变化呈现酸蓝碱红。

植株型态：<u>直立型</u>　秋色叶：黄绿色

**'美佳子'**　　'Mikako'

中心白色，边缘明亮粉红色或淡蓝色，单瓣花，遵循酸蓝碱红的原则，适合阳台、露台、庭院种植，也可做切花，红色边缘会变紫，观赏价值极佳。

植株型态：<u>直立型</u>　秋色叶：黄绿色

**'鸡尾酒'**　　'Cocktail'

花瓣白色，边缘红十分紧致，重瓣，边缘锯齿状，花型像蝴蝶，春末夏初开花，花色可以根据土壤酸碱度变化，该品种开花量足。

植株型态：丰满圆形　秋色叶：绿色

**'谢谢你'**　　'Arigatou'

经典重瓣品种，球型花饱满，初开时小花中部为淡黄色，边缘为玫红色或藕紫色，非常特别；株型紧凑，适合小空间应用；植株挺立，不倒伏；花颜色随pH变化呈现酸蓝碱红。

植株型态：<u>直立型</u>　秋色叶：黄绿色

**'铆钉'**　　'Spike'

开放时呈圆润的大花球，　不育花边缘波状卷曲，外围大花，中心小花，颜色为深浅不一的蓝色或粉红色，花色受土壤pH影响。喜光照或半阴，部分遮阴最佳；喜微酸性土壤，喜湿润、排水良好、富含腐殖质土壤。

植株型态：丰满圆形　秋色叶：墨绿色

**'爆米花'**　　'Popcorn'

特殊的新品种，圆圆的不育花让你联想到爆米花，颜色蓝紫色或红色，花色受土壤pH影响，花期长，可做优良的切花、焦点点缀、婚礼花束、花球材料。

植株型态：丰满圆形　秋色叶：黄绿色

### '水晶绒球' 'Crystal Pompon'

又名'魔幻海洋'，色泽非常柔和的品种，花型圆润，球形花序粉色，色彩丝丝入扣，花瓣边缘有美丽锯齿，花色受土壤pH影响，花球大，亦可作切花。

**植株型态：**丰满圆形　　**秋色叶：**黄绿色

### '塞布丽娜' 'Sabrina'

荷兰夫人系列，由Sidaco BV公司van der Spek在2002年培育，2007年注册。老枝开花，花朵球形，花朵颜色不受土壤pH影响，呈桃红色或蓝色，中心淡粉色至白色。喜光，部分遮阴最佳，耐寒，管理粗放。

**植株型态：**丰满圆形　　**秋色叶：**紫红色

### '塞尔玛' 'Selma'

荷兰夫人系列，获奖专利品种。花色不因土壤pH变化，呈紫红色或深粉色，中心淡粉色至白色花球大，花期长。喜排水良好的沙壤土，喜半阴。

**植株型态：**丰满圆形　　**秋色叶：**黄绿色

### '精灵' 'Pillnitz'

经典双色，吸引蜜蜂的好品种，花色呈玫红色，白色边缘宽。荷兰优秀的盆花品种，非常适合作盆花或年宵花催花。Saxon系列，花球大，亦可作切花。

**植株型态：**丰满圆形　　**秋色叶：**黄绿色

### '卡米拉' 'Camilla'

花球整齐紧凑，盛花直径约10cm，内部浅红或深紫红色，白色宽边上有锯齿，颜色受土壤pH影响，土壤偏碱呈洋红色，偏酸呈紫色。

**植株型态：**丰满圆形　　**秋色叶：**黄绿色

### '帝沃利' 'Tivoli'

花朵最大的特点是小花边缘有白色边纹。在pH< 5.5的酸性土壤中花朵为蓝色镶白边，而pH>5.5的土壤中花朵呈现粉红色镶白边。喜光，部分遮阴，不耐寒，需要越冬保护。

**植株型态：**丰满圆形　　**秋色叶：**黄绿色

## '蓝色妈妈' 'Mama Blue'

植株直立，灌丛球形。花朵15-20cm，在酸性土壤中开蓝色花球，在碱性土中花球为粉色。品种特性与'玫红妈妈'相似。养护简单，即便初学者也非常容易上手。

植株型态：丰满圆形　秋色叶：黄绿色

## '含羞叶' 'Elbta'

荷兰优秀的盆花品种，非常适合作盆花或年宵花催花。花色玫粉色或蓝粉色，受土壤pH影响，花球大，边缘锯齿明显。株型矮小紧凑，花大色艳，可以做干花或切花。

植株型态：丰满圆形　秋色叶：黄绿色

## '拉维布兰' 'Lav Blaa'

专利品种，荷兰优秀的盆花品种，株型矮小紧凑，非常适合作盆花或年宵花催花。花色受土壤酸碱性影响，蓝紫色中间冰蓝色。花球大，亦可做切花。

植株型态：丰满圆形　秋色叶：黄绿色

## '史欧尼' 'Masja'

荷兰优秀盆花品种，非常适合作盆花或年宵花催花，亦可作切花。花色栩栩如生，令人印象深刻，花色受土壤pH影响，玫红色或蓝紫色。大花喜爱光照，喜湿润、排水良好的肥沃土壤。

植株型态：丰满圆形　秋色叶：黄绿色

## '蒂亚娜' 'Tiziana'

萼状花瓣初开时淡粉色至玉色，色泽清透，后逐渐加深至玫粉色，边缘有锯齿。酸性偏紫红碱性偏粉红。

植株型态：丰满圆形　秋色叶：黄绿色

## '红美人' 'Red Beauty'

一款花色喜庆的品种，花球12cm左右。花大丰满，色泽美艳，花色受土壤pH影响，可红可紫，造景令人悦目怡神，是优良的观赏花木。

植株型态：丰满圆形　秋色叶：深绿色

**'繁星'** 'Stars'

植株丰满圆球型，枝条粗壮挺直不倒伏，花球清新硕大，花瓣尾端尖细，小花如夜空里的繁星环绕花球，花量大，花色随pH变化。

植株型态：丰满圆形　　秋色叶：墨绿色

**'红衣少女'** 'Lady in Red'

专利品种，非常抗灰霉病。花伞形，像新娘头花，边缘为玫红色或紫色不育花，中间为淡粉色或浅紫色可育花。花色受土壤酸碱性影响。茎和叶脉酒红色。

植株型态：丰满圆形　　秋色叶：紫红色

**'魔法公主'** 'Magical Princess'

小清新品种，株型丰满圆形，美丽花序呈蕾丝帽型，一个品种可见多种花色，白色中带绿色，宽宽的心形花瓣边缘有细腻精美的锯齿，花色受土壤pH影响，还会晕染迷人的浅蓝紫色或者浅粉红色。

植株型态：丰满圆形　　秋色叶：黄绿色

**'泉鸟'** 'Izumidori'

非常特色的重瓣品种，蕾丝花型，边缘不育花为大花重瓣，单花朵可达乒乓球大，飘飘欲仙，像翻飞的白色蝴蝶；植株挺立，不倒伏；花颜色不随pH变化而变化。

植株型态：直立型　　秋色叶：黄绿色

**'塔贝'** 'Taube'

新老枝开花，耐寒绣球，花型平顶状，蕾丝花边帽型，花多而紧凑，不孕花花瓣大，像飞翔的蝴蝶般围绕可孕花一圈。花色受土壤pH影响。长势中等，喜散射光充足。

植株型态：丰满圆形　　秋色叶：紫红色

**'棉花糖'** 'Cotton Candy'

花球扁平状，不育花重瓣，外层花红色，中心层黄色或绿色，花色受土壤pH影响。深绿色叶片秋季变红。部分遮阴最佳；喜湿润、肥沃、排水良好、富含腐殖质土壤。

植株型态：丰满圆形　　秋色叶：红色

## '暗夜天使' 'Dark Angel'

非常出色的大花绣球新品种，与众不同的
近黑色叶片如同黑色钻石般美丽，微泛酒
红色光泽，璀璨夺目。花色还会根据土壤
pH变化而变化。

植株型态：丰满圆形　秋色叶：紫黑色

## '银边绣球' 'Tricolor'

优良的花叶品种，三种叶色，叶边缘银白
色，交织深绿色和浅绿色。伞形花轻盈飘
逸，花色因土壤pH变化，酸蓝碱红。春
至夏季重复开花。植株直立生长，少倒伏
情况。

植株型态：丰满圆形

秋色叶：叶边缘银白色

# *Hydrangea paniculata*
# 圆锥绣球

落叶灌木，高可达1-5m，最大的特征是大型圆锥状聚伞花序呈尖塔形，大部分品种为白色花，部分品种末花期因低温干燥花青素积累而变红色。喜阳光充足、排水良好甚至干燥的土壤环境。著名品种有'草莓冰淇淋''抹茶冰淇淋'。通过修剪可实现二次开花。

### '北极熊'　　'Polar bear'

开花非常大的圆锥绣球新品种，植株丰满圆形，枝条直立挺拔，地栽条件下，硕大的圆锥花序甚至长达30-40cm，花初开石灰绿色，不久迅速变为纯白色，在寒冷地区秋季转为粉红色。

植株型态：丰满圆形　秋色叶：黄绿色

### '草莓冰沙'　　'Fraise Melba'

拥有硕大的圆锥形花序，在足够寒冷的地区，花青素积累，圆锥花序逐渐变为诱人的红与白花色搭配，瞬间令我们联想到草莓冰淇淋，而且这种渐变色彩能保持时间长久，直到初秋时节才逐渐变成深粉色。

植株型态：丰满圆形　秋色叶：黄绿色

### '雪媚娘'　　'Little Lime'

株型非常紧凑，花头直立，花量庞大，圆锥花序紧实且饱满，由初开的豆沙绿转为柠檬绿，在足够寒冷的地区，花球外围还会渲染一层粉红色彩，最终呈现柠檬绿、深粉和浅粉交织的美丽复古景象。

植株型态：丰满圆形　秋色叶：黄绿色

 1.8m / 1.8m

 2m / 2m

 0.9m / 0.6m

## '百变波波' 'Bobo'

植株矮小且分枝旺盛的紧凑型圆锥绣球品种，植株直立球形，开花时间较其他圆锥绣球要早，圆锥花序长达25cm，开花枝粗壮硬直，向上支撑着整个花序，不会下垂，初花白色，逐渐变成粉色或淡紫色。

植株型态：丰满圆形　秋色叶：黄绿色

## '夏日美人' 'Summer Beauty'

花色层次变幻，圆锥花序非常多，初开白色，慢慢变成淡粉色，整个圆锥花序会不断有新生的白色花瓣冒出，层次变幻形成童话般浪漫的效果。开花枝粗壮硬挺，向上支撑着花序，不会下垂。可作切花或干花。

植株型态：丰满圆形　秋色叶：黄绿色

## '胭脂钻' 'Diamond Rouge'

最红的圆锥绣球品种之一，以其花期长久和花量丰富著称，硕大的圆锥花序长30-40cm，从纯白色慢慢转为粉色，后期颜色会迅速加深，在足够低温的地区爆发呈树莓色或酒红色，而且这种色彩能保持时间长久。

植株型态：直立，丰满圆形

秋色叶：黄绿色

## '白玉' 'Grandiflora'

经典老品种，圆锥状聚伞花序塔形，花穗长20-30cm，丰花，圆锥花序白色至淡粉色，盛开后期为红褐色。作切花或干花的最好品种之一。植株强健，生长迅速。喜充足光照，十分耐修剪，十分耐寒。

植株型态：直立型　秋色叶：红色

## '抹茶冰淇淋' 'Limelight'

植株直立，球形；圆锥形花序，秋季花球呈现粉色、深红和绿色的混色效果。开花旺盛，喜全光照或半遮阴的环境。花开于新生枝，冬季和早春可以对植株修剪。

植株型态：直立型　秋色叶：黄绿色

## '魔幻月光' 'Magical Moonlight'

高1.8-2.4m，冠幅1-1.5m。圆锥形花序，丰花型，花序可长达40cm，花朵初开时淡绿色，后逐渐变为白色，顶端绿色，花期6-9月。可做切花或干花，喜光，喜潮湿偏酸性土壤，耐寒。

植株型态：直立型　秋色叶：黄绿色

## '圣代草莓' 'Sundae Fraise'

十分特别的圆锥绣球新品。株型紧凑，丰花型。该品种为法国公司选育的新种，2010年获得银质奖章。花色呈白色圆锥花序变淡粉红。

植株型态：紧凑圆形　秋色叶：黄绿色

## '草莓冰淇淋' 'Vanille Fraise'

植株直立，花茎红色，长达30cm，盛花期直径约20cm。花由奶白色渐变为粉红至草莓红色，红色期可持续3~4周。花期末小花由直立向上变为下垂。适合作切花和干花。长势强健，可耐-20℃低温。

植株型态：直立型　秋色叶：紫红色

## '北极星' 'Pole Star'

适合作为露台植物或花园中的焦点植物。初开为漂亮的绿色、白色，在温差大的地区，花青素积累，呈现腮红般的粉红色，在季节结束时呈现浓郁的深粉红色，进一步增加吸引力。容易养护。

植株型态：直立型　秋色叶：黄绿色

## 栎叶绣球 Hydrangea quercifolia

原产于美国，植株直立，球型；叶形奇特，酷似红橡树叶，秋色叶变化丰富；6月中旬开花，花穗直立，长12~15cm。8月，花由白变为粉红色。适植于阳光充沛，干燥的环境中，但在荫蔽环境下也能良好生长。

植株型态：直立，丰满圆形

秋色叶：酒红色，叶型似橡树叶

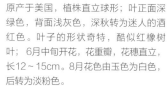

## 栎叶绣球'雪花' 'Snowflake'

原产于美国，植株直立球形；叶正面深绿色，背面浅灰色，深秋转为迷人的酒红色。叶子的形状奇特，酷似红橡树叶；6月中旬开花，花重瓣，花穗直立，长12~15cm。8月花色由玉色为白色，后转为淡粉色。

植株型态：直立，丰满圆形

秋色叶：酒红色

## 栎叶绣球'和声' 'Harmony'

叶正面深绿色，背面呈浅灰色，深秋颜色转为迷人的酒红色。叶子的形状奇特，酷似红橡树叶；6月中旬开花，硕大的花头沉淀而饱满，花重瓣，花穗直立，长15~20cm。8月，花色由玉色为白色。

植株型态：直立，丰满圆形

秋色叶：酒红色，叶型似橡树

花友：肉小媛 坐标：广西壮族自治区 品种：无尽夏、花宝、舞孔雀

花友：小南花园 坐标：上海市 品种：无尽夏

花友：D.Ling 坐标：重庆市
品种：无尽夏、雪舞

花友：Jasmine 坐标：江苏省苏州市 品种：
贝拉安娜

花友：your青兮 坐标：江苏省扬州市 品种：万华镜

# 杜鹃

*Rhododendron*

杜鹃花(*Rhododendron*)常简称杜鹃，是杜鹃花科杜鹃花属植物的统称，落叶或常绿灌木。中国是杜鹃花分布最多的国家，有530余种，杜鹃花种类繁多，花色绚丽，花、叶兼美，地栽、盆栽皆宜，五彩缤纷的杜鹃花，唤起了人们对生活热烈美好的感情，它也象征着国家的繁荣富强和人民的幸福生活，是中国十大传统名花之一。

# 养护小知识

## 杜鹃的种植

### 容器盆栽

●首先选择一个可以供植物生长的足够大的容器。当种植杜鹃时，杜鹃的土球和容器壁之间要保持 15cm 左右的空间。这样植株可以在此容器中生长 2-3 年不需要更换更大的容器。如果需要经常移动容器，则需要选择一个轻质材料的。

●容器底部的排水孔非常重要。排水必须良好。如果容器底部没有排水孔，则需要用工具打上一些洞。担心漏土或是小虫爬进去，可以在底部洞眼处放上咖啡过滤网。另外，在底部放上一些碎瓦片或石子，增加排水性。

●使用质量好的盆栽专用土。相较于园土，这些混合介质的排水性会更好，其中偏酸性的盆栽专用土非常适合用来种植安酷®杜鹃。

●杜鹃土球放入盆前要疏松，让根系得到舒展。如果土球被根盘牢了，可以用修剪器或是刀在土球上划几下疏松根系。杜鹃种植与容器面同高或是略高于容器面。然后空隙间用介质填满，表面盖上一层覆盖物来避免杂草生长和保持根系的湿润与凉爽。

●种植完毕后马上浇水。

●后续养护：当表土摸起来干燥时，需要浇水。在火热、干燥的天气里，这可能是日常工作。从春到秋，每月施用喜酸植物专用肥，或使用缓释肥，但是使用次数要减少。

●如果计划把杜鹃和其他植物混种在一起，要选择对土壤、水分和介质要求相近的植物。也可以把对土壤或水分要求不同的小植物种在不同的花盆里后，然后带盆嵌入杜鹃周围的土壤中混合种植。这样方便拔出植物和更换。

## 地栽

●先把土翻好，然后挖一个宽深比为 2：1 的坑洞。

●配一些有机质与土的混合物，然后放一些在坑洞的底部。

●将植株从盆中拿出来，并用手轻轻疏松土球。

●把杜鹃植株放入挖好的坑洞内，并确保土球为湿润的且略高于地表。

●用配好的介质把植株周围填好，浇透水并铺好覆盖物。

## 关键点和小技巧

●杜鹃在半阴环境、散射光照充足的地方表现最好。每天 4-6 小时的光照能保证较佳的开花表现。

●种植初期，干燥、多风及干旱的生长环境对生长有影响，但一旦根长好，对环境的耐受力要好很多。

●种植太深植株容易受损或是死亡。种植时使土球与土平面平齐或是略高。种植太深，植株容易受损或死亡。种植时应使土球平齐或是略高于土平面。

●杜鹃的种植要根据各地区的实际小气候并结合植物特性，若在耐寒区的临界区进行种植，则需要适当的额外遮阴或防寒措施。

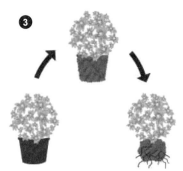

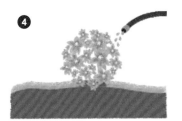

## 给杜鹃浇水

考虑自己的杜鹃花是不是第一年新种？此时是不是夏天？如果是两者任何之一，都要浇足水。新栽的杜鹃在一年之后抗旱能力比较好。

●如果是地栽，一次浇透，1 周 2-3 次，浇水时间尽量选择早上。

●如果是盆栽，当盆土上部 5-7cm 处都变干时，浇水浇透。

## 给杜鹃施肥

●什么时候施肥？最佳的施肥时间为春季，春天开完花后。如果所处地区生长季比较长，可以考虑夏末补施一次。

●用哪种肥料？简单一点可以使用平衡缓释肥，即氮磷钾的比例为1：1：1的颗粒肥。

可以对叶片或是根部施用液体作为补充。

## 给杜鹃修剪

●杜鹃属于低维护的植物，基本上不需要修剪，如果认为需要修剪，一般在春天开完花后立马轻剪整形即可，即把伸出的徒长枝缩回到原来的冠幅。

## 常见主要病虫害

一般在种植环境干净卫生整洁的状态下，病虫害的发生概率很小。所以植物的病虫害，要以防为主，治疗为辅，防治结合。

### 虫害

#### ●冠网蝽

冠网蝽又名网蝽，为半翅目网蝽科冠网蝽属的一种昆虫，是杜鹃花的主要害虫之一。春暖花开的4月上中旬开始有活动迹象，此时应开始密切观察防治。

防治：用吡虫啉或是啶虫咪喷施叶片，正反面及密蔽处都要喷到。

#### ●一点钻夜蛾

一点钻夜蛾又名一点金钢钻，属鳞翅目夜蛾科，对杜鹃花的危害越来越明显。3月下旬至4月上旬有活动迹象，4月底5月初开始能见幼虫，此时需要密切注意防治。

症状：幼虫蛀入杜鹃花顶芽，并向下取食，造成2-5mm新梢细空管状导致顶梢干枯。随着虫体增大转移到梢外取食，并继续转移危害其他嫩顶梢和顶部嫩叶。秋季杜鹃花孕蕾后，幼虫从花蕾下方钻入，将花蕾内部吃空，仅剩外壳。

防治：在早春杜鹃花萌芽时开始，经常检查，发现害虫少量危害时，要及时人工摘除虫芽杀灭之。幼虫期用甲维盐类。

### 病害

杜鹃喜疏松透气、排水良好的酸性土壤，在满足这些条件后，在通风的条件下，只要把水分管理到位（土壤保持湿润偏湿），杜鹃的病害是非常少的。杜鹃常的病害有：黑斑病、炭疽病、丝核病、根腐病、灰霉、花腐病等。黑斑病、炭疽病可用代森锰锌、甲托等防治；丝核病在湿度高、密度高的环境容易发生，用嘧菌酯、甲基硫菌、百菌清等灌根控制病菌发展，但不能杀死。根腐病应注意植物的排水、盐分等问题，一般用甲霜灵、噁霉灵等控制。灰霉和花腐病主要发生在花期，用克霉灵或是扑海因等防治。

冠网蝽

一点钻夜蛾

病害

# Evergreen Azalea Hybrid
## 安酷® 杜鹃

安酷杜鹃多季开花，四季常绿，抗性好，低维护，是理想的花灌木选择。可高温高湿度夏、霜冻大雪过冬，表现得到花友一致性的肯定和认可，并被选为2019年虹越年度植物。

**'兰花雨'**
'Orchid Shower'
花色：粉色　类型：常绿灌木
成熟冠幅：120cm　花期：多季

1.2m

Z 6/9

**1**

**'紫红伞'**
'Fuchsia Parasol'
花色：红色　类型：常绿灌木
成熟冠幅：120cm　花期：多季

1.5m

Z 7/9

**2**

**'粉丝带'**
'Pink Ribbons'
花色：粉色　类型：常绿灌木
成熟冠幅：120cm　花期：多季

1.2m

Z 7/9

**3**

**'红皇冠'**
'Red Tiara'
花色：红色　类型：常绿灌木
成熟冠幅：105cm　花期：多季

1.05m

Z 7/9

**4**

**'红樱桃'**
'Cherry Pinata'
花色：红色　类型：常绿灌木
成熟冠幅：105cm　花期：多季

**'粉宝石'**
'Pink Jewel'
花色：深珊瑚粉　类型：常绿灌木
成熟冠幅：90cm　花期：多季

**'王妃'**
'Empress'
花色：中粉色　类型：常绿灌木
成熟冠幅：90cm　花期：多季

**'泰勒'**
'Twist'
花色：紫白复色　类型：常绿灌木
成熟冠幅：120cm　花期：多季

**'康乃馨'**
'Carnation'
花色：中粉色　类型：常绿灌木
成熟冠幅：120cm　花期：多季

**'皇室'**
'Royalty'
花色：深紫色　类型：常绿灌木
成熟冠幅：120cm　花期：多季

**'桑格利亚'**
'Sangria'
花色：粉色　类型：常绿灌木
成熟冠幅：120cm　花期：多季

**'夕阳'**
'Sunset'
花色：橙红色　类型：常绿灌木
成熟冠幅：105cm　花期：多季

**'甜心'**
'Sweetheart'
花色：粉色　类型：常绿灌木
成熟冠幅：120cm　花期：多季

**'公主'**
'Princes'
花色：橙红色　类型：常绿灌木
成熟冠幅：90cm　花期：多季

**'火'**
'Fire'
花色：大红色　类型：常绿灌木
成熟冠幅：90cm　花期：多季
0.78m　Z 67/40

**'天使'**
'Angel'
花色：白色　类型：常绿灌木
成熟冠幅：90cm　花期：多季
0.9m　Z 77/40

**'珠宝'**
'Jewel'
花色：中粉色　类型：常绿灌木
成熟冠幅：120cm　花期：多季
1.2m　Z 67/40

**'日舞'**
'Sundance'
花色：深粉色　类型：常绿灌木
成熟冠幅：120cm　花期：多季
1.1m　Z 67/40

**'纺绸'**
'Chiffon'
花色：深浅粉复色　类型：常绿灌木
成熟冠幅：90cm　花期：多季
0.75m　Z 77/40

**'云隙阳光'**
'Sunburst'
花色：鲑鱼粉　类型：常绿灌木
成熟冠幅：105cm　花期：多季
0.9m　Z 67/40

**'紫水晶'**
'Amethyst'
花色：深紫色　类型：常绿灌木
成熟冠幅：120cm　花期：多季
1.2m　Z 67/40

**'篝火'**
'Bonfire'
花色：正红色　类型：常绿灌木
成熟冠幅：105cm　花期：多季
0.91m　Z 67/40

**'余烬'**
'Embers'
花色：深橙红色　类型：常绿灌木
成熟冠幅：105cm　花期：多季
0.9m　Z 67/40

**'象牙白'**
'Ivory'
花色：白色　类型：常绿灌木
成熟冠幅：105cm　花期：多季
1.2m　Z 77/40

## '星光'
'Starlite'
花色：白色　类型：常绿灌木
成熟冠幅：105cm　花期：多季

1.2m

## '风彩'
'Conversation Piece'
花色：复色　类型：常绿灌木
成熟冠幅：150cm　花期：多季

1m

## '红绢'
'Red Ruffle'
花色：红色　类型：常绿灌木
成熟冠幅：140cm　花期：多季

0.9m

**1**

**3**

**2**

# Azelea japonica

## 东洋鹃

### '白玉'
'King White'
花色：白色  类型：常绿灌木
成熟冠幅：120～150cm
0.9-1.2m

**1**

### '爱梦娜'
'Amoena'
花色：紫红色  类型：常绿灌木
成熟冠幅：120～150cm
0.9-1.2m

**2**

### '阿拉丁'
'Aladdin'
花色：红色  类型：花灌木
成熟冠幅：60～130cm
0.6-1.3m

**3**

### '日野绯红'
'Hino Crimson'
花色：红色  类型：常绿灌木
成熟冠幅：90～150cm
0.6-1.2m

**4**

### '约翰娜'
'Johanna'
花色：深红色  类型：常绿灌木
成熟冠幅：80～130cm
0.3-0.8m

**5**

### '梅琳娜'
'Melina'
花色：深粉红色  类型：常绿灌木
成熟冠幅：50～150cm
0.3-0.8m

**6**

**1**

'斗牛士'
' Toreador'
花色：樱桃红 类型：常绿灌木
成熟冠幅：00~100cm

**2**

'火焰'
'Hot Shot'
花色：朱砂色 类型：常绿灌木
成熟冠幅：40~80cm

**3**

'柯尼'
'Konigstein'
花色：粉紫色 类型：常绿灌木
成熟冠幅：40~80cm

**4**

'珍珠雪花'
'Schneeperle'
花色：白色 类型：常绿灌木
成熟冠幅：55cm

**5**

'冰雪女王'
'®Maischnee'
花色：白色 类型：常绿灌木
成熟冠幅：40~80cm

**6**

'露西'
'Luzi'
花色：白色 类型：常绿灌木
成熟冠幅：100~150cm

**7**

'斯沃特'
'Stewartonium'
花色：丹红 类型：常绿灌木

**8**

'白鸳鸯锦'
'White Brocade'
花色：白色 漏斗状花，双套，偶有桃红色线
条 类型：常绿灌木

**9**

'大鸳鸯锦'
'Big Brocade'
花色：桃红色漏斗状花，双套
类型：常绿灌木

**10**

'小桃红'
'Little Blush'
花色：桃红色漏斗状小花，双套
类型：常绿灌木

1

2

3

4

5

6

7

8

9

10

### 1 '红孩儿'

'Red Baby'

花色：洋红色漏斗状小花，花朵稍长

类型：常绿灌木

 0.9m

### 2 '红珊瑚'

'Red Coral'

花色：水红色漏斗状大花，花开繁密

类型：常绿灌木

 0.9-1.2m

### 3 '花蝴蝶'

'Colorful Butterfly'

花色：水粉色漏斗状大花，偶有大红色线条

类型：常绿灌木

  0.9-1.2m

### 4 '蓝樱'

'Blue Cherry'

花色：蓝紫色漏斗状花，花量大

类型：常绿灌木

 0.9m

### 5 '琉球红'

'Loochoo Red'

花色：大红色漏斗状小花，双套

类型：常绿灌木

 0.9m

### 6 '艳阳天'

'Sunny Day'

花色：水粉色漏斗状大花，花瓣边缘波状

类型：常绿灌木

 0.9-1.2m

### 7 '状元红'

'Champion Red'

花色：水粉色漏斗状大花，偶有大红色线条

类型：常绿灌木

 0.9-1.2m

### 8 '麒麟'

'Unicorn'

花色：水粉色漏斗状小花，双套，花心红色

类型：常绿灌木

 0.9m

### 9 '母亲节'

'Mothers Day'

花色：粉红色重瓣花　类型：常绿

 0.9-1.2m

### 10 '劳动勋章'

'Medal of Labor'

花色：玫红色重瓣花　类型：常绿

 0.9-1.2m

'春满园'
'Gardenful of Spring'
花色：玫粉色重瓣花，中心渐变为淡粉色
类型：常绿

'粉红泡泡'
'Pink Bubble'
花色：粉色重瓣花，有红色斑点，边缘波状
类型：常绿

'风轮'
'Wind Wheel'
花色：纯白色漏斗状花，双套
类型：常绿

'醉春'
花色：水粉色漏斗状花，中心为白色
类型：常绿

'银边三色'
'Sliver Tricolour'
花色：粉色漏斗状花，叶边缘银白色
类型：常绿

'喜鹊登枝'
花色：粉色　类型：常绿灌木　长势：矮生　耐寒性：~15℃

'火烈鸟'
花色：火红　类型：常绿灌木
长势：旺盛　耐寒性：~15℃

'大青莲'
花色：青莲色　类型：常绿灌木
长势：中等　耐寒性：~12℃

'淡妆'
花色：水粉色　类型：常绿灌木
长势：旺盛　耐寒性：~12℃

'御代之荣'
花色：复色　类型：常绿灌木
长势：中等　耐寒性：~8℃

### '恰恰'

花色：复色　类型：常绿灌木，适合造型
长势：矮生　耐寒性：～5℃

**1**

### '小莺'

花色：复色　类型：常绿灌木，适合造型
长势：矮生　耐寒性：～8℃

**2**

### '艾尔西·李'

花色：蓝紫色　类型：常绿灌木，适合造型
长势：中等　耐寒性：～15℃

**3**

### '雪晴'

花色：复色　类型：常绿灌木，适合造型
长势：中等　耐寒性：～10℃

**4**

### '白凤3号'

花色：白色　类型：常绿灌木，适合造型
长势：矮生　耐寒性：～12℃

**5**

### '红精灵'

花色：紫红色　类型：常绿灌木，适合造型
长势：中等　耐寒性：～12℃

**6**

### '山雀'

花色：复色　类型：常绿灌木，适合造型
长势：中等　耐寒性：～12℃

**7**

### '醉'

花色：紫色　类型：常绿灌木，适合造型
长势：中等　耐寒性：～8℃

**8**

### '紫灯笼'

花色：深粉红色　类型：常绿灌木，适合造型
长势：旺盛　耐寒性：～12℃

**9**

### '秦峨'

花色：复色　类型：常绿灌木，适合造型
长势：中等　耐寒性：～12℃

**10**

'赤诚'

花色：红色　类型：常绿灌木，适合造型
长势：矮生　耐寒性：~5℃

**1**　**2**

'红苹果'

花色：粉红色　类型：常绿灌木，适合造型
长势：旺盛　耐寒性：~5℃

'幻境'

花色：紫色　类型：常绿灌木，适合造型
长势：中等　耐寒性：~12℃

**3**　**4**

'元春 9 号'

花色：复色　类型：常绿灌木，适合造型
长势：中等　耐寒性：~12℃

'珊瑚 21 号'

花色：粉紫色　类型：常绿灌木，适合造型
长势：中等　耐寒性：~12℃

**5**　**6**

'珊瑚 26 号'

花色：紫红色　类型：常绿灌木，适合造型
长势：中等　耐寒性：~12℃

'红缨'

花色：粉红色　类型：常绿灌木，适合造型
长势：旺盛　耐寒性：~12℃

**7**　**8**

'春潮'

花色：复色　类型：常绿灌木，适合造型
长势：中等　耐寒性：~12℃

'朝阳 3 号'

花色：红色　类型：常绿灌木，适合造型
长势：中等　耐寒性：~10℃

'红阳'

花色：粉红色　类型：常绿灌木，适合造型
长势：旺盛　耐寒性：~12℃

**9**　**10**

## '紫秀'

花色：紫色　类型：常绿灌木，适合造型

长势：旺盛　耐寒性：~12℃

## '春'

花色：粉色　类型：常绿灌木，适合造型

长势：中等　耐寒性：~8℃

## '神州奇'

花色：粉紫里浅　类型：常绿灌木，适合造型

长势：中等　耐寒性：~12℃

## '紫色光辉'

'Purple Splendor'

花色：粉紫色　类型：常绿灌木，适合造型

成熟冠幅：80~100cm

## '闪耀玫瑰'

'Rose Glitters'

花色：玫瑰红　类型：常绿灌木，适合造型

成熟冠幅：80~100cm

## '粉色布拉乌'

'Blaauw's Pink'

花色：鲑粉色　类型：常绿灌木，适合造型

成熟冠幅：100~120cm

## '奶奶'

'MeMe'

花色：白色

类型：常绿灌木，适合造型

## '玫瑰'

'Roza'

花色：粉紫色

类型：常绿灌木，适合造型

## '音乐情人梦'

'Violetta'

花色：红紫色

类型：常绿灌木，适合造型

## '白雪公主'

'Snow White'

花色：白色　类型：常绿灌木

成高（含盆）：1m

'安妮娜'
'Anita'
花色：粉色　类型：常绿灌木
成熟冠幅：100·150cm

许多东洋鹃也可用于造型

*Azalea satsuki*

# 皋月杜鹃

**'五彩夏鹃'**

花色：复色　类型：常绿灌木
长势：矮生　耐寒性：～10℃

**'珊瑚彩'**

花色：橙红色　类型：常绿灌木
长势：中等　耐寒性：～10℃

**'锦凤'**

花色：复色　类型：常绿灌木
长势：中等　耐寒性：～5℃

**'天章'**

花色：复色　类型：常绿灌木
长势：中等　耐寒性：～10℃

**'玉玲'**

花色：复色　类型：常绿灌木
长势：中等　耐寒性：～10℃

# Rhododendron molle
## 落叶杜鹃

**'羊踯躅'**
Deciduous Azalea
花色：黄色　类型：花灌木
成熟冠幅：90~150cm
1.5~2m

**'黄金球'**
'Gold Stuck'
花色：金黄色　类型：花灌木
成熟冠幅：120~150cm
1.2~1.5m

**'直布罗陀'**
'Gibraltar'
花色：橙黄色　类型：花灌木
成熟冠幅：120~150cm
1.2~1.5m

**'玛丽朱莉'**
'Marie Jolie'
花色：橙红色　类型：花灌木
成熟冠幅：120~150cm
1.2~1.5m

**'黄金玉'**
'Gold Topaz'
花色：亮黄　类型：花灌木
成熟冠幅：120~150cm
1~1.5m

**'温莎阳光'**
'Windsor Sunbeam'
花色：粉色　类型：花灌木
成熟冠幅：90~150cm
1.2~1.5m

1
2
3
4
5
6

'草莓冰'
'Strawberry Ice'
花色：黄色　类型：花灌木
成熟冠幅：90~150cm

  1

'金色夕阳'
'Golden Sunset'
花色：橘黄色　类型：花灌木
成熟冠幅：100~180cm

    2

1

2

1

2

## 映山红

*Rhododendron simsii*

花色：火红色

类型：半落叶

1

## 马银花

*Rhododendron ovatum*

花色：淡紫色

类型：常绿

2

# 花坛花
## Bedding Plants

花坛花是现代城市园林景观、庭院绿地中必不可少的一个组成部分，也称庭院花卉，以草本花卉为主；通常包括两大类：第一类为一二年生植物，第二类为多年生植物。花坛花应用范围广，不仅能够为绿地环境提供亮丽的色彩、鲜艳的模纹图案、热烈欢快的环境气氛，更因为随着季相变化而变化的彩色花卉种类能够提示人们生活的变化和岁月的变迁。

'仙境'，白色

'仙境'，蓝色

'仙境'，粉色

'夏威夷'

'蓝色视野'

'亚利桑那'，混色

'亚利桑那'，橘黄色

'亚利桑那'，黄色

'亚利桑那'，夕阳粉

## 藿香蓟　*Ageratum houstonianum*

菊科藿香蓟属。植株矮小，株型整齐，早花，耐干旱和瘠薄土壤。盆栽16～17周开花，园林效果好。一般作为"五一"用花，夏季生产国庆开花有困难。适宜花坛镶边和大色块栽培。

| 系列 | 花色/颜色 | 描述 |
|---|---|---|
| '夏威夷'<br>'Hawaii' | 蓝色blue | 叶片狭小，夏季开花，花朵量大，植株整齐无分枝。 |

🌱 | W | ☀ 21-27°C | ☀ time | ☀ 3-5

| 系列 | 花色/颜色 | 描述 |
|---|---|---|
| '仙境'<br>'Cloud Nine' | 白色white | 开花早且开花整齐，比其他品种早7天开花且花朵整齐统一，使仙境成为值得种植的品种。叶片较小，生长习性更加统一。仙境系列花朵的颜色更深些，使其比浅色芽更具有吸引力。 |
| | 粉色pink | |
| | 蓝色blue | |

🌱 | W | ☀ 21-27°C | ☀ time | ☀ 3-5

| 系列（多年生） | 描述 |
|---|---|
| '蓝色视野'<br>'Blue Horizon' | 1. 第一个切花用三倍体藿香蓟品种。2. 长势强健，分枝性好。 |

🌱 | W | ☀ 20-25°C | ☀ time | ☀ 7-8

## 藿香　*Agastache hybrida*

唇形科藿香属。

| 系列 | 花色/颜色 | 描述 |
|---|---|---|
| '亚利桑那'<br>'Arizona' | 混色<br>mix | 2016年新推出品种。非常紧凑且丰花，在盆栽及园林绿化中表现优秀。叶片散发出柠檬或薄荷清香。整个夏季可持续开花，无秃顶现象。保持pH6.4～7.5，EC值1.5～2.0ms/cm。pH低于6.2时易得黄萎病。适合干燥向阳地段种植，不耐潮湿环境。 |
| | 橘黄色<br>sandstone | |
| | 黄色<br>yellow | |
| | 夕阳粉<br>sunset | |

| 系列 | 描述 |
|---|---|
| '玫瑰薄荷' 'Rose Mint' | 2016年新推出品种。非常紧凑且丰花，是亚尼桑那系列花色的有力补充。 |

'亚利桑那' 玫瑰薄荷

## 香雪球 *Lobularia maritima*

十字花科香雪球属。耐寒性强，可以直接播种于栽培袋或盆中。盆栽13~17周开花，生长适温10~30℃，凉爽的环境有利于花色的保持。美丽的花朵香味浓郁，是理想的花坛镶边植物。

| 系列 | 花色/颜色 | 描述 |
|---|---|---|
| '仙境' 'Wonder-land' | 混色mix | 株高10cm，冠径20~30cm，其中深玫红色是香雪球中最红的颜色。 |
| | 深玫红色 deep rose | |
| | 白色white | |
| | 淡紫色 lavender | |
| | 深紫色 deep purple | |
| | 蓝色blue | |
| | 粉色pink | |

'仙境' 淡紫色

'仙境' 混色

'仙境' 蓝色

'仙境' 深玫红色

'仙境' 深紫色

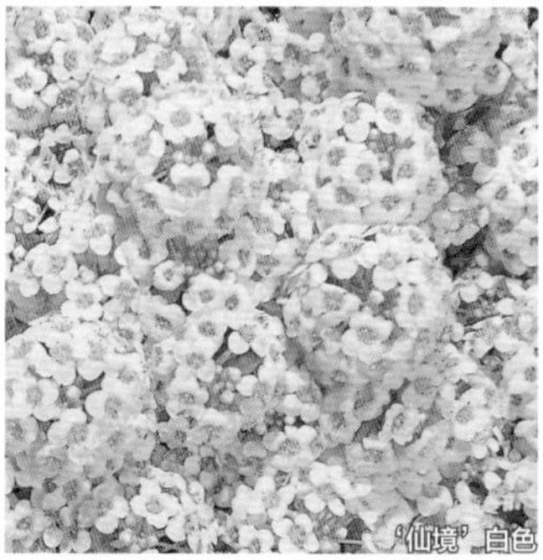

'仙境' 白色

'仙境' 粉色

143

‘春庆’柠檬色　‘春庆’混色　‘春庆’白色

‘春庆’深红玫瑰　‘春庆’紫红色

‘春庆’深红色

‘春庆’杏黄色　‘春庆’粉红色

‘阳台小姐’粉红色

‘阳台小姐’混色

## 蜀葵　*Alcea rosea*
锦葵科蜀葵属。

| 系列 | 花色/颜色 | 描述 |
|---|---|---|
| ‘春庆’<br>'Spring Celebrities' | 深红玫瑰 carmine rose | 重瓣–半重瓣的矮生蜀葵，基部分枝性好。栽培当年即可开花，在适宜的条件下可持续开花三个月。 |
| | 深红色 crimson | |
| | 柠檬黄 lemon | |
| | 混色mix | |
| | 粉红色 pink | |
| | 紫红色 purple | |
| | 白色white | |
| | 杏黄色 apricot | |

## 翠菊（盆栽）　*Callistephus chinensis*
菊科翠菊属。

| 系列 | 花色/颜色 | 描述 |
|---|---|---|
| ‘阳台小姐’<br>'Pot'n Patio' | 混色mix | 生长期间中等日照即可，无需补光就可在90天内开花，花径5~7cm，株高15cm。 |
| | 蓝色blue | |
| | 粉红色pink | |
| | 绯红色scarlet | |
| | 白色white | |

## 香彩雀　*Angelonia angustifolia*

玄参科香彩雀属。热曲和热舞系列从播种到地栽表现，继续掀起市场风暴。生产简便，无须摘心。零售表现丰满葱翠；高光环境中坚挺的3D花型，色彩瑰丽。性喜高温，旱涝皆宜，花期持久。耐40℃高温。

| 系列 | 花色/颜色 | 描述 |
|---|---|---|
| '热曲' 'Serena' | 紫色 purple | 株高40～50cm，冠幅30～35cm。热曲系列是第一个由种子繁殖的香彩雀品种。分枝性强、植株丰满紧凑，不需要摘心，开花不断，并且不留残花。从播种到成花地栽约需14周。荣获多项大奖。 |
| | 改良白色white improved | |
| | 蓝色blue | |
| | 混色mix | |
| | 瀑布混色 waterfall mixture | |
| | 玫红渐变rose tipped white | |

| 系列 | 花色/颜色 | 描述 |
|---|---|---|
| '热舞' 'Serenita' | 紫色 purple | 株高30～35cm，冠幅30～35cm，较热曲系列紧凑，穴盘苗生产周期5～6周，移栽至成品生产周期8～9周。植株比热曲更加矮小紧凑，更易生长控制。适合于北方高密度生产。 |
| | 淡紫粉 lavender pink | |
| | 树莓红色 raspberry | |
| | 白色white | |
| | 粉色pink | |
| | 天蓝色sky blue | |
| | 改良混色 mixture improved | |
| | 玫红渐变rose tipped white | |

'热曲'紫色

'热曲'改良白色

'热曲'蓝色

'热曲'玫红渐变

'热舞'紫色

'热舞'白色

'热舞'树莓红色

'热舞'粉色

'热舞'淡紫粉

'热舞'天蓝色

'热舞'玫红渐变

'松本' 玫红色

'松本' 蓝色

'松本' 红色

'松本' 黄色

'松本' 蓝色渐变

'松本' 白色

'松本' 淡蓝色

'松本' 杏黄色

**翠菊（切花）**　*Callistephus chinensis*

菊科翠菊属。

| 系列 | 花色/颜色 | 描述 |
|------|-----------|------|
| '松本'<br>'Matsumoto' | 玫红色rose | 花径5cm，株高60~75cm，生长适温15~25℃，带黄眼。花茎长而健壮，播种后14周左右开花。耐热，抗病性也好，花色丰富，混色包含玫红、蓝色、白色、红色、黄色等。 |
| | 蓝色blue | |
| | 白色white | |
| | 红色red | |
| | 黄色yellow | |
| | 杏黄色apricot | |
| | 淡蓝色light blue | |
| | 粉红色pink | |
| | 猩红色scarlet | |
| | 蓝色渐变blue tipped white | |

'松本' 粉红色

'松本' 猩红色

| 系列 | 花色/颜色 | 描述 |
|---|---|---|
| '日光'<br>'Daylight' | 混色mix | 日光系列新增加了两个颜色，它们的花瓣颜色从白到蓝或玫瑰色渐变，璀璨动人。这两个颜色比同系列的其他颜色抗病性强。日光系列长势强，枝条健壮，株高70～80cm，2～3cm的小花劲放，花色艳丽，特别适合作混合花束。 |
| | 紫色<br>purple | |
| | 红色red | |
| | 玫红色<br>rose | |
| | 紫罗兰色<br>violet | |
| | 白色white | |
| | 霜状蓝色<br>blue frost | |
| | 霜状玫瑰<br>rose frost | |

'日光'混色

'日光'霜状蓝色

'日光'红色

'日光'紫色

'日光'霜状玫瑰

'日光'玫瑰红

'日光'白色

| 系列 | 花色/颜色 | 描述 |
|---|---|---|
| '蓬蓬'<br>Bonita | 淡蓝色light blue | 重瓣率高，抗<br>枯萎病。 |
| | 蓝色blue | |
| | 玫红色rose | |
| | 猩红色scarlet | |
| | 粉色pink | |
| | 白色white | |
| | 蓝色泡泡top<br>blue | |
| | 粉色泡泡top<br>rose | |
| | 贝壳粉shell pink | |

'蓬蓬'玫红色

'蓬蓬'蓝色

'蓬蓬'白色

'蓬蓬'猩红色

'蓬蓬'粉色

'蓬蓬'粉色泡泡

'蓬蓬'贝壳粉

'蓬蓬'蓝色泡泡

## 银莲花 *Anemone coronaria*

毛茛科银莲花属。

| 系列 | 花色/颜色 | 描述 |
|---|---|---|
| '和谐'<br>'Harmony' | 白色改良<br>white imp. | 自然矮生，紧凑的株型。建议在10～12cm的盆钵采用多粒播种的方法生产，可以在早春季节销售。花茎秆强壮，花朵大小为5cm。是早春季节超级耐寒的高档盆花。去毛的种子非常适合机器播种。同三色堇、石竹、雏菊和虞美人一起应用组合成丰富壮观的花色。 |
| | 珍珠色<br>pearl | |
| | 淡紫色<br>orchid | |
| | 猩红色<br>scarlet | |
| | 蓝色blue | |
| | 混色mix | |
| | 酒红色<br>burgundy | |

'和谐'混色

'和谐'酒红色

'和谐'白色改良

'和谐'珍珠色

'和谐'淡紫色

'和谐'猩红色

'和谐'蓝色

## 雁来红 *Amaranthus tricolor*

苋科苋属。

| 系列 | 花色/颜色 | 描述 |
|---|---|---|
| '曙光'<br>'Aurora' | 绯红色<br>early<br>splendor | 发芽率高，容易栽培。应用生长调节剂可以有效保持紧凑的株型，根系发达。其精彩表现可以从晚春一直持续到秋季。可以有效地增加风景园林的容积和高度。分枝性强，可以更大面积地覆盖地面。在高温条件下生长都很好。 |
| | 橙红色<br>Illum-<br>ination | |
| | 黄色<br>yellow | |

'曙光'绯红色

'曙光'橙红色

| 系列 | 描述 |
|---|---|
| '三色旗'<br>'Tricolor<br>Splendens<br>Perfecta' | 1. 颜色鲜艳具有一定的高度，适合在温暖地区种植。2. 在炎热的夏季花园表现非常精彩。3. 顶端叶片颜色色彩丰富，红色、黄色和绿色相互映衬，颜色稳定。 |

'曙光'黄色

'三色旗'

149

'显赫' 铜叶粉花

'显赫' 铜叶红花

'显赫' 铜叶玫红花

'显赫' 绿叶白花

'显赫' 铜叶深玫红色

'显赫' 绿叶红花

'显赫' 绿叶粉花

'显赫' 绿叶玫红

**大花海棠** *Begonia × benariensis*

秋海棠科秋海棠属。

| 系列 | 花色/颜色 | 描述 |
|------|-----------|------|
| '显赫' 'Big' | 铜叶红花red bronze leaf | 杂交一代种,该系列有绿叶和铜叶两种叶色,早花、特大花、花径5~8cm。在全光照条件或半遮阴环境均可正常生长。种子发芽率高且穴盘苗整齐,增加了苗率,减少生产成本。 |
| | 铜叶玫红花rose bronze leaf | |
| | 铜叶深玫红色deep rose bronze leaf | |
| | 绿叶红花red green leaf | |
| | 绿叶粉花pink green leaf | |
| | 绿叶玫红rose green leaf | |
| | 铜叶粉花pink bronze leaf | |
| | 绿叶白花white green leaf | |

| 系列 | 花色/颜色 | 描述 |
|------|-----------|------|
| '维京 XL' 'Viking XL' | 绿叶红花red on green | 生长旺盛,强健,即使在极端条件下也可以为景观创造更丰盈的体量和壮观的效果。 |
| | 绿叶玫红rose on green | |
| | 绿叶粉红pink on green | |
| | 铜叶玫红rose on bronze | |
| | 巧克力叶红花red on chocolate | |

'维京 XL' 绿叶红花

'维京 XL' 绿叶玫红

'维京 XL'绿叶粉红

'维京 XL'巧克力叶红花

'维京 XL'铜叶玫红

| 系列 | 花色/颜色 | 描述 |
|------|-----------|------|
| '维京' 'Viking' | 绿叶红花red on green | 以其独有的出众叶色，多彩的花色，为花园和城市景观应用不可或缺的杰出花卉。 |
| | 绿叶珊瑚火焰coral flame on green | |
| | 绿叶猩红scarlet on green | |
| | 铜叶珊瑚火焰coral flame on bronze | |
| | 铜叶红花red on bronze | |
| | 绿叶粉 pink on green | |
| | 巧克力叶红花red on chocolate | |
| | 巧克力叶粉pink on chocolate | |

'维京'绿叶猩红

'维京'铜叶玫红

'维京'铜叶玫红火焰

'维京'巧克力叶粉

'维京'绿叶红花

'维京'绿叶珊瑚火焰

'维京'巧克力叶红花

'维京'铜叶红花

'维京'绿叶粉

鸡尾酒' 红色

鸡尾酒' 深粉红色

'鸡尾酒' 白色

'鸡尾酒' 淡粉色

鸡尾酒' 玫红色

'鸡尾酒' 白色玫红边

## 四季海棠　*Begonia semperflorens*

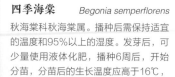

秋海棠科秋海棠属。播种后需保持适宜的温度和95%以上的湿度。发芽后，可少量使用液体化肥，播种6周后，开始分苗，分苗后的生长温度应高于16℃，夏季种植时，注意遮阴。

| 系列 | 花色/颜色 | 描述 |
|---|---|---|
| '鸡尾酒' 'Cocktail' | 红色 vodka | 矮生，株高20cm，叶片肥厚，红铜色，与盛开的花朵十分相配。 |
| | 深粉红色 gin | |
| | 白色 whisky | |
| | 淡粉色 brandy | |
| | 白色玫红边 rum | |
| | 玫红色 tequila | |

| 系列 | 花色/颜色 | 描述 |
|---|---|---|
| '超奥' 'Super Olympia' | 红色red | 它是'奥林匹亚'的改良品种，比一般品种开花早，花期连续不断，花径2cm，叶片绿色。生长习性良好，株高15～20cm，冠径25～30cm。 |
| | 白色white | |
| | 改良粉红 pink | |
| | 玫红rose | |
| | 白色粉边 bicolor | |

'超奥' 红色

'超奥' 白色

'超奥' 玫红

'超奥' 改良粉红

'超奥' 白色粉边

| 系列 | 花色/颜色 | 描述 |
|---|---|---|
| '大使' 'Ambassador' | 混色mix | 1. 株型紧凑，丰花，抗性良好。2. 绿叶，市场主流品种。3. 建议搭配'议员IQ'系列。 |
| | 粉色改良pink Imp | |
| | 玫红色rose | |
| | 猩红色scarlet | |
| | 双色bicolor | |
| | 白色改良white Imp | |

'大使'粉色改良

'大使'猩红色

'大使'双色

'大使'白色改良

'大使'混色

'大使'玫红色

| 系列 | 花色/颜色 | 描述 |
|---|---|---|
| '神曲' 'Inferno' | 白色white | 育种目标为大规模花坛应用。整个植株被大型花瓣所覆盖。具有自我净化能力，不需太多养护。与一般海棠相比，可减少植株使用量，节约生产成本。基部分枝性强，从而使植株的株型更加饱满，也增加了整个花坛的高度。植株应用到吊篮和庭院木桶等地方，非常漂亮，保证了家庭园艺方面的成功应用。发芽率非常优秀，保证了更高的成苗率。花量丰富的重瓣花。 |
| | 玫红色rose | |
| | 红色 red | |
| | 玫红色带古铜色叶片rose with bronze foliage | |
| | 粉色pink | |
| | 苹果花色 apple blossom | |
| | 混色mix | |

'神曲'白色

'神曲'玫红色

'神曲'红色

'神曲'玫红色带古铜色叶片

'神曲'粉色

'神曲'苹果花色

'神曲'混色

| 系列 | 花色/颜色 | 描述 |
|---|---|---|
| '议员IQ' 'Senator IQ' | 粉色pink | 1. 株型紧凑，亮古铜色叶片，抗性好，丰花。2. 议员系列全面改良，建议搭配大使系列。 |
| | 深玫红色deep rose | |
| | 白色white | |
| | 猩红色scarlet | |
| | 玫红色rose | |
| | 玫红双色rose bicolor | |
| | 樱花色cherry blossom | |

'议员iQ'粉色

'议员iQ'深玫红色

'议员iQ'玫红色

'议员iQ'猩红色

'议员iQ'玫红双色

'议员iQ'白色

**悬挂式海棠** *Begonia hybrida*

秋海棠科秋海棠属。

| 系列 | 花色/颜色 | 描述 |
|---|---|---|
| '龙翅' 'Dragon Wing' | 红色red | 花色鲜艳，叶片形如翅膀，株高30~38cm，冠径38~45cm，比无性繁殖植株具更强的分枝、开花和生长能力，促成栽培从播种到出售需16周左右。 |
| | 粉红色 pink | |

'龙翅'红色

'议员iQ'樱花色

**玻利维亚海棠** *Begonia boliviensis*

秋海棠科秋海棠属。株型紧凑，极具竞争力。

| 系列 | 花色/颜色 | 描述 |
|---|---|---|
| '圣克鲁斯' 'Santa Cruz Sunset' | 晚霞 sunset | 第一个由种子繁殖的玻利维亚海棠，成苗率大于85%，是极具竞争力的品种。株型紧凑，耐旱耐湿，在全光照和阴处均可繁茂生长。 |

'龙翅'粉红色

'圣克鲁斯'晚霞

| 系列 | 花色/颜色 | 描述 |
| --- | --- | --- |
| '旧金山' 'San Francisco' | 晚霞 sunset | 高品质种子质量超过85%的成苗率，耐旱耐雨，耐热耐阴，维护成本较低。竞争力强，比扦插品种更节省成本。 |

W ℃ $^{21}Z_{23}$ time $^{7}Z_{14}$

| 系列 | 花色/颜色 | 描述 |
| --- | --- | --- |
| '新星' 'Bossa Nova' | 混色mix | 株高30～40cm，冠幅45～50cm，花朵大小5～8cm。通过种子繁殖的杂交一代玻利维亚海棠品种，使规模化生产更加简单。花量惊人，为花园增添色彩。比普通的海棠品种耐热性更好，整个无霜期开花不断。 |
| | 红色red | |
| | 玫红渐变改良rose shades imp. | |
| | 橙色orange | |
| | 粉色光晕pink glow | |
| | 纯白pure white | |
| | 黄色改良yellow imp. | |
| | 夏日狂欢 木瓜橙night fever papaya | |
| | 夏日狂欢 红色night fever rosso | |

W ℃ $^{23}Z_{25}$ time $^{7}Z_{14}$

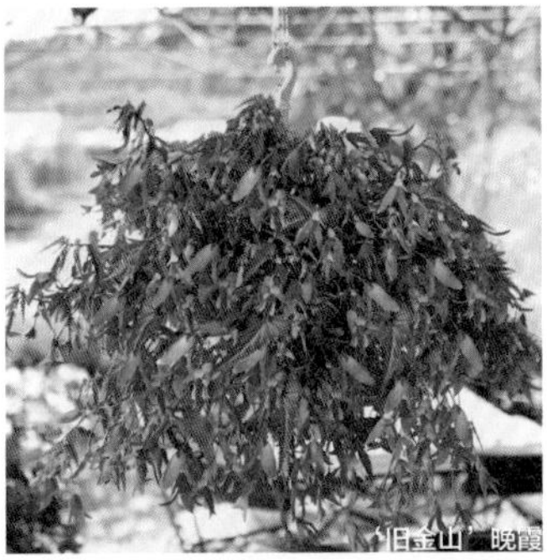

'旧金山'晚霞

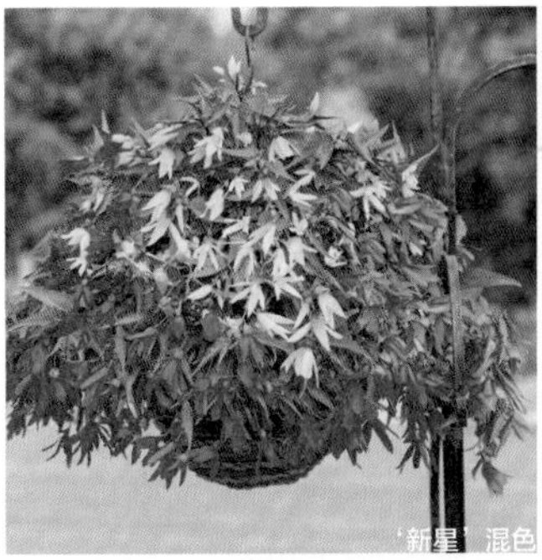

'新星'混色

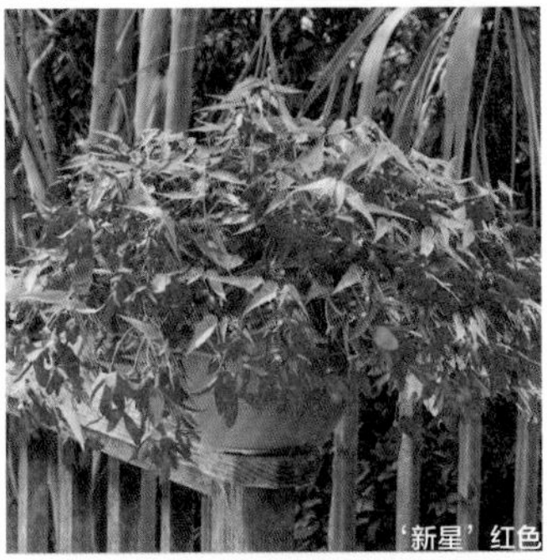

'新星'红色

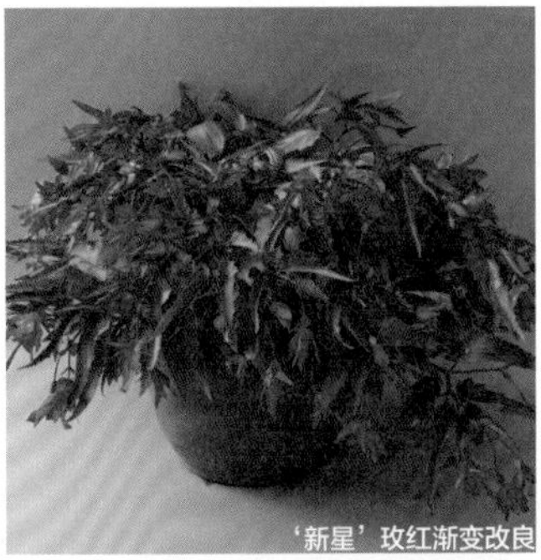

'新星'玫红渐变改良

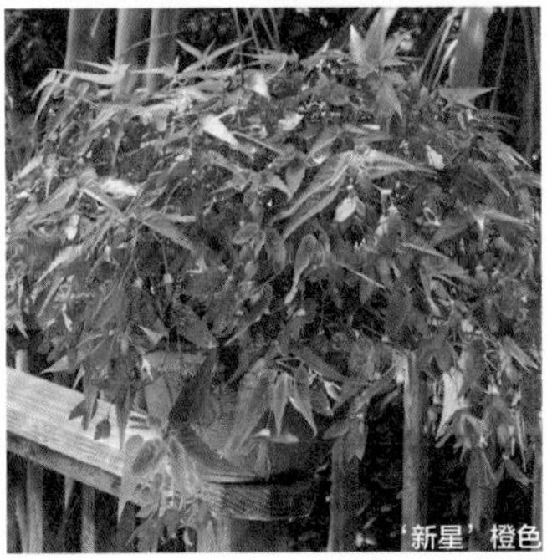

'新星'橙色

'新星'纯白

'新星'粉色光晕

'新星'夏夜狂欢红色

'新星'黄色改良

'新星'夏夜狂欢木瓜橙

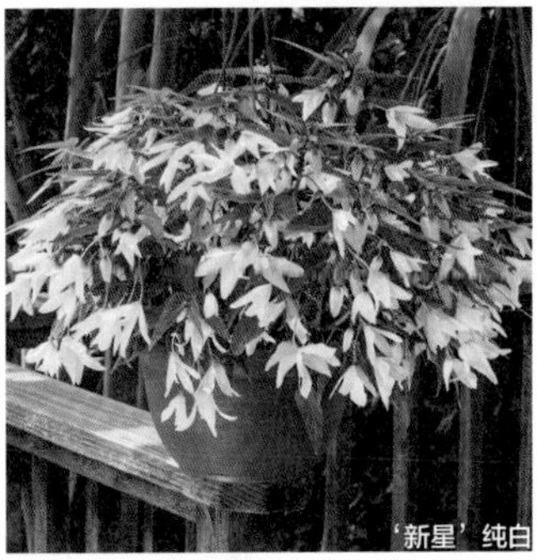

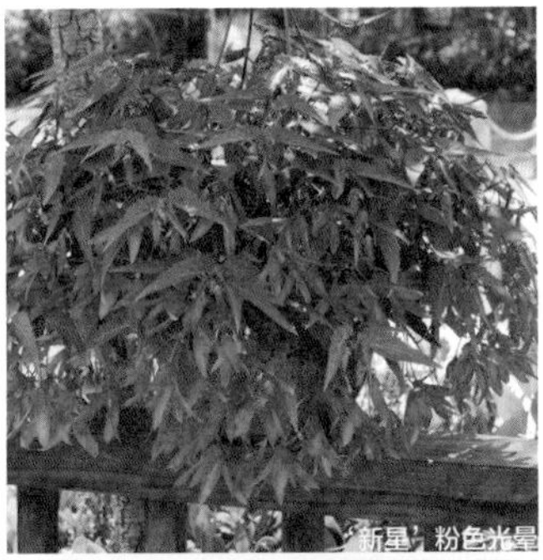

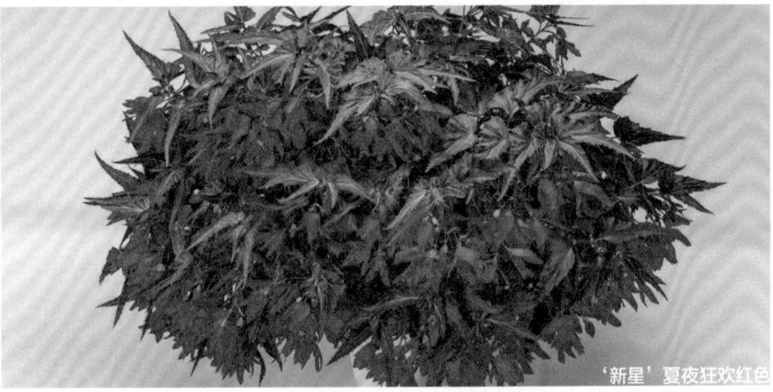

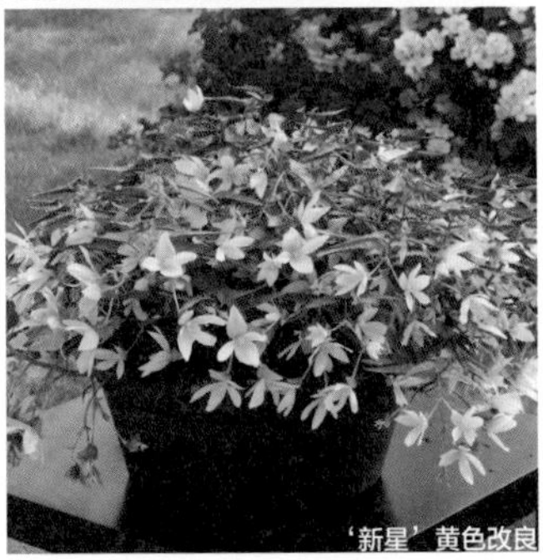

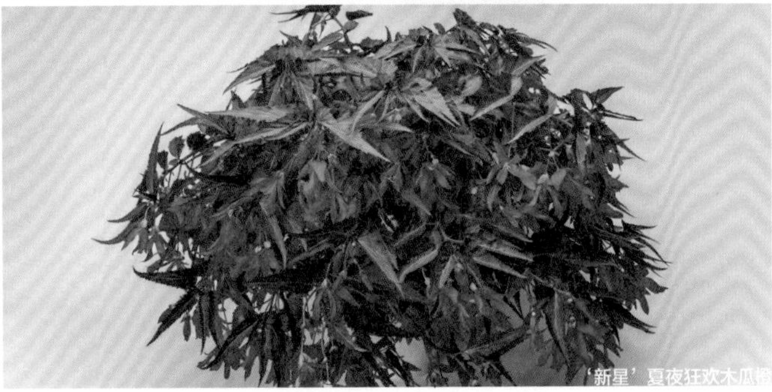

### 球根海棠　*Begonia × tuberhybrida*

秋海棠科秋海棠属。

| 系列 | 花色/颜色 | 描述 |
|---|---|---|
| '永恒' 'Non-stop' | 混色mix | 株高20cm，花色亮丽，花大，花径9～11cm，重瓣。生长温度16～20℃，生长周期17～19周。 |
| | 苹果花色apple blossom | |
| | 粉红色pink | |
| | 白色white | |
| | 黄色yellow | |
| | 深鲑红色deep salmon | |
| | 橙红色orange | |
| | 火焰色fire | |
| | 深玫红色deep rose | |
| | 黄色红底yellow red back | |
| | 红色red | |
| | 深玫花边deep picotee | |
| | 鲑红色salmon | |
| | 日落sunset | |

'永恒' 粉红色

'永恒' 苹果花色

'永恒' 红色

'永恒' 深玫花边

'永恒' 深鲑红色

'永恒' 橙红色

'永恒' 混色

'永恒' 鲑红色

'永恒' 日落

'永恒' 黄色

'永恒' 白色

'永恒' 深玫红色

'永恒'黄色红底

'永恒'火焰色

| 系列 | 花色/颜色 | 描述 |
|------|----------|------|
| '壁纸'<br>'Pin-up' | 火焰<br>flame | 杂交一代种,株高约25cm,大花,花单瓣,花色独特,多花,品质好,耐候性极佳。 |
| | 玫红色<br>rose | |

'壁纸'火焰

'壁纸'玫红色

| 系列 | 花色/颜色 | 描述 |
|------|----------|------|
| '彩饰'<br>'Illumination' | 混色mix | 杂交一代种,花梗长80cm,花径6~8cm,大花,重瓣,非常多花,叶片浓绿色。花茎柔软,具悬垂性,是悬挂式球根海棠的代表品种。 |
| | 绯红色scarlet | |
| | 杏红渐变<br>apricot<br>shades | |
| | 桃红色rose | |
| | 橙红色<br>orange | |
| | 鲑粉红色<br>salmon pink | |
| | 白色white | |
| | 柠檬黄lemon | |
| | 金色花边<br>golden<br>picotee | |

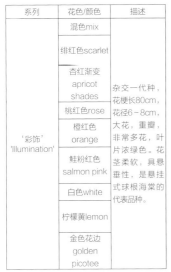

'彩饰'混色

'彩饰'绯红色

'彩饰'杏红渐变

'彩饰'桃红色

'彩饰'白色

'彩饰'橙红色

'彩饰'柠檬黄

'彩饰'金色花边

'彩饰'鲑粉红色

'永恒欢乐'白色

'永恒欢乐'黄色

'永恒欢乐'橙红

'永恒欢乐'红色

'永恒欢乐'玫红花边

'永恒欢乐'混色

| 系列 | 花色/颜色 | 描述 |
|---|---|---|
| '永恒欢乐'<br>'Nonstop Joy' | 黄色<br>yellow | 一种独特的半垂吊海棠。容易生产。分枝好，能填满整个吊篮。更容易套袋和运输。重瓣且花量大。喜阳且耐半阴。 |
| | 白色white | |
| | 橙红<br>orange | |
| | 红色red | |
| | 玫红花边rose picotee | |
| | 混色mix | |

'明星'白色

'明星'红色

| 系列 | 花色/颜色 | 描述 |
|---|---|---|
| '明星'<br>New Star | 混色Mix | 杂交一代种，花梗长80cm，花径6～8cm，大花，重瓣，非常多花，叶片浓绿色。花茎细柔具悬垂性，是悬挂式球根海棠的代表品种。 |
| | 红色Red | |
| | 白色<br>White | |
| | 黄色<br>Yellow | |
| | 玫红色<br>Rose | |

'明星'混色

'明星'黄色

'明星'玫红色

| 系列 | 花色/颜色 | 描述 |
|---|---|---|
| '永恒摩卡' 'Nonstop Mocca' | 浅橙红 bright orange | 花开不断。是市面上唯一的铜叶球根海棠系列；种苗移栽率首屈一指；植株紧凑，株型饱满，花期长；花色齐全，栽培者和零售者可任意搭配。 |
| | 樱桃红 cherry | |
| | 深橙红 deep orange | |
| | 粉红渐变pink shades | |
| | 猩红 scarlet | |
| | 白色white | |
| | 黄色 yellow | |
| | 深红deep red | |
| | 红色red | |
| | 混色mix | |

'永恒摩卡'浅橙红

'永恒摩卡'樱桃红

'永恒摩卡'深橙红

'永恒摩卡'粉红渐变

'永恒摩卡'深红

'永恒摩卡'红色

'永恒摩卡'混色

'永恒摩卡'黄色

'永恒摩卡'猩红色

'永恒摩卡'白色

159

花坛花

| 系列 | 花色/颜色 | 描述 |
|---|---|---|
| '财富' 'Fortune' | 杏黄橙色渐变apricot orange shades | 开花快，无需矮壮素，花茎强壮，耐运输。 |
| | 珊瑚色渐变coral shades | |
| | 暗玫红色dark rose | |
| | 深红色改良deep red lmp | |
| | 金色渐变golden shades | |
| | 红晕金色 golden with red back | |
| | 黄色yellow | |
| | 橙色渐变orange shades | |
| | 桃红渐变peach shades | |
| | 粉色pink | |
| | 鲑肉双色salmon bicolor | |
| | 鲑玫红色 salmon rose | |
| | 猩红色scarlet with red | |
| | 白色white | |
| | 白色玫红晕white with rose back | |

'财富' 深红色改良

'财富' 金色渐变

'财富' 红晕金色

'财富' 黄色

'财富' 橙色渐变

'财富' 杏黄橙色渐变

'财富' 粉色

'财富' 鲑肉双色

'财富' 猩红色

'财富' 白色玫红晕

'财富' 鲑玫红色

'财富' 白色

| 系列 | 花色/颜色 | 描述 |
|---|---|---|
| '风趣'<br>'Funky Pink' | 粉红pink | 紧凑，半垂吊，分枝好。生产运输便捷，优良的重瓣大花朵吊篮植物。混合盆栽十分抢眼，比较耐全日照，遮阴处的亮点，高发芽率，容器和景观都表现十分出色。 |
| | 亮粉红<br>light pink | |
| | 橙色<br>orage | |
| | 红色red | |
| | 猩红<br>scarlet | |
| | 白色white | |
| | 混色mix | |

'风趣' 白色

'风趣' 橙色

'风趣' 混色

'风趣' 亮粉红

'风趣' 猩红

'风趣' 红色

## 瓜叶菊  *Senecio cruentus*

菊科瓜叶菊属。

| 系列 | 花色/颜色 | 描述 |
|---|---|---|
| '完美'<br>'Early Perfection' | 蓝色blue | 株高15~20cm，矮性，耐寒，花径2.3~3cm，华东地区7月下旬播种，可在春节前开花。 |
| | 粉红色pink | |
| | 紫色purple | |
| | 红色red | |
| | 玫红色rose | |
| | 混色mix | |

'完美' 蓝色

'完美' 粉红色

'完美' 玫红色

'完美' 紫色

'完美' 红色

## 雏菊　　　　　*Bellis perennis*

菊科雏菊属。

| 系列 | 花色/颜色 | 描述 |
|---|---|---|
| '塔苏' Tasso | 红色red | 株高1cm，花径4cm，乒乓球形的管状重瓣花，各花色开花期整齐。 |
| | 粉红色pink | |
| | 白色white | |
| | 深玫红deep rose | |
| | 霜红色strawberries &cream | |

'塔苏' 深玫红色　　'塔苏' 红色

'塔苏' 粉红色　　'塔苏' 白色　　'塔苏' 霜红色

| 系列 | 花色/颜色 | 描述 |
|---|---|---|
| '嘉罗斯' 'Galaxy' | 白色white | 花径3cm，紧凑的矮生株型，长势非常一致，花期长。丰花性好，花半重瓣，花芯黄色。即使不经过低温，植株也可在秋季开花。 |
| | 红色red | |
| | 玫红色rose | |

'嘉罗斯' 白色　　'嘉罗斯' 红色

| 系列 | 花色/颜色 | 描述 |
|---|---|---|
| '萝莉' 'Roggli' | 白色white | 株高12～15cm，植株喜阳且可耐半阴，花期早，花大，是盆栽的理想选择。 |
| | 玫红色rose | |
| | 红色red | |

'萝莉' 白色

'嘉罗斯' 玫红色　　'萝莉' 玫红色　　'萝莉' 红色

## 蒲包花 *Calceolaria herbeohybrida*

玄参科蒲包花属。

| 系列 | 花色/颜色 | 描述 |
|---|---|---|
| '优雅' 'Dainty' | 红色red | 植株矮小、紧凑，适合高密度生产。适合做8～10cm盆栽。 |
| | 红黄双色 red &yellow | |
| | 古铜色 bronze | |
| | 黄色斑点 yellow with spots | |

'优雅' 红色 红黄双色 黄色斑点 古铜色（从上至下从左往右）

## 金盏菊 *Calendula officinalis*

菊科金盏花属。7～10℃凉爽气候条件下，生长良好，花大。是冬春花坛的重要花卉品种之一。

| 系列 | 花色/颜色 | 描述 |
|---|---|---|
| '棒棒' 'Bon Bon' | 黄色 yellow | 株高约30cm，重瓣花，花径6～8cm。比其他品种开花早10～14天，花期很长，在凉爽条件下生长最好，不需要用激素B9处理。 |
| | 橙色 orange | |

'棒棒' 黄色

'棒棒' 橙色

| 系列 | 花色/颜色 | 描述 |
|---|---|---|
| '黑眼' 'Calypso' | 黑眼黄yellow with eye | 株高20cm，重瓣花，花径10cm。 |
| | 黑眼橙orange with eye | |
| | 清新橙色clear orange | |

'黑眼' 黄色

'黑眼' 橙色

| 系列 | 花色/颜色 | 描述 |
|---|---|---|
| '哥斯达黎加' 'Costa' | 淡黄色light yellow | 与现有品种相比,分枝性好,整齐度高且花朵大小也差不多,是矮生品种。由于将花时间较早,可以将其与角堇、三色堇一起在春季销售。适用于9~13cm的盆器。 |
| | 黄色 yellow | |
| | 橙色 orange | |
| | 混色mix | |

'哥斯达黎加' 淡黄色

'哥斯达黎加' 橙色

'哥斯达黎加' 黄色

'哥斯达黎加' 混色

| 系列 | 花色/颜色 | 描述 |
|---|---|---|
| '塔奇' 'Touch of Red' | 混色mix | 株高60cm,每个花瓣尖端带红色,是理想的花境材料,也可做切花栽培。 |
| | 黄色 yellow | |
| | 橙色 orange | |
| | 杏色buff | |

'塔奇' 黄色

'塔奇' 橙色

'塔奇' 混色

'塔奇' 杏色

## 康乃馨（盆栽） *Dianthus caryophyllus*

石竹科石竹属。

| 系列 | 花色/颜色 | 描述 |
|---|---|---|
| '粒粒钵' 'Lillipot' | 混色mix | 矮生型的康乃馨，植株高度约25cm，适合在10～15cm的盆钵里栽培。整个夏季都会持续上花，花量丰富。不需要使用植物生长调节剂或者打顶处理，植株也会保持矮生和紧凑的株型。 |
| | 猩红色 scarlet | |
| | 黄色 yellow | |
| | 紫色 purple | |
| | 白色 white | |
| | 橙黄双色 orange bicolor | |

'粒粒钵' 混色

'粒粒钵' 紫色

'粒粒钵' 黄色

'粒粒钵' 橙黄双色

| 系列 | 花色/颜色 | 描述 |
|---|---|---|
| '红红火焰' 'Can can' | 猩红色 scarlet | 株高型，重瓣大花，芳香，分枝多，丰花。 |
| | 玫红色 rose | |

'粒粒钵' 白色

'红红火焰' 猩红色

## 鳞叶菊 *Calocephalus Brownii*

菊科鳞叶菊属。

| 系列 | 描述 |
|---|---|
| '海珊瑚' 'Bed Heag' | 第一个种子繁殖的鳞叶菊，有着优秀的露地表现，特别适合秋冬季节室外组合和花坛里主景植物，耐寒耐酷热。 |

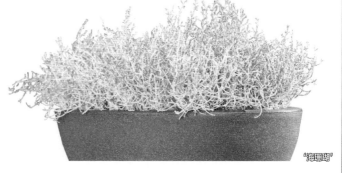

'海珊瑚'

'华丽锦缎' 白色

'华丽锦缎' 淡紫玫红色

## 古代稀　　　　*Clarkia amoena*

柳叶菜科仙女扇属。

| 系列 | 花色/颜色 | 描述 |
|---|---|---|
| '华丽锦缎' 'Satin' | 白色white | 花期早，植株长势一致；基部分枝性好，花卉量丰富；可作为春季盆花应用。 |
| | 粉色pink | |
| | 鲑粉色salmon | |
| | 红色red | |
| | 深玫红色deep rose | |
| | 淡紫玫红色lilac rose | |
| | 红花白边red with white edge | |
| | 淡紫色lavender | |
| | 混合mix | |

'华丽锦缎' 淡紫色

'华丽锦缎' 粉色

'华丽锦缎' 鲑粉色

'华丽锦缎' 红花白边

'华丽锦缎' 红色

'华丽锦缎' 混色

'华丽锦缎' 深玫红色

| 系列 | 花色/颜色 | 描述 |
|---|---|---|
| '优雅' 'Grace' | 白色white | 株型紧凑，花瓣厚，抗灰霉病。 |
| | 贝壳粉色 shell pink | |
| | 粉色pink | |
| | 鲑肉色salmon | |
| | 玫红带粉色 rose with pink | |
| | 红色red | |
| | 淡紫色lavender | |
| | 淡紫色带眼lavender with eye | |
| | 混合色mix | |

'优雅' 贝壳粉色

'优雅' 白色

'优雅' 粉色

优雅，混合色

'优雅' 鲑肉色

'优雅' 玫红带粉色

'优雅' 淡紫色带眼

'优雅' 红色

'优雅' 淡紫色

167

'冠军' 蓝色

'冠军' 粉色

### 风铃草　　*Campanula medium*

桔梗科风铃草属。

| 系列 | 花色/颜色 | 描述 |
|---|---|---|
| '冠军'<br>'Champion' | 蓝色blue | 株高60cm，每个花瓣尖端带红色，是理想的花境材料，也可作切花栽培。 |
| | 粉色pink | |
| | 淡紫色改良<br>lavender imp | |
| | 白色改良white<br>imp | |

'冠军' 淡紫色改良

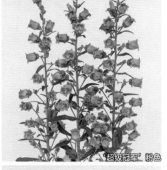

'超级冠军' 粉色

| 系列 | 花色/颜色 | 描述 |
|---|---|---|
| '超级<br>冠军'<br>'Champion<br>pro' | 白色white | 花穗大、花量大、市场主流品种。 |
| | 粉色pink | |
| | 浅粉色light pink | |
| | 淡紫色改良<br>lavender imp. | |
| | 深蓝色deep blue | |

'超级冠军' 白色

'超级冠军' 深蓝色

'超级冠军' 浅紫色改良

'超级冠军' 浅粉色

'塔凯恩' 蓝色

'塔凯恩' 白色

| 系列 | 花色/颜色 | 描述 |
|---|---|---|
| '塔凯恩'<br>'Takion' | 蓝色blue | 切花品种，株高40~50cm，基部可以产生6~8个分枝，比其他系列花朵大、抗热性强。 |
| | 白色white | |

| 系列 | 花色/颜色 | 描述 |
|---|---|---|
| '丰铃' 'Appeal' | 深蓝色 deep blue | 丰铃系列不使用矮壮素依然具有矮生紧凑的特性。作为一年生开花的类型，不需要经过低温春化。花朵盛开后直立向上。基部分枝性好，是自然矮生类型，但如果人工长日照处理后两周喷施矮壮素株型会更加紧凑。 |
| | 粉色pink | |
| | 白white | |

'丰铃'蓝色

'丰铃'粉色　　'丰铃'白色

## 牧根风铃草　*Campanula rapunculus*

桔梗科风铃草属。

| 系列 | 描述 |
|---|---|
| '虞姬' 'Heavenly blue' | 花穗大，花量大；花五角星型，精巧可爱；无需低温春化，当年可开花。 |

'虞姬'

## 醉蝶花　*Cleome spinosa*

白花菜科醉蝶花属。

| 系列 | 花色/颜色 | 描述 |
|---|---|---|
| '光耀' 'Sparkler' | 淡粉色 blush | 第一个杂交的醉蝶花品种，适合夏季应用，株高60~90cm。 |
| | 淡紫色 lavender | |
| | 玫瑰色 rose | |
| | 白色white | |

'光耀'淡粉色　　'光耀'淡紫色

'光耀'玫瑰色　　'光耀'白色

'热带'红铜叶绯红色

'热带'红色

## 美人蕉　　　*Canna generalis*

美人蕉科美人蕉属。可用于庭院、花园、组合容器，也可栽植于浅水池中。

| 系列 | 花色/颜色 | 描述 |
|---|---|---|
| '热带' 'Tropical' | 红铜叶绯红色 bronze scarlet | 株高60~70cm，冠幅45cm，生长温度10~30℃，在暖和的条件下生长迅速，一般播种后80~85天开花，花大，花茎7.5~10cm。 |
| | 红色red | |
| | 玫红色 rose | |
| | 鲑红色 salmon | |
| | 白色white | |
| | 黄色 yellow | |

'热带'玫红色

'热带'鲑红色

'热带'黄色

'热带'白色

| 系列 | 花色/颜色 | 描述 |
|---|---|---|
| '南太平洋(F1)' 'South Pacific' | 橘黄色 orange | 首个由种子繁殖的美人蕉品种，并荣获AAS奖。与'热带'相比，苗期整齐性更好。基部分枝优秀。 |
| | 玫红色 rose | |
| | 绯红色 scarlet | |
| | 象牙白色 ivory | |

'南太平洋(F1)'橘黄色

'南太平洋（F1）'玫红色

'南太平洋（F1）'绯红色

'南太平洋（F1）'象牙白色

| 系列 | 花色/颜色 | 描述 |
|---|---|---|
| '卡诺娃'（F1）'Cannova' | 绯红色scarlet | 生长期间中等日照即可，无需补光就可在90天内开花，花径5～7cm，株高45～120cm。 |
| | 黄色yellow | |
| | 玫红色rose | |
| | 柠檬黄lemon | |
| | 红铜叶绯红色bronze scarlet | |
| | 红铜叶橘黄色bronze orange | |
| | 芒果粉mango | |
| | 橘黄色渐变orange shades | |

'卡诺娃（F1）' 红铜叶橘黄色

'卡诺娃（F1）' 黄色

'卡诺娃（F1）' 玫红色

'卡诺娃（F1）' 柠檬黄

'南太平洋（F1）' 橘黄色渐变

'卡诺娃' 红铜叶绯红色

'卡诺娃（F1）' 绯红色

## 黄晶菊　*Chrysanthemum multicaule*

菊科茼蒿菊属。

| 系列 | 花色/颜色 | 描述 |
|---|---|---|
| '闪亮''Upright' | 黄色yellow | 黄色单瓣花，矮生种，高的25～35cm，适用于花坛栽植。 |

'卡诺娃' 芒果粉

## 白晶菊　*Chrysanthemum paludosum*

菊科茼蒿菊属。

| 系列 | 花色/颜色 | 描述 |
|---|---|---|
| '白雪地''Snowland' | 白色white | 株高15cm，花茎4cm，单瓣，花瓣纯白色，花芯黄色，开花早，播种后11～12周开花。 |

'闪亮'

'白雪地'

171

'智脑'洋红色

'智脑'铜叶褐红色

'智脑'粉色

'智脑'亮黄色

## 头状鸡冠花 *Celosia cristata*

苋科青葙属。

| 系列 | 花色/颜色 | 描述 |
|---|---|---|
| '智脑' 'Brainiac' | 洋红色mad magenta | 早期开花时有着良好的紧密及统一性，拥有巨大且颜色闪耀的珊瑚型头状花序。具有耐热性，适合阳光充足的温和气候。 |
| | 铜叶褐红色 raven red | |
| | 粉色think pink | |
| | 亮黄色lightning yellow | |
| | 红色robo red | |

'智脑'红色

## 羽状鸡冠花 *Celosia plumosa*

苋科青葙属。

城堡'橘黄色

'城堡'绯红色

城堡'黄色

| 系列 | 花色/颜色 | 描述 |
|---|---|---|
| '城堡' 'Castle' | 橘黄色 orange | 株高和冠幅达30cm，花期持续整个夏季，花色持久。 |
| | 粉红色 pink | |
| | 绯红色 scarlet | |
| | 黄色 yellow | |
| | 混色mix | |

'世纪'杏黄白兰地

'世纪'混色

| 系列 | 花色/颜色 | 描述 |
|---|---|---|
| '世纪' 'Century' | 杏黄白兰地apricot brandy | 株高60cm，花穗30cm，开花特别早。 |
| | 火焰色fire | |
| | 黄色 yellow | |
| | 玫红色 rose | |
| | 红叶红花 red, bronze leaved | |
| | 混色mix | |

'和服'猩红色

'和服'红叶红花

'和服'奶油色

'和服'橙色

'和服'鲑粉色

'和服'黄色

'和服'樱桃红色

'和服'玫红色

| 系列 | 花色/颜色 | 描述 |
|---|---|---|
| '和服' 'Kimono' | 猩红色scarlet | 株高20~25cm，穗长6cm，株型整齐，耐高温，播种后14周开花。 |
| | 红叶红花red, bronze leaved | |
| | 橙色orange | |
| | 鲜粉色salmon pink | |
| | 樱桃红色cherry red | |
| | 玫红色rose | |
| | 黄色yellow | |
| | 奶油色cream | |
| | 混色mix | |

| 系列 | 花色/颜色 | 描述 |
|---|---|---|
| '新视野' 'Fresh Look' | 金黄色gold | 株高35cm，绿叶系，植株强健，分枝好，表现稳定，耐热性好，抗病性强。 |
| | 橙色orange | |
| | 红色red | |
| | 黄色yellow | |

| 系列 | 花色/颜色 | 描述 |
|---|---|---|
| '新景象' 'New Look' | 红色red | 铜叶，株高35cm，浓红色的紫色花穗，花期长，基部分枝好。 |

'新视野'金黄色

'新视野'橙色

'新视野'红色

'新视野'黄色

'新景象'

173

'锐视'罗曼蒂克

'锐视'红色

| 系列 | 花色/颜色 | 描述 |
|---|---|---|
| '锐视' 'Smart Look' | 罗曼蒂克 romantic | 株高约25cm，株型紧凑，分枝性好，叶片深青铜色，耐热耐旱。 |
| | 红色red | |

'花火'绯红色

'花火'深玫红

'花火'酒红色

| 系列 | 花色/颜色 | 描述 |
|---|---|---|
| '花火' 'Bright Sparks' | 绯红色scarlet | F1代的鸡冠花新品，羽状花冠及株型庞大，分枝性强、耐热性好。增多的分枝使得每株花朵数增多，并且二次开花的花与初次开花的花色一致，花穗的颜色也不像其他品种那般容易褪色，因此在花园展览中表现更为华丽持久。 |
| | 黄色yellow | |
| | 深玫红色deep rose | |
| | 酒红色 burgundy | |

'花火'黄色

| 系列 | 花色/颜色 | 描述 |
|---|---|---|
| '赤壁' 'Chi Bi' | 红叶红穗 | 观赏期非常长，前期观叶、后期观花，观赏时间能持续整个夏天和秋天。卓越的耐热耐雨性，能安全度过整个夏季，不仅可用在花坛绿化上，也可以作为盆花销售。 |

'赤壁'

'红顶'

| 系列 | 花色/颜色 | 描述 |
|---|---|---|
| '红顶' 'Prestige Scarlet' | 猩红色 scarlet | 花穗球状，古铜色叶。 |

'彩烛' 玫红色

'彩烛' 混色

'彩烛' 奶油色

| 系列 | 花色/颜色 | 描述 |
|------|----------|------|
| '彩烛' 'Yukata' | 奶油色cream | 极矮生，无需矮壮素，适合家庭园艺盆栽。 |
| | 橙色orange | |
| | 红色red | |
| | 玫红色rose | |
| | 黄色yellow | |
| | 混色mix | |

'彩烛' 黄色

'彩烛' 红色

'首领' 金色

'首领' 玫红色

## 鸡冠花（切花） *Celosia cristata*

苋科青葙属。

| 系列 | 花色/颜色 | 描述 |
|------|----------|------|
| '红晕' 'Glow' | 玫红晕rose | |
| | 金黄晕golden | |
| '首领' 'Chief' | 金色gold | 花穗球状，花茎粗壮。 |
| | 玫红色rose | |
| | 火焰色fire | |
| | 洋红色carmine | |
| | 红叶红花red, bronze leaved | |
| | 柿子色persimmon | |

'首领' 火焰色

'首领' 洋红色

'首领' 红叶红花

'首领' 柿子色

**彩叶草** *Solenostemon scutellarioides*

唇形科鞘蕊花属。用在吊篮、风景园林、窗盒和庭院等地方种植。

| 系列 | 花色/颜色 | 描述 |
|---|---|---|
| '奇才' 'Wizard' | 混色mix | 株高25~30cm，播种后13周可售。矮生，株型紧凑，中等至大型的叶片，叶色丰富多彩。植株整齐一致，基部分枝性强，能耐高温高湿，并具有晚开花，晚结实的习性。 |
| | 金黄色golden | |
| | 翡翠jade | |
| | 凤梨pineapple | |
| | 绯红色scarlet | |
| | 晚霞色sunset | |
| | 红色天鹅绒 velvet red | |
| | 旭日珊瑚红 coral sunrise | |
| | 马赛克mosaic | |
| | 粉彩画pastel | |
| | 玫瑰红色rose | |
| | 改良精选混色 select mixture improved | |

'奇才'混色

'奇才'翡翠

'奇才'凤梨

'奇才'旭日珊瑚红

'奇才'晚霞色

'奇才'粉彩画

'奇才'红色天鹅绒

'奇才'金黄色

'奇才'绯红色

'奇才'马赛克

'奇才'改良精选混色

'奇才'玫瑰红色

'航路'橙色

'航路'黄色

'航路'红叶黄绿边

| 系列 | 花色/颜色 | 描述 |
|---|---|---|
| '航路'<br>'Fairway' | 混色mix | 开花非常晚，叶片颜色丰富多彩，基部分枝强壮的极矮生型。 |
| | 黄色yellow | |
| | 橙色orange | |
| | 红天鹅绒red velvet | |
| | 玫红色rose | |
| | 马赛克 mosaic | |
| | 红叶黄边 ruby | |

'航路'混色

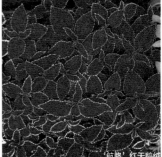

'航路'红天鹅绒

'航路'玫红色

'航路'马赛克

## 波斯菊  *Cosmos bipinnatus*

菊科秋英属。

| 系列 | 花色/颜色 | 描述 |
|---|---|---|
| '奏鸣曲'<br>'Sonata' | 混色mix | 地栽50~60cm，3~6月播种，播种后9~12周开花。花大，花径7~10cm。 |
| | 粉红色pink | |
| | 胭脂红 carmine | |
| | 粉晕pink blush | |
| | 白色white | |
| | 红色渐变red shades | |
| | 紫色渐变purple Shades | |

'奏鸣曲'混色

'奏鸣曲'白色

'奏鸣曲'粉红色

'奏鸣曲'粉晕

'奏鸣曲'红色渐变

'奏鸣曲'胭脂红色

'奏鸣曲'紫色渐变

'阿波罗'混色

'阿波罗'白色

'阿波罗'胭脂红

'阿波罗'粉色斑点

'阿波罗'粉色

'阿波罗'黄色

'阿波罗'情歌

'阿波罗'阿波罗红色镶边

'热带'火焰红色

| 系列 | 花色/颜色 | 描述 |
|---|---|---|
| '阿波罗' 'Apollo' | 混色 mixed | 矮生品种，无需使用生长调节剂。开花更加整齐且花朵更大、更圆，植株更加紧凑，花茎更短。 |
| | 粉色pink | |
| | 胭脂红 carming | |
| | 白色white | |
| | 黄色 yellow | |
| | 粉色斑点pink speckles | |
| | 胭脂红花边 carmine picotee | |
| | 情歌love song | |

**鸟尾花** *Crossandra infundibuliformis*

爵床科十字爵床属。

| 系列 | 花色/颜色 | 描述 |
|---|---|---|
| '热带' 'Tropic' | 火焰红色 flame | 盆栽株高15cm，园林地栽株高25cm，耐热性极好。 |
| | 瀑布黄色yellow splash | |

## 硫华菊　*Cosmos sulphureus*

菊科秋英属。

| 系列 | 花色/颜色 | 描述 |
|------|-----------|------|
| '宇宙' 'Cosmic' | 混色mix | 株高30cm，分枝性强。紧密，丛生，耐热性强，生长整齐，发芽对光照不敏感，播种后8～10周开花。 |
| | 橙色orange | |
| | 黄色yellow | |
| | 红色red | |
| '里玛拉' 'Limara' | 柠檬黄色 lemon yellow | 叶片狭小，夏季开花，花朵量大，植株整齐无分枝。 |

'宇宙' 混色

'宇宙' 橙色

'宇宙' 黄色

'里玛拉'

## 仙客来　*Cyclamen persicum*

报春花科仙客来属。

| 系列 | 花色/颜色 | 描述 |
|------|-----------|------|
| '夏日' 'Verano' | 红色red | 因生长迅速、花朵以匀称而闻名。非常适合在夏日分阶段种植。 |
| | 鲑红色 salmon red | |
| | 粉红色 neon pink | |
| | 酒红色 wine red | |
| | 淡紫色light violet | |
| | 火焰纹紫色violet flamed | |

'夏日' 红色

'夏日' 鲜红色

'夏日' 粉红色

'夏日' 酒红色

'夏日' 淡紫色

'夏日' 火焰纹紫色

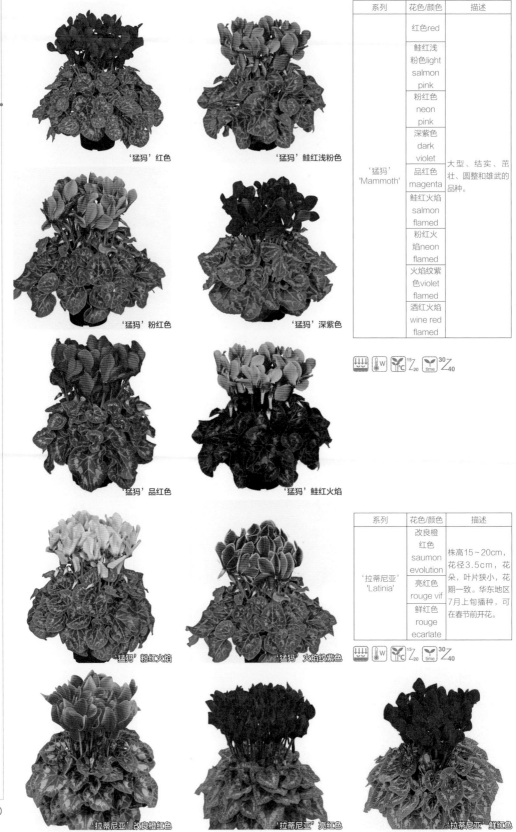

‘猛犸’红色　　‘猛犸’鲑红浅粉色

‘猛犸’粉红色　　‘猛犸’深紫色

‘猛犸’品红色　　‘猛犸’鲑红火焰

‘猛犸’粉红火焰　　‘猛犸’火焰纹紫色

‘拉蒂尼亚’改良橙红色　　‘拉蒂尼亚’亮红色　　‘拉蒂尼亚’鲜红色

| 系列 | 花色/颜色 | 描述 |
|---|---|---|
| ‘猛犸’ 'Mammoth' | 红色red | 大型、结实、茁壮、圆整和雄武的品种。 |
| | 鲑红浅粉色light salmon pink | |
| | 粉红色neon pink | |
| | 深紫色dark violet | |
| | 品红色magenta | |
| | 鲑红火焰salmon flamed | |
| | 粉红火焰neon flamed | |
| | 火焰纹紫色violet flamed | |
| | 酒红火焰wine red flamed | |

| 系列 | 花色/颜色 | 描述 |
|---|---|---|
| ‘拉蒂尼亚’ 'Latinia' | 改良橙红色saumon evolution | 株高15～20cm，花径3.5cm，花朵、叶片狭小，花期一致。华东地区7月上旬播种，可在春节前开花。 |
| | 亮红色rouge vif | |
| | 鲜红色rouge ecarlate | |

仙客来
*Cyclamen persicum*

'猛犸'系列
'Mammoth'

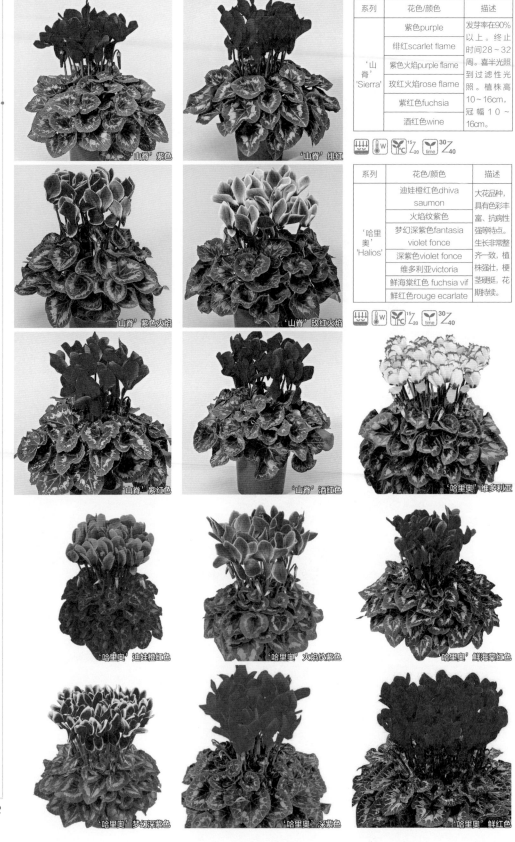

| 系列 | 花色/颜色 | 描述 |
|---|---|---|
| '山脊' 'Sierra' | 紫色purple | 发芽率在90%以上。终止时间28~32周。喜半光照到过滤性光照。植株高10~16cm,冠幅10~16cm。 |
| | 绯红scarlet flame | |
| | 紫色火焰purple flame | |
| | 玫红火焰rose flame | |
| | 紫红色fuchsia | |
| | 酒红色wine | |

| 系列 | 花色/颜色 | 描述 |
|---|---|---|
| '哈里奥' 'Halios' | 迪娃橙红色dhiva saumon | 大花品种,具有色彩丰富、抗病性强等特点。生长非常整齐一致,植株强壮,梗茎挺拔,花期持续。 |
| | 火焰纹紫色 | |
| | 梦幻深紫色fantasia violet fonce | |
| | 深紫色violet fonce | |
| | 维多利亚victoria | |
| | 鲜海棠红色 fuchsia vif | |
| | 鲜红色rouge ecarlate | |

'山脊' 紫色

'山脊' 绯红

'山脊' 紫色火焰

'山脊' 玫红火焰

'山脊' 紫红色

'山脊' 酒红色

'哈里奥' 维多利亚

'哈里奥' 迪娃橙红色

'哈里奥' 火焰纹紫色

'哈里奥' 鲜海棠红色

'哈里奥' 梦幻深紫色

'哈里奥' 深紫色

'哈里奥' 鲜红色

## 大丽花  *Dahlia hybrida*

菊科大丽花属。

| 系列 | 花色/颜色 | 描述 |
|---|---|---|
| '象征' 'Figaro' | 混色mix | 株高30~35cm，花径约7cm，花重瓣，生长适温10~25℃，播种后于13~14周开花。 |
| | 渐变橙黄色orange shades | |
| | 渐变红色red shades | |
| | 渐变紫罗兰色violet shades | |
| | 渐变黄色yellow shades | |
| | 白色white | |

'象征' 红色渐变

'象征' 渐变橙黄色

'象征' 黄色渐变

'象征' 白色

'象征' 混色

'象征' 渐变紫罗兰色

## 飞燕草  *Dolphinium clatum*

毛茛科飞燕草属。

| 系列 | 花色/颜色 | 描述 |
|---|---|---|
| '北极光' 'Aurora' | 蓝色blue | 北极光是飞燕草中的一个出众并且具有多种花色的杂交一代系列。花色柔和、整齐、长势强、花穗集中而引人注目。花期早，花径5~6cm，中心呈白色，作为高档切花使用。在冷凉地区可周年栽培。株高90~120cm，比一般品种矮小。 |
| | 深紫色deep purple | |
| | 淡紫色lavender | |
| | 浅蓝色light blue | |
| | 白色white | |

'北极光' 蓝色

'北极光' 浅蓝色

'北极光' 深紫色

'北极光' 白色

'北极光' 淡紫色

| 系列 | 花色/颜色 | 描述 |
|---|---|---|
| '班纳利巨人' 'Benary's Pacific Giant' | 混色mix | 株高约180cm，群植效果佳，第一年可开花。 |
| | 紫青白芯 astolat | |
| | 天蓝白芯 summer skies | |
| | 深紫青黑芯black knight | |
| | 中度蓝白芯blue bird | |
| | 淡粉白芯guin-evere | |
| | 深蓝白芯king arthur | |
| | 纯白 galahad | |
| | 中度蓝黑芯blue jay | |
| | 淡粉白芯came-liard | |
| | 白色黑芯percival | |

### 小花飞燕草 *Delphinium chinensis*

毛茛科飞燕草属。

| 系列 | 花色/颜色 | 描述 |
|---|---|---|
| '优佳' 'Hunky Dory' | 蓝色blue | 花期比同类产品早2周，飞燕草在自然条件下就具有良好的分枝性，花朵尤其花色特别吸引人。 |
| | 白色 white | |
| | 天蓝色 sky blue | |

'夏日'淡紫青

'夏日'混色

| 系列 | 花色/颜色 | 描述 |
|---|---|---|
| '夏日' 'Summer' | 混色summer colors | 株高约30cm的盆栽品种，株型紧凑低矮，分枝性佳，花色吸引人。花期早，耐热性比其他同类型飞燕草更好。 |
| | 淡紫青 summer blues | |
| | 清晨summer morning | |
| | 深紫青 summer nights | |
| | 白色summer stars | |
| | 蓝色白芯 summer cloud | |

'夏日'清晨

'夏日'深紫青

**石竹**（切花） *Dianthus barbatus*

石竹科石竹属。

| 系列 | 花色/颜色 | 描述 |
|---|---|---|
| '亚马逊' 'Amazon' | 玫瑰红魔术 rose magic | 株高45~90cm，冠幅25~30cm。多用途品种，是非凡的花坛花卉，同时也是杰出的商业和庭院切花品种。也非常适合大型容器生产。不需要特殊的春化处理就能开花。 |
| | 彩虹紫色 rainbow puple | |
| | 彩虹樱桃红色 cherry red | |

'夏日'白色

'夏日'蓝色白芯

'亚马逊'玫瑰红魔术

'亚马逊'彩虹紫色

'亚马逊'彩虹樱桃红色

# 杂交石竹　*Dianthus hybrida*

石竹科石竹属。多年生草本，常作二年生栽培，耐寒性较强、喜肥和阳光，在肥沃的沙质壤土中生长最为适宜，高温高湿生长较弱，有四季开花的品种，但越夏问题比较难解决。现用于规模化生产的石竹，几乎均采用播种繁殖，但也可通过分株和扦插繁殖。

| 系列 | 花色/颜色 | 描述 |
|---|---|---|
| '卫星'<br>'Telstar' | 混色mix | 株高20～25cm，花径4cm，单瓣。生长适温10～30℃，播种后16～17周开花。花色极富生活气息，花期早，分枝性强，对疫霉属病害抗性强，耐热、耐寒，直到霜降仍可开花。 |
|  | 玫瑰红色<br>carmine rose |  |
|  | 紫色purple |  |
|  | 深红色crimson |  |
|  | 粉红色pink |  |
|  | 紫色白边<br>purple picotee |  |
|  | 绯红色scarlet |  |
|  | 白色white |  |
|  | 红色白边red<br>picotee |  |
|  | 鲜红色salmon |  |
|  | 珊瑚色coral |  |
|  | 酒红色burg-<br>undy |  |

'卫星' 玫瑰红

'卫星' 混色

'卫星' 紫色

'卫星' 深红色

'卫星' 粉红色

'卫星' 紫色百边

'卫星' 白色

'卫星' 红色白边

'卫星' 绯红色

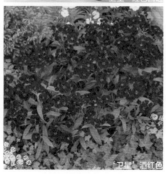

'卫星' 珊瑚色

'卫星' 酒红色

'卫星' 鲜红色

'钻石'混色

'钻石'珊瑚色

| 系列 | 花色/颜色 | 描述 |
|---|---|---|
| '钻石' 'Diamond' | 混色mix | 高20~25cm, 花径约4cm, 植株长势整齐, 各花色花期均匀一致。早生品种, 无论是盆栽还是地栽都有精彩表现。 |
| | 珊瑚色coral | |
| | 玫瑰洋红色carmine rose | |
| | 紫色吉祥边purple picotee | |
| | 猩红色改良scarlet imp. | |
| | 浅粉色渐变blush pink | |
| | 绯红色吉祥边crimson picotee | |
| | 紫色purple | |
| | 粉色pink | |

'钻石'玫瑰洋红色

'钻石'紫色吉祥边

| 系列 | 花色/颜色 | 描述 |
|---|---|---|
| '霹雳' 'Jolt' | 樱桃红色cherry | 株高40~50cm, 冠幅30~35cm, 穴盘苗4~5周移栽至成品晚春至秋季, 成品12~14周, 冬季成品14~18周供需丸粒化种子。观赏期持久, 能经受炎热夏季, 病害少, 花开不断, 且不会结籽。分枝性佳, 生产栽培简单, 不需或仅需少量植株生长调节剂。霹雳粉红色荣获2015年全美花卉品种选育奖, 强韧的深绿色叶片。半耐寒的一年生品种, 最低可耐-18℃。 |
| | 粉红色pink | |
| | 粉色魔术pink magic | |

'钻石'猩红色改良

'钻石'浅粉色渐变

'钻石'绯红色吉祥边

'钻石'紫色

'霹雳'粉色魔术

'霹雳'樱桃红色

'霹雳'粉红色

'地毯'火红色

'地毯'深红色

'地毯'玫瑰红

'地毯'东方红

'地毯'红心白边

'地毯'白色

| 系列 | 花色/颜色 | 描述 |
|---|---|---|
| '地毯' 'Carpet' | 火红色fire | 该系列因能组成像漂亮地毯一样的图案而得名。株型紧凑，花期早且长，适合花坛及盆栽，锯齿状边沿的花朵，花径约4cm，矮生，株高15~20cm。 |
| | 深红色 crimson | |
| | 玫红色 rose | |
| | 东方红 oriental | |
| | 红心白边 snow fire | |
| | 雪白snow | |

| 系列 | 描述 |
|---|---|
| '初恋' 'First Love' | 切花石竹、可花海应用；花瓣边缘呈细齿状，花色从白色逐渐转变为粉红色；可持续开花直至有严重霜冻；茎秆细而结实，顶部分枝多。 |

'初恋'

## 银叶菊　　　*Senecio cineraria*

菊科千里光属。

| 系列 | 描述 |
|---|---|
| '银粉' 'Silver Dust' | 叶片银白色，在阳光充足的地带长势良好。耐热、耐霜冻，南方可露地过冬。生长适温15~25℃，播种后13~14周可以出售 |

'银粉'

## 蓝石莲　　　*Echeveria peacockii*

景天科石莲属。

| 系列 | 描述 |
|---|---|
| '多肉玉蝶' 'Echeveria' | 耐旱，不耐正午阳光，不耐涝。宜作盆花，亦可作景观工程。 |

多肉玉蝶

## 马蹄金　*Dichondra argentea*

旋花科马蹄金属。

| 系列 | 描述 |
|------|------|
| '银瀑'<br>'Silver Falls' | 株高5～7cm，冠幅90～120cm。植株强健，真正的垂蔓生长习性，使其成为组合盆栽或作单独吊篮栽培的极佳选择。匍匐生长亦表现良好，可作地面覆盖栽培，但因其紧贴地面生长习性，要求栽培土壤必须排水良好。 |

'银瀑'　'翡翠瀑布'

| 系列 | 描述 |
|------|------|
| '翡翠瀑布'<br>'Emerald Falls' | 株高5～10cm，冠幅90cm。与银瀑相比，翡翠瀑布株型更丰满，更密实，分枝性更强，且不像银瀑那样无限生长。不需摘心，也不需施用植物生长调节剂。圆润的绿色叶片更贴近茎秆，使得植株更显紧凑。用作耐高温的地被植物，栽培效果亦佳。 |

## 毛地黄　*Digitalis grandiflora*

玄参科毛地黄属。

| 系列 | 花色/颜色 | 描述 |
|------|----------|------|
| '胜境'<br>'Camelot' | 混色mix | F1代杂交种，发芽率高，生长和开花一致。管状花，花喉带有斑点。也可用作切花。 |
| | 玫红色<br>rose | |
| | 淡紫色<br>lavender | |
| | 奶油色<br>cream | |
| | 白色white | |

'胜境'混色

'胜境'玫红色

'胜境'淡紫色

'胜境'奶油色

| 系列 | 描述 |
|------|------|
| '粉豹''Pink Panther' | 分枝能力强，无需低温春化的毛地黄品种；中等高度、日照中性、抗寒性好、花期长。 |

'胜境'白色

'粉豹'

## 非洲金盏菊　*Dimorphotheca sinuata*

菊科异果菊属。

| 系列 | 花色/颜色 | 描述 |
|------|----------|------|
| '春光'<br>'Spring Flash' | 橘黄色<br>orange | 在早春的花坛中，色彩最为亮丽明快，充满活力。株高20～30cm，适合盆栽和造园。生长前期要10℃以下的低温。 |
| | 黄色<br>yellow | |

'春光'橘黄色&黄色

'幼狮' 黄色

'七重天' 混色

'七重天' 蓝色

'七重天' 粉色

'七重天' 淡紫双色

'七重天' 白色

'星云' 白色

'星云' 黄色

'星云' 混色

## 多榔菊　　　*Doronicum orientale*

菊科多榔菊属。

| 系列 | 花色/颜色 | 描述 |
|---|---|---|
| '幼狮'<br>'Little Leo' | 黄色<br>yellow | 株高约25cm，株型紧凑，花径约5cm，花正面朝上，艳丽的黄色花朵，生长周期10~12个月。 |

## 龙面花　　　*Nemesia × hybridus*

玄参科龙面花属。

| 系列 | 花色/颜色 | 描述 |
|---|---|---|
| '七重天'<br>'Seventh Heaven' | 淡紫双色<br>lavender bicolor | 适合花园种植，分枝表现强壮。花朵更大，适用于10~15cm的盆。 |
|  | 蓝色blue |  |
|  | 粉色pink |  |
|  | 白色white |  |
|  | 树莓色rasp-berry |  |
|  | 玫红双色rose bicolour |  |
|  | 蓝色双色blue bicolour |  |
|  | 混色mix |  |

## 龙面花　　　*Nemesia strumosa*

玄参科龙面花属。

| 系列 | 花色/颜色 | 描述 |
|---|---|---|
| '星云'<br>'Nebula' | 白色white | 星云系列是第一个F1代龙面花，可提供分色。花量丰富且花型大。基部分枝性强，适合10~12cm的盆钵栽培。发芽率高，花期长。冷凉型植物，几乎不需要加温。 |
|  | 黄色yellow |  |
|  | 玫红色rose |  |
|  | 玫瑰红色rosy red |  |
|  | 古铜色bronze |  |
|  | 混色mix |  |

'星云' 古铜色

'星云' 玫瑰红色

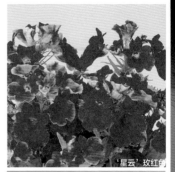
'星云' 玫红色

# 羽衣甘蓝  *Brassica oleracea*

十字花科芸薹属。

| 系列 | 花色/颜色 | 描述 |
|---|---|---|
| '鸥' 'Kamome' | 红鸥red | 叶缘有漂亮的皱褶。抗霜害和冻害，是极少数能够在冬季花园中表现优秀的品种之一。 |
| | 白鸥white | |
| | 粉鸥pink | |

🌱 ℃ 20/25 time 4/5

| 系列 | 花色/颜色 | 描述 |
|---|---|---|
| '横滨' 'Yoko hama' | 混色mix | 高度皱叶，极具造型感，耐寒耐抽薹。 |
| | 白色white | |
| | 红色red | |

🌱 ℃ 21/22 time 5/6

| 系列 | 花色/颜色 | 描述 |
|---|---|---|
| '名古屋' 'Nagoya' | 红色red | 叶片卷曲，株型整齐，耐寒。生长适温5~20℃，无需通过降温来使叶片着色，建议地栽或者在10~15cm的盆钵中栽培。 |
| | 玫红色 rose | |
| | 白色white | |
| | 樱吹雪 pink & white | |
| | 红色改良 red imp. | |

🌱 ℃ 21/24 time 4/5

'鸥' 红鸥

'鸥' 白鸥

'鸥' 粉鸥

'横滨' 混色

'名古屋' 白色

'名古屋' 红色

'名古屋' 红色改良

'名古屋' 玫红色

'名古屋' 樱吹雪

'鸽'红鸽

'鸽'白鸽

### 圆叶羽衣甘蓝 *Brassica oleracea*

十字花科芸薹属。

| 系列 | 花色/颜色 | 描述 |
|------|-----------|------|
| '鸽'<br>'Pigeon' | 红鸽 red | 该系列株型紧凑、矮生，叶片稍微带波浪状。 |
| | 白鸽 white | |
| | 维多利亚鸽 victoria | |
| | 紫鸽 purple | |

'鸽'维多利亚鸽

'鸽'紫鸽

| 系列 | 花色/颜色 | 描述 |
|------|-----------|------|
| '斑鸠'<br>'Song Bird' | 红斑鸠 red | 高重瓣且株型紧凑，是冬季花坛和混合盆栽应用中的一道亮丽的风景。 |
| | 白斑鸠 white | |
| | 粉斑鸠 pink | |

'斑鸠'粉斑鸠

'斑鸠'红斑鸠

'斑鸠'白斑鸠

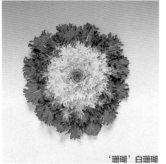

'珊瑚'白珊瑚

'珊瑚'红珊瑚

### 裂叶羽衣甘蓝 *Brassica oleracea*

十字花科芸薹属。

| 系列 | 花色/颜色 | 描述 |
|------|-----------|------|
| '珊瑚'<br>'Coral' | 白珊瑚 prince | 羽毛状叶，全裂，叶缘呈精致细锯齿或粗锯齿状。花头较大，茎秆结实，不易折断。此系列耐寒性极强。 |
| | 红珊瑚 queen | |
| '孔雀'<br>'Peacock' | 红孔雀 red | |
| | 白孔雀 white | |

'红孔雀'

'白孔雀'

# 羽衣甘蓝（切花） *Brassica oleracea*

十字花科芸薹属。

| 系列 | 花色/颜色 | 描述 |
|---|---|---|
| '鹤' 'Crane' | 红鹤red | 花色丰富，观赏期长，是冬季切花备受瞩目的新材料。花头紧凑，花径的大小由种植的株行距决定。红鹤和白鹤整齐直立，两种颜色相互配合效果显著。桃鹤的叶片比其他品种的大，色淡绿，衬托出深紫色的花芯。株高60~70cm。2016年新推出白羽鹤和红羽鹤两个颜色，茎秆坚挺，相互搭配非常完美。 |
| | 桃鹤rose | |
| | 白鹤white | |
| | 双色鹤bicolor | |
| | 粉鹤pink | |
| | 白羽鹤feather king | |
| | 红羽鹤feather queen | |
| | 深红鹤carmine | |
| | 双色褶裙鹤ruffle bicolor | |
| | 红色褶裙鹤ruffle red | |
| | 玫红褶裙鹤ruffle rose | |
| | 白色褶裙鹤ruffle | |

'鹤'红鹤　　'鹤'桃鹤

'鹤'白鹤　　'鹤'双色鹤

'鹤'白羽鹤　　'鹤'红羽鹤

'鹤'粉鹤　　'鹤'红色褶裙鹤　　'鹤'玫红褶裙鹤

'鹤'双色褶裙鹤　　'鹤'白色褶裙鹤　　'鹤'深红鹤

'华美' 雪华美

'华美' 红华美

| 系列 | 花色/颜色 | 描述 |
|---|---|---|
| '华美' 'Hanabi' | 红华美 beni hanabi / 雪华美yuki hanabi | 圆叶类型的高品质F1代切花品种。茎秆粗壮，容易栽培到理想的植株高度。植株茎秆顺直，即使靠近地面的位置也不易弯曲。 |

'鲁西露' 玫红色

'鲁西露' 白色

| 系列 | 花色/颜色 | 描述 |
|---|---|---|
| '鲁西露' 'Lucir' | 玫红色 rose / 白色white | 非常独特的暗绿色叶片的切花羽衣甘蓝系列。与现有的羽衣甘蓝相比，该系列的暗绿色叶片与花心颜色对比更明显，着色更好。 |

**勋章菊** *Gazania rigens*

菊科勋章菊属。一年生草本，在热带可以作多年生植物。耐干旱和炎热，生长需要全日照，适合作花坛用花、镶边、盆栽和组合栽培。

'鸽子舞' 混色

'鸽子舞' 亮黄色

| 系列 | 花色/颜色 | 描述 |
|---|---|---|
| '鸽子舞' 'Gazoo' | 混色mix / 亮黄色clear yellow / 红色基部黑色red with ring / 橙黄色clear orange | 大花、多花，植株强健，易开花(对光照要求低)，适合绿地应用和盆栽观赏。 |

'鸽子舞' 红色基部黑色

'鸽子舞' 橙黄色

| 系列 | 花色/颜色 | 描述 |
|---|---|---|
| '热吻' 'Big Kiss' | 黄色火焰yellow flame / 白色火焰white flame | 株高20~25cm，冠幅25~30cm。生长周期13~15周。大花，花径可达11cm，花色独特，花径强健。生长过程中部需要使用植物生长调节剂，植株喜炎热且耐涝，株型紧凑饱满，是极佳的盆栽品种。 |

'热吻' 黄色火焰 / '热吻' 白色火焰

## 天竺葵 *Pelargonium hortorum*

牻牛儿苗科天竺葵属。又称洋葵，为多年生宿根草本花卉。花瓣5片，伞形花序，也有重瓣品种，花腋出。叶肾形带有一股特殊气味。性喜日照充足、冷凉湿润的气候，忌炎热环境，稍耐半阴，发芽适温21～25℃，生长温度5～25℃。喜光，喜温暖而凉爽的环境，适生温度15～25℃，宜于向阳处的阳台或庭院。夏季高温时，则置于树荫下或墙角边散射光充足的通风环境。天竺葵能耐0℃低温，如当地最低气温在0℃以上可不入室，只要避霜即可安全越冬；低于0℃的地区，3℃左右入室，保持室温5℃可安全越冬。

| 系列 | 花色/颜色 | 描述 |
|---|---|---|
| '地平线' 'Horizon' | 混色mix | 盆栽品种。株高30～40cm，花径3～4cm，头状花序10cm，茎粗壮。叶片带有环形条纹，开花早，花期长。使用矮壮素（浓度1500ppm）可提前开花，使株型更紧凑。 |
| | 玫瑰彩虹色neon rose | |
| | 珊瑚色coral spice | |
| | 深鲜肉色deep salmon | |
| | 深红色deep red | |
| | 橘红色orange | |
| | 红色red | |
| | 绯红色scarlet | |
| | 紫罗兰橙色芯violet | |
| | 白色pure white | |
| | 苹果花色apple blossom | |
| | 淡紫色lavender | |
| | 淡鲜肉色light salmon | |
| | 玫红色rose | |

'地平线'玫红色

'地平线'红色

'地平线'珊瑚色

'地平线'深鲜肉色

'地平线'深红色

'地平线'橘红色

'地平线'绯红色

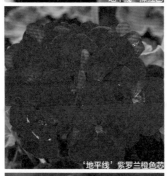
'地平线'紫罗兰橙色芯

'地平线'淡鲑肉色

'地平线'白色

'地平线'苹果花色

'地平线'淡紫色

'迪娃' 浅粉花边 · '迪娃' 树莓脉纹

'迪娃' 玫粉渐变 · '量子' 红色

| 系列 | 花色/颜色 | 描述 |
|---|---|---|
| '迪娃' 'Divas' | 浅粉花边 petticoat | 相比普通天竺葵拥有包括脉纹、渐变和花边等各种特殊颜色。花大且多，株型紧凑，适合高密度栽培，拥有很好的表现。 |
| | 树莓脉纹ras-pberry ripple | |
| | 红色花边picotee red | |
| | 玫粉渐变star | |

| 系列 | 花色/颜色 | 描述 |
|---|---|---|
| '量子' 'Quantum' | 粉色pink | 花期相较更长，耐热。分枝性好，星状花絮，株型紧凑，可较少使用生长调节剂。 |
| | 红色red | |
| | 鲑红色salmon | |
| | 混色mixed | |

'量子' 粉色 · '量子' 鲑红色

## 垂吊天竺葵 *Pelargonium hortorum*

牻牛儿苗科天竺葵属。

| 系列 | 花色/颜色 | 描述 |
|---|---|---|
| '龙卷风' 'Tornado' | 洋红色carmine | 株高15cm，分枝能力强，多花性，特别适宜窗台布置和悬挂花篮。多年生，花期长，盆花可以反复使用，市场前景佳。 |
| | 樱桃红色cherry red | |
| | 玫红双色rose bicolor | |
| | 淡蓝紫色lilac | |
| | 粉红色pink | |
| | 白色white | |

| 系列 | 花色/颜色 | 描述 |
|---|---|---|
| '夏日' 'Summertime' | 混色mix | 节间短、早花且不断开放的习性，使其成为商业生产的优质天竺葵。株高30~40cm。 |

'量子' 混色 · '龙卷风' 洋红色

'龙卷风' 玫红双色 · '龙卷风' 淡蓝紫色 · '夏日' 混色

## 大岩桐 *Sinningia speciosa*

苦苣苔科大岩桐属。

| 系列 | 花色/颜色 | 描述 |
|---|---|---|
| '锦花' 'Brocade' | 红色 red | 株高15cm，花大，花径约8cm，重瓣花率90％，生长一致，叶片狭小，开花早。 |
| | 红白双色 red&white | |
| | 蓝色blue | |
| | 蓝白双色 blue &white | |

| 系列 | 花色/颜色 | 描述 |
|---|---|---|
| '阿瓦迪' 'Avanti' | 蓝色白边blue white edge | 大花，单瓣，耐运输性好。 |
| | 白色white | |
| | 蓝色blue | |
| | 猩红色scarlet | |
| | 玫瑰桃色peach rose | |
| | 浅紫罗兰色黑红 light violet with dark throat | |
| | 红色白边red with white edge | |

'锦花' 红色

'锦花' 红白双色

'锦花' 蓝色

'锦花' 蓝白双色

'阿瓦迪' 蓝色白边

'阿瓦迪' 白色

阿瓦迪' 蓝色

'阿瓦迪' 猩红色

'阿瓦迪' 浅紫罗兰色黑红

阿瓦迪' 红色白边

'阿瓦迪' 玫瑰桃色

'侏儒'白色

'侏儒'粉红色

'侏儒'紫红色

'侏儒'混色

'乒乓'紫色

'乒乓'粉色

'乒乓'白色

## 千日红　　Gomphrena globosa

苋科千日红属。

| 系列 | 花色/颜色 | 描述 |
|---|---|---|
| '侏儒' 'Gnome' | 混色mix | 株高15cm，花径2cm，生长适温15～30℃，播种后9～12周开花，干旱和高温下仍可保持株型和花色，花期持续至霜降。 |
| | 粉红色pin | |
| | 白色white | |
| | 紫红色purple | |

| 系列 | 花色/颜色 | 描述 |
|---|---|---|
| '乒乓' 'Ping Pong' | 紫色 purple | 夏季植株表现精彩，特别是在高温高湿的气候条件下。花大，在高温下花期一致。为了方便播种，以洁净的种子进行销售。株高50～80cm，是夏秋季高温阶段花海应用的理想花材。 |
| | 粉色pink | |
| | 白色white | |
| | 紫色改良purple imp | |

## 嫣红蔓　　Hypoestes phyllostachya

爵床科枪刀药属。

| 系列 | 花色/颜色 | 描述 |
|---|---|---|
| '大五彩' 'ConfettiXL' | 红色red | 观叶植物，标准发芽率高于95%，大约8周就可销售，生产流通速度快，适合从春季到秋季进行生产。少量施用植物生长调节剂可以加深叶片的颜色。耐运输，可作吊篮栽培，在半阴凉的环境下是风景园林应用的极佳选择。 |
| | 白色white | |
| | 葡萄酒红色wine red | |
| | 玫瑰洋红色carmine rose | |

'大五彩'混色

'吉普赛' 粉色

'吉普赛' 深玫红色

'吉普赛' 白色

## 满天星　　　*Gypsophila muralis*

石竹科石头花属。

| 系列 | 花色/颜色 | 描述 |
|---|---|---|
| '吉普赛' 'Gypsy' | 粉色pink | 植株轻盈，丰花性好，花朵有质感。盆栽时在低光照冷凉的条件下株型会更加紧凑。容易栽培，生长周期短。货架期长，多种用途，可以用作窗盒、吊篮、庭院、容器等花材，也可以用作边界植物。 |
| | 深玫红色deep rose | |
| | 紧凑白色compact white | |

'新贵' 深心杏色

'新贵' 深心金黄色

'新贵' 深心桃红色

'新贵' 深心香槟色

## 非洲菊（盆栽）　　　*Gerbera jamesonii*

菊科非洲菊属。

| 系列 | 花色/颜色 | 描述 |
|---|---|---|
| '新贵' 'G-Noble' | 深心杏色apricot, dark eyed | F1代杂交盆栽非洲菊品种。一个早花、多花型系列，色彩亮丽、花大。植株大小适中，叶片暗绿色很美观，其平卧葡匐的习性对小花蕾的生长至关重要。该系列整齐度很好，株高25~30cm左右，花径7~10cm。生长周期短，温度适宜条件下可周年种植，开花不断，是非常理想的温室盆栽花卉品种。 |
| | 深心金黄色golden yellow, dark eyed | |
| | 深心桃红色peach, dark eyed | |
| | 深心香槟色champagne, dark eyed | |
| | 深心深橘黄色deep orange, dark eyed | |
| | 深心红色red, dark eyed | |
| | 绿心柠檬黄lemon, green eyed | |
| | 深心柔粉色soft pink, dark eyed | |
| | 深仑深粉色deep pink, dark eyed | |
| | 深心黄色low, dark eyed | |
| | 深心深玫瑰红deep rose, dark eyed | |
| | 深心橘红色orange scarlet, dark eyed | |

'新贵' 绿心柠檬黄

'新贵' 深心红色

'新贵' 深心黄色

'新贵' 深仑深粉色

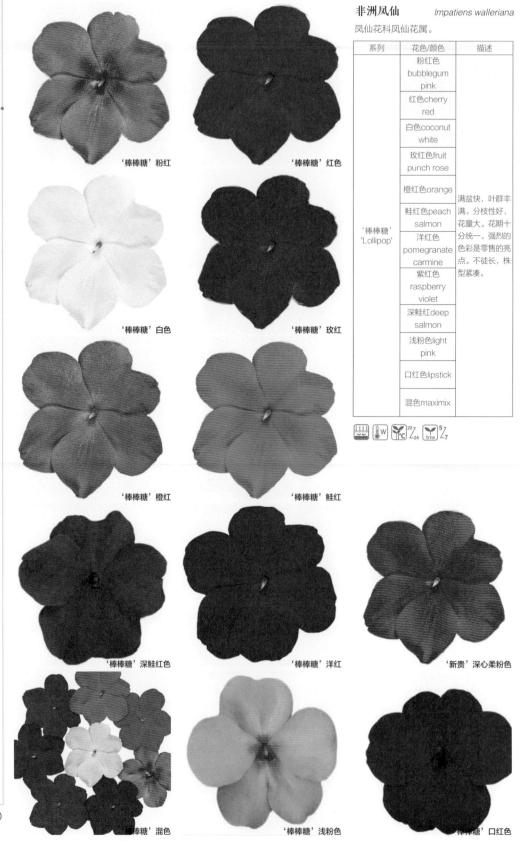

# 非洲凤仙　*Impatiens walleriana*

凤仙花科凤仙花属。

| 系列 | 花色/颜色 | 描述 |
|---|---|---|
| '棒棒糖' 'Lollipop' | 粉红色 bubblegum pink | 满盆快，叶群丰满。分枝性好，花量大。花期十分统一。强烈的色彩是零售的亮点。不徒长，株型紧凑。 |
| | 红色cherry red | |
| | 白色coconut white | |
| | 玫红色fruit punch rose | |
| | 橙红色orange | |
| | 鲑红色peach salmon | |
| | 洋红色pomegranate carmine | |
| | 紫红色raspberry violet | |
| | 深鲑红deep salmon | |
| | 浅粉色light pink | |
| | 口红色lipstick | |
| | 混色maximix | |

'棒棒糖'粉红

'棒棒糖'红色

'棒棒糖'白色

'棒棒糖'玫红

'棒棒糖'橙红

'棒棒糖'鲑红

'棒棒糖'深鲑红色

'棒棒糖'洋红

'新贵'深心柔粉色

'棒棒糖'混色

'棒棒糖'浅粉色

'棒棒糖'口红色

| 系列 | 花色/颜色 | 描述 |
|---|---|---|
| '超级精灵' 'Super Elfin' | 混色mix | 株高20～25cm，冠幅30～35cm，穴盘苗生产周期4～5周，移栽至成品生产周期3～4周提供普通种子。长势强健，花期一致。超级精灵XP系列的各个花色品种，包括所有核心花色和独特的最新花色生长习性一致，开花间隔最多5～7天，从而保证了所有花色可以一同运输，以满足市场的需求。XP种子确保了无与伦比的整齐度，植株长势强健，花期早花期一致，相比同类品种，化朵更人。 |
| | 猩红色xp scarlet | |
| | 紫罗兰色 xp violet | |
| | 白色xp white | |
| | 红色xp red | |
| | 杏红色 apricot | |
| | 亮橙红色 salmon splash | |
| | 樱桃红色 xp cherry flair | |
| | 粉红色xp pink | |
| | 蓝珍珠色 xp blue pear | |
| | 珊糊红色 xp coral | |
| | 口红色 lipstick | |
| | 甜瓜粉色 xp melon | |
| | 红星xp red star burst | |
| | 改良玫瑰色rose improved | |
| | 红宝石 ruby | |
| | 鲜红晕 splash salmon | |

'超级精灵'紫罗兰色XP

'超级精灵'杏红色XP

'超级精灵'红色XP

'超级精灵'白色XP

'超级精灵'亮橙红色

'超级精灵'珊红

'超级精灵'粉红色XP

'超级精灵'樱桃红色XP

'超级精灵'口红色

'超级精灵'蓝珍珠色XP

'超级精灵'珊瑚红色XP

201

'超级精灵'甜瓜粉色XP
'超级精灵'鲜红晕XP
'超级精灵'红晕XP
'超级精灵'改良玫瑰色
'超级精灵'红宝石
'雅典娜'混色
'非凡'白色
'非凡'混色
'非凡'神秘混色
'非凡'紫罗兰色
'非凡'粉色

| 系列 | 花色/颜色 | 描述 |
|---|---|---|
| '雅典娜' 'Athena' | 混色mix | 雅典娜的蔓生习性和梦幻般的色彩是其最大的卖点，并使其在景观应用中脱颖而出。这是市场上唯一的种子繁殖的重瓣洋凤仙品种。 |
| | 亮紫色 bright purple | |
| | 橙色闪光 orange flash | |
| | 红色闪光 red flash | |
| | 红色red | |
| | 苹果花色apple blossom | |
| | 橙色 orange | |
| | 珊瑚粉色 coral pink | |

## 新几内亚凤仙　*Impatiens hawkeril*

凤仙花科凤仙花属。

| 系列 | 花色/颜色 | 描述 |
|---|---|---|
| '非凡' 'Divine' | 混色mix | 全新的由种子繁殖的新几内亚凤仙系列，F1精选耐热品种，具有花更大，花型更好，开花更一致的优点，整个系列内各个品种开花间隔不超过7天。包括了当今最流行的花色，株高25~35cm，冠幅30~35cm。无论园林绿化大面积种植、庭院地栽、吊篮栽培，都具有极其出色的表现。 |
| | 神秘混色 mystic mix | |
| | 莎莎混色salsa mix | |
| | 猩红色scarlet red | |
| | 紫罗兰色violet | |
| | 粉红色pink | |
| | 樱桃红色 cherry red | |
| | 橙红色orange | |
| | 白色white | |
| | 浅紫色 lavender | |

**超级凤仙** *Impatiens × hybrida hort*

凤仙花科凤仙花属。'桑蓓斯'是来自日本坂田种苗株式会社的一个无性系杂交凤仙新型品种，自2006年在日本和欧美上市以来，在全球范围引起了广泛关注，2013年'桑蓓斯'在美国的销量已达2000万株以上；其显著特点就是耐春季及初夏的持续雨水和35℃以下的高温天气，并且能持续开花、开花量盛，此外还可以有效地持续改善城市中心的热岛效应，在夏季起到很好的降温作用。此外，'桑蓓斯'还是一个功能强大的环境净化型植物，有东京大学数据研究证明，'桑蓓斯'具有更高的吸收甲醛、氧化氮、二氧化碳的能力，是"新房入住综合征"的环境改善植物，具有很强的空气净化能力。

| 系列 | 花色/颜色 | 描述 |
|---|---|---|
| '桑蓓斯'®<br>'SunPatiens' | 花叶鲜红色salmon variegata | |
| | 紫红色lilac | |
| | 淡粉色blush pink | |
| | 电橙色electric orange | |
| | 白色white | |
| | 猩红色scarlet | 很容易生根，一般不需要生根激素，基质温度在20~24℃最好。可以在温度更低的环境中扩繁（比如17℃），可增加扩繁周期。一般情况下可以不使用矮壮素。适用于吊篮、大的露台花盆或花箱等种植，选用保水能力强的基质。 |
| | 亮橙红色corona | |
| | 霓虹粉色neon pink | |
| | 高贵紫royal magenta | |
| | 清凉紫色vigorous orchid | |
| | 贝壳粉shell pink | |
| | 亮玫红bright rose | |
| | 橙色364 2021新orange 364 | |
| | 猩红色248 2021新scarlet 248 | |
| | 浅紫双色2021新lavender bicolor | |
| | 玫红色2021新rose | |
| | 甜心白22年新sweet white | |

'桑倍斯'花叶鲜红色

'桑倍斯'紫红色

'桑倍斯'淡粉色

'桑倍斯'电橙色

'桑倍斯'白色

'桑倍斯'猩红色

'桑倍斯'亮橙红

'桑倍斯'霓虹粉色

'桑倍斯'高贵紫

'桑倍斯'清凉紫

'桑倍斯'贝壳粉

'桑倍斯'亮玫红

'桑倍斯'橙色364

'桑倍斯'猩红色248

'桑蓓斯'浅紫双色

'桑蓓斯'玫红色

'桑倍斯'甜心白

'诺维拉'玫红色

## 裂叶花葵　　*Lavatera trimestris*

锦葵科花葵属。

| 系列 | 花色/颜色 | 描述 |
| --- | --- | --- |
| '诺维拉' 'Novella' | 玫红色 rose | 盆栽高度20cm，庭院栽培株高可达50cm，花径8~10cm。株型紧凑、分枝性好，是仲夏时节容器、庭院栽培和盆栽的理想对象。 |

## 姬金鱼草　*Linaria maroccana*

玄参科柳穿鱼属。

| 系列 | 花色/颜色 | 描述 |
|---|---|---|
| '梦幻曲'<br>'Fantasy' | 蓝色blue | 极矮生，基部分枝性好，开花极早。比'梦幻'系列开花早7～10天，株型更紧凑。在冷凉、温和的气候地区可周年生长。耐霜冻，可抵抗短时间-4℃的冰冻而不受冻害。花色绚丽夺目，特别适合大规模种植，也可用于吊篮和混合容器栽培。 |
| | 粉红色<br>pink | |
| | 玫红色<br>rose | |
| | 白色white | |
| | 黄色<br>yellow | |

'梦幻曲'粉红色

'梦幻曲'蓝色

'梦幻曲'玫红色

'梦幻曲'白色

'梦幻曲'黄色

## 六倍利　*Lobelia erinus*

桔梗科半边莲属。

| 系列 | 花色/颜色 | 描述 |
|---|---|---|
| '淡雅'<br>'Aqua' | 白色white | 比普通品种开花早，生长紧凑，株高10～15cm。适合盆栽的淡雅系列可以装饰出一个独具匠心的花园。 |
| | 天蓝色<br>sky blue | |
| | 蓝紫白芯<br>blue with eye | |
| | 淡紫色<br>lavender | |
| | 紫罗兰色<br>violet | |

'淡雅'天蓝色

'淡雅'紫罗兰色

| 系列 | 花色/颜色 | 描述 |
|---|---|---|
| '赛船' 'Regatta' | 混色mix | 株高15~20cm，冠幅25~30cm，穴盘苗生产周期4~5周。移栽至成品生产周期8~10周。种子比其他蔓生型品种早开花4周，适于春季盛花时销售。花量大，吊篮、大型组合盆栽和彩钵栽植效果极佳。 |
| | 蓝晕blue splash | |
| | 天蓝色sky blue | |
| | 淡紫晕lilac splash | |
| | 海蓝色marine blue | |
| | 玫瑰红色rose | |
| | 白色white | |
| | 午夜蓝色midnight blue | |
| | 蓝宝石sapphire | |
| | 淡紫红色lilac | |

'卡门'淡紫白

'罗茜'淡蓝色

'罗茜'粉红色

'卡门'玫瑰红

'罗茜'白色

'罗茜'玫瑰花边

## 洋桔梗（盆栽） *Eustoma grandiflorum*

龙胆科洋桔梗属。

| 系列 | 花色/颜色 | 描述 |
|---|---|---|
| '罗茜' 'Rosie' | 淡蓝色lavender blue | 高重瓣，观赏期长，是新培育的改良了根系的矮生盆栽洋桔梗。 |
| | 粉红色pink | |
| | 玫瑰边rose picotee | |
| | 白色white | |
| | 淡紫色lilac | |

| 系列 | 花色/颜色 | 描述 |
|---|---|---|
| '卡门' 'Carmen' | 蓝色blue | 卡门系列是拥有特别高品质根系的优秀盆栽洋桔梗，对土壤细菌的抗性性强。花中型，丰花，观赏期长。 |
| | 深粉色deep pink | |
| | 象牙白Ivory | |
| | 淡紫色lilac | |
| | 玫瑰红rose | |
| | 淡紫白silver | |

'卡门'蓝色

'卡门'深粉色

## 羽扇豆 *Lupinus polyphyllus*

豆科羽扇豆属。

| 系列 | 花色/颜色 | 描述 |
|---|---|---|
| '毛毛' 'Hirsutus' | 蓝色 Blue | 花期4~6周，株高60~80cm。可应用于花坛种植和盆栽。喜凉爽、阳光充足的生长环境，不喜高湿，深根性，要求土层深厚，酸性沙壤土质(pH5.5)。是不需要低温春化的羽扇豆品种。 |

'卡门'象牙白

'卡门'浅紫色

'毛毛'

奇迹（F1）橙黄色

奇迹（F1）黄色

'奇迹（F1）'金黄色

'泰山（F1）'黄色

'泰山（F1）'橙黄色

'泰山（F1）'金黄色

## 万寿菊　　　　　*Tagetes erecta*

菊科万寿菊属。

| 系列 | 花色/颜色 | 描述 |
|---|---|---|
| '奇迹（F1）' 'Marvel F1' | 橙黄色 orange | 株高45cm，冠幅25cm，穴盘苗生产周期3周，移栽至成品生产周期7～8周。完全重瓣大花，丰满圆润，花径9cm。密实的花瓣确保该系列对葡萄孢菌菌丝的侵染有较强的抗性，而且花园表现极其优异。茎秆特别坚韧，在运输和恶劣的条件下也不会折断。与大多数万寿菊品种一样，'奇迹'在短日照下花芽分化更快。播种60天后可开花。 |
| | 黄色 yellow | |
| | 金黄色 gold | |

| 系列 | 花色/颜色 | 描述 |
|---|---|---|
| '泰山（F1）' 'Taishan F1' | 橙黄色 orange | 株高25～30cm，冠幅20～25cm，穴盘苗生产周期3周移栽至成品生产周期春季4～6周，夏季7～8周提供去尾和包衣种子，矮生型万寿菊的佼佼者。景观应用表现极佳，持续效果长。花瓣没有软花心，不容易产生病害，可耐淋灌。因其无与伦比的表现，曾广泛应用于2008年北京奥运会周边场馆的园林景观工程中。相比市场上的同类品种，泰山系列的植株花柄更短20%，茎秆粗15%，因其自然的矮生习性，苗床生产期间不易徒长。运输和零售展示中，茎秆不易折断。分枝能力强，侧枝生长旺盛，植株更强壮且饱满，可以很快满盆。花更大，更重瓣，更有效地遮挡雨水。花朵大且紧凑，零售展示效果好，货架期更长。 |
| | 黄色 yellow | |
| | 金黄色 gold | |

| 系列 | 花色/颜色 | 描述 |
|---|---|---|
| '发现' 'Discovery' | 橙色 orange<br>黄色 yellow | 该系列以花色和株型的优异表现著称，株高20～25cm，重瓣花，球状，花径6～8cm，叶片深绿，狭长，耐热和抗倒伏能力好，适宜用于花坛和盆栽。播种后12周可以出售。 |

'发现' 橙色

'发现' 黄色

| 系列 | 花色/颜色 | 描述 |
|---|---|---|
| '安提瓜' 'Antigua' | 橙色 orange<br>黄色 yellow | 株高20～30cm，重瓣花，花径7.5cm，株型整齐，花期一致。生长适温18～20℃，播种后11周开花。园林露地栽培时效果较好。 |

'安提瓜' 橙色

'安提瓜' 黄色

| 系列 | 花色/颜色 | 描述 |
|---|---|---|
| '自豪' 'Proud Mari' | 黄色 yellow<br>金色 gold<br>橙色 orange<br>混色 mix | 矮生紧凑类型，少用或者不需要使用植物生长调节剂。花量丰富，全重瓣型。园林地栽应用表现卓越。整个系列中所有颜色花期和高度都很一致。茎秆粗壮足以能够支撑大花，耐运输性好。 |

'自豪' 黄色

'自豪' 金色

## 孔雀草　　*Tagetes patula*

菊科万寿菊属。

| 系列 | 花色/颜色 | 描述 |
|---|---|---|
| '小英雄' 'Little Hero' | 橙黄色 orange<br>黄色 yellow<br>金黄色 gold | 极矮生，株高15～20cm，花径4～6cm。株型紧凑，长势旺盛，抗热性好，生长期较短，一般7～8周就可以显花。 |

'自豪' 橙色

'自豪' 混色

'小英雄' 金色

'小英雄' 橙色

'小英雄' 黄色

'英雄'橙色+黄色

'英雄'栗色

'英雄'黄色红斑

| 系列 | 花色/颜色 | 描述 |
|------|----------|------|
| '英雄'<br>'Hero' | 橙色<br>orange | 株高20～25cm，以开花早而著称。花径5～7cm。花大，开花数量多，重瓣花。适宜盆栽和庭院种植。 |
| | 黄色<br>yellow | |
| | 黄色红斑<br>bee | |
| | 黄色红芯<br>flame | |
| | 栗色<br>harmony | |
| | 红色黄芯<br>spry | |

'英雄'红色黄芯

'英雄'黄色红芯

孔雀草'顶点'

'沙发瑞' 红橙双色

'沙发瑞' 金色

'沙发瑞' 橙色

'沙发瑞' 红色

'沙发瑞' 绯红色

| 系列 | 花色/颜色 | 描述 |
| --- | --- | --- |
| '沙发瑞' 'Safari' | 金色gold | 株高20~25cm，开花早、花朵大，适宜作为花坛花种植。盆栽和地栽都能生长良好。 |
| | 橙色orange | |
| | 红色red | |
| | 绯红色scarlet | |
| | 黄色yellow | |
| | 橘红色tangerine | |
| | 深橙色queen | |
| | 淡黄色primrose | |
| | 红橙双色bolero | |

'沙发瑞' 黄色

'沙发瑞' 橘红色

| 系列 | 花色/颜色 | 描述 |
| --- | --- | --- |
| '顶点' 'Zenith' | 柠檬黄色lemon yellow | 万寿菊与孔雀草杂交的三倍体品种，具有更多的分枝，开花更多，更强的耐热性和耐雨性。不结籽，整个夏季持续开花。 |
| | 深橙色deep orange | |
| | 金黄色golden yellow | |
| | 橙色orange | |
| | 橙红双色orange&yellow | |
| | 红色red | |
| | 金黄红色red&gold | |
| | 黄色yellow | |

'沙发瑞' 深橙色

'顶点' 深橙色

'顶点' 黄色

'顶点' 橙色

'顶点' 红色

211

'欢乐'黄色

'欢乐'金黄色

'欢乐'和谐

'欢乐'橙黄色

'欢乐'亮黄色

| 系列 | 花色/颜色 | 描述 |
|------|----------|------|
| '欢乐' 'Happy' | 黄色yellow | 具有很强的耐热性和耐雨性。花能在整个夏天持续开花。 |
| | 金黄色gold | |
| | 橙色orange | |
| | 亮黄色spry | |
| | 和谐harmony | |

| 系列 | 花色/颜色 | 描述 |
|------|----------|------|
| '热点' 'Hot Pak' | 黄色yellow | 株高15～18cm，冠幅15～20cm，穴盘苗生产周期3周，移栽至成品生产周期3～4周。 |
| | 橙黄色orange | |
| | 浪花spry | |
| | 金黄色gold | |
| | 黄色红芯flame | |
| | 和谐harmony | |
| | 混色mixture | |

'热点'黄色

'热点'橙黄色

'热点'黄色红芯

'热点'浪花

'热点'金黄色

'热点'和谐

`热点`混色

| 系列 | 花色/颜色 | 描述 |
|---|---|---|
| '杰妮' 'Janie' | 亮黄色 bright yellow | 株高20～25cm,花径3～4cm,重瓣。生长适合温度18～20℃,播种后8～11周开花。其中黄色品种在早春低温条件下育苗,易感疫病。 |
|  | 深橘红 deep orange |  |

`杰妮`亮黄色

`杰妮`深橘红色

## 黄帝菊 *Melampodium paludosum*

菊科黑足菊属。

| 系列 | 花色/颜色 | 描述 |
|---|---|---|
| '柠檬乐趣' 'Lemon Delight' | 金黄色 golden yellow | 耐高温和高湿环境,是夏季不可缺少的品种。两品种的颜色非常协调。像雏菊一样的花,集中开放且花期长。矮生,株高20～25cm,适合在10cm左右盆中成苗。 |

`柠檬乐趣`

| 系列 | 花色/颜色 | 描述 |
|---|---|---|
| '德贝赛马会' 'Derby' | 金黄色 golden | 比天星系列株型更整齐,花更大,叶片较小。播种后9～10周开花,此时株高20～25cm,花径3.5cm。从6月开花直至霜冻,耐热,耐干旱,宜作全日照地块的背景植物。 |

`德贝赛马会`

| 系列 | 描述 |
|---|---|
| '聚宝盆' 'Jackpot' | 圆形叶片,花朵更大;植株长势旺盛,花量多;花期长,可持续到第一次霜降时期。 |

`聚宝盆`

'极大'混色

'极大'象牙白

'极大'橙色

'极大'红色渐变

'极大'黄色

'极大'黄色斑点

'米罗'蓝色

'挪威森林'粉红色

私语'深粉色

'私语'混色

## 猴面花　　*Mimulus × hybridus*

玄参科酸浆属。

| 系列 | 花色/颜色 | 描述 |
|---|---|---|
| '极大' 'Maximum' | 混色mix | 第一个大花的猴面花品种，株高25cm，花径6cm。约为普通猴面花的两倍。生命力旺盛，最适合10cm盆栽生产。 |
| | 象牙白色Ivory | |
| | 橙色orange | |
| | 红色渐变red shade | |
| | 黄色yellow | |
| | 黄色斑点yellow with blotch | |

## 勿忘我　　*Myosotis syluatica*

紫草科勿忘草属。

| 系列 | 花色/颜色 | 描述 |
|---|---|---|
| '米罗' 'Miro' | 蓝色blue | 株高15cm，深蓝色花，株型整齐、紧凑，生长周期22周，生长适温12～15℃，地栽应用效果佳。 |

| 系列 | 花色/颜色- | 描述 |
|---|---|---|
| '挪威森林' 'Sylva' | 蓝色blue-syiva | 株高20cm，有蓝色、粉色和白色三个分色，其中蓝色比粉红色株型更紧凑，是理想的盆栽植物。 |
| | 粉红色rosylva | |
| | 白色snow-sylva | |

## 花烟草　　*Nicotiana sanderae*

茄科烟草属。

| 系列 | 花色/颜色 | 描述 |
|---|---|---|
| '私语' 'Whisper' | 苹果花色apple blossom | 私语系列是一种具有优良抗病性的杂交花烟草，株高约为90cm，其绽放的数百朵小花可以从5月持续到霜冻，可以为任何花园添加层次感。 |
| | 深粉色deep pink | |
| | 混色mix | |
| | 玫红渐变rose shades | |

'私语'苹果花色

'阿瓦隆'玫红渐变

| 系列 | 花色/颜色 | 描述 |
|---|---|---|
| '阿瓦隆'<br>'Avalon' | 混色mix | 株高20cm，花径4.5cm左右。花期为整个夏季，耐热。花色亮丽，分枝性佳。 |
| | 红色red | |
| | 黄瓜绿lime | |
| | 白色white | |
| | 粉红花边pink picotee | |
| | 苹果花色apple blossom | |
| | 绿色紫边lime purple bicolour | |

'阿瓦隆'混色

'阿瓦隆'红色

'阿瓦隆'白色

'阿瓦隆'黄瓜绿

'阿瓦隆'绿色紫边

'阿瓦隆'苹果花色

'贝拉宝贝'深红色

| 系列 | 花色/颜色 | 描述 |
|---|---|---|
| '贝拉宝贝'<br>'Baby Bella' | 深红色<br>deep red | 抗病性强，园艺表现佳，植株紧凑。大花深红色，株高60cm，花径3cm。 |

'阿瓦隆'粉红花边

| 系列 | 花色/颜色 | 描述 |
|---|---|---|
| '香水' 'Perfume' | 古风柠檬绿antique lemon green | 株高40~50cm，香水系列植株旺盛，分枝较多，夏季表现优秀，抗病性强。其深紫色获得了全美花卉金奖。 |
| | 蓝色blue | |
| | 亮玫红bright rose | |
| | 柠檬绿lemon green | |
| | 深紫色deep purple | |
| | 红色red | |
| | 白色white | |

'香水' 深玫红　'香水' 柠檬绿

'香水' 深紫色　'香水' 红色

'香水' 古风柠檬绿　'香水' 蓝色

'香水' 白色

## 南非万寿菊 *Osteospermum ecklonis*

菊科南非万寿菊属。

| 系列 | 花色/颜色 | 描述 |
|---|---|---|
| '激情' 'Passion' | 混色mix | 花径5cm，单瓣，花色丰富，有粉色、玫红色、紫色、白色等，花期长，作为盆栽时株高12cm即可开花。分枝多、花朵密、株型矮、耐干旱。 |
| | 粉色渐变pink shades | |
| | 玫红色rose | |
| | 白色white | |

'激情' 玫红色　'激情' 白色

'激情' 粉色渐变　'激情' 混色

'亚士蒂'混色应用

| 系列 | 花色/颜色 | 描述 |
|---|---|---|
| '亚士蒂' 'Asti' | 白色white | 第一个由种子繁殖的具有分色的南非万寿菊,避免了扦插苗栽培时易得病毒病的问题。株高40~50cm,冠幅40~50厘cm,生长周期14~18周。不需要春化即可开花,且植株从插种到开花生长一致,株型整齐、紧凑。 |
|  | 紫色purple |  |
|  | 淡紫渐变lavender shades |  |

| 系列 | 花色/颜色 | 描述 |
|---|---|---|
| '艾美佳' 'Akila' | 混色mixture | 株高40~50cm,冠幅40~50cm。艾美佳系列是种子繁殖南非万寿菊中习性最好,种子质量最佳的品种。发芽率高5%,从而壮苗率更高,更经济高效。由于各花色品种整齐一致,栽培管理简单。艾美佳使苗床生产周期更高效。是种子繁殖南非万寿菊中最矮壮紧凑的品种系列。是高档园林景观美化和容器种植应用的极佳品种。植株分枝性强,且不需要摘心。系列内所有的花色开花窗口期为7~10天。花园种植株型丰满,多枝,花色艳丽,定植后可耐旱。 |
|  | 白色white |  |
|  | 渐变淡紫色lavender shades purple |  |
|  | 白花紫眼white purple eye |  |
|  | 大峡谷混色grand canyon mixture |  |
|  | 夕阳混色sunset shades |  |
|  | 菊白daisy white |  |
|  | 紫色purple |  |

'艾美佳'混色

'艾美佳'白花紫眼

'艾美佳'白色

'艾美佳'大峡谷混色

'艾美佳'渐变淡紫色

'艾美佳'菊白

'艾美佳'夕阳混色

'艾美佳'紫色

『魔力蝴蝶』

## 三色堇 *Viola wittrockiana*

堇菜科堇菜属。发芽适宜温度20℃左右，温度偏高或偏低都会导致发芽率偏低，严重时甚至不发芽。生长适温10～13℃，播种后14～15周开花。

| 系列 | 花色/颜色 | 描述 |
|---|---|---|
| '魔力蝴蝶' 'Ultima Morpho' | 魔力蝴蝶morpho | 这个系列的名字来源于在哥斯达黎加发现的一种稀有漂亮蝴蝶，它的身上也同样有这种奇异的颜色，因此命名为魔力蝴蝶。花色独特，引人注目。魔力蝴蝶于2002年同时获得aas和fs奖。 |
| | 魔力蝴蝶深色deep morpho | |

『魔力宝贝』深蓝色

『魔力宝贝』粉红色

| 系列 | 花色/颜色 | 描述 |
|---|---|---|
| '魔力宝贝' 'Ultima Radiance' | 深蓝色deep blue | 中花型三色堇，耐热性和耐寒性很好，株型紧凑，分枝良好。新颖别致的花色更具吸引力。现有6个分色。 |
| | 粉红色pink | |
| | 蓝色blue | |
| | 丁香紫色lilac | |
| | 红色red | |
| | 紫罗兰色violet | |

『魔力宝贝』蓝色

『魔力宝贝』丁香紫色

| 系列 | 花色/颜色 | 描述 |
|---|---|---|
| '清新' 'Clean' | 绯红色scarlet | 清新绯红色是花色最亮丽的绯红色三色堇品种之一，花期早且多花，非常适合于花坛和盆栽。 |

『魔力宝贝』红色

『清新』绯红色

| 系列 | 花色/颜色 | 描述 |
|---|---|---|
| '和谐' 'Harmony' | 蓝色clear blue | 株高可达20~25cm，盆栽高度15cm，花径约8cm。株型紧凑，早花。耐高温，不易徒长。 |
| | 橘红色orange | |
| | 紫红色purple | |
| | 淡黄色primrose | |
| | 纯白色pure white | |
| | 淡紫渐变lilac shades | |
| | 灯塔beacons field | |
| | 绯红渐变scarlet shades | |
| | 黄色yellow | |
| | 黄色带花斑yellow blotch | |

'和谐'蓝色

'和谐'橘红色

'和谐'紫红色

'和谐'淡黄色

'和谐'纯白色

'和谐'淡紫渐变

'和谐'灯塔

'和谐'绯红渐变

'和谐'黄色带花斑

'和谐'黄色

'超级宾哥'黄色带花斑

'超级宾哥'玫瑰红色带花斑

'超级宾哥'海蓝色

'超级宾哥'红色带花斑

'超级宾哥'白色

'超级宾哥'白色带花斑

'超级宾哥'橙黄色

'超级宾哥'纯蓝色

'超级宾哥'灯塔

'超级宾哥'红翅

'超级宾哥'黄花紫翅

| 系列 | 花色/颜色 | 描述 |
|---|---|---|
| '超级宾哥''Matrix' | 蓝色带花斑blue blotch | 株高20cm，冠幅20～25cm，花径9cm。穴盘苗生长周期5周，移栽至成品生产周期：春季6～8周，秋季4～6周。长日照与温暖气候条件下生产三色堇的最佳选择。 |
| | 黄色yellow | |
| | 海蓝色ocean | |
| | 黄色带花斑yellow blotch | |
| | 魔蓝色morpheus | |
| | 紫色purple | |
| | 橙黄色orange | |
| | 玫瑰红色rose | |
| | 玫瑰红色带花斑rose blotch | |
| | 纯蓝色true blue | |
| | 白色white | |
| | 淡黄色primrose | |
| | 柠檬黄色lemon | |
| | 淡蓝色light blue | |
| | 白色带花斑white blotch | |
| | 太阳耀斑solar flare | |
| | 红色带花斑red blotch | |
| | 灯塔beaconsfield | |
| | 深蓝色带花斑deep blue blotch | |
| | 牛仔蓝色denim | |
| | 夜光midnight glow | |
| | 黄花紫翅yellow purple wing | |
| | 日出sunrise | |
| | 玫瑰红翅rose wing | |
| | 红翅red wing | |
| | 渐变淡紫色lavender shades | |

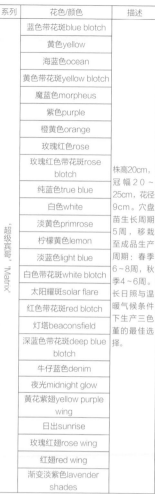

‘超级宾哥’黄色

‘超级宾哥’渐变淡紫色

‘超级宾哥’蓝色带花斑

‘超级宾哥’玫瑰红翅

‘超级宾哥’玫瑰红色

‘超级宾哥’靡蓝色

‘超级宾哥’柠檬黄色

‘超级宾哥’牛仔蓝色

‘超级宾哥’深蓝色带花斑

‘超级宾哥’太阳耀斑

‘超级宾哥’夜光

‘超级宾哥’紫色

‘超级宾哥’日出

‘超级宾哥’淡黄色

‘超级宾哥’淡蓝色

'自然'蓝白双色

'自然'蓝黄双色

'自然'蓝紫色

| 系列 | 花色/颜色 | 描述 |
|---|---|---|
| '自然' 'Nature' | 蓝白双色beacon | "自然系列"的育成在多花小型三色堇育种上是一个突破。它的花期早、株型紧凑且多花,直径4cm的花朵完全覆盖了植株,它不仅适合盆栽、成苗生产和容器栽培,而且在绿化上也有极其出色的表现。 |
| | 蓝黄双色blue and yellow | |
| | 柠檬黄lemon yellow | |
| | 蓝紫色ocean | |
| | 橘黄色orange | |
| | 红黄双色red and yellow | |
| | 红色带花斑red with blotch | |
| | 黄色带花斑yellow with blotch | |
| | 玫红带花斑rose with blotch | |
| | 白色white | |
| | 清新黄clean yellow | |
| | 玫瑰红霜frosty rose | |
| | 古风渐变antique shades | |
| | 淡玫瑰rose pink | |
| | 淡玫瑰rose pink | |
| | 古风粉色pink antique | |
| | 紫铜渐变mulberry shades | |
| | 深紫色plum purple | |
| | 蓝霜frosty blue | |
| | 玫瑰白边rose picotee | |

'自然'橘黄色

'自然'玫瑰红霜

'自然'红色带花斑

'自然'黄色带花斑

'自然'古风渐变

'自然'玫红带花斑

'自然'清新黄

'自然'淡玫瑰

'自然'蓝霜

'自然'玫瑰白边

'自然'紫铜渐变

'自然'深紫色

'自然'红黄双色

'自然'古风粉色

'自然'白色

| 系列 | 花色/颜色 | 描述 |
|---|---|---|
| '超凡' 'Grandissimo' | 爆米花pop corm | 大花型角堇，花色丰富；株型紧凑，分枝多；一致性好，高温不徒长；冬季可持续上花。 |
| | 清新黄色clear yellow | |
| | 玫红带斑rose w/blotch | |
| | 猩红色scarlet | |
| | 清新紫色clear purple | |
| | 蓝色带斑blue w/blotch | |
| | 黄白双色lemon splash | |
| | 清新橙色clear orange | |
| | 紫色白心purple glow | |
| | 紫黄双色yellow jump up | |
| | 冰淡蓝色ice blue | |
| | 蓝莓派berry pie | |

'超凡'爆米花

'超凡'猩红色

'超凡'清新黄色

'超凡'蓝色带斑

'超凡'玫红带斑

'超凡'清新紫色

'超凡'黄白双色

'超凡'清新橙色

'超凡'紫色白心

'超凡'紫黄双色

'超凡'冰淡蓝色

'超凡'蓝莓派

**垂吊三色堇**　*Viola wittrockiana*

堇菜科堇菜属。

| 系列 | 花色/颜色 | 描述 |
|---|---|---|
| '空降兵' 'Freefall' | 淡紫色 lavender | 垂吊小花三色堇品种、F1代种、花径5～6cm、种子质量优异、发芽率90%，耐热性好，适合家庭盆栽，也适合花坛地栽应用。 |
| | 紫白双色 purple& white | |
| | 紫黄双色purple wing | |
| | 金黄色 golden yellow | |
| | 海蓝色 marine | |
| | 深紫罗兰色 deep violet | |
| | 混色mix | |
| | 花脸混色 lite faces mix | |
| | 华丽混色regal mixed | |
| | 月光混色 moon- light mixed | |
| | 奶油色 cream | |

'空降兵' 淡紫色

'空降兵' 紫白双色

'空降兵' 紫黄双色

'空降兵' 金黄色

'空降兵' 海蓝色

'空降兵' 深紫罗兰色

'空降兵' 混色

'空降兵' 花脸混色

'空降兵' 华丽混色

'空降兵' 月光混色

'空降兵' 奶油色

| 系列 | 花色/颜色 | 描述 |
|---|---|---|
| '空降兵XL' 'Freefall XL' | 紫色笑脸purple face | 种子质量优异,发芽率90%,耐热性好,适合家庭盆栽,也适合花坛地栽应用。 |
| | 红翼red wing | |
| | 维多利亚victor-iana | |
| | 猩红带斑scarlet blotch | |
| | 大亮黄色bright yellow | |
| | 黄色带斑yellow blotch | |
| | 蓝色镶边渐变blue picotee shades | |
| | 金黄golden yellow | |
| | 白色white | |
| | 火焰fire | |
| | 混色mix | |

'空降兵XL'白色

'空降兵XL'火焰

'空降兵XL'金黄

'空降兵XL'蓝色镶边渐变

'空降兵XL'紫色笑脸

'空降兵XL'红翼

'空降兵XL'维多利亚

'空降兵XL'猩红带斑

'空降兵XL'亮黄色

'空降兵XL'黄色带斑

'空降兵XL'混色

## 五星花　*Pentas lanceolata*

茜草科五星花属。

| 系列 | 花色/颜色 | 描述 |
|---|---|---|
| '新景象'<br>'New Look' | 混色mix | 株高15cm, 冠径6~8cm, 生长适温20~30℃, 播种后16~18周开花, 耐热和耐干旱, 适合夏季盆栽和组合栽培。 |
| | 粉红色pink | |
| | 红色red | |
| | 紫色violet | |
| | 玫红色rose | |
| | 白色white | |

'新景象'粉红色

'新景象'白色

'新景象'红色

'新景象'玫红色

'新景象'紫色

'新景象'混色

| 系列 | 花色/颜色 | 描述 |
|---|---|---|
| '壁画'<br>'Graffiti' | 混色mix | 杂交一代种，株高约30cm，大花，植株浓密且分枝性佳，不需使用生长调节剂。株型紧凑且整齐，花期长，深受消费者喜欢。适合植于花坛，窗台和花园阳光充足和温暖的栽培环境。 |
| | 浅紫色<br>lavender | |
| | 口红色<br>lipstick | |
| | 粉红色<br>pink | |
| | 红色白边 red<br>velvet | |
| | 玫红色<br>rose | |
| | 紫红色<br>violet | |
| | 白色white | |
| | 亮红色<br>bright red | |

'壁画' 口红色

'壁画' 红色白边

'壁画' 粉红色

'壁画' 浅紫色

'壁画' 紫红色

'壁画' 白色

'壁画' 亮红色

'壁画' 玫红色

# 大花单瓣矮牵牛　*Petunia hybrida*

茄科矮牵牛属。

| 系列 | 花色/颜色 | 描述 |
|---|---|---|
| '梦幻' 'Dreams' | 混色mix. | 植株矮小，株型整齐，花大，花径9~10cm。生长适温10~25℃，播种后16~18周开花。耐热，抗灰霉病，园林效果好。 |
| | 红色red | |
| | 玫红花边rose picotee | |
| | 午夜蓝色midnight | |
| | 酒红花边burgundy picotee | |
| | 玫红色rose | |
| | 粉红色pink | |
| | 苹果花色apple blossom | |
| | 红色花边red picotee | |
| | 玫瑰彩虹色neon rose | |
| | 粉红脉纹pink vein | |

'梦幻'玫红花边

'梦幻'红色

'梦幻'酒红花边

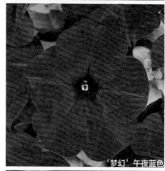
'梦幻'午夜蓝色

'梦幻'粉红脉纹

'梦幻'玫红色

'梦幻'红色花边

'梦幻'玫瑰彩虹色

'梦幻'苹果花色

| 系列 | 花色/颜色 | 描述 |
|---|---|---|
| '依格' 'Eagle' | 紫红脉纹plum vein | 花径约为7.5cm的大花型，花期极早，同系列所有花色的花期都非常一致。分枝性强，株型紧凑，丰花性好。适合吊篮、盆栽和在花坛应用。 |
| | 粉红脉纹pink vein | |
| | 蓝色blue | |
| | 柔粉色pastel pink | |
| | 粉红色pink | |
| | 红色red | |
| | 鲜红色salmon | |
| | 白色white | |
| | 玫红色rose | |

'依格' 白色

'依格' 粉红脉纹

'依格' 蓝色

'依格' 粉红色

'依格' 柔粉色

'依格' 紫红脉纹

'依格' 鲜红色

'依格' 红色

'依格' 玫虹色

| 系列 | 花色/颜色 | 描述 |
|---|---|---|
| '典雅组合' 'Debonair Collection' | 暗玫红色 dark rose | 株高25~38cm，冠幅25~30cm。多花型品种组合，分枝性好，株型圆润、挺拔。 |
| | 柠檬绿色lemon green | |

'典雅组合' 暗玫红色

'典雅组合' 柠檬绿色

| 系列 | 花色/颜色 | 描述 |
|---|---|---|
| '至雅组合' 'Sophistica Collection' | 古色剪影 ancient sihouette<br>蓝色清晨 blue morning<br>柠檬双色 lemon double color | 株高25~38cm，冠幅25~30cm。大花型品种组合。花期整齐一致。 |

| 系列 | 花色/颜-色 | 描述 |
|---|---|---|
| '虹彩' 'Prism' | 蓝色blue | 大花矮牵牛品种，花朵数量丰富，株型紧凑，花色保持期长，蓝品种经过改良株型更紧凑。本系列各颜色花期整齐一致，盆栽和园林布置表现效果优秀。 |
| | 玫红色bright rose | |
| | 深玫红色deep rose | |
| | 粉红色pink | |
| | 红色red | |
| | 黄色yellow sunshine | |
| | 白色white | |
| | 珊瑚色coral | |
| | 紫色lavender | |
| | 红宝石ruby | |
| | 鲑红色salmon | |
| | 珊瑚色奶油芯coral halo | |
| | 草莓脉纹strawberry sundae | |
| | 黑莓脉纹black-berry sundae | |
| | 蓝莓脉纹blueberry sundae | |
| | 紫色脉纹dew-berry sundae | |
| | 李子脉纹plum sundae | |
| | 树莓脉纹raspb-erry sundae | |

'至雅组合' 古色剪影

'至雅组合' 柠檬双色

'虹彩' 蓝色

'虹彩' 玫红色

'虹彩' 深玫红色

'虹彩' 白色

'虹彩'黄色

'虹彩'李子色脉纹

'虹彩'树莓脉纹

'虹彩'红色

'虹彩'红宝石

'虹彩'鲜红色

'虹彩'淡紫色

'虹彩'粉红色

'虹彩'珊瑚色

**多花单瓣矮牵牛** *Petunia hybrida*

茄科矮牵牛属。

| 系列 | 花色/颜色 | 描述 |
|---|---|---|
| '雨林' 'Fenice' | 白色white | 花直径6.5cm。极好的环境适应力，适合景观美化。在恶劣环境下生长良好，花朵在雨后能迅速恢复。受灰霉病造成的损失少。 |
| | 亮玫红色bright rose | |
| | 粉色pink | |
| | 紫红色magenta | |
| | 银白色silver white | |
| | 粉红晨光pink morn | |
| | 红色red | |
| | 红色脉纹red vein | |
| | 蓝色脉纹blue vein | |
| | 淡粉色blush pink | |
| | 蓝色改良blue imp | |
| | 紫色purple | |
| | 梅子脉纹plum vein | |

'雨林'亮玫红色

'雨林'淡粉色

'雨林'梅子脉纹

'雨林'紫色

'雨林'粉色

'雨林'紫红色

'雨林'银白色

'雨林'粉红晨光

'雨林'红色

'雨林'红色脉纹

'雨林'蓝色脉纹

'雨林'蓝色改良

| 系列 | 花色/颜色 | 描述 |
|---|---|---|
| '海市蜃楼' 'Mirage' | 蓝色blue | 不仅集花大和花多于一身，而且在种子质量、幼苗活力、生长习性和花期等诸方面都整齐一致。该品种花色齐全，适应性强，分枝多。 |
| | 蓝星blue star | |
| | 酒红星burgundy star | |
| | 胭脂红carmine | |
| | 别致粉色chic | |
| | 淡蓝色light blue | |
| | 淡紫色lilac | |
| | 中度蓝色mid blue | |
| | 粉红色pink | |
| | 紫色purple | |
| | 红色red | |
| | 玫红色rose | |
| | 鲑红色salmon | |
| | 春天spring | |
| | 夏天summer | |
| | 天鹅绒velvet | |
| | 白色white | |
| | 兰花紫色orchid | |
| | 红色花边red picotee | |
| | 玫瑰红清晨rose morn | |
| | 红色清晨red morn | |
| | 光辉淡紫色lavender glow | |
| | 鲑红清晨salmon morn | |
| | 李子色plum crystal | |
| | 紫红色sugar | |
| | 黄色yellow | |
| | 李子红色plum | |
| | 玫瑰星rose star | |
| | 深玫红deep rose | |
| | 蓝色缎带blue vein | |

'海市蜃楼'蓝色

'海市蜃楼'蓝星

'海市蜃楼'酒红星

'海市蜃楼'淡蓝色

'海市蜃楼'别致粉色

'海市蜃楼'中度蓝色

'海市蜃楼'黄色

'海市蜃楼'淡紫色

'海市蜃楼'鲑红清晨

'海市蜃楼'紫红色

'海市蜃楼'红色

'海市蜃楼'兰花紫色

‘海市蜃楼’白色　　　　　　　‘海市蜃楼’鲜红色　　　　　　　‘海市蜃楼’春天

‘海市蜃楼’夏天　　　　　　　‘海市蜃楼’天鹅绒　　　　　　　‘海市蜃楼’红色花边

‘海市蜃楼’红色清晨　　　　　‘海市蜃楼’光辉淡紫色　　　　　‘海市蜃楼’玫瑰红清晨

‘海市蜃楼’蓝色缎带　　　　　‘海市蜃楼’李子色　　　　　　　‘海市蜃楼’粉红色

‘海市蜃楼’李子红色　　　　　‘海市蜃楼’玫瑰星　　　　　　　‘海市蜃楼’深玫红

'咖啡大花'蓝色

'咖啡大花'深玫红色

'咖啡大花'粉色

'咖啡大花'紫红色

'咖啡大花'白色

'双瀑布'葡萄酒红色

'双瀑布'混色

'双瀑布'粉红色

## 矮牵牛
*Petunia hybrida*

茄科矮牵牛属。

| 系列 | 花色/颜色 | 描述 |
|---|---|---|
| '咖啡大花' 'Espresso Grand' | 蓝色blue | 一个全新的矮生不易徒长的矮牵牛种类。地栽株高18～23cm，冠幅35～40cm，花朵直径9～11cm。自然紧凑不易徒长的习性使温室生产更加便捷，同时可获得更长的销售期。地栽长势旺盛，但是不会表现出向上蹿高的生长习性。整个植株布满花朵，园林表现优异。 |
| | 深玫红色deep rose | |
| | 粉红色pink | |
| | 紫红色purple | |
| | 白色white | |

## 重瓣矮牵牛
*Petunia hybrida*

茄科矮牵牛属。

| 系列 | 花色/颜色 | 描述 |
|---|---|---|
| '双瀑布' 'Double Cascade' | 混色mix | 与一般的大花重瓣品种相比，株型更紧凑，开花期提前2～4周，而且花朵更大，花径10～13cm。 |
| | 葡萄酒红色burgundy | |
| | 粉红色pink | |

| 系列 | 花色/颜色 | 描述 |
|---|---|---|
| '情人' 'Valentine' | 深红色red | 柔和的红色花，花朵数量丰富，适合盆栽、吊篮。 |

'情人'深红色

## 吊篮矮牵牛 *Petunia hybrida*

茄科矮牵牛属。

| 系列 | 花色/颜色 | 描述 |
|---|---|---|
| '美声' 'Opera Supreme' | 蓝色blue | 大量的分枝上开满艳丽的花朵，丰富的花色，以极强的匍匐性适合任何园林布景。也非常适合于吊篮和窗台花卉装饰。由于美声系列对日照长度不太敏感，从而决定了其广泛的适应性，可在不同纬度地区进行栽培，整体植株表现紧凑而且分枝优秀。 |
| | 粉红晨光pink morn | |
| | 淡紫色lavender | |
| | 紫红色purple | |
| | 白色white | |
| | 冰淡紫色lilac Ice | |
| | 冰淡粉红色raspberry ice | |
| | 玫红色rose | |
| | 红色red | |
| | 柠檬黄lemon | |
| | 紫色脉纹purple vein | |

'美声'淡紫色

'美声'紫红色

'美声'白色

'美声'粉红晨光

'美声'紫色脉纹

'美声'冰淡紫色

'美声'鲑红色

'美声'冰淡粉红色

'美声'柠檬黄

'美声'玫红色

'美声'红色

237

| 系列 | 花色/颜色 | 描述 |
|---|---|---|
| '三部曲' 'Trilogy' | 粉唇pink lip | 2015年新推出系列。因株型健壮，花瓣不易褪色，三部曲红色获得了2015年AAS奖。分枝性好，整体呈丘型，株型紧凑，整洁。花瓣厚实，耐湿性好。株高15～25cm，冠幅50～60cm，在园林绿化及容器栽培表现皆佳。对生长调节剂的需求少，适应性广。 |
| | 淡紫粉色 lavender pink | |
| | 紫红色 purple | |
| | 玫红色 rose | |
| | 蓝色blue | |
| | 绯红色 scarlet | |
| | 白色white | |
| | 银色紫芯Silver Blotch | |
| | 柠檬绿 lemon green | |
| | 紫色脉纹purple vein | |

'三部曲' 粉唇

'三部曲' 淡紫粉

'三部曲' 白色

'三部曲' 玫红色

'三部曲' 绯红色

'三部曲' 柠檬绿

'三部曲' 蓝色

'三部曲' 银色紫芯

'三部曲' 紫红色

'三部曲' 紫色脉纹

| 系列 | 花色/颜色 | 描述 |
|------|-----------|------|
| '波浪' 'Wave' | 粉红色pink | 生 长 适 温 10～25℃，播种后9～14周开花，株高 15～18cm，蔓长0.9～1.2m，花径5～8cm。适宜悬挂栽培。 |
| | 紫色purple | |
| | 玫红色rose | |
| | 蓝色blue | |
| | 浅紫色lavender | |
| | 柔和淡紫色misty lilac | |

'波浪' 紫色

'波浪' 粉红色

'波浪' 蓝色

'三部曲' 紫红色

'波浪' 浅紫色

'波浪' 柔和淡紫

| 系列 | 描述 |
|------|------|
| '夜来香F1' 'Evening Scentsation' | 因为迷人的芳香和靓丽的颜色而获得AAS奖的矮牵牛。有一种玫瑰花和蜂蜜的混合香味；多花型，有一定蔓生性。 |

'夜来香F1'

'情感蓝'

'五星'蓝色

'五星'粉红色

'五星'纯白色

'五星'浅粉色

### 矮生桔梗　*Platycodon grandiflorus*

桔梗科桔梗属。

| 系列 | 描述 |
|---|---|
| '情感蓝' 'Sentimental Blue' | 矮生型品种，适合盆栽，也是理想的地栽花卉，花期早。基部分枝好，蘑菇状的株型，配上杯状的多花型中度蓝色花瓣，引人注目。 |

| 系列 | 花色/颜色 | 描述 |
|---|---|---|
| '五星' 'Astra' | 蓝色blue | 花径5～7cm的大花，既有单瓣又有重瓣的，花瓣较厚，延长了开花和观赏时间。株型紧凑一致，基部分枝性好。在12～13cm的盆中栽培表现最好，为了确保丰富的分枝和紧凑的株型，建议每个穴孔里播3～5粒种子，这样植株也会更加强壮。 |
| | 粉红色 pink | |
| | 纯白色 pure white | |
| | 浅粉色 light pink | |

'二十一世纪'蓝色

'二十一世纪'爱国者混色

### 福禄考　*Phlox drummondii*

花荵科福禄考属。

| 系列 | 花色/颜色 | 描述 |
|---|---|---|
| '二十一世纪' '21st Century' | 蓝色blue | 株高25cm，冠幅25cm，21世纪的表现精彩绝伦，杂交优势明显，发芽率高，生长势强。侧枝生长强健，株型丰满、生长势强，从春天到下霜持续开花不断。栽培简单，对日照长度不敏感。可在大型盘盒容器，10～20cm标准盆生产。适合春季和南方秋季销售，早春栽植于花园之中的植株，可抗盛夏的炎热。 |
| | 深红色 crimson | |
| | 粉色pink | |
| | 猩红色 scarlet | |
| | 白色white | |
| | 混色mix | |
| | 爱国者混色patriot mix | |

'二十一世纪'粉色

'二十一世纪'猩红色

'二十一世纪'白色

'二十一世纪'混色

| 系列 | 花色/颜色 | 描述 |
|---|---|---|
| '明星' 'Popstars' | 红色red | 不耐旱。高强度光照和凉爽气候可以使福禄考生长最好，适量使用生长调节剂，适用于10~15cm的盆。 |
| | 玫红带眼 roco with eye | |
| | 白色white | |
| | 紫色 purple | |
| | 蓝色blue | |
| | 亮玫红色带眼 bright rose with eye | |
| | 深红色 crimson | |
| | 胭脂红 carmine | |
| | 鲜红 salmon | |
| | 深玫红 deep rose | |
| | 玫红rose | |

'明星' 深玫红

'明星' 玫红带眼

'明星' 白色

'明星' 紫色

'明星' 蓝色

'明星' 亮玫红带眼

## 香茶菜　*Plectranthus argentatus*

唇形科香茶菜属。

| 系列 | 描述 |
|---|---|
| '银冠' 'Silver Crest' | 株高20~25cm，冠幅45~60cm。由种子繁殖的紧凑型香茶菜品种，生产简单易行，投入少。可以广泛用于景观美化、组合盆栽和吊篮应用。耐高温、高湿。毛茸茸的银白色和绿色相间的小巧叶片，非常富有质感，分枝性好，匍匐生长习性。 |

| 系列 | 描述 |
|---|---|
| '银盾' 'Silver Shield' | 株高60~75cm，冠幅60~75cm。银灰色的大叶片，柔软而有质感，非常适合与淡紫色、紫色和蓝色的品种搭配种植。植株抗逆性好，生长势强，茂密而直立。无论花园栽培还是组合盆栽均有上佳表现。适于10cm容器和大容器生产。 |

'明星' 深红色

'明星' 鲜红

'银冠'

'银盾'

‘超凡’蓝色　白色

## 蓝雪花　*Plumbago auriculata*

白花丹科白花丹属。

| 系列 | 花色/颜色 | 描述 |
|---|---|---|
| ‘超凡’‘Escapade’ | 蓝色blue | 株高30～35cm，在四季无霜的南方高温地区种植，高达1.8m。冠幅45～60cm。种子繁殖，呈丛生灌木状，拱生习性，易于栽种。初期枝条向上生长，然后再横向生长。在高温环境中，不论湿度高低都能旺盛生长，耐热耐旱。 |
| | 白色white | |

‘巨嘴鸟’渐变猩红　　　　　‘巨嘴鸟’热情混色

## 马齿苋　*Portulaca grandiflora*

马齿苋科马齿苋属。

| 系列 | 花色/颜色 | 描述 |
|---|---|---|
| ‘巨嘴鸟’‘Toucan’ | 紫红色fuchsia | 株高7～10cm，冠幅35～40cm。首个从种子繁殖的普通型马齿苋系列，容易养护管理，喜温耐热，并具有极佳的抗旱能力。不需要打顶。不需要或者只需要很少的生长调节剂。耐久性极佳，零售展示效果好。适于用10～15cm盆生产、大型容器栽培生产。为了出苗整齐，建议每个穴孔播种4粒普通种子，这样可以极大地降低补苗消耗的人工费用。 |
| | 渐变猩红scarlet shade | |
| | 黄色yellow | |
| | 热情混色hot mixture | |

‘太阳神’紫红色　　　　　　‘太阳神’金色

‘太阳神’杏黄色　　　　　　‘太阳神’橙红

## 半枝莲　*Portulaca grandiflora*

马齿苋科马齿苋属。

| 系列 | 花色/颜色 | 描述 |
|---|---|---|
| ‘太阳神’‘Sundial’ | 混色mix | 株高10cm，花径4～5cm，重瓣花，开花早，花期整齐，花色艳丽，需要全日照条件。生长适宜温度14～30℃，播种后9～11周开花。花多，耐恶劣气候条件，花期长。 |
| | 奶油色cream | |
| | 紫红色Fuchsia | |
| | 金色gold | |
| | 杏黄色mango | |
| | 橙红Orange | |
| | 粉红带斑Peppermint | |
| | 粉红色pink | |
| | 猩红色Scarlet | |
| | 白色white | |
| | 黄色yellow | |
| | 橘黄Tangerine | |
| | 鲑粉色chiffon | |
| | 桃红Peach | |
| | 浅粉色Light Pink | |
| | 珊瑚色coral | |
| | 深红色deep red | |

'太阳神'珊瑚色

'太阳神'浅粉色

'太阳神'深红色

'太阳神'混色

'太阳神'粉红带斑

'太阳神'奶油色

'太阳神'粉红色

'太阳神'猩红色

'太阳神'桃红

'太阳神'白色

'太阳神'黄色

'太阳神'橘黄

243

'凡妮莎'粉色带玫红眼渐变

'凡妮莎'粉红双色渐变

## 西洋樱草 *Primula acaulis*

报春花科报春花属。

| 系列 | 花色/颜色 | 描述 |
|---|---|---|
| '丹妮莎' 'Danessa' | 改良白色white imp | 耐热型报春花。其秋季花将成为市场上最早销售的系列。比其他系列花芽分化时对低温要求的时间更短。有着优秀的种植习性和大量明亮色系，是与秋季三色堇混栽的理想种材。适合盆栽、混栽。 |
| | 粉色渐变pink shades | |
| | 金色渐变golden shades | |
| | 玫红双色渐变rose bicolor | |
| | 猩红色scarlet | |
| | 酒红双色渐变burgundy bicolor | |
| | 蓝色渐变改良blue imp. | |
| | 混色mix | |
| | 樱花色渐变sakura | |
| | 杏黄带玫红眼渐变apricot rose eye | |
| | 粉红双色渐变pink bicolor | |
| | 黄色yellow | |
| | 粉色带玫红眼渐变pink rose eye | |
| | 酒红色渐变burgundy | |

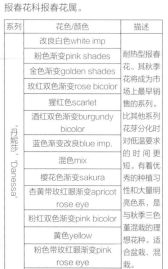

'丹妮莎'黄色

'凡妮莎'酒红色渐变

'凡妮莎'樱花色渐变

'凡妮莎'改良白色

'凡妮莎'粉色渐变

'丹妮莎'杏黄带玫红眼渐变

'丹妮莎'金色渐变

'凡妮莎'玫红双色渐变

'凡妮莎'酒红双色渐变

'丹妮莎'蓝色渐变改良

'凡妮莎'猩红色

| 系列 | 花色/颜色 | 描述 |
|---|---|---|
| '丹诺娃' 'Danova' | 混色mix | 世界上名列前茅的报春品种，种子质量好，发芽率高。植株长势强壮，株型一致，花期统一。花径8cm，花色丰富，适合盆栽，也适用于公园花坛等。 |
| | 玫红色rose | |
| | 蓝色blue | |
| | 白色white | |
| | 黄色带眼yellow with eye | |
| | 粉色改良Pink Imp | |
| | 红色red | |
| | 淡紫罗兰色light violet | |
| | 橙黄色orange yellow | |
| | 樱桃红色带边cherry with edge | |
| | 天鹅绒velvet red | |
| | 玫瑰红色渐变red& rose shades | |
| | 玫红带白双色bicolor rose& white | |
| | 青柠色Lime | |
| | 奶油黄色Cream Yellow | |
| | 柠檬黄色Lemon Yellow | |
| | 紫色双色Bicolor Purple | |

'丹诺娃'蓝色

'丹诺娃'玫红色

'丹诺娃'黄色带眼

'丹诺娃'白色

'丹诺娃'奶油黄色

'丹诺娃'橙黄色

'丹诺娃'樱桃红色带边

'丹诺娃'淡紫罗兰色

'丹诺娃'天鹅绒

'丹诺娃'玫红带白双色

'丹诺娃'玫瑰红色渐变

'丹诺娃'柠檬黄色

'丹诺娃'红色

'丹诺娃'青柠色

'丹诺娃'紫色双色

'丹诺娃'混色

'巨轮'白色

'巨轮'黄色

'巨轮'红色

| 系列 | 花色/颜色 | 描述 |
|---|---|---|
| '巨轮' 'Large Type' | 混色mix | 盆栽株高约10cm，花径8～11cm，超巨大花型，花色纯正。株型紧凑，叶片比一般品种稍大，植株冠幅可达22cm。一般6月中旬播种，保持夜晚生长长温度在10℃以下，可在元旦左右开始开花。花坛或盆花种植者的完美选择。 |
| | 红色red | |
| | 黄色yellow | |
| | 蓝色blue | |
| | 玫红火焰rose flame | |
| | 玫红色rose | |
| | 金黄色golden orange | |
| | 白色white | |
| | 深粉色pink pastel | |

'巨轮'玫红火焰

'巨轮'蓝色

| 系列 | 花色/颜色 | 描述 |
|---|---|---|
| '妃纯' 'Pageant' | 混色mix | 株高10cm，叶小，花径4～5cm，开花早。生长适温5～25℃，5～6月播种，保持夜晚温度在5～7℃，可以在12月或1月中旬开花。 |
| | 红色scarlet | |
| | 玫红色bright rose | |
| | 黄色yellow | |
| | 黄芯白色white with yellow eye | |
| | 蓝色blue | |
| | 亮粉色bright pink | |
| | 洋红双色carmine bicolor | |
| | 纯红双色red bicolor | |
| | 玫粉双色rose pink bicolor | |
| | 中度蓝色mid blue | |

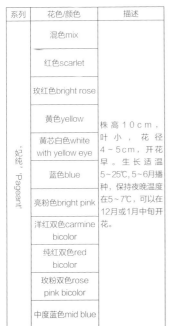

'妃纯'混色

'巨轮'金黄色

'巨轮'玫红色

'妃纯'玫红色

'妃纯'红色

'妃纯'黄色

247

'妃纯'亮粉色

'妃纯'洋红双色

'妃纯'黄芯白色

'妃纯'玫粉双色

'妃纯'中度蓝色

'妃纯'蓝色

'罗莎娜'杏黄色渐变

| 系列 | 花色/颜色 | 描述 |
|---|---|---|
| '罗莎娜' 'Rosanna' | 白色white | 经典的玫瑰花型；早生，花期长。 |
| | 黄色渐变yellow shades | |
| | 杏黄色渐变apricot shades | |
| | 猩红色改良scarlet imp | |
| | 玫粉色渐变 rose pink shades | |
| | 粉色渐变pink shades | |

'罗莎娜'白色

'罗莎娜'玫粉色渐变

'罗莎娜'黄色渐变

'罗莎娜'粉色渐变

'罗莎娜'猩红色改良

# 四季樱草　*Primula obconica*

报春花科报春花属。

| 系列 | 花色/颜色 | 描述 |
|---|---|---|
| '亲密接触' 'Touch Me' | 混色mix | 世界上第一个不含樱草碱的品种，消费者可以亲密接触可爱的植株和花朵而不用再担心皮肤过敏。株型圆润饱满，株高20～25cm，冠幅约30cm，可在12月至翌年5月开花上市，是冬季和早春不可多得的高品质盆花品种。 |
| | 深橙色dark orange | |
| | 蓝色hlue | |
| | 红色red | |
| | 粉红色pink | |
| | 红白双色red white | |
| | 蓝白双色blue white | |
| | 玫红色bright rose | |
| | 紫罗兰色violet | |
| | 白色white | |

'亲密接触'混色

'亲密接触'橙色

'亲密接触'粉红色

'亲密接触'红色

〔icons〕 C 15/20 time 10/25

| 系列 | 花色/颜色 | 描述 |
|---|---|---|
| '普瑞玛' 'Prima' | 红色渐变改良red imp. | 经典品种，卡花。 |
| | 白色white | |
| | 粉色渐变pink | |
| | 丁香色渐变lilac | |

'亲密接触'紫罗兰色

'亲密接触'玫红色

〔icons〕 C 15/20 time 14/15

# 澳洲狐尾　*Ptilotus exaltatus*

苋科猫尾苋属。

| 系列 | 描述 |
|---|---|
| '幼兽' 'Joey' | 株高30～40cm，叶片银绿色，大花、圆锥型花序，花穗7～10cm，深霓桃红色。喜阳，耐热，耐旱，适应性强。 |

'普瑞玛'红色渐变改良

'普瑞玛'白色

〔icons〕 W 24/26 time 5/7

'普瑞玛'粉色渐变

'普瑞玛'丁香色渐变

'幼兽'

'蓝剑'

'花谷Ⅱ'银色渐变

'花谷Ⅱ'玫瑰色渐变

'花谷Ⅱ'红色渐变

'花谷Ⅱ'粉色渐变

'花谷Ⅱ'金黄色渐变

'花谷Ⅱ'混色

## 分药花　　*Perovskia atriplicifolia*

唇形科分药花属。

| 系列 | 描述 |
|---|---|
| '蓝剑' 'Blue Steel' | 株高：第一年45~60cm；第二年75~90cm。冠幅：第一年35~55cm；第二年50~70cm；穴盘苗生产周期5~11周移栽至成品生产周期9~15周，最低可耐-34℃的低温，可当年开花的多年生品种。植株强壮，在园林景观应用中生长可控性强，和市场主流的无性繁殖品种同样出色。花朵芳香，叶片为银绿色，蓝色的小花点缀在粗壮的银色花茎之上，浪漫飘逸。花茎不易折断或开裂。生产调节性强，1加仑容器中可放入1~3株苗，2加仑容器中可放入3~5株苗。摘心有利于获得最佳的分枝效果。耐热耐旱，非常耐寒。 |

## 花毛茛　　*Ranunculus asiaticus*

毛茛科毛茛属。

| 系列 | 花色/颜色 | 描述 |
|---|---|---|
| '花谷Ⅱ' 'Bloom-ingdale Ⅱ' | 玫红色渐变 rose shades | 大花，早花，高度重瓣，无需加温，生长周期20~22周，株高20~25cm。 |
| | 橙色渐变 orange shades | |
| | 金黄色渐变golden yellow shades | |
| | 红色渐变red shades | |
| | 白色渐变white shades | |
| | 粉色渐变pink shades | |
| | 混色mix | |
| | 火焰双色渐变 fire bicolor | |

'花谷Ⅱ'白色渐变

'花谷Ⅱ'火焰双色渐变

| 系列 | 花色/颜色 | 描述 |
|---|---|---|
| '彩糖' 'Sprinkles' | 黄色yellow | 冠幅17～30cm。半高的花盆，在低温时最能显示其"本领"。生长均匀并具有密集丰满的结构。对生长调节剂的需求极少。有八种花色可供选择，其中包括两种双色组合。 |
| | 红色red | |
| | 粉红pink | |
| | 粉红双色pink bicolor | |
| | 白色white | |
| | 紫罗兰双色violet bicolor | |
| | 橙色orange | |
| | 黄红双色yellow red bicolor | |
| | 紫罗兰色violet | |
| | 浅粉色light pink | |

'彩糖' 黄色

'彩糖' 红色

'彩糖' 粉红

'彩糖' 粉红双色

'彩糖' 橙色

'彩糖' 白色

'彩糖' 紫罗兰双色

## 金光菊　　*Rudbeckia hirta*

菊科金光菊属。

| 系列 | 花色/颜色 | 描述 |
|---|---|---|
| '草原阳光' 'Prairie Sun' | 金黄色 golden orange | 株高70～80cm，单瓣大花，花金黄色，芯部绿色。抗性强，极耐旱，是花坛和花境极好的背景材料。 |

| 系列 | 花色/颜色 | 描述 |
|---|---|---|
| '金太阳' 'Gold sun' | 金色阳光 gold sun | 与'草原阳光'相似的外形，但是更加紧凑以及更短的茎非常适合盆栽，花坛应用。 |

| 系列 | 描述 |
|---|---|
| '金色夏安' 'Cheyenne' | 喜爱阳光，拥有大至15cm巨大的金色花朵。 |

'草原阳光'

'金太阳'

'金色夏安'

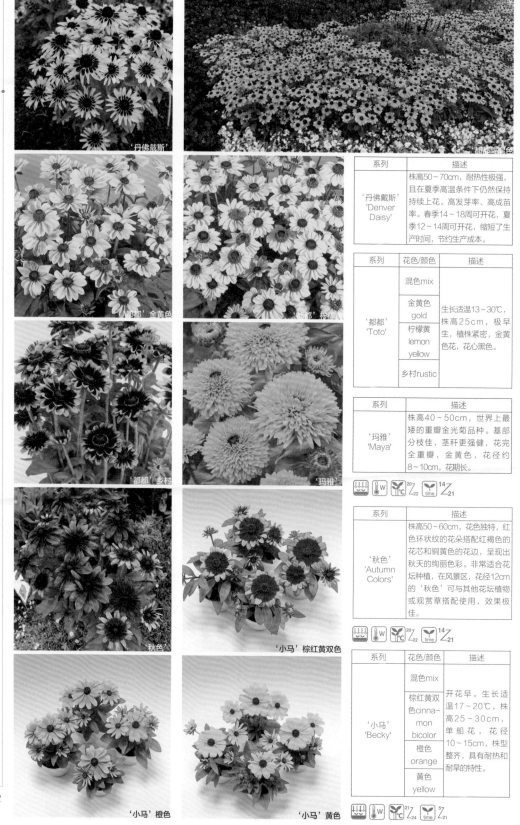

'丹佛戴斯'　　'都都'混色

'都都'金黄色　　'都都'柠檬黄

'都都'乡村　　'玛雅'

'秋色'　　'小马'棕红黄双色

'小马'橙色　　'小马'黄色

| 系列 | 描述 |
| --- | --- |
| '丹佛戴斯' 'Denver Daisy' | 株高50~70cm，耐热性极强，且在夏季高温条件下仍然保持持续上花。高发芽率、高成苗率。春季14~18周可开花，夏季12~14周可开花，缩短了生产时间，节约生产成本。 |

| 系列 | 花色/颜色 | 描述 |
| --- | --- | --- |
| '都都' 'Toto' | 混色mix | 生长适温13~30℃，株高25cm，极早生，植株紧密，金黄色花，花心黑色。 |
| | 金黄色 gold | |
| | 柠檬黄 lemon yellow | |
| | 乡村rustic | |

| 系列 | 描述 |
| --- | --- |
| '玛雅' 'Maya' | 株高40~50cm，世界上最矮的重瓣金光菊品种。基部分枝佳，茎秆更强健，花完全重瓣，金黄色，花径约8~10cm，花期长。 |

| 系列 | 描述 |
| --- | --- |
| '秋色' 'Autumn Colors' | 株高50~60cm，花色独特，红色环状纹的花朵搭配红褐色的花芯和铜黄色的花边，呈现出秋天的绚丽色彩。非常适合花坛种植，在风景区，花径12cm的'秋色'可与其他花坛植物或观赏草搭配使用，效果极佳。 |

| 系列 | 花色/颜色 | 描述 |
| --- | --- | --- |
| '小马' 'Becky' | 混色mix | 开花早。生长适温17~20℃，株高25~30cm，单船花，花径10~15cm，株型整齐，具有耐热和耐旱的特性。 |
| | 棕红黄双色cinnamon bicolor | |
| | 橙色 orange | |
| | 黄色 yellow | |

## 朱唇　　　*Salvia coccinea*

唇形科鼠尾草属。

| 系列 | 描述 |
|---|---|
| '红衣女郎' 'Lady in Red' | 地栽株高50~60cm，植株丰满，灌木状，叶深绿色，花型喇叭状，颜色亮丽，花期早，耐热和耐干旱性好，园林应用效果好。 |
| '白雪' 'Snow Nymph' | |
| '珊瑚仙女' 'Coral Nymph' | |
| '林火' 'Forest Fire' | |

| 系列 | 花色/颜色 | 描述 |
|---|---|---|
| '夏之宝石' 'Summer Jewel' | 红色red | 地栽株高50~60cm，植株丰满，灌木状，叶深绿色，花型喇叭状，颜色亮丽，花期早，耐热和耐干旱性好，园林应用效果好。 |
| | 粉红色pink | |
| | 淡紫色lavender | |
| | 白色white | |

## 鼠尾草　　　*Salvia farinacea*

唇形科鼠尾草属。

| 系列 | 花色/颜色 | 描述 |
|---|---|---|
| '发现者' 'Evolution' | 深紫罗兰色violet | 株高70~80cm，单瓣大花，花金黄色，荶部绿色。抗性强，极耐旱，是坛和花境极好的背景材料。 |
| | 白色white | |

| 系列 | 花色/颜色 | 描述 |
|---|---|---|
| '维多利亚' 'Victoria' | 蓝色blue | 株高60cm，冠幅35cm，花大，花色保持期长。 |
| | 白色white | |

| 系列 | 描述 |
|---|---|
| '瑞亚' 'Rhea' | 十分紧凑，分枝性很好。在市场上反响很好的品种。 |

'维多利亚' 蓝色

'红衣女郎'

'夏之宝石' 粉红色

'发现者' 深紫罗兰色

'维多利亚' 白色

'夏之宝石' 红色

'夏之宝石' 淡紫色

'夏之宝石' 白色

'发现者' 白色

'瑞亚'

'火凤凰' 红色

'火凤凰' 红白双色

'火凤凰' 紫色

'火凤凰' 鲜红色

'火凤凰' 白色

## 一串红

*Salvia splendens*

唇形科鼠尾草属。

| 系列 | 花色/颜色 | 描述 |
|---|---|---|
| '火凤凰'<br>'Fire bird' | 红色red | 叶色深绿，分枝性强，株型紧凑，植株整齐度好。株高30~35cm，花穗长，花穗数量多，花色鲜艳，花期一致。是目前最耐热耐湿的一串红品种，花期持续整个夏季，盆栽和地栽表现效果好。 |
| | 红白双色<br>red and white | |
| | 紫色<br>purple | |
| | 鲑红色<br>salmon | |
| | 白色white | |

| 系列 | 花色/颜色 | 描述 |
|---|---|---|
| '展望'<br>'Vista' | 红色red | 株高30cm，花色大红，叶片墨绿，花型整齐。生长适温15~30℃，播种后10~11周开花。 |
| | 紫色<br>purple | |
| | 白色white | |
| | 淡紫色<br>lavender | |
| | 鲑红色<br>salmon | |

'展望' 红色

'展望' 白色

'展望' 紫色

'展望' 淡紫色

'展望' 鲑红色

| 系列 | 花色/颜色 | 描述 |
|---|---|---|
| '雷迪' 'Reddy' | 混色mix | 该系列现有的亮红色及新培育的6种花色都具有独特的不徒长生物习性,适合作穴盘苗和盆栽生产。植株紧凑,基部分枝,早花,货架寿命长。植株高度20~25cm,叶片深绿色,花色亮丽,花量大,致密。 |
|  | 亮红 bright red |  |
|  | 紫红 purple |  |
|  | 白色white |  |
|  | 淡紫色 lavender |  |
|  | 鲑肉色 salmon |  |
|  | 红白双色white surprise |  |
|  | 绯红双色 scarlet bicolour |  |
|  | 粉红色 pink |  |

'雷迪'混色
'雷迪'亮红
'雷迪'淡紫色
'雷迪'红白双色

## 蛇目菊  *Sanvitalia speciosa*

菊科蛇目菊属。

| 系列 | 描述 |
|---|---|
| '百万阳光' 'Million Suns' | 株高15~20cm,喜阳植物,不需要打顶就能获得饱满的株型,生长周期13~15周,能快速布满整个盆钵。在整个生长过程中几乎不需要生长调节剂,养护简单,应用效果佳。 |

百万阳光

## 金鱼草(中型)  *Antirrhinum majus*

玄参科金鱼草属。

| 系列 | 花色/颜色 | 描述 |
|---|---|---|
| '早生诗韵' 'Speedy Sonnet' | 古铜色 bronze | 株高35~40cm,适合春季生产的金鱼草,花期极早,播种后10~12周就可达到理想效果。且植株强健,长势旺盛,花量大,开花不断,适合盆栽和花坛应用。 |
|  | 绯红色 crimson |  |
|  | 玫红色改良rose imp. |  |
|  | 黄色改良yellow imp. |  |
|  | 白色改良white imp. |  |
|  | 粉色pink |  |
|  | 紫色 purple |  |

'早生诗韵'玫红色改良
'早生诗韵'古铜色
'早生诗韵'白色改良
'早生诗韵'绯红色

255

| 系列 | 花色/颜色 | 描述 |
|---|---|---|
| '诗韵' 'Sonnet' | 混色mix | 株高35cm，冠幅15cm。诗韵系列植株整齐，易种植。根系强健，且植株分枝性强，适于晚春至秋季销售。 |
| | 酒红色 burgu-ndy | |
| | 洋红色 carmine | |
| | 绯红色 crimson | |
| | 猩红橙色 orange scarlet | |
| | 粉色pink | |
| | 玫红色 rose | |
| | 白色white | |
| | 黄色 yellow | |

'早生诗韵' 粉色

'早生诗韵' 紫色

'早生诗韵' 黄色改

'诗韵' 酒红色

'诗韵' 洋红色

'诗韵' 绯红色

'诗韵' 粉色

'诗韵' 猩红橙色

'诗韵' 玫红色

'诗韵' 白色

'诗韵' 黄色

## 矮生金鱼草　*Antirrhinum majus*

玄参科金鱼草属。

| 系列 | 花色/颜色 | 描述 |
|---|---|---|
| '花雨' 'Floral Showers' | 混色mix | 株高15~20cm，分枝性好。花期一致，花色鲜艳，极早熟品种，从播种到开花大概2个月。生长所需热量少，建议盆栽，使用10cm大小的盆钵最理想，中日照植物，长势一致。适合与其他草花搭配作背景。 |
| | 绯红色 scarlet | |
| | 玫红色 rose | |
| | 黄色 yellow | |
| | 白色white | |
| | 玫粉色 rose pink | |

| 系列 | 花色/颜色 | 描述 |
|---|---|---|
| '彩虹糖' 'Candy Tops' | 橙色orange | 适合春季盆栽应用，株高大概30cm。从运输的角度来看，'彩虹糖'系列茎秆强壮，比膝高类型的品种更耐运输。5个单色。 |
| | 红色red | |
| | 玫红色rose | |
| | 黄色yellow | |
| | 白色white | |
| | 香槟色渐变 champagne | |

'花雨' 绯红色

'花雨' 玫红色

'花雨' 黄色

'花雨' 混色

'花雨' 玫粉色

'花雨' 白色

'彩虹糖' 香槟色渐变

'彩虹糖' 橙色

'彩虹糖' 红色

'彩虹糖' 白色

'彩虹糖' 玫红色

'彩虹糖' 黄色

'跳跳糖' 混色

'跳跳糖' 深紫色

'跳跳糖' 白色

'跳跳糖' 红色

'跳跳糖' 黄色

'跳跳糖' 橙色

'跳跳糖' 粉色

'跳跳糖' 玫红色改良

'波托马克' 苹果花色

'波托马克' 粉红色

'波托马克' 玫红色

## 蔓性金鱼草　　Antirrhinum majus

玄参科金鱼草属。

| 系列 | 花色/颜色 | 描述 |
|---|---|---|
| '跳跳糖' 'Candy Showers' | 橙色orange | 株型丰满紧凑，分枝性强，花量大，花色艳丽，观赏效果极佳，适于盆栽和花坛栽培。 |
| | 深紫色deep purple | |
| | 红色red | |
| | 黄色yellow | |
| | 玫红色改良rose imp. | |
| | 粉色pink | |
| | 白色white | |

## 切花金鱼草　　Antirrhinum majus

玄参科金鱼草属。

| 系列 | 花色/颜色 | 描述 |
|---|---|---|
| '波托马克' 'Potomac' | 深紫色改良royal imp | 茎秆高大，花穗修长。如果能补充高强度的光照，可周年生产。 |
| | 象牙白色ivory white | |
| | 白色改良white imp | |
| | 苹果花色apple blossom | |
| | 玫红色rose | |
| | 粉红色pink | |
| | 黄色yellow | |
| | 橙红色orange | |

'波托马克'象牙白色

'波托马克'橙红色

'波托马克'黄色

## 桂圆菊 *Acmella oleracea*

菊科金钮扣属。

| 系列 | 描述 |
|---|---|
| '千里眼' 'Peek-a-boo' | 株高30~38cm，冠幅60~75cm。是组合盆栽和花坛栽培中真正抢眼的品种，株型丰满圆润。花芯呈深酒红色，橄榄状，直径2.5cm，新奇而独特的金黄色花，悬垂在长花柄上，楚楚动人。全日照条件下，叶片呈深棕绿色调。 |

'千里眼'

'和谐'白色

## 矮生紫罗兰 *Matthiola incana*

十字花科紫罗兰属。

| 系列 | 花色/颜色 | 描述 |
|---|---|---|
| '和谐' 'Harmony' | 混色mix | 花期非常早、矮生、分枝多，芳香飘逸。适合冷凉季节盆栽及容器栽培。比侏儒系列生长紧凑，开花早，叶色鲜绿更能衬托出花色的鲜艳。通过选留叶色浅、生育快及椭圆形子叶，可以得到约50%的重瓣花。 |
| | 淡粉红色 cherry blossom | |
| | 奶黄色cream yellow | |
| | 浅玫红色light rose | |
| | 紫色purple | |
| | 紫罗兰色 violet | |
| | 白色white | |
| | 深玫红色 deep rose | |

'和谐'紫罗兰色          '和谐'浅玫红色

'和谐'奶黄色

'和谐'深玫红色

'和谐'淡粉红

'和谐'紫色

'麦萌' 玫红色

'麦萌' 红色

'麦萌' 蓝色

'麦萌' 紫色

'麦萌' 白色

'麦萌' 浅粉色

'麦萌' 粉色

| 系列 | 花色/颜色 | 描述 |
|---|---|---|
| '麦萌' 'Mime' | 玫红色 rose | 秋冬型的理想花坛用花。极早生型，主流品种。植株基部分枝多。 |
| | 红色red | |
| | 紫色 purple | |
| | 白色white | |
| | 浅粉色 light pink | |
| | 粉色pink | |
| | 蓝色blue | |

## 紫罗兰（切花） *Matthiola incana*

十字花科紫罗兰属。紫罗兰由于来源的不同，花梗与株型有很大的差异，一般欧美品种茎秆较粗，而日本等亚洲品种茎秆较细。

苗期紫罗兰重瓣花的选择方法：1.在真叶2片展开，从苗盘的侧面观察，一般比较高的苗是重瓣，比较低的是单瓣。重瓣花的苗生长快。2.从苗盘的上部看，一般单瓣叶色深且较小，而重瓣叶色浅且较大。同时，单瓣的子叶圆且小，重瓣的子叶长圆(椭圆)而且大。

'辉煌' 浅紫色

'辉煌' 蓝色

'辉煌' 桃粉色

'辉煌' 淡紫色

| 系列 | 花色/颜色 | 描述 |
|---|---|---|
| '辉煌' 'Glory' | 蓝色blue | 切花专用的紫罗兰品种。株高65~75cm，可以选择重瓣花系列，一般在播种后2周进行重瓣的选择，它不需要太长时间来刺激芽萌发，且苗期温度过低会使植株矮化。 |
| | 桃粉色cherry | |
| | 淡紫色lavender | |
| | 粉红色pink | |
| | 玫红色rose | |
| | 白色white | |
| | 浅紫色light purple | |

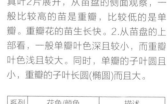

'辉煌' 粉红色

'辉煌' 玫红色

'辉煌' 白色

'圣诞' 杏色

'圣诞' 蓝色

'圣诞' 白色

| 系列 | 花色/颜色 | 描述 |
|---|---|---|
| '圣诞' 'Xmas' | 杏色apricot | 可以选择重瓣花系列，一般在苗期进行选择。株高100cm左右，开花极早且花多，无分枝，叶灰绿色，从10月初至翌年1月开花。该系列可以不在温室中培育。 |
| | 蓝色blue | |
| | 紫色ocean | |
| | 粉红色pink | |
| | 胭脂红色rouge | |
| | 深红色ruby | |
| | 紫罗兰色violet | |
| | 白色white | |

'圣诞' 深红色

'圣诞' 紫色

### 矮生向日葵  *Helianthus annuus*

菊科向日葵属。

| 系列 | 花色/颜色 | 描述 |
|---|---|---|
| '超级微笑' 'Smiley' | 黄色 yellow | 无花粉的矮生F1代杂交品种，美丽微笑的改良品种，整齐性更好，分枝更多。温度高于15℃的条件下，从播种到开花需要50~60天。 |

'圣诞' 粉红色

'圣诞' 胭脂红色

| 系列 | 花色/颜色 | 描述 |
|---|---|---|
| '大笑' 'Big Smile' | 金黄色 golden yellow | 株高30~37cm，花单瓣，黑芯，花径15cm。花坛用花需打顶处理，一棵植株可产花4~5朵；盆栽时不打顶，一棵植株1朵花。中等日照生长，生长适温15~35℃，播种后8~9周开花。 |

'超级微笑'

'大笑' 金黄色

'小夏'

'富阳'橙黄色

| 系列 | 描述 |
|---|---|
| '小夏' 'Sunbright Kid' | 矮生型，无花粉，生长期短。 |

'富阳'柠檬黄黑心

'富阳'夏日橙黄色

## 切花向日葵　　*Helianthus annuus*

菊科向日葵属。在1~4月或9~10月播种，播种后60~70天开花；在5~8月或11~12月播种，播种后70~80天开花；若在11~12月播种，则注意保温。一般种植间距在12~30cm。

| 系列 | 花色/颜色 | 描述 |
|---|---|---|
| '富阳' 'Sun Rich' | 橙黄色orange | 株高60~70cm，播种后70天左右开花。夏日橙黄色和夏日柠檬黄开花比其他早5~10天，但花形和颜色与其他相似。 |
| | 柠檬黄(黑芯) lemon yellow | |
| | 金黄色(绿芯)gold | |
| | 夏日橙黄色orange summer | |
| | 夏日柠檬黄lemon summer | |
| | 酸橙色lime | |

'富阳'金黄色绿芯

'富阳'酸橙色

'富阳'夏日柠檬黄

全阳改良

| 系列 | 描述 |
|---|---|
| '全阳改良' 'Full Sun Improved' | 适合冬季生产，即使在短日照条件下，茎秆依旧足够强壮。 |

| 系列 | 描述 |
|---|---|
| '丝纱罗' 'Tiffany' | 橘黄色花瓣，黑色花芯的圆形花。 |

| 系列 | 描述 |
|---|---|
| '太阳王' 'Sunking' | 高重瓣的金黄色花，茎秆强健。 |

'丝纱罗'

'太阳王'

## 景天　*Sedum forsterianum*

景天科景天属。

| 系列 | 描述 |
| --- | --- |
| '圣意' 'Oracle' | 耐寒，一定条件下可露地越冬。宜作盆花，亦可作景观工程应用。 |

 W 18/24℃ time 7/10

| 系列 | 描述 |
| --- | --- |
| '魔术师' 'Lizard' | 需要在10～18℃条件下生长。宜作盆花，亦可作景观工程应用。 |

 W 18/24℃ time 7/10

| 系列 | 描述 |
| --- | --- |
| '毛精灵' 'Spirit' | 耐寒，一定条件下可露地越冬。宜作盆花，亦可作景观工程应用。 |

 W 18/24℃ time 7/10

圣意

魔术师

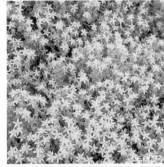
毛精灵

## 卷娟　*Sempervivum arachnoideum*

景天科长生草属。

| 系列 | 描述 |
| --- | --- |
| '嬉皮小鸡' 'Hippie Chicks' | 冬季常绿植物，耐寒；宜作盆花，也可在岩石花园、混合容器及绿色屋顶中作结构植物。 |

 W 18/24℃ time 14/25

'嬉皮小鸡'

'苏丝'纯橙色

## 黑眼苏珊　*Thunbergia alata*

爵床科山牵牛属。

| 系列 | 花色/颜色 | 描述 |
| --- | --- | --- |
| '苏丝' 'Susie' | 纯橙色 clear orange | |
| | 纯白色 clear white | 蔓长1.8～2m。一个与众不同的草质藤本花卉品种，该系列包括3个纯色、3个"黑眼"色和一个混色。开花早，短短6周即可开花。适于吊篮栽培和窗台容器栽培。 |
| | 纯黄色 clear yellow | |
| | 黑眼橙色 orange with eye | |
| | 黑眼白色 white with eye | |
| | 黑眼黄色 yellow with eye | |
| | 混色 mix | |

 W 21/24℃ time 6/12

'苏丝'黑眼橙色

'苏丝'黑眼白色

'苏丝'黑眼黄色

'苏丝'混色

'轻吻'蓝色

'轻吻'蓝白双色

'轻吻'酒红色

'轻吻'玫红带边

'轻吻'白色

'简约'深蓝色

## 夏堇 *Torenia foumieri*

玄参科蝴蝶草属。

| 系列 | 花色/颜色 | 描述 |
|---|---|---|
| '轻吻' 'Little Kiss' | 蓝色blue | 株高15~20cm，花径2.5cm。株型紧凑、基部分枝性好，花量丰富，长势一致。在高温高湿的夏季，开花力极强，且可从晚春一直持续开花到秋季。 |
| | 蓝白双色blue& white | |
| | 酒红色burgu-ndy | |
| | 玫红带边rose picotee | |
| | 白色white | |

| 系列 | 花色/颜色 | 描述 |
|---|---|---|
| '简约' 'Hi Lite' | 深蓝色deep blue | 紧凑却很密集的分枝，比同类产品更多花。 |
| | 蓝白双色blue& white | |
| | 白色white | |
| | 品红magenta | |
| | 蓝色灯塔blue beacon | |
| | 蓝白灯塔blue white beacon | |
| | 粉色pink | |

'简约'粉色

'简约'品

'简约'蓝白双色

'简约'蓝色灯塔

'简约'白色

'简约'蓝白双色灯塔

'可爱'白色

'可爱'混色

'可爱'玫瑰色

| 系列 | 花色/颜色 | 描述 |
|------|----------|------|
| '可爱' 'Kauai' | 混色mix | 株高20cm，冠幅20cm，全新的紧凑型夏堇品种，相比小丑系列，株型更紧凑，分枝性更好，更容易有效的管理。夏季高温高湿的条件下有卓越的表现。 |
| | 玫瑰色 rose | |
| | 酒红色 burgundy | |
| | 柠檬雨点 lemondrop | |
| | 深蓝色 deep blue | |
| | 绛红色 magenta | |
| | 白色white | |

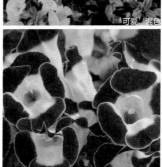

'可爱'酒红色

'可爱'柠檬雨点

⁂ Ⓦ ❦²¹C Z₂₁ ⏱Z₁₅

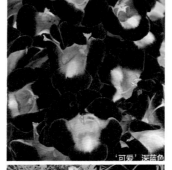

| 系列 | 花色/颜色 | 描述 |
|------|----------|------|
| '公爵夫人' 'Duchess' | 粉红色 pink | 株型紧凑，表现优异，可作盆花植物，亦适合作花坛花卉生产。 |
| | 深蓝色 deep blue | |
| | 酒红色 burgundy | |
| | 淡蓝色 light blue | |
| | 蓝白双色blue& white | |

'可爱'深蓝色

'可爱'绛红色

⁂ Ⓦ ❦¹⁸C Z₂₂ ⏱Z₁₅

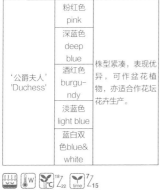

'公爵夫人'酒红色

'公爵夫人'蓝白双色

'公爵夫人'淡蓝色

'公爵夫人'深蓝色

265

‘水晶’混色　　‘水晶’绯红色

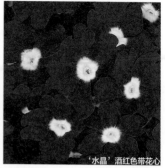

‘水晶’酒红色带花心

‘水晶’蓝色　　‘水晶’白色

‘水晶’酒红色　　‘水晶’红色带花心

## 美女樱　　*Verbena hybrida*

马鞭草科马鞭草属。美女樱育苗需要较干的环境，太湿润容易烂种，导致不发芽。所以苗期要注意控制浇水。

| 系列 | 花色/颜色 | 描述 |
|---|---|---|
| ‘水晶’ ‘Quartz’ | 混色mix | 株高20～30cm，冠幅30～35cm。发芽率极高，幼苗健壮。花园地栽表现出众，出苗整齐，花期一致，耐白粉病。长径葡匐生长，大型伞形花序。耐霜霜，在冷凉气候下表现出众，是很好的春秋季观赏花卉。植株也有一定的耐热、耐旱性，是优良的盆栽、地栽品种，在组合盆栽时，表现出一定的垂吊习性。 |
| | 绯红色scarlet | |
| | 玫瑰红色rose | |
| | 蓝色blue | |
| | 白色white | |
| | 紫红色magenta | |
| | 红色带花心red with eye | |
| | 酒红色burgundy | |
| | 酒红色带花心 burgundy with eye | |

‘祥和’混色　　‘祥和’粉色

## 细叶美女樱　　*Verbena hybrida*

马鞭草科马鞭草属。

| 系列 | 花色/颜色 | 描述 |
|---|---|---|
| ‘祥和’ ‘Serenity’ | 混色mix | 该系列由柔和的淡紫色、白色、胭脂红和粉红组合而成。植株的开展度30～40cm，叶片茂盛浓绿。气候冷凉时，植株矮小宛如地毯。温暖地区可周年生长。 |
| | 粉色pink | |

| 系列 | 花色/颜色 | 描述 |
|---|---|---|
| ‘沙漠宝石’ ‘Desert Jewels’ | 混色mix | 该系列是混色，颜色比较鲜艳明亮，花朵繁茂。温暖地区可周年生长。 |

| 系列 | 花色/颜色 | 描述 |
|---|---|---|
| ‘假想’ ‘Imagination’ | 紫罗兰色 violet | 紫罗兰色的伞形花序，茎秆坚实，耐雨淋、耐干旱，抗病虫，花期长。 |

沙漠宝石　　‘假想’紫罗兰色

## 长春花 *Catharanthus roseus*

夹竹桃科长春花属。长春花已经成为夏季花坛的主要花卉，耐高温、贫瘠和干旱。

| 系列 | 花色/颜色 | 描述 |
|---|---|---|
| '美佳' 'Mega Bloom' | 杏黄色apricot | F1代长春花是从种子选育而来，有巨大花朵。在东南亚热带地区育种。在抗热、抗雨水、抗病性上表现尤其出色。有16种颜色。 |
| | 树莓红色raspberry | |
| | 红色red | |
| | 粉色pink | |
| | 葡萄紫色grape | |
| | 淡紫光环orchid halo | |
| | 粉红光环pink halo | |
| | 紫色purple | |
| | 桃粉色peach pink | |
| | 酒红带眼burgundy with eye | |
| | 草莓粉色straw-berry | |
| | 冰淡粉色ice pink | |
| | 紫罗兰色lavender | |
| | 白色white | |
| | 白色红心polka dot | |
| | 深红色dark red | |
| | 混色mix | |

'美佳' 杏黄色

'美佳' 树莓红色

'美佳' 红色

'美佳' 粉色

'美佳' 葡萄紫色

'美佳' 淡紫光环

'美佳' 草莓粉色

'美佳' 粉红光环

'美佳' 紫色

'美佳' 紫罗兰色

'美佳' 桃粉色

'美佳' 酒红带眼

'美佳'深红色

'美佳'冰淡粉色

'美佳'混色

'美佳'白色红心

'美佳'白色

| 系列 | 花色/颜色 | 描述 |
|---|---|---|
| '太平洋' 'Pacifica' | 混色mix xp | 开花早，花朵大，株高20~30cm，花径5cm。耐炎热和干燥，植株直立生长，基部分枝佳，即使酷热下也不会徒长。当气温升高时，浑圆的大花亦不会裂缝。株高30~35cm，无论是花坛、园林造景还是盆栽，太平洋系列均有完美表现。 |
| | 红色really red xp | |
| | 红晕blush xp | |
| | 淡紫色lilac xp | |
| | 花点布 polka dot xp | |
| | 玫瑰粉色punch xp | |
| | 玫瑰红光环rose halo xp | |
| | 深兰花色deep orchid xp | |
| | 白色white xp | |
| | 杏黄色apricot xp | |
| | 深红色dark red xp | |
| | 珊瑚红色coral xp | |
| | 樱桃红色cherry red | |
| | 樱桃红光环 chery halo xp | |
| | 冰粉色ice pink xp | |
| | 酒红光环 burgu-ndy halo xp | |
| | 酒红色 burgundy xp | |
| | 紫红光环 magenta halo xp | |
| | 淡紫光环orchid halo | |

'太平洋'红晕

'太平洋'玫瑰粉色

'太平洋'花点布

'太平洋'红色

'太平洋'玫瑰红光环

'太平洋'淡紫色

'太平洋'杏黄色

'太平洋'深兰花色

'太平洋'白色

'太平洋'冰粉色

'太平洋'深红色

'太平洋'珊瑚红色

'太平洋'酒红色

'太平洋'酒红光环

'太平洋'樱桃红光环

'太平洋'樱桃红色

'太平洋'紫红光环

'太平洋'淡紫光环

| 系列 | 花色/颜色 | 描述 |
|---|---|---|
| '维特' 'Vitesse' | 红芯杏色apricot | 杂交一代长春花新品种。盆栽株高15cm，地栽株高30～35cm。花径5～6cm，是常规品种花径的1.5倍，花瓣之间完全重叠。株型紧凑，分枝能力强，在高温高湿的气候条件下可一直开花，在冷凉的条件下，也表现优秀，使其可以早播种，延长了可用花的时间。与常规品种相比具有更好的抗病性，生长速度快，开花更早。种子壮苗率达90%以上。 |
|  | 白芯红色red with eye |  |
|  | 白芯淡紫色lavender |  |
|  | 浅紫红色orchid |  |
|  | 红芯白色peppermint |  |
|  | 紫红色purple |  |
|  | 玫红色rose |  |
|  | 粉红色pink |  |
|  | 草莓红strawberry red |  |
|  | 白色white |  |
|  | 黑莓色raspberry |  |
|  | 红色red |  |
|  | 橙色orange |  |
|  | 葡萄紫grape |  |
|  | 红莓色cranberry |  |
|  | 深粉色hot pink |  |

'维特' 红芯杏色

'维特' 白芯红色

'维特' 白芯淡紫

'维特' 浅紫红色

'维特' 白色

'维特' 红芯白色

'维特' 葡萄紫

'维特' 紫红色

'维特' 玫红色

'维特' 橙色

'维特' 粉红色

'维特' 草莓红

'维特' 红莓色

## 长春花（吊篮） *Catharanthus roseus*

夹竹桃科长春花属。

| 系列 | 花色/颜色 | 描述 |
|------|----------|------|
| '博爱' 'Boa' | 混色mix | 吊篮长春花，株型紧凑，分枝性好，垂吊性佳。较其他品种更耐高温、高湿。宜早播种，花期较长，生命力旺盛。 |
| | 桃红色 peach | |
| | 红芯白色 peppe-rmint | |
| | 白芯红色 red with eye | |
| | 玫红色 rose | |
| | 白色white | |
| | 酒红色 bur-gundy | |

'博爱' 混色

'博爱' 酒红色

'博爱' 桃红色

'博爱' 红芯白色

'博爱' 白芯红色

'博爱' 玫红色

'博爱' 白色

'诀窍'

**柳叶马鞭草** *Verbena bonariensis*

马鞭草科马鞭草属。

| 系列 | 描述 |
|---|---|
| '诀窍' 'Finesse' | 株高约100cm，淡紫色花，生长周期12-14周，喜阳且可耐半阴。大面积种植效果非常理想。 |

'诀窍'

| 系列 | 花色/颜色 | 描述 |
|---|---|---|
| '地中海' 'Mediterranean' | 浓艳玫瑰红色hot rose xp | 无限开花习性，花早生，茂盛，花色范围广。在阳光充足、炎热干燥的栽培条件下表现优异。茎分枝，长势强健，耀眼的大花花瓣重叠。播种后12～15周开始垂蔓。 |
| | 杏黄大眼apricot broced eye | |
| | 深红色dark red xp | |
| | 白色white xp | |
| | 丁香紫色lilac | |
| | 深兰花色deep orchid | |
| | 花点布polka dot | |
| | 玫瑰红色rose xp | |
| | 红色red xp | |
| | 桃红色peach xp | |
| | 草莓玫瑰色strawberry xp | |

'地中海'浓艳玫瑰红色　'地中海'玫瑰红色

'地中海'深红色　'地中海'白色

'地中海'稀缤布　'地中海'红色　'地中海'桃红色

# 角堇　*Viola cornuta*

堇菜科堇菜属。

| 系列 | 花色/颜色 | 描述 |
|---|---|---|
| '花力' 'Floral Power' | 粉红柠檬唇pink with lemon lip | 多花，花瓣厚且株型紧凑。非常适于早春销售。2012年花力系列和花力超级系列合并成一个系列。 |
| | 淡紫粉lavender pink | |
| | 黄色带花斑yellow blotch | |
| | 乳黄唇cream yellow lip | |
| | 黄红翅yellow red wing | |
| | 黄芯白紫翅persian pink | |
| | 橘黄红翅orange red wing | |
| | 金黄蓝调golden blues | |
| | 蓝韵白blue picotee | |
| | 白色white | |
| | 紫玫瑰白芯purple rose white face | |
| | 淡紫蓝lavender blue | |
| | 笑脸jolly face | |
| | 紫色脸purple face | |
| | 红色red | |
| | 黄色惊喜yellow surprise | |
| | 玫瑰翅rose wing | |
| | 黄紫翅yellow purple wing | |
| | 深蓝色deep blue | |
| | 深橘黄dcop orange | |
| | 印度夕阳indian sunset | |
| | 浅紫紫红翅lilac purple wing | |
| | 玛丽娜 marina | |
| | 古风紫玫红plum antique | |
| | 白紫翅purple pearls | |
| | 树莓红raspberry | |
| | 黄白双色yellow beacon | |

'花力' 古风紫玫红

'花力' 粉红柠檬唇

'花力' 乳黄唇

'花力' 白色

'花力' 白紫翅

'花力' 淡紫粉

'花力' 红色

'花力'黄红翅

'花力'黄白双色

'花力'黄芯白紫翅

'花力'黄紫翅

'花力'玛丽娜

'花力'树莓红

'花力'玫瑰翅

'花力'浅紫紫红翅

'花力'深橘黄

'花力'深蓝色

'花力'印度夕阳

'花力'紫玫瑰白芯

'花力'金黄蓝调

'花力'蓝韵白

'花力'黄色带花斑

'花力'淡紫蓝

'花力'笑脸

'花力'紫色脸

'花力'黄色惊喜

| 系列 | 花色/颜色 | 描述 |
|---|---|---|
| '小铃铛(垂吊型)' 'Rebellina' | 紫黄双色 purple& yellow | 花径比小叮当略小，3~3.5cm，分枝性强，蔓生性好，花量丰富，伴有三色堇的芳香，是组合盆栽和吊篮用花的理想花材。 |
| | 红黄双色red& yellow | |
| | 金黄色 golden yellow | |
| | 盏黄双色blue& yellow | |

'小铃铛'紫黄双色

'小叮当'黄色

| 系列 | 花色/颜色 | 描述 |
|---|---|---|
| '小叮当(垂吊型)' 'Rebel' | 蓝黄双色blue& yellow | 花径3~4cm，花量丰富，节间较短，分枝性和蔓生性强。从秋季到次年春季一直持续开花，观赏期长，可作窗台、吊篮、风景园林和花坛用花。 |
| | 黄色 yellow | |
| | 白色white | |

'小叮当'白色

'珍品'古风浅紫

'珍品'橘黄色

'珍品'古风粉红

'珍品'红色带花斑

'珍品'玫瑰红带花斑

'珍品'白色改良

'珍品'古风杏黄

| 系列 | 花色/颜色 | 描述 |
|---|---|---|
| '珍品' 'Gem' | 古风浅紫 lavender antique | |
| | 橘黄色 orange | |
| | 古风粉红pink antique | |
| | 红色带花斑red with blotch | |
| | 玫瑰红带花斑rose with blotch | |
| | 白色改良 white Imp. | |
| | 古风深紫色plum antique | |
| | 黄色yellow | 吊篮长春花,株型紧凑,分枝性好,垂吊性佳。较其他品种更耐高温、高湿。适合于早播种,花期较长,生命力旺盛。 |
| | 古风杏黄 apricot antique | |
| | 深蓝色clear ocean | |
| | 蓝霜frosty blue | |
| | 天蓝色 heavenly blue | |
| | 绯红色 scarlet | |
| | 阿斯特卡 aztec | |
| | 蓝白双色 beacon | |
| | 火焰flame | |
| | 电蓝色 electric blue | |
| | 古风玫红rose antique | |
| | 玫红色rose | |

'珍品'深蓝色

'珍品'蓝霜

'珍品'天蓝色

'珍品'古风深紫色

'珍品'黄色

'珍品'阿斯特卡

'珍品'电蓝色

'珍品'蓝白双色

'珍品'火焰

'珍品'绯红色

'珍品'古风玫红

'珍品'玫红色

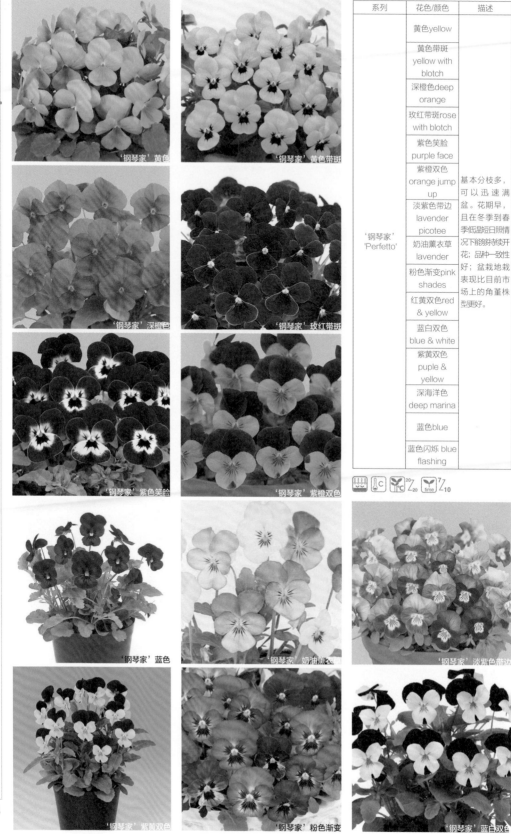

| 系列 | 花色/颜色 | 描述 |
|---|---|---|
| '钢琴家' 'Perfetto' | 黄色yellow | 基本分枝多，可以迅速满盆。花期早，且在冬季到春季低温短日照情况下能够持续开花；品种一致性好；盆栽地栽表现比目前市场上的角堇株型更好。 |
| | 黄色带斑 yellow with blotch | |
| | 深橙色deep orange | |
| | 玫红带斑rose with blotch | |
| | 紫色笑脸 purple face | |
| | 紫橙双色 orange jump up | |
| | 淡紫色带边 lavender picotee | |
| | 奶油薰衣草 lavender | |
| | 粉色渐变pink shades | |
| | 红黄双色red & yellow | |
| | 蓝白双色 blue & white | |
| | 紫黄双色 puple & yellow | |
| | 深海洋色 deep marina | |
| | 蓝色blue | |
| | 蓝色闪烁 blue flashing | |

'钢琴家' 黄色

'钢琴家' 黄色带斑

'钢琴家' 深橙色

'钢琴家' 玫红带斑

'钢琴家' 紫色笑脸

'钢琴家' 紫橙双色

'钢琴家' 蓝色

'钢琴家' 奶油薰衣...

'钢琴家' 淡紫色带边

'钢琴家' 紫黄双色

'钢琴家' 粉色渐变

'钢琴家' 蓝白双色

'钢琴家'红黄双色

'钢琴家'蓝色闪烁

'钢琴家'深海洋色

## 百日草　　*Zinnia elegans*

菊科百日草属。

| 系列 | 花色/颜色 | 描述 |
|---|---|---|
| '梦境' 'Dreamland' | 珊瑚色 coral | 生长适温 12～35℃，开花早，播种后7周开花。株高25～30cm，重瓣花，花径9～10cm，抗病性好，无需植物生长调节剂处理。极适合作为盆花、花坛花及育苗出售。 |
| | 象牙白 Ivory | |
| | 玫瑰色 rose | |
| | 黄色 yellow | |
| | 绯红色 scarlet | |
| | 粉红色 pink | |
| | 红色red | |
| | 混合mix | |

'梦境'黄色

'梦境'象牙白

'梦境'绯红色

'梦境'粉红色

'梦境'珊瑚色

'梦境'玫瑰色

'梦境'红色

'梦境'混合

## 百日草（中花）　*Zinnia hybrida*

菊科百日草属。

| 系列 | 花色/颜色 | 描述 |
|---|---|---|
| '单瓣丰盛' 'Profusion' | 白色white | 株高30~35cm，花径5cm，花色亮丽。耐高温、高湿、干旱，对白粉病及其他百日草病害有较强抗性。 |
| | 橙色 orange | |
| | 樱桃色 cherry | |
| | 火焰色fire | |
| | 杏黄色 apricot | |
| | 黄色 yellow | |
| | 深杏黄色deep apricot | |
| | 红黄双色red &yellow | |
| | 柠檬黄 lemon | |
| | 红色red | |
| | 樱桃双色渐变 cherry bicolor | |

'单瓣丰盛'白色

'单瓣丰盛'橙色

'单瓣丰盛'樱桃色

'单瓣丰盛'火焰色

'单瓣丰盛'杏黄色

'单瓣丰盛'黄色

'单瓣丰盛'深杏黄色

'单瓣丰盛'红色

'单瓣丰盛'柠檬黄

'单瓣丰盛'樱桃双色渐变

'单瓣丰盛'红黄双色

| 系列 | 花色/颜色 | 描述 |
|---|---|---|
| '重瓣丰盛' 'Profusion Double' | 白色white | 株型一致，长势整齐。除了拥有丰花百日草自然的优美外，还具有非常诱人的重瓣花。抗病性极强，易于栽培。 |
| | 金色golden | |
| | 火焰色fire | |
| | 夏日樱桃红hot cherry | |
| | 混色mix | |
| | 深鲑色deep salmon | |
| | 红色red | |
| | 黄色yellow | |

'重瓣丰盛'白色

'重瓣丰盛'红色

'重瓣丰盛'黄色

'重瓣丰盛'金色

'重瓣丰盛'火焰色

## 多花百日草　Zinnia angustifolia

菊科百日草属。

| 系列 | 花色/颜色 | 描述 |
|---|---|---|
| '水晶' 'Crystal' | 黄色yellow | 生长适温12～35℃，开花早，播种后7周开花。株高25～30cm，重瓣花，抗病性好，无需植物生长调节剂处理。极适合作为盆花、花坛花及育苗出售。 |
| | 橙色orange | |
| | 白色white | |

'重瓣丰盛'夏日樱桃红

'重瓣丰盛'深鲑色

## 观赏番茄　Lycopersicon esculentum

茄科番茄属。

| 系列 | 花色/颜色 | 描述 |
|---|---|---|
| '水晶球' 'Tumbling Tom' | 红色red | 盆栽株高15～20cm，地栽高度可达45～55cm。分枝性极强，瀑布型垂吊效果好，果实分布均匀。 |
| | 黄色yellow | |

'水晶球'红色

'水晶球'黄色

| 系列 | 花色/颜色 | 描述 |
|---|---|---|
| '少年' 'Tumbing Junior' | 黄色yellow | 比传统的'水晶球'系列株型更紧凑，在有限的空间里也有优秀表现。 |

| 系列 | 花色/颜色 | 描述 |
|---|---|---|
| '初日' 'Little Sun' | 黄色yellow | 高雅的黄色小番茄，均匀分布，与枝秆构成完美的组合，株型紧凑，表现极佳。 |

'少年'黄色

'初日'黄色

| 系列 | 花色/颜色 | 描述 |
|---|---|---|
| '甜心' 'Sweet 'n' Neat' | 樱桃红色 cherry | 理想的直立型盆栽观赏番茄，果实新鲜、有光泽。 |
| | 绯红色 scarlet | |
| | 黄色 yellow | |

| 系列 | 花色/颜色 | 描述 |
|---|---|---|
| '图腾' 'Totem' | 红色red | 株高45cm，冠幅25cm，成熟期55天。株生紧凑型，结实量大，果实小巧，亮红色，果实成熟期需要支架支撑以保证不掉果，抗逆性强，在恶劣气候条件下表现良好。 |

| 系列 | 花色/颜色 | 描述 |
|---|---|---|
| '红波妞' 'Siam' | 红色red | 迷你厨房的明星产品。一个小小的盆栽可以挂果100多个，还具有诱人口感。 |

| 系列 | 花色/颜色 | 描述 |
|---|---|---|
| '泰格' 'Tiger' | 红绿双色 red& green | 植株高15cm，冠幅100cm，成熟期55天。一种紧凑的垂吊品种，红色绿色的果实交相辉映，植株整齐有型，适合混栽或容器栽培，果实藏在叶片下面，可防止被高光灼伤。 |

| 系列 | 花色/颜色 | 描述 |
|---|---|---|
| '樱桃喷泉' 'Cherry Fountain' | 红色red | 株高15cm，冠幅100cm，成熟期60天。强健的吊盆番茄品种，植株生长习性整齐，果实樱桃红色，结实期长，适合作幼苗销售。 |

| 系列 | 花色/颜色 | 描述 |
|---|---|---|
| '红鸟' 'Red robin' | 红色red | 播种后约百天可食，酸甜可口，耐运输。植株高度适中，适合家庭园艺。 |

**草莓** *Fragaria ananassa/ Fragaria vesca*

蔷薇科草莓属。

| 系列 | 描述 |
|---|---|
| '诱惑' 'Temptation' | 株高30cm，冠幅40cm，成熟期86天。是一个坐果率稳定的传统品种，能够在生长季节里长出稳定数量的红亮亮的草莓。 |

| 系列 | 描述 |
|---|---|
| '米格'<br>'Mignonette' | 株高15cm，冠幅40cm，成熟期86～90天。米格是一个果实小巧的品种，以其芬芳和良好的口感而闻名。坐果率高，经常被作为食用草莓。 |

'米格'

'玉女'

## 观赏南瓜　　*Ornamental Gourds*

葫芦科南瓜属。

| 系列 | 描述 |
|---|---|
| '玉女'<br>'Baby Boo' | 果高8～10cm，扁球形，纯白色，果面光滑，细条纹。 |

| 系列 | 描述 |
|---|---|
| '金天鹅'<br>'Cou-tors Hative' | 果实颈部大幅度弯曲，似优雅、曲颈的天鹅，果实高约20cm，为鲜明的金黄色，表面有粗糙的疣状突起。 |

'金天鹅'

'鸳鸯梨'

| 系列 | 描述 |
|---|---|
| '鸳鸯梨'<br>'Small Bicolor' | 果高8～12cm，西洋梨型小果，果实底部深绿色，上方金黄色，各有淡黄色条纹相间。 |

| 系列 | 描述 |
|---|---|
| '双色福瓜'<br>'Small Pearl Bicolor' | 果高8～12cm，梨型小果，果面光滑，果实上方橙色，底部绿色。 |

| 系列 | 描述 |
|---|---|
| '椪柑'<br>'Small Orange' | 果高8～12cm，球型小果，金黄色，果色鲜艳，观赏期长。 |

'双色福瓜'

'椪柑'

| 系列 | 描述 |
|---|---|
| '金童'<br>'Small Warts' | 果高10～15cm，球型果中型，果面有粗糙疣状突起。 |

| 系列 | 描述 |
|---|---|
| '佛手'<br>'Ten Commandments' | 果高10～15cm，皇冠型中型果，形状特别，果色有白、黄、橙、绿和镶嵌绿色条纹混色。 |

'金童'

'佛手'

| 系列 | 描述 |
|---|---|
| '温莎'<br>'Windsor' | 株高50cm，冠幅90cm，成熟期40～45天。能够结出橘黄色果实的袖珍品种。可装饰，且肉质紧密、香甜、颜色金黄，很适合食用。在室外和室内容器中都适合种植。 |

| 系列 | 描述 |
|---|---|
| '白金汉姆'<br>'Buc-kingham' | 株高45cm，冠幅90cm，成熟期40～45天。黄色果实很有吸引力。叶子是不同于其他黄色果实品种的深绿，叶片上没有黄色斑点。在室内容器和室外空地都适合。 |

'温莎'

'白金汉姆'

'皮靴'

'梦都莎' 红色

| 系列 | 描述 |
|---|---|
| '皮靴' 'Balmoral' | 株高50cm，冠幅90cm，成熟期40～45天。在生长季结出白色扇贝型果实。它叶子大，能在小盆和器皿中快速满盆，在大部分土壤条件下都能茁壮生长。 |

'珍宝' 红色

## 观赏辣椒　　*Capsicum annuum*

茄科辣椒属

| 系列 | 花色/颜色 | 描述 |
|---|---|---|
| '梦都莎' 'Medusa' | 红色red | 株高15～20cm，果实长5～6cm，狭长圆锥状，着生于直立性良好的植株上。果实由白色、橙色转变为红色。每株可结实40～50个。没有辣味，适合室内和公共场所摆放。是秋季和圣诞的理想室内盆景。 |

| 系列 | 花色/颜色 | 描述 |
|---|---|---|
| '珍宝' 'Treasures' | 红色red | 株高20cm，冠径25cm，果实朝上，整个植株直立性好，果量大，先黄后红。生长适温15～30℃，播种后14周可以收获，宜盆栽。 |

| 系列 | 花色/颜色 | 描述 |
|---|---|---|
| '五彩旭光' 'Sunshine' | 彩色 sunshine | 株高约15cm，可以产生多个果实，且在不同生育阶段，呈现不同颜色，绚丽非凡。 |

| 系列 | 花色/颜色 | 描述 |
|---|---|---|
| '紫炎' 'Shien' | 紫色 shien | 植株低矮，株高20cm。果实颜色独特，随着果实的成熟从绿色到紫色再到红色逐渐变色。 |

'五彩旭光'

'紫炎'

| 系列 | 花色/颜色 | 描述 |
|---|---|---|
| '莎莎' 'Salsa' | 混色mix | 株型紧凑，果实小而先端尖。 |
| | 深橘黄色deep orange | |
| | 橘黄色orange | |
| | 红色red | |
| | 黄色yellow | |
| | 黄红色yellow& red | |

| 系列 | 花色/颜色 | 描述 |
|---|---|---|
| '热门' 'Favorit' | 混色mix | 株型紧凑，叶色深绿，果实椭圆形。果实刚开始着色时为绿中略带淡黑色。 |
| | 橘黄色orange | |
| | 红色red | |
| | 黄色yellow | |

| 系列 | 描述 |
|---|---|
| '红珍珠' 'Onxy Red' | 黑色叶片矮生观赏椒。株型紧凑，分枝性好。果实转色后，为鲜艳的红色小球。 |

| 系列 | 花色/颜色 | 描述 |
|---|---|---|
| '宇宙霜红色' 'Uchu Cream Red' | 霜红色 cream red | 植株整齐，中等株型，叶色斑驳，果实细长。果壳刚开始变色时为乳白色。 |

| 系列 | 花色/颜色 | 描述 |
|---|---|---|
| '阿帕克' 'Apache' | 红色red | 株高35cm，冠幅30cm，成熟期90～95天。中小型果，红色果实，5～7cm，结实量大，植株极其紧凑，适应力强，适合作小型盆景植物。 |

'莎莎'混色（从上至下从左至右 黄红色 黄色 橘黄色 深橘黄色 红色）

'热门'混色（从上至下从左至右 红色 橘黄色 黄色）

'红珍珠'

'宇宙'霜红色

'阿帕克'

'夏安人'

'炫紫'

'庞贝'

'红肤'

| 系列 | 花色/颜色 | 描述 |
|------|----------|------|
| '夏安人'<br>'Cheyenne' | 橙色<br>orange | 株高30cm，冠幅50cm，成熟期90~95天。橘黄色果实，7cm，植株紧凑，外形优雅，适合种植在吊篮容器内，亮黄色的果实与亮绿色的叶片对比鲜明。 |

| 系列 | 花色/颜色 | 描述 |
|------|----------|------|
| '炫紫'<br>'Hot Purple' | | 花叶极具个性；果实具有亮紫色和鲜红色；可与草本花卉混合栽培。 |

## 甜椒　　　　*Capsicum annuum*

茄科辣椒属。

| 系列 | 花色/颜色 | 描述 |
|------|----------|------|
| '庞贝'<br>'Papeii' | 橙色<br>orange | 株高45cm，冠幅30cm，成熟期75~80天。庞贝的果实由绿色变为灰绿色最后到亮红色。 |
| '红肤'<br>'Redskin' | 红色red | 株高45cm，冠幅30cm，成熟期75~80天。红肤的果实由绿色变为亮红色，和其他花卉混种，效果奇特，且能食用。 |
| '莫霍克'<br>'Mohawk' | 橙色<br>orange | 株高30cm，冠幅50cm，成熟期75~80天。果实由绿色变为亮黄色。 |

'莫霍克'

'花尖' 紫色

'花尖' 白色

## 罗勒　　　　*Ocimum basilicum*

唇形科罗勒属。

| 系列 | 花色/颜色 | 描述 |
|------|----------|------|
| '花尖'<br>'Floral Spires' | 紫色<br>purple<br><br>白色white | 株高25cm，冠幅20cm，成熟期56天。是一个紧凑型的品种。在直立的叶尖绽放着可爱的薰衣草状紫花和白花，是非常有吸引力的庭院植物。 |

| 系列 | 描述 |
|---|---|
| '亚里士多德' 'Aristotle' | 株高25cm, 冠幅25cm, 成熟期63天。是一种具有简单小叶、芳香以及高抗病性的罗勒品种。 |

'亚里士多德'

## 香葱 *Allium sibiricum*

石蒜科葱属。

| 系列 | 花色/颜色 | 描述 |
|---|---|---|
| '巨人' 'Gigantic' | 白色white | 株高45cm, 冠幅20cm, 成熟期90天。花朵五角星型, 植物叶片味道良好, 植株大小是一般花园香葱的两倍, 并且更具观赏性, 不管是枝叶还是花朵都是可以食用的。 |

## 茄子 *Solanum melongena*

茄科茄属。

| 系列 | 花色/颜色 | 描述 |
|---|---|---|
| '象牙' 'Ivory' | 白色white | 株高55cm, 冠幅45cm, 成熟期60~65天。花朵紫色, 光滑的果实白色, 引人注目, 适合于容器栽培, 喜全阳光照, 挂果期能保持相当长时间。 |

'巨人'

'象牙'

| 系列 | 花色/颜色 | 描述 |
|---|---|---|
| '细条纹' 'Pinstripe' | 白色紫条纹white with purple stripe | 株高55cm, 冠幅45cm, 能结紫色和白色的果实, 植株紧凑少刺。适合容器和全阳条件下栽培, 植株很小的时候便能挂果, 挂果期长。 |

| 系列 | 花色/颜色 | 描述 |
|---|---|---|
| '黑骑士' 'Pot Black' | 黑色black | 株高55cm, 冠幅45cm, 成熟期60~65天。深紫色的果实, 挂果期长, 植物紧凑少刺, 适合容器和全阳栽培。 |

'细条纹'

| 系列 | 花色/颜色 | 描述 |
|---|---|---|
| '紫水晶' 'Amethyst' | 紫色purple | 株高55cm, 冠幅45cm, 成熟期60~65天。能结大量的紫色果实, 结实量大, 适合容器和全阳光照下栽培。 |

'黑骑士'

'紫水晶'

'绿手指'
'Green Fingers'

'绿手指'

## 秋葵 *Abelmoschus Medicus*

锦葵科秋葵属。

| 系列 | 描述 |
| --- | --- |
| '绿手指' 'Green Fingers' | 拥有紧凑向上的株型，深绿且富有光泽的叶片。能在炎热的夏季生长很好。产值也非常高。 |

## 观赏草 ornamental grass

观赏草由于具有栽培容易、管理粗放、观赏期长等特点，近年来在国外逐渐流行，并可作多年生植物栽培。特别适合草坪、公园或花坛丛植、孤植，也可以盆栽，园林造景效果明显。一般春播或秋播都可以，最适发芽温度18~20℃。

'费斯塔'

'红鸡'

| 系列 | 描述 |
| --- | --- |
| '红鸡' *Carex* 'Red Rooster' | 株高60cm，冠幅30cm，叶片铜红色，直立生长，叶尖卷曲，适合在湿润、排水良好、全光照的地方栽培。耐-23℃低温。 |

'高贵'

'马尾'

| 系列 | 描述 |
| --- | --- |
| '高贵' *Carex* 'Prairie Fire' | 株高40cm，冠幅30cm。半直立丛生。叶子基部绿色上部橙黄色，颜色在夏天更鲜艳。能耐-23℃低温。 |

| 系列 | 描述 |
| --- | --- |
| '费斯塔' *Festuca* 'Festina' | 株高15cm，冠幅20cm，丛生，叶片青绿色，浓密，花期6月，圆锥花序直立。耐-23℃低温。 |

| 系列 | 描述 |
| --- | --- |
| '马尾' *Stipa* 'Pony Tails' | 株高50~60cm，冠幅20cm，叶片中度绿色，浓密发丝状，花序银白色。耐旱，耐-17℃的低温。 |

'野马'

| 系列 | 描述 |
| --- | --- |
| '野马' *Carex* 'Bronco' | 株高25cm，冠幅35cm，丛生，叶片悬垂状，中度铜褐色。耐-25℃低温，适合在湿润、排水性良好、全光照的地方栽培。 |

| 系列 | 描述 |
| --- | --- |
| '亚马逊' *Carex* 'Amazon Mist' | 株高25cm，冠幅35cm，丛生，叶片悬垂状，叶尖卷曲，叶背绿色，叶面黄绿色。适合在湿润、排水性良好、全光照的地方栽培。耐-12℃低温。 |

'冷凉'

从左往右 '红鸡' '野马' '亚马逊'

| 系列 | 描述 |
| --- | --- |
| '冷凉' *Koeleria* 'Coolio' | 株高15cm，开花高度50cm，冠幅20cm，丛生，叶片细条形，半蔓生，绿蓝色，适合沙壤土种植，耐-23℃低温。 |

| 系列 | 描述 |
| --- | --- |
| '露丝' *Luzula* 'lucius' | 株高40cm, 开花高度60cm, 冠幅60cm, 疏松的丛生状, 叶片中度绿色, 花序长15cm, 花密。半耐旱, 中度耐阴, 耐-17℃低温。 |

## 灯心草　　　*Juncus effusus* L

灯心草科灯心草属。

| 系列 | 描述 |
| --- | --- |
| '旋转' 'Spiralis' | 植株紧凑, 直立丛生, 叶片强烈扭曲。 |

| 系列 | 描述 |
| --- | --- |
| '非洲式' 'Afro' | 叶子蓝灰色, 强烈扭曲, 引人注目。 |

| 系列 | 描述 |
| --- | --- |
| '卡门的灰色' 'Carmen's Grey' | 叶尖铁灰色, 直立, 常绿的圆柱形叶子。 |

| 系列 | 描述 |
| --- | --- |
| '刺猬草' 'Hedghog Grass' | 漂亮、健壮的常绿直立植物。 |

## 光纤草　　　*Isolepis cernua*

莎草科细莞属。

| 系列 | 描述 |
| --- | --- |
| '纤维光学' 'Fibre Optics' | 生命周期长, 易于管理的观赏草。对温度要求不严, 耐弱光照。适合应用为盆栽, 大花盆和玻璃容器栽培。 |

## 针茅　　　*Stipa tenuissima*

禾本科针茅属。

| 系列 | 描述 |
| --- | --- |
| '天使秀发' 'Angel Hair' | 株高70cm, 秀发般的亮嫩绿色叶片, 给人以柔润优雅的视觉享受。可应用于混合容器、岩石园及干切花等多种方式。 |

## 蓝羊茅　　　*Festuca glauca*

禾本科针茅属。

| 系列 | 描述 |
| --- | --- |
| '以利亚蓝色' 'Elijah Blue' | 极强壮的多年生品种, 主要的园林绿化草之一。喜阳光充足排水良好的环境。多粒播可以使销售期提前。 |

'露丝'

'旋转'

'非洲式'

'卡门的灰色'

'刺猬草'

'纤维光学'

天使秀发

'以利亚蓝色'

'坡地毛冠草'

'羽绒狼尾草'

## 坡地毛冠草 *Melinis nerviglumis*

禾本科蜜糖草属。

| 系列 | 描述 |
|---|---|
| '大草原' 'Savannah' | 一年生品种，株高60cm，花穗长12~20cm，花穗粉红略带紫色，绒毛状，直立。叶绿色，丛生习性，生长周期18~20周，理想的切花材料。 |

## 羽绒狼尾草 *Pennisetum setaceum*

禾本科狼尾草属。

| 系列 | 描述 |
|---|---|
| — | 一年生品种，株高60cm，花穗长12~20cm，花穗粉红略带紫色，绒毛状，直立。叶绿色，丛生习性，生长周期18~20周，理想的切花材料。 |

'长柔毛狼尾草'

## 长柔毛狼尾草 *Pennisetum villosum*

禾本科狼尾草属。

| 系列 | 描述 |
|---|---|
| — | 一年生品种，株高60cm，绿色带白的圆柱形小穗状花序，长8~10cm，宽4~5cm，叶绿色，可群植，是很好的切花材料。 |

## 墨西哥羽毛草 *Nassella tenuissima*

禾本科侧针茅属。

| 系列 | 描述 |
|---|---|
| '马尾' 'Pony Tails' | 株高90cm，圆锥花序，花穗银光闪亮，带细柔刺芒，毛状细叶，丛生习性，生长周期12周，是理想的盆栽和切花产品。 |

'墨西哥羽毛草'

## 粉黛乱子草 *Muhlenbergia capillaris*

禾本科乱子草属。

| 系列 | 描述 |
|---|---|
| — | 多年生暖季型草本，株高可达30~90cm,，宽可达60~90cm，精致、多毛的粉紫色圆锥花序，大群种植时非常美丽，花期9~11月。 |

'粉黛乱子草'

‘春天魔力’玫红象牙白双色

‘春天魔力’粉白双色

‘春天魔力’玫色双色

## 杂交耧斗菜　*Aquilegia hybrida*

毛茛科耧斗菜属。　（多年生）

| 系列 | 花色/颜色 | 描述 |
|---|---|---|
| ‘春天魔力’ 'Spring Magic' | 粉白双色pink& white | 杂交一代种，株高35cm，株型一致且圆整，分枝性好。花径5~6cm，最受园艺爱好者的喜爱。花期早，比"乐曲"系列开花早2~3周。 |
| | 玫红象牙白双色 rose & Ivory | |
| | 海蓝白双色navy & white | |
| | 白色white | |
| | 混色mix | |
| | 蓝白双色blue& white | |
| | 玫白双色rose& white | |
| | 黄色yellow | |

‘春天魔力’白色

‘春天魔力’海蓝白双色

‘春天魔力’蓝白双色

春天魔力

## 海石竹　*Armeria maritima*

白花丹科海石竹属。　（多年生）

| 系列 | 花色/颜色 | 描述 |
|---|---|---|
| ‘操纵杆’ 'Joystick' | 红色red | 多年生矮生品种，获多项大奖。株高35~40cm，低丘状簇生，叶片似草，花茎长，多花，花期5~6月，耐-23℃低温。 |
| | 渐变淡紫色lilac shades | |
| | 白色white | |
| | 混色mix | |

‘春天魔力’黄色

‘操纵杆’渐变淡紫色

‘操纵杆’红色

‘操纵杆’白色

‘操纵杆’混色

‘启明星’深玫红色

‘阿尔卑斯微风’蓝色和白色

‘奇幻’混色

‘奇幻’玫红色

‘奇幻’粉红色

‘奇幻’白色

‘贝拉’混色

‘明星’混色

## 风铃草　　*Campanula cochleariifolia*

桔梗科风铃草属。

| 系列 | 花色/颜色 | 描述 |
|---|---|---|
| ‘阿尔卑斯微风’ 'Alpine Breeze' | 蓝色blue | 株高13cm，无需春化，第一年即可开花，生长周期16～19周，极大缩短了生长周期，花期明显早于其他种类，株型更紧凑，开花表现更佳。有蓝色和白色两种花色，且两种花色花期高度一致。 |
| | 白色white | |

## 落新妇　　*Astilbe × arendsii*

虎耳草科落新妇属。　　（多年生）

| 系列 | 花色/颜色 | 描述 |
|---|---|---|
| ‘奇幻’ 'Astary' | 混色mix | 世界上第一个开花不需要经过春化处理的落新妇品种。株高20～25cm，盆栽植物。 |
| | 玫红色 rose | |
| | 粉红色 pink | |
| | 白色white | |

| 系列 | 花色/颜色 | 描述 |
|---|---|---|
| ‘贝拉’ 'Bella' | 混色mix | 株高约50cm，花色由一些鲜艳的颜色混合而成。花穗紧凑密集。适于地栽和盆栽。 |

| 系列 | 花色/颜色 | 描述 |
|---|---|---|
| ‘明星’ 'Showstar' | 混色mix | 发芽时温度不宜超过21℃。植株矮小，枝叶茂盛，株高30～40cm，适合10～12cm盆栽，花期夏季，花色从粉红、红色到奶白色。2～3月播种，6月可以出售大苗，但当年不会开花。夜间温度15℃最适宜生长。6～7月播种，过冬后第二年可以开花。一般种子发芽率为70%左右。 |

**金鸡菊**　*Coreopsis grandiflora*

菊科金鸡菊属。　　　　（多年生）

| 系列 | 花色/颜色 | 描述 |
|---|---|---|
| '晨光' 'Early Sunrise' | 金黄色 golden yellow | 株高46cm，花径5cm，半重瓣金黄色花，生长适温10～25℃，播种后14～16周开花。 |

**紫松果菊**　*Echinacea purpurea*

菊科松果菊属。　　　　（多年生）

| 系列 | 花色/颜色 | 描述 |
|---|---|---|
| '盛世' 'Primadonna' | 浓玫红色deep rose | 株高约75cm，花径12～15cm，播后6个月可开花，耐热性强。花瓣大而平展，花茎直立强健且略带红色。适合花境、盆栽，且可作药用植物、蜜源植物和切花。 |
|  | 白色white |  |

| 系列 | 花色/颜色 | 描述 |
|---|---|---|
| '盛情' 'Cheyenne Spirit' | 混色mix | 株高第一年45～60cm，第二年55～70cm。冠幅第一年25～40cm，第二年35～50cm，穴盘苗生产周期5～6周，移栽至成品生产周期13～17周。最低可耐-34℃的低温，可当年开花的多年生品种。花色丰富、持久，包括渐变红色、橘黄色、紫色、猩红色、乳白色、黄色和白色。 |

| 系列 | 花色/颜色 | 描述 |
|---|---|---|
| '盛会' 'Pow Wow' | 白色white | 株高第一年40～50cm，第二年55～60cm。冠幅55～60cm，最低可耐-34℃的低温，可当年开花的多年生品种。 |
|  | 浓艳玫瑰红wild berry |  |

'晨光'

'盛世'浓玫红色

'盛世'白色

'盛情'

'盛会'浓艳玫瑰红色

'盛会'白色

'闪光' 蓝色

蓝精灵

'亚利桑那' 阳光

'梅萨' 黄色

'梅萨' 红黄双色

### 扁叶刺芹　　*Eryngium planum*

伞形科刺芹属。　　　　（多年生）

| 系列 | 花色/颜色 | 描述 |
|---|---|---|
| '蓝精灵' 'Blue Hobbit' | 蓝色blue | 株高约30cm，株型及色彩独特。是世界上第一个紧凑型的盆栽刺芹属植物。不耐高温，能耐-34℃的低温。 |

| 系列 | 花色/颜色 | 描述 |
|---|---|---|
| '闪光' 'Glitter' | 蓝色blue | 株高95～100cm，喜阳植物，不需要春化处理，播种后6～7个月可开花，是理想的花境和切花植物。 |
| | 白色white | |

### 宿根天人菊　　*Gallardia × grandifora*

菊科天人菊属。　　　　（多年生）

| 系列 | 花色/颜色 | 描述 |
|---|---|---|
| '亚利桑那' 'Arizona' | 阳光sun | 株高约30cm，无需春化处理，在温暖且阳光充足的环境下生长旺盛。花亮红色镶亮黄色边，花径约10cm。比其他天人菊花期更早，且一直持续到秋天。花园表现显著，株型整齐性佳。 |
| | 红色渐变red shades | |
| | 杏黄色apricot | |

| 系列 | 花色/颜色 | 描述 |
|---|---|---|
| '梅萨' 'Mesa' | 黄色yellow | 株高40～45cm，冠幅50～55cm。最低可耐-29℃的低温，可当年开花的多年生品种，第一个从种子繁殖的F1代天人菊。 |
| | 红黄双色bright bicolor | |
| | 桃红色peach | |
| | 红色red | |

'亚利桑那' 红色渐变

'亚利桑那' 杏黄色

'梅萨' 红色

'梅萨' 桃红色

## 大花金鸡菊　*Coreopsis grandiflora*

菊科金鸡菊属。　　　　　（多年生）

| 系列 | 描述 |
| --- | --- |
| '太阳吻' 'SunKiss' | 株高30～35cm，冠幅35～40cm，穴盘苗生产周期5～6周，移栽至成品生产周期9～12周，最低可耐-34℃的低温，可当年开花的多年生品种供应前萌动种子。 |

'太阳吻'

## 薰衣草　*Lavandula angustifolia*

唇形科薰衣草属。　　　　（多年生）

| 系列 | 花色/颜色 | 描述 |
| --- | --- | --- |
| '孟士德' 'Munstead' | 深蓝色 deep blue | 灌木状丛生，株高45cm，冠径30cm。 |

| 系列 | 花色/颜色 | 描述 |
| --- | --- | --- |
| '希德' 'Hidcote' | 蓝色blue | 株高30cm、花紫青色、叶灰绿色、四季常青、具丛生性。 |

| 系列 | 花色/颜色 | 描述 |
| --- | --- | --- |
| '维琴察' 'Vicenza' | 蓝色blue | 第一年可开花、无需春化处理。夏季花期长、耐热性佳、耐旱能力强。花蓝色，带香味。 |

'孟士德' 深蓝色

'希德' 蓝色

'维琴察' 蓝色

## 宿根六倍利　*Lobelia speciosa*

桔梗科半边莲属。　　　　（多年生）

| 系列 | 花色/颜色 | 描述 |
| --- | --- | --- |
| '梵' 'Fan' | 酒红 burgundy | 杂交一代种，株高50～70cm，整齐性佳，分枝能力强。花穗长且浓密，花径2～3cm。耐候性佳，适宜作切花。 |
| | 绯红 scarlet | |

'梵' 酒红

'梵' 绯红

295

| 系列 | 花色/颜色 | 描述 |
| --- | --- | --- |
| '称赞' 'Compliment' | 混色mix | 杂交一代种，株高75cm，极好的切花产品，花瓶培养周期长。花穗长且密集，花径3～4cm，花开不断。作一年生栽培时不分枝，作二年生栽培时会分枝。 |
| | 绯红色 scarlet | |
| | 深红色 deep red | |

## 羽扇豆　　　*Lupinus polyphyllus*

豆科羽扇豆属。　　　　　　　　　（多年生）

| 系列 | 花色/颜色 | 描述 |
| --- | --- | --- |
| '画廊' 'Gallery' | 粉色pink | 株高40～50cm，专门用于穴盘生产，生长适温10～14℃。穗状花序。 |
| | 红色red | |
| | 白色white | |
| | 黄色yellow | |
| | 蓝色blue | |

| 系列 | 花色/颜色 | 描述 |
|---|---|---|
| '鲁冰妮' 'Lupini' | 红色渐变red shades | 株高40~50cm，专门用于穴盘生产，生长适温10~14℃。穗状花序。 |
| | 白色white | |
| | 蓝色渐变blue shades | |
| | 黄色渐变yellow shades | |
| | 粉色渐变pink shades | |
| | 混色mix | |

'鲁宾妮' 白色

'鲁宾妮' 黄色渐变

'鲁宾妮' 粉色渐变

'鲁宾妮' 蓝色渐变

**毛地黄钓钟柳** *Penstemon digitalis*

玄参科钓钟柳属。　（多年生）

| 系列 | 描述 |
|---|---|
| '秘密' 'Mystica' | 株高70~80cm，叶片深红色，花穗浅紫罗兰色。开花无需经过春化处理。 |

**随意草** *Physostegia virginiana*

唇形科假龙头花属。　（多年生）

| 系列 | 花色/颜色 | 描述 |
|---|---|---|
| '水晶峰' 'Crystal Peak' | 白色 crystal peak | 株高约40cm，无需春化处理，第一年即可开花，从播种到开花需16~18周。株型紧凑，花量丰富，大大降低了生产成本。 |

'秘密'

水晶峰

'香槟酒' 混色

'香槟酒' 黄色

'香槟酒' 橙黄色　　'香槟酒' 猩红色

'香槟酒' 粉红色　　'香槟酒' 白色

'全景' 混色　　'全景' 红色

香水红著

'皇后系列' 矮生蓝色

## 冰岛虞美人　　*Papaver nudicaule*

罂粟科罂粟属。　　（多年生）

| 系列 | 花色/颜色 | 描述 |
|---|---|---|
| '香槟酒' 'Champagne Bubbles' | 混色mix | 杂交一代种，株高46cm，花径8cm，颜色丰富，适合切花和岩石花园用。 |
| | 黄色 yellow | |
| | 橙黄色 orange | |
| | 猩红色 scarlet | |
| | 粉红色 pink | |
| | 白色white | |

 ₍C₎ 15-24 time 7-14

## 美国薄荷　　*Monarda didyma*

唇形科美国薄荷属。　　（多年生）

| 系列 | 花色/颜色 | 描述 |
|---|---|---|
| '全景' 'Panorama' | 混色mix | 株高80~100cm，每株分枝20个以上，花芳香。开花需春化处理，为了提高植株的品质和茎秆的质量，需在弱光照和冷凉的环境中进行栽培。 |
| | 红色red | |

 ₍W₎ 21-22 time 21-22

## 布劳阁林下鼠尾草　　*Salvia × superba*

唇形科鼠尾草属。　　（多年生）

| 系列 | 花色/颜色 | 描述 |
|---|---|---|
| '阿朵娜' 'Adora' | 蓝色 adora blue | 株高30~40cm，无需春化，培育时间短，开花早，节约生产成本。 |

| 系列 | 花色/颜色 | 描述 |
|---|---|---|
| '皇后系列' 'Queen' | 矮生蓝色dwarf blue | 株高40~60cm，紫色花穗粉红色花穗，有香味。 |
| | 玫红色 rose | |

 ₍W₎ 22-25 time 14-20

'阿朵娜'

## 高加索蓝盆花　*Scabiosa caucasica*

忍冬科蓝盆花属。　　　　　　（多年生）

| 系列 | 花色/颜色 | 描述 |
|---|---|---|
| '荣誉' 'Fama' | 深蓝色 deep blue | 株高约50~60cm，无需春化处理，第一年可开花，且第一年每株可达到15~25根花茎，生长周期为15~20周。 |
| | 白色white | |

'荣誉' '深蓝色

'荣誉' '白色

## 日本蓝盆花

*Scabiosa japonica* var. *alpina*

忍冬科蓝盆花属。　　　　　　（多年生）

| 系列 | 花色/颜色 | 描述 |
|---|---|---|
| '屋' 'Ritz' | 蓝色blue | 株高15~20cm，无需春化处理，第一年可开花。经过多年定向培育，株型紧凑，无需生长调节剂。 |
| | 玫红色 rose | |

'屋' 蓝色

'屋' 玫红色

## 假马齿苋　*Sutera cordata*

玄参科假马齿苋属。

| 系列 | 花色/颜色 | 描述 |
|---|---|---|
| '仙境' 'Wonderland' | 粉色 pinktopia | 株高15cm，冠幅45~60cm。它的诞生使花卉种植者大规模机械化生产假马齿苋的梦想得以实现。相比白色，蓝色要早开花10天左右，株型更圆润。用途广，适合室外吊盆，25~30cm大型盆栽或者组合盆栽应用。 |
| | 白色 snowtopia | |

'仙境' 粉色

'仙境' 白色

## 多叶蓍　*Achillea millefolium*

菊科蓍属。

| 系列 | 花色/颜色 | 描述 |
|---|---|---|
| '盛芳' 'Flower burst' | 红色渐变red shades | 主要由红色、玫红色和紫色组成的品种。耐寒性好，可露地越冬，除高温多湿的夏季外，周年开花。 |

'盛芳' 红色渐变

# 景观花种

## Landscape Flowers

景观花卉具有野生花卉强健的生态适应性和抗逆性。而且相对于常规园艺栽培的草本花卉而言，能够直接露地籽播建植，形成大面积花卉景观。景观花卉作为一般的绿化材料，表现出与专业花种截然不同的生态景观——"源于自然，高于自然"；作为营造花海的首选材料，具有成本低、操作易、效果佳等优点。大面积种植能够营造出壮观、炫丽、震撼心灵的花海效果。

## 波斯菊　　　*Cosmos bipinnata*

菊科秋英属。　　　　　　　　　　　一年生

| 品种 | 花色 | 播种量（g/m²） |
|------|------|------|
| 高秆 | 混色 | 4~6 |
| 中秆 | 混色 | 3~5 |
| 中秆 | 分色 | 3~5 |
| 矮秆大花 | 混色/分色 | 3~5 |

波斯菊株形高大，叶形雅致，花色丰富。耐贫瘠土壤。耐热、耐干旱、耐贫瘠、喜强光、不耐寒，株型高大纤细，花朵轻盈飘逸。

## 硫华菊　　　*Cosmos sulphureus*

菊科秋英属。　　　　　　　　　　　一年生

| 品种 | 花色 | 播种量（g/m²） |
|------|------|------|
| 高秆 | 混色 | 3~5 |
| 中秆 | 混色/分色 | 3~5 |
| 矮秆 | 混色/分色 | 3~5 |

花大色艳，喜温暖、阳光充足环境，耐干旱，不耐寒。不宜土壤过肥，否则易徒长、开花不良，能繁衍自播。植株轻巧飘逸，丛植或群植。

## 百日草　　　*Zinnia elegans*

菊科百日草属。　　　　　　　　　　一年生

| 品种 | 花色 | 播种量（g/m²） |
|------|------|------|
| 高秆大花 | 混色/分色 | 3~5 |
| 高秆大花 | 菊花型 | 3~5 |
| 矮秆大花 | 混色/分色 | 3~5 |

别名百日菊。一年生草本。茎直立，株高30~100cm，有单瓣、重瓣、高秆、矮秆等品种，花色丰富。喜温暖，不耐寒、抗高温性较好，花大色艳，开花早，花期长，适合路边绿篱和成片种植，高秆品种适合作切花。

## 千日红　　　*Gomphrena globosa*

苋科千日红属。　　　　　　　　　　一年生

| 品种 | 花色 | 播种量（g/m²） |
|------|------|------|
| | 白色 | 3~5 |
| 千日红 | 粉色 | 3~5 |
| | 红色 | 3~5 |
| | 紫色 | 3~5 |

别名火球花、百日红。花穗饱满艳丽、有光泽。花干后而不凋。长势强健，株型紧凑。耐干旱，对环境要求不严。常用于花坛、花境，还可作花环、花篮等装饰品。

## 二月蓝　　　*Orychophragmus violaceus*

十字花科诸葛菜属。　　　　　　　　一年生

| 品种 | 花色 | 播种量（g/m²） |
|------|------|------|
| 二月蓝 | 蓝紫色 | 3~5 |

别名诸葛菜。对土壤光照要求较低，耐寒性强、耐旱、喜光耐半阴，生命力顽强。一般于9月直接撒播，亦可春播，有很强的自播能力和较强的抗杂草能力。

## 虞美人　　　*Papaver rhoeas*

罂粟科罂粟属。　　　　　　　　　　一年生

| 品种 | 花色 | 播种量（g/m²） |
|------|------|------|
| 虞美人 | 混色/红色 | 0.5~1 |

一生草本植物，全体被伸展的刚毛，稀无毛。茎直立，株高25~90cm，具分枝。耐寒性强，喜深厚肥沃沙质土壤。花枝轻盈，花色艳丽，摇曳多姿，像一只只彩色的蝴蝶悠闲地在花丛中嬉戏。遍植或丛植可独立成景。

### 向日葵'法兰西' *Helianthus annuus*
菊科向日葵属。 一年生

| 品种 | 花色 | 播种量（g/m²） |
|---|---|---|
| 油葵 | 黄色黄芯 | 5~8 |

色黄芯，杂交种，整齐度高。属于油葵，好看又实用。

### 向日葵'新世纪' *Helianthus annuus*
菊科向日葵属。 一年生

| 品种 | 花色 | 播种量（g/m²） |
|---|---|---|
| 食葵 | 黄色黄芯 | 5~8 |

喜光，耐高温。花盘大，结实率高，好看又好恰。

### 向日葵'橙心橙意' *Helianthus annuus*
菊科向日葵属。 一年生

| 品种 | 花色 | 播种量（g/m²） |
|---|---|---|
| 中秆多头重瓣 | 黄色 | 5~8 |

高度适中，各分支花朵大小均一，观赏性强，由内而外发散着灿烂的金黄色，暖到心坎里。

120-150cm

150-200cm

150-200cm

### 向日葵'泡芙' *Helianthus annuus*
菊科向日葵属。 一年生

| 品种 | 花色 | 播种量（g/m²） |
|---|---|---|
| 矮秆多头重瓣 | 黄色 | 5~8 |

花型饱满，花瓣细密，毛茸茸，软乎乎，憨态可掬。

### 向日葵'闪耀' *Helianthus annuus*
菊科向日葵属。 一年生

| 品种 | 花色 | 播种量（g/m²） |
|---|---|---|
| 矮秆多头单瓣 | 黄色 | 5~8 |

分枝多，花期长。花心外围绽开的一圈管状花，在黑色花心的映衬下闪耀夺目。

### 向日葵'甜橙' *Helianthus annuus*
菊科向日葵属。 一年生

| 品种 | 花色 | 播种量（g/m²） |
|---|---|---|
| 高秆多头 | 黄色 | 5~8 |

直立性好，花型端正整齐，硕大的大"脸"盘子灿烂明媚，给你无限活力。

60-90cm

60-90cm

150-200cm

## 蓝香芥  *Hesperis matronalis*

十字花科香花芥属。　　　　一二年生

| 品种 | 花色 | 播种量（g/m²） |
|---|---|---|
| 蓝香芥 | 蓝色 | 2~3 |

春季装饰花坛花带或者成片种植。别名欧亚香花芥。适应性较强，在全光照至稍阴条件下生长良好，喜中度潮湿、排水良好的土壤。

## 金盏菊  *Calendula officinalis*

菊科金盏花属。　　　　一二年生

| 品种 | 花色 | 播种量（g/m²） |
|---|---|---|
| 高秆 | 混色/分色 | 3~5 |
| 矮秆 | 混色/分色 | 3~5 |

喜光，耐瘠薄，常用于花坛摆花。耐寒、怕热，喜肥沃、疏松和排水良好的沙质土壤。花开一片，金光闪闪，单独应用于花海的营造都是十分抢眼的角色。

## 矢车菊  *Centaurea cyanus*

菊科矢车菊属。　　　　一二年生

| 品种 | 花色 | 播种量（g/m²） |
|---|---|---|
| 高秆 | 混色/分色 | 3~5 |
| 矮秆 | 混色/分色 | 3~5 |

株高30~70cm。适应性较强，喜冷凉，忌炎热，耐寒。远远望去，花朵密集，阳光下满是温和柔美的田园气息，花色秀丽，植株挺拔，淡雅、浪漫十足。

## 花菱草  *Eschscholzia californica*

罂粟科花菱草属。　　　　一二年生

| 品种 | 花色 | 播种量（g/m²） |
|---|---|---|
| 花菱草 | 混色/分色 | 2~3 |

多年生草本，常作一、二年生栽培。花色鲜艳夺目，是良好的花带、花境和盆栽材料，也可用于草坪丛植。耐寒，喜冷凉干燥气候，忌高温，喜疏松、排水良好的沙质土壤。花朵在阳光下开放，在阴天及夜晚闭合。茎叶嫩绿，花色绚丽，盛开时遍地锦秀，是春季至初夏花卉。

## 喜林草  *Nemophila menziesii*

田基麻科喜林草属。　　　　一二年生

| 品种 | 花色 | 播种量（g/m²） |
|---|---|---|
| 喜林草 | 蓝色白芯 | 2~3 |

花坛边缘用花或成片种植。别名粉蝶花、婴眼花。耐寒，不耐酷热。

## 中国勿忘我  *Cynoglossum amabile*

紫草科琉璃草属。　　　　一二年生

| 品种 | 花色 | 播种量（g/m²） |
|---|---|---|
| 中国勿忘我 | 蓝色 | 3~4 |

别名倒提壶。可用于花境或丛植于树丛边缘，是优良的切花品种。别名星辰花、补血草、不凋花、匙叶花、斯太菊、矶松，喜干燥、凉爽的气候，忌湿热，喜光、耐旱，生长适温20~25℃。

## 蛇目菊　　　*Sanvitalia procumbens*

菊科蛇目菊属。　　　　　　　一二年生

| 品种 | 花色 | 播种量（g/m²） |
|---|---|---|
| 蛇目菊 | 黄褐复色 | 0.5~1 |

自播能力强，栽培管理简单。耐寒力极强，耐瘠薄，不择土壤，肥沃土壤易徒长倒伏，前期生长慢。花色黄褐复色，鲜艳耀眼，花枝柔软而有韧性，盛开时无与伦比的灿烂热烈，也是营造花海的优选品种，浓艳的花海长达数月不败。

## 柳穿鱼　　　*Linaria vulgaris*

玄参科柳穿鱼属。　　　　　　　一二年生

| 品种 | 花色 | 播种量（g/m²） |
|---|---|---|
| 高秆 | 混色 | 0.5~1 |
| 矮秆 | 混色 | 0.5~1 |

适宜作花坛及花境边缘材料。性强健，耐热、耐旱，喜阳光充足、通风良好的环境和排水良好土壤；在潮湿和肥沃的土壤中，花少叶多易死苗。

## 蓝蓟　　　*Echium vulgare*

紫草科蓝蓟属。　　　　　　　二年生

| 品种 | 花色 | 播种量（g/m²） |
|---|---|---|
| 蓝蓟 | 混色/分色 | 2.5~3 |

株高30~90cm，较低矮，稀疏。花色淡雅柔和，有蓝、紫、粉红、白色等，营造一片温馨的氛围。性喜阳光，不耐湿热，宜疏松肥沃、排水良好、土层深厚的沙质壤土，也耐瘠土。花期较短。

## 高雪轮　　　*Silene armeria*

石竹科蝇子草属。　　　　　　　一二年生

| 品种 | 花色 | 播种量（g/m²） |
|---|---|---|
| 高雪轮 | 粉色 | 2~3 |

株高30~70cm，常带粉绿色，喜温暖和光照充足环境，全日照、半日照均理想，荫蔽处生长不良。耐寒，适宜秋季播种，喜欢较高的空气湿度，空气湿度过低，会加快凋谢。远看如紫色团雾，梦幻炫丽。

## 南非牛舌草　　*Anchusa capensis*

紫草科牛舌草属。　　　　　　　二年生

| 品种 | 花色 | 播种量（g/m²） |
|---|---|---|
| 南非牛舌草 | 蓝色/白色 | 3~4 |

喜温和湿润气候，忌高温喜阳光充足。要求肥沃、土层深厚及排水良好的土壤，不耐水湿。

## 古代稀　　　*Godetia amoena*

柳叶菜科山字草属。　　　　　　　一年生

| 品种 | 花色 | 播种量（g/m²） |
|---|---|---|
| 古代稀 | 混色 | 2~2.5 |

栽培作观赏，花甚美丽。别名送春花，喜光，喜冷凉气候，忌酷热。喜排水良好且肥沃的沙质壤土。

## 黑种草　　*Nigella damascena*

毛茛科黑种草属。　　　　　　　　一年生

| 品种 | 花色 | 播种量（g/m²） |
|---|---|---|
| 黑种草 | 蓝色/白色 | 3~4 |

花朵一般都是单生的，花型比较复杂，但是却衬托出来一种不一样的美丽。遍植或丛植可独立成景。喜温和阳光充足的环境。土壤以肥沃疏松的沙质壤土为宜。

## 香豌豆　　*Lathyrus odoratus*

豆科山黧豆属。　　　　　　　　一二年生

| 品种 | 花色 | 播种量（g/m²） |
|---|---|---|
| 香豌豆 | 混色 | 2.5~3 |

蔓性攀缘草本，全株被白色毛，花型独特，枝条细长柔软，性喜温暖、凉爽气候。不耐干燥或积水，喜冬暖夏凉，适宜秋播，可作花篱，亦可美化阳台、窗台等。具有秀丽独特的个性，生长快速，盛开时芳香四溢。

## 孔雀草　　*Tagetes patula*

菊科万寿菊属。　　　　　　　　一年生

| 品种 | 花色 | 播种量（g/m²） |
|---|---|---|
| 高秆 | 混色/分色 | 3~4 |
| 矮秆 | 混色/分色 | 3~4 |

株高30~100cm，栽培管理很容易，撒落在地上的种子在合适的温、湿度条件中可自生自长。花色耀眼，密布全株的小花非常适合城市绿化应用。

## 万寿菊　　*Tagetes erecta*

菊科万寿菊属。　　　　　　　　一年生

| 品种 | 花色 | 播种量（g/m²） |
|---|---|---|
| 高秆 | 混色/分色 | 3~4 |
| 矮秆 | 混色/分色 | 3~4 |

一年生草本，株高50~100cm。茎直立，植株矮壮，花色艳丽。耐旱耐贫瘠，适应力极强，生长迅速。高大壮实，拥有巨大的球状花朵，艳丽的黄色系色彩，花朵紧凑。

## 醉蝶花　　*Cleome spinosa*

白花菜科醉蝶花属。　　　　　　一年生

| 品种 | 花色 | 播种量（g/m²） |
|---|---|---|
| 醉蝶花 | 混色/分色 | 2~3 |

强壮草本植物，株高1~1.5m，花有白色、粉色、紫红色等。耐热，性喜干燥温暖，适应性强，忌水涝，种子发芽期需较大温差，可提前浸种，以提高芽率。

## 地肤　　*Kochia scoparia*

藜科地肤属。　　　　　　　　　一年生

| 品种 | 花色 | 播种量（g/m²） |
|---|---|---|
| 普通 | 观叶 | 2~3 |
| 矮生 | 观叶 | 2~3 |

别名地麦。株高50~100cm，株丛紧密。耐旱、耐碱，不耐寒，能适应各种土壤。地肤是观叶植物，抗逆性强，在沿墙、沿坡种植均宜。

## 凤仙花 *Impatiens balsamina*
凤仙花科凤仙花属。　　　　　一年生

| 品种 | 花色 | 播种量（g/m²） |
|---|---|---|
| 单瓣 | 混色 | 3~5 |
| 重瓣 | 混色 | 3~5 |

株高60-100cm，凤仙花形似蝴蝶，花型多样，有粉红、大红、紫、白黄、洒金等丰富花色，易变异。喜阳光充足的环境和排水良好的土壤，耐半阴，适应性强，栽培容易。

## 鸡冠花 *Celosia cristata*
苋科青葙属。　　　　　一年生

| 品种 | 花色 | 播种量（g/m²） |
|---|---|---|
| 鸡冠花 | 混色/分色 | 2~2.5 |

株高30~80cm，喜温暖干燥气候，怕干旱，喜阳光，不耐涝。不耐霜冻，花期夏、秋直至霜降。独特花型，如火的浓艳色彩，可单独条播形成整齐的花带，远观就能吸引人们的眼球。

## 红亚麻 *Hibiscus cannabinus*
亚麻科亚麻属。　　　　　一年生

| 品种 | 花色 | 播种量（g/m²） |
|---|---|---|
| 红亚麻 | 红色 | 3~4 |

喜半阴，较耐寒，不耐酷热。株高40~50cm，叶灰绿色，花单生，鲜红色。用于花坛、切花或作盆花栽培。

## 花环菊 *Chrsan-themum carinatum*
菊科茼蒿属。　　　　　一二年生

| 品种 | 花色 | 播种量（g/m²） |
|---|---|---|
| 花环菊 | 混色 | 3~3.5 |

别名三色菊。株高60~90cm，茎叶肥厚光滑，一般秋播于温床。喜冷凉，不耐寒。花瓣由内向外形成色彩不同的环状，非常独特，花色艳丽且花期较长，在园林绿化中多用于布置花坛、花境，公园绿化等。

## 大花金鸡菊 *Coreopsis grandiflora*
菊科金鸡菊属。　　　　　多年生

| 品种 | 花色 | 播种量（g/m²） |
|---|---|---|
| 普通 | 黄色 | 3~4 |
| 精选 | 黄色 | 3~4 |

株型矮小，花大而艳丽，适应性强、繁殖容易。耐寒、耐旱，怕涝，发芽适宜温度15~20℃。

## 冰岛虞美人 *Papaver nudicaule*
罂粟科罂粟属。　　　　　多年生

| 品种 | 花色 | 播种量（g/m²） |
|---|---|---|
| 冰岛虞美人 | 混色 | 0.5~1 |

别名裸茎罂粟、野罂粟。喜温暖、阳光充足、通风良好的气候条件，在疏松、肥沃、排水良好的沙壤土上生长良好。是优良的花坛、花境材料，也可盆栽或作切花。

## 石竹　　*Dianthus chinensis*

石竹科石竹属。　　　　　　　　多年生

| 品种 | 花色 | 播种量（g/m²） |
|---|---|---|
| 常夏 | 粉色 | 3~4 |
| 五彩 | 混色 | 3~4 |
| 须苞 | 混色 | 2~3 |

株高30~50cm，全株无毛，带粉绿色，其性耐寒、耐干旱，不耐酷暑。夏季多生长不良或枯萎，栽培时应注意遮阳降温。喜阳光充足、干燥，通风及凉爽湿润气候。要求肥沃、疏松、排水良好及含石灰质的壤土或沙质壤土，忌水涝，好肥。花日开夜合，若上午日照，中午遮阴，晚上露夜，则可延长观赏期，不断抽枝开花。

## 紫松果菊　　*Echinacea purpurea*

菊科紫松果菊属。　　　　　　　多年生

| 品种 | 花色 | 播种量（g/m²） |
|---|---|---|
| 紫松果菊 | 淡紫色 | 2~3 |

广泛应用于花坛、花境、地被。别名紫锥菊、紫锥花，喜欢温暖，性强健而耐寒，喜光，耐干旱，不择土壤，在深厚肥沃富含腐殖质土壤上生长良好，花大，色艳，可自播繁殖。

## 西洋滨菊　　*Chrysanthemun leucanthemum*

菊科滨菊属。　　　　　一二年生或多年生

| 品种 | 花色 | 播种量（g/m²） |
|---|---|---|
| 西洋滨菊 | 白色 | 0.5~1 |

株高40~100cm。5~6月开花，头状花序，管状花黄色，舌状花白色，花梗细长直立。喜温暖湿润和阳光充足环境，耐寒性较强，耐半阴，宜疏松肥沃和排水良好的壤土。在长江流域冬季基生叶仍常绿，可做多年生栽培。

## 天人菊　　*Gaillardia aristata*

菊科天人菊属。　　　　　　　　多年生

| 品种 | 花色 | 播种量（g/m²） |
|---|---|---|
| 宿根高秆 | 红黄双色 | 3~4 |
| 宿根矮生 | 红黄双色 | 3~4 |

株高20~60cm，色彩艳丽，花期长，栽培管理简单。性强健，耐热，耐旱，喜阳光充足、通风良好的环境和排水良好土壤；在潮湿和肥沃的土壤中，花少叶多易死苗。

## 金光菊　　*Rudbeckia laciniata*

菊科金光菊属。　　　　　　　　多年生

| 品种 | 花色 | 播种量（g/m²） |
|---|---|---|
| 单瓣 | 黄花黑心 | 0.5~1 |
| 重瓣 | 黄花黑心 | 0.5~1 |

主产北美，多年生草本，一般作一、二年生栽培。枝叶粗糙，全株被毛，性喜向阳通风的生长环境。耐寒性强，喜光，耐半阴，一般于9月直接撒播，亦可春播，有很强的自播能力和较强的抗杂草能力。

## 美丽月见草　　*Oenothera speciosa*

柳叶菜科月见草属。　　　　　　多年生

| 品种 | 花色 | 播种量（g/m²） |
|---|---|---|
| 美丽月见草 | 粉色 | 1~1.5 |

别名夜来香、待霄草。适应性强，耐酸耐旱，对土壤要求不严。花坛边缘用花或成片种植。

## 蜀葵
*Althaea rosea*

锦葵科蜀葵属。　　　　　多年生

| 品种 | 花色 | 播种量（g/m²） |
|---|---|---|
| 高秆单瓣 | 混色 | 5~6 |
| 高秆重瓣 | 混色 | 5~6 |
| 中秆单瓣 | 混色 | 4~5 |
| 矮秆单瓣 | 混色 | 3~4 |

别称一丈红，多年生直立草本，常作二年生栽培，株高达2m。花呈总状花序，顶生，单瓣或重瓣，有紫、粉、红、白等颜色。喜阳光充足，排水良好的土壤，耐半阴，适应性强，栽培容易，花色丰富，花型多样。

## 柳叶马鞭草
*Verbena bonariensis*

马鞭草科马鞭草属。　　　　　多年生

| 品种 | 花色 | 播种量（g/m²） |
|---|---|---|
| 柳叶马鞭草 | 蓝紫色 | 1.5~2 |

株高1~1.5m，植株高大不倒伏。性喜温暖气候，不耐寒，观赏价值高。具有摇曳的身姿，娇艳的花色，繁茂而长久的花期，尤其适合与其他植物搭配，最适合作花境的背景材料。

## 蓝亚麻
*Linum perenne*

亚麻科亚麻属。　　　　　多年生

| 品种 | 花色 | 播种量（g/m²） |
|---|---|---|
| 蓝亚麻 | 蓝色 | 2~3 |

别名宿根亚麻。是极佳的天然场地、道路边坡和庭院用植物。比较耐寒，稍耐旱，适应性强。

## 美国薄荷
*Monarda didyma*

唇形科美国薄荷属。　　　　　多年生

| 品种 | 花色 | 播种量（g/m²） |
|---|---|---|
| 美国薄荷 | 淡紫红色 | 2~3 |

花朵鲜艳，花期长久，是很好的观赏性花卉。性喜凉爽、湿润、向阳的环境，亦耐半阴。适应性强，不择土壤。耐寒，忌过于干燥。在湿润、半阴的灌丛及林地中生长最为旺盛。

## 藿香
*Agastache rugosa*

唇形科藿香属。　　　　　多年生

| 品种 | 花色 | 播种量（g/m²） |
|---|---|---|
| 藿香 | 蓝紫色 | 2~3 |

是一种具有芳香味的植物，全株都具有香味，多用于花径、池畔和庭院成片栽植。喜高温、阳光充足环境，在荫蔽处生长欠佳。对土壤要求不严，一般土壤均可生长，但以土层深厚肥沃而疏松的沙质壤土或壤土为佳。

## 宿根羽扇豆
*Lupinus perennis*

豆科羽扇豆属。　　　　　多年生

| 品种 | 花色 | 播种量（g/m²） |
|---|---|---|
| 宿根羽扇豆 | 混色 | 4~5 |

别名鲁冰花。用于花坛、切花或作盆花栽培。茎直立，粗壮，多分枝，无毛或多少被柔毛。

# 草坪草

## Turfgrass

草坪和草坪草是两个不同的概念，草坪通常是指用人工铺植的草皮、草茎或播种草籽培养形成的低矮且色泽均一的植被覆盖，以它们大量的根系和地上部分以及表土层构成的植物群落。草坪草大多是质地纤细、植株低矮并且有扩散性的根茎型或匍匐型的禾本科植物，也有一些如马蹄金、白三叶等非禾本科草类。具体而言，草坪草是指能够形成草皮或草坪，并能耐受定期修剪和人、物使用的一些草本植物。

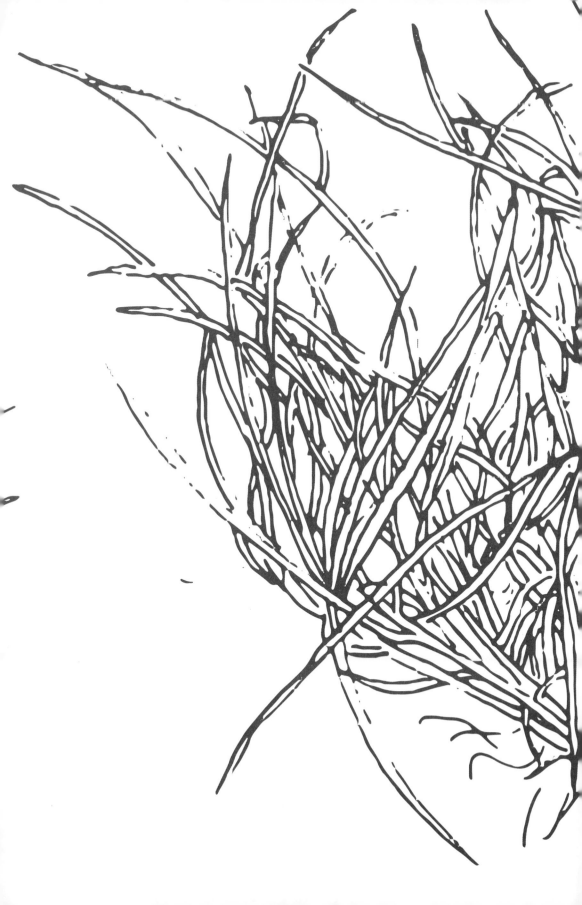

# 多年生黑麦草

*Lolium perenne*

禾本科 黑麦草属

## '高原' 'Plateau'

| 产地 | 单播/混播 | 最佳播种期 |
|---|---|---|
| 加拿大/美国 | 混播 | 3~5/9~11月 |
| 描述 | 色泽浓绿，质地细腻、致密、均一。 | |
| 应用场地 | 适用于高尔夫球场、运动场、公园绿地、庭园草坪秋冬季交播及草皮卷生产。 | |

 建议播种量(g/m²):30~40

## '舵手' 'Dominator'

| 产地 | 单播/混播 | 最佳播种期 |
|---|---|---|
| 加拿大/美国 | 单播、混播、交播 | 3~5/9~11月 |
| 描述 | 适应性强，覆盖率高，耐热抗旱，抗病性佳。 | |
| 应用场地 | 耐粗放管理，非常适合在边坡、河堤等地种应用场植，适用于草坪基地生产。 | |

  建议播种量(g/m²):30~40

## '全胜' 'Triumphant'

| 产地 | 单播/混播 | 最佳播种期 |
|---|---|---|
| 美国 | 单播、混播、交播 | 3~5/9~11月 |
| 描述 | 叶片细腻，色泽浓绿，密度超群，耐低修剪。 | |
| 应用场地 | 广泛适用于冬季休眠狗牙根草坪秋冬季交播。 | |

  建议播种量(g/m²):30~40

## '银狐' 'Gray Fox'

| 产地 | 单播/混播 | 最佳播种期 |
|---|---|---|
| 美国 | 单播、混播、交播 | 3~5/9~11月 |
| 描述 | 浓绿型遗传色泽，超群的草坪草品质，杰出的耐磨损、耐践踏性。 | |
| 应用场地 | 广泛适用于冬季休眠狗牙根草坪秋冬季交播。 | |

  建议播种量(g/m²):30~40

## '凯利' 'Carly'

| 产地 | 单播/混播 | 最佳播种期 |
|---|---|---|
| 美国 | 单播、混播、交播 | 3~5/9~11月 |
| 描述 | 色泽亮丽、返青早，综合抗病性强，耐盐耐寒力突出。 | |
| 应用场地 | 广泛适应各类永久草坪绿地、高尔夫球场球道区、发球台狗牙根冬季休眠草坪交播。 | |

  建议播种量(g/m²):30~40

## '要塞' 'Presidio'

| 产地 | 单播/混播 | 最佳播种期 |
|---|---|---|
| 美国 | 单播、混播、交播 | 3~5/9~11月 |
| 描述 | 分蘖发达，成坪快，草皮强韧，耐践踏，抗寒。 | |
| 应用场地 | 常用于高尔夫球场、运动场、公园绿地、庭园草坪等。 | |

  建议播种量(g/m²):30~40

# 苇状羊茅
Festuca arundinacea
〈禾本科〉羊茅属

## '缤狗' 'Bingou'

| 产地 | 单播/混播 | 最佳播种期 |
|---|---|---|
| 美国 | 单播、混播 | 3~5/9~11月 |
| 描述 | 质地细致，颜色深绿，耐热抗旱，耐践踏，抗病性好，草坪质量高。 | |
| 应用场地 | 永久草坪草使用，家庭花园、公共绿地、公园、高尔夫球场的障碍区、自由区和低养护区的全阳面或半阴面。 | |

🌱 16~25°C  🌱 time 3~5 建议播种量 (g/m²):30~40

## '奋进2号' 'Endeavor II' *ENDEAVOR II*

| 产地 | 单播/混播 | 最佳播种期 |
|---|---|---|
| 美国 | 单播、混播 | 3~5/9~11月 |
| 描述 | 耐践踏，草坪质量高，抗病抗逆性好，建植快，适应性广。 | |
| 应用场地 | 高尔夫球场障碍区、家庭花园、公共绿地、公园。 | |

🌱 16~25°C   🌱 time 3~5  建议播种量(g/m²):30~40

## '警长' 'Deputy' ⭐

| 产地 | 单播/混播 | 最佳播种期 |
|------|-----------|-----------|
| 美国 | 单播、混播 | 3~5/9~11月 |
| 描述 | 生长缓慢，修剪频率低，耐盐抗旱，适应性强，抗病性好，特别是抗褐斑病。 | |
| 应用场地 | 对草坪质量要求较高的绿地，也适合足球场等运动场。 | |

  建议播种量(g/m²):30~40

## '青城' 'Green City' 

| 产地 | 单播/混播 | 最佳播种期 |
|------|-----------|-----------|
| 美国 | 单播、混播 | 3~5/9~11月 |
| 描述 | 比大多数苇状羊茅品种更持久，色泽更加深绿，适用于广泛的气候环境。 | |
| 应用场地 | 耐粗放管理，非常适合在边坡、河堤等应用地种植，适用于草坪基地生产。 | |

   建议播种量(g/m²):30~40

315

### 早熟禾　kentucky bluegrass

| 产地 | 单播/混播 | 最佳播种期 |
|---|---|---|
| 美国 | 单播、混播 | 3-5月/9-11月 |
| 描述 | 禾本科早熟禾属草坪草，匍匐根状茎。 | |
| 应用场地 | 应用范围极广，既可用于运动场、公共广场、游乐场等地，又可于庭园、工矿场区、路旁绿田等地种植，都可获得出众的效果。 | |

 　建议播种量(g/m²):20-25

狗牙根
*Gynodon dactylon*
禾本科 · 狗牙根属

### 狗牙根普通脱壳
hulled bermuda grass

| 产地 | 单播/混播 | 最佳播种期 |
|---|---|---|
| 加拿大/美国 | 单播 | 4~8月 |
| 描述 | 别称百慕大。匍匐茎发达，草坪低矮，耐践踏，耐低修剪。 | |
| 应用场地 | 运动场绿化，也可与其他草种混播，是优良的水土保持植物。 | |

 　建议播种量(g/m²):8-10

### 狗牙根普通未脱壳
unhulled bermuda grass

| 产地 | 单播/混播 | 最佳播种期 |
|---|---|---|
| 美国 | 单播 | 4~8月 |
| 描述 | 别称百慕大。匍匐茎发达，草坪低矮，耐践踏，耐低修剪。 | |
| 应用场地 | 运动场绿化，也可与其他草种混播，是优良的水土保持植物。 | |

 　建议播种量(g/m²):10~15

匍匐翦股颖
*Agrostis stolonifera*
禾本科 · 翦股颖属

### ‘宾 A-4’　'Penn A-4'

| 产地 | 单播/混播 | 最佳播种期 |
|---|---|---|
| 美国 | 单播 | 3-5/9-11月 |
| 描述 | 叶片纤细、致密，直立生长性好，抗寒能力强，持久性和恢复性强。 | |
| 应用场地 | 常被用作高尔夫球道、发球区和果岭等高质量、高强度管理的草坪。 | |

 　建议播种量(g/m²):10-12

### ‘潘威’　'Pennway'

| 产地 | 单播/混播 | 最佳播种期 |
|---|---|---|
| 美国 | 单播 | 3~5/9-11月 |
| 描述 | 性价比非常高的混种，而且耐热，耐干旱，抗病性好。 | |
| 应用场地 | 常被用作高尔夫球道、发球区和果岭等高质量、高强度管理的草坪，也可用于高档小区。 | |

　建议播种量(g/m²):10-12

# 三叶草
*Trifolium repens*
豆科·车轴草属

## 白三叶  white clover

| 产地 | 单播/混播 | 最佳播种期 |
|------|-----------|------------|
| 澳大利亚 | 单播 | 3-4月/9-11月 |
| 描述 | 主根短，侧根发达，多根瘤，丰富的葡匐茎，花白色。 | |
| 应用场地 | 长江流域四季常绿的观赏性草坪草，也可做牧草栽培。 | |

  建议播种量(g/m²):5~10

## 红三叶  red clover

| 产地 | 单播/混播 | 最佳播种期 |
|------|-----------|------------|
| 澳大利亚 | 单播 | 3-4月/9-11月 |
| 描述 | 主根短，侧根发达，多根瘤，丰富的葡匐茎，花淡红色或红色。 | |
| 应用场地 | 长江流域四季常绿的观赏性草坪草，也可做牧草栽培。 | |

建议播种量(g/m²):5~10

# 球根植物

## Bulbous Plants

球根植物是植株地下部分的茎或根变态、膨大并贮藏大量养分的一类多年生草本植物。根据肥大形态及部位的不同，可分为鳞茎、球茎、块茎、块根、根茎等。其品类繁多，花色丰富，应用广泛，是园林布置中比较理想的一类植物材料。球根花卉常用于花坛、花境、岩石园、基础栽植、地被、美化水面、点缀草坪等，又是重要的切花和盆栽花卉，部分品种可提取香精、食用和药用等。

# *Tulipa gesneriana*
# 郁金香

百合科郁金香属球根植物，原产地中海沿岸、中亚细亚、土耳其，中亚为分布中心，16世纪传入欧洲，并扎根于荷兰，是荷兰和土耳其的国花。夏季休眠、秋冬生根并萌发新芽但不出土，需经冬季低温后第二年3~5月开花。郁金香属长日照花卉，性喜阳、避风，冬季温暖湿润，夏季凉爽干燥的气候。耐寒性很强。要求腐殖质丰富、疏松肥沃、排水良好的微酸性砂质壤土。

### '超级马克'    'Super Mark'
适合盆栽、公园、切花
花型：凯旋型
50cm   中   Z 3/7 4/8

**1**

### '香奈儿'    'Chanel'
适合盆栽、公园、切花
花型：凯旋型
50cm   中   Z 3/7 4/8

**2**

### '夜皇后'    'Queen of Night'
适合盆栽、公园、切花
花型：单瓣晚花型
45cm   晚   Z 3/7 4/8

**3**

### '小黑人'    'Negrita'
适合盆栽、公园
花型：凯旋型
45cm   早   Z 3/7 4/8

**4**

### '人见人爱'    'World's Favourite'
适合盆栽、公园、切花
花型：达尔文杂交型
50cm   早   Z 3/7 4/8

**5**

### '检阅'    'Parade'
适合盆栽、公园、切花
花型：达尔文杂交型
55cm   中   Z 3/7 4/8

**6**

**'金检阅'** 'Golden Parade'

适合盆栽、公园、切花
花型：达尔文杂交型

55cm

**'美国梦'** 'American Dream'

适合盆栽、公园、切花
花型：达尔文杂交型

45cm

**'白雪公主'** 'Royal Virgin'

适合盆栽、公园、切花
花型：凯旋型

45cm

**'幸福一代'** 'Happy Generation'

适合盆栽、公园、切花
花型：达尔文杂交型

45cm

**'变色莫林'** 'Discolor Maureen'

适合盆栽、公园、切花
花型：单瓣晚花型

60cm

**'狂人诗'** 'Gander's Rhapsody'

适合盆栽、公园、切花
花型：凯旋型

45cm

**'粉巨人'** 'Jumbo Pink'

适合盆栽、公园、切花
花型：凯旋

50cm

**'维兰迪'** 'Verandi'

适合盆栽、公园、切花
花型：凯旋型

40cm

**'重生'** 'Come Back'

适合盆栽、公园、切花
花型：达尔文杂交型

50cm

**'火鹦鹉'** 'Flaming Parrot'

适合 盆栽、公园、切花
花型：鹦鹉冠型

50cm

**'黑英雄'** 'Black Hero'

适合盆栽、公园、切花
花型：复瓣晚花型

45cm Z 3 7 / 8

**1**

**'米兰达'** 'Miranda'

适合公园、切花
花型：复瓣晚花型

55cm Z 3 7 / 8

**2**

**'哥伦布'** 'Columbus'

适合盆栽、公园、切花
花型：复瓣中花型

55cm Z 3 7 / 8

**3**

**'黄绣球'** 'Yellow Pomponnette'

适合公园、切花
花型：复瓣晚花型

45cm Z 3 7 / 8

**4**

**'蓝色奇观'** 'Blue Spectacle'

适合盆栽、公园、切花
花型：DL花型

40cm Z 3 7 / 8

**5**

**'太阳'** 'Sun Lover'

适合盆栽、公园、切花
花型：DL花型

45cm Z 3 7 / 8

**6**

**'长安'系列** 'Lisa Ann'

适合盆栽、公园、切花
花型：达尔文杂交型

45cm Z 3 7 / 8

**7**

**'王朝'系列** 'Dynasty'

适合盆栽、公园、切花
花型：凯旋型

45cm Z 3 7 / 8

**8**

**'皇家'系列** 'Pride'

适合盆栽、公园、切花
花型：达尔文杂交型

45cm Z 3 7 / 8

**9**

**'柔道'系列** 'Judo'

适合盆栽、公园、切花
花型：凯旋型

45cm Z 3 7 / 8

**10**

**促成栽培系列**

### '道琼斯' 'Dow Jones'
适合盆栽、公园、切花
花型：凯旋型
40cm

### '超级马克' 'Super Mark'
适合盆栽、公园、切花
花型：凯旋型
50cm

### '玛曲' 'Matoh'
适合盆栽、公园、切花
花型：凯旋型
40cm

### '紫旗' 'Purple Flag'
适合盆栽、公园、切花
花型：达尔文杂交型
40cm

### '纯金' 'Strong Gold'
适合盆栽、公园、切花
花型：凯旋型
40cm

### '白雪公主' 'Royal Virgin'
适合盆栽、公园、切花
花型：凯旋型
45cm

### '汤姆王朝' 'Tom Dynasty'
适合盆栽、公园、切花
花型：凯旋型
45cm

### '红力量' 'Red Power'
适合公园、切花
花型：凯旋型
45cm

### '班雅' 'Banja Luka'
适合盆栽、公园、切花
花型：达尔文杂交型
50~60cm

### '红灯笼' 'Lalibela'
适合盆栽、公园、切花
花型：达尔文杂交型
45cm

# Lilium brownii
# 百合

百合科百合属多年生球根花卉，象征纯洁、高雅，有"百年好合"的美好寓意，是深受消费者喜爱的常用礼品花卉。我国主要从荷兰、新西兰和智利等国引进百合种球，主要用于盆切花的种植生产。随着经济的发展，百合也被广泛应用于公园景观及大面积花海的营造。

1 2 3 4 5 6

### '异域阳光' 'Exotic Sun'

| 盆栽 | 庭园 | 切花 | 类型 | 生长期 |
|---|---|---|---|---|
| ○ | ● | ● | 重瓣东方百合 | 125天 |

95cm

### '艾琳娜' 'Elena'

| 盆栽 | 庭园 | 切花 | 类型 | 生长期 |
|---|---|---|---|---|
| ○ | ● | ● | 重瓣东方百合 | 110天 |

100cm

### '卡罗莱纳' 'Carolina'

| 盆栽 | 庭园 | 切花 | 类型 | 生长期 |
|---|---|---|---|---|
| ○ | ● | ● | 重瓣东方百合 | 110天 |

80cm

### '萨曼塔' 'Samantha'

| 盆栽 | 庭园 | 切花 | 类型 | 生长期 |
|---|---|---|---|---|
| ○ | ● | ● | 重瓣东方百合 | 110天 |

80cm

### '莫妮卡' 'Monica'

| 盆栽 | 庭园 | 切花 | 类型 | 生长期 |
|---|---|---|---|---|
| ○ | ● | ● | 重瓣东方百合 | 80天 |

120cm

### '依兰' 'Esra'

| 盆栽 | 庭园 | 切花 | 类型 | 生长期 |
|---|---|---|---|---|
| ● | ● | ○ | 重瓣东方百合 | 115天 |

50-60cm

'美梦' 'Mistery Dream'

| 盆栽 | 庭园 | 切花 | 类型 | 生长期 |
|---|---|---|---|---|
| ● | ● | ● | 重瓣亚洲百合 | 90天 |

60cm · Z 4/8 · number 5/7

'地魔星' 'Trendy Santo Domijo'

| 盆栽 | 庭园 | 切花 | 类型 | 生长期 |
|---|---|---|---|---|
| ● | ○ | ○ | 亚洲百合 | 60天 |

35cm · Z 4/8 · number 6/9

'小侵略' 'Tiny Invader'

| 盆栽 | 庭园 | 切花 | 类型 | 生长期 |
|---|---|---|---|---|
| ● | ○ | ○ | 亚洲百合 | 55天 |

40cm · Z 4/8 · number 4/6

'红星' 'Trendy Harana'

| 盆栽 | 庭园 | 切花 | 类型 | 生长期 |
|---|---|---|---|---|
| ● | ○ | ○ | 亚洲百合 | 65天 |

40cm · Z 4/8 · number 4/6

'黄珍珠'

| 盆栽 | 庭园 | 切花 | 类型 | 生长期 |
|---|---|---|---|---|
| ● | ○ | ○ | 亚洲百合 | 55天 |

30cm · Z 4/8 · number 5/7

'星光红' 'Starlight Express'

| 盆栽 | 庭园 | 切花 | 类型 | 生长期 |
|---|---|---|---|---|
| ● | ○ | ○ | 东方百合 | 90-100天 |

40-60cm · Z 4/8 · number 4/7

'八点后' 'After Eight'

| 盆栽 | 庭园 | 切花 | 类型 | 生长期 |
|---|---|---|---|---|
| ● | ○ | ○ | 东方百合 | 100天 |

80cm · Z 4/8 · number 3/4

'阳光A百' 'Active Shine'

| 盆栽 | 庭园 | 切花 | 类型 | 生长期 |
|---|---|---|---|---|
| ● | ○ | ○ | 东方百合 | 110天 |

45cm · Z 4/8 · number 4/6

'苏纹' 'Souvenir'

| 盆栽 | 庭园 | 切花 | 类型 | 生长期 |
|---|---|---|---|---|
| ● | ○ | ○ | 东方百合 | 115天 |

40cm · Z 4/8 · number 4/6

'红钥匙' 'Red Keys'

| 盆栽 | 庭园 | 切花 | 类型 | 生长期 |
|---|---|---|---|---|
| ● | ○ | ○ | 东方百合 | 105天 |

45cm · Z 4/8 · number 3/5

### '西伯利亚' 'Siberia'

| 盆栽 | 庭园 | 切花 | 类型 | 生长期 |
|---|---|---|---|---|
| ○ | ● |  | 东方百合 | 115天 |

135cm Z 4/8 number 3/5

### '索邦' 'Sorbonne'

| 盆栽 | 庭园 | 切花 | 类型 | 生长期 |
|---|---|---|---|---|
| ○ | ● | ● | 东方百合 | 105天 |

135cm Z 4/8 number 3/6

### '特红' 'Torrogo'

| 盆栽 | 庭园 | 切花 | 类型 | 生长期 |
|---|---|---|---|---|
| ○ | ● |  | 东方百合 | 115天 |

100cm Z 4/8 number 3/5

### '红线' 'Hotine'

| 盆栽 | 庭园 | 切花 | 类型 | 生长期 |
|---|---|---|---|---|
| ○ | ● |  | 东方百合 | 100天 |

110cm Z 4/8 number 3/5

### '游戏时间' 'Play Time'

| 盆栽 | 庭园 | 切花 | 类型 | 生长期 |
|---|---|---|---|---|
| ○ | ● |  | 东方百合 | 95天 |

95cm Z 4/8 number 5/7

### '希拉' 'Sheila'

| 盆栽 | 庭园 | 切花 | 类型 | 生长期 |
|---|---|---|---|---|
| ○ | ● | ● | 东方百合 | 115天 |

135cm Z 4/8 number 3/5

### '穿梭' 'Tresor'

| 盆栽 | 庭园 | 切花 | 类型 | 生长期 |
|---|---|---|---|---|
| ○ | ● | ● | LA杂交百合 | 80天 |

95cm Z 4/8 number 3/7

### '印度夏日' 'Indian Summerset'

| 盆栽 | 庭园 | 切花 | 类型 | 生长期 |
|---|---|---|---|---|
| ○ | ● | ● | LA杂交百合 | 95天 |

135cm Z 4/8

### '正直' 'Honesty'

| 盆栽 | 庭园 | 切花 | 类型 | 生长期 |
|---|---|---|---|---|
| ○ | ● | ● | LA杂交百合 | 75天 |

115cm Z 4/8 number 4/5

### '黄色苏蕾' 'Soleil'

| 盆栽 | 庭园 | 切花 | 类型 | 生长期 |
|---|---|---|---|---|
| ○ | ● | ● | LA杂交百合 | 95天 |

120cm Z 4/8 number 4/6

## '巴赫' 'Bach'

| 盆栽 | 庭园 | 切花 | 类型 | 生长期 |
|---|---|---|---|---|
| ○ | ● | ● | LA杂交百合 | 85天 |

135cm

## '布林迪西' 'Briddisi'

| 盆栽 | 庭园 | 切花 | 类型 | 生长期 |
|---|---|---|---|---|
| ○ | ● | ● | LA杂交百合 | 85天 |

85cm

## '部落之吻' 'Tribal Kiss'

| 盆栽 | 庭园 | 切花 | 类型 | 生长期 |
|---|---|---|---|---|
| ○ | ● | ● | LA百合 | 85天 |

90cm

## '红色宫殿' 'Red Palace'

| 盆栽 | 庭园 | 切花 | 类型 | 生长期 |
|---|---|---|---|---|
| ○ | ● | ● | OT杂交百合 | 95天 |

125cm

## '神话' 'Myth'

| 盆栽 | 庭园 | 切花 | 类型 | 生长期 |
|---|---|---|---|---|
| ○ | ● | ● | OT杂交百合 | 105天 |

135cm

## '木门' 'Conca D'or'

| 盆栽 | 庭园 | 切花 | 类型 | 生长期 |
|---|---|---|---|---|
| ○ | ● | ● | OT杂交百合 | 105天 |

105cm

## '赞比西' 'Zambesi'

| 盆栽 | 庭园 | 切花 | 类型 | 生长期 |
|---|---|---|---|---|
| ○ | ● | ● | OT杂交百合 | 90天 |

125cm

## '罗宾娜' 'Robina'

| 盆栽 | 庭园 | 切花 | 类型 | 生长期 |
|---|---|---|---|---|
| ○ | ● | ● | OT杂交百合 | 115天 |

115cm

## '科瓦多' 'Corcovado'

| 盆栽 | 庭园 | 切花 | 类型 | 生长期 |
|---|---|---|---|---|
| ○ | ● | ● | OT杂交百合 | 115天 |

105cm

## '粉冠军' 'Champion Pink'

| 盆栽 | 庭园 | 切花 | 类型 | 生长期 |
|---|---|---|---|---|
| ○ | ● | ● | OT杂交百合 | 100天 |

90cm

### '特里昂菲特' 'Triumphator'

| 盆栽 | 庭园 | 切花 | 类型 | 生长期 |
|---|---|---|---|---|
| ○ | ● | ● | LO杂交百合 | 95天 |

125cm

### '白特里昂菲特' 'White Triumphator'

| 盆栽 | 庭园 | 切花 | 类型 | 生长期 |
|---|---|---|---|---|
| ○ | ● | ● | LO杂交百合 | 95天 |

125cm

### '北京月' 'Beijing Moon'

| 盆栽 | 庭园 | 切花 | 类型 | 生长期 |
|---|---|---|---|---|
| ○ | ● | ● | 喇叭百合 | 115天 |

130cm

### '黑美人' 'Black Beauty'

| 盆栽 | 庭园 | 切花 | 类型 | 生长期 |
|---|---|---|---|---|
| ○ | ● | ○ | 土耳其百合 | 115天 |

120cm

### '阿拉伯夜晚' 'Arabian Night'

| 盆栽 | 庭园 | 切花 | 类型 | 生长期 |
|---|---|---|---|---|
| ○ | ● | ○ | 土耳其百合 | 85天 |

120cm

### '斑马线' 'Must See'

| 盆栽 | 庭园 | 切花 | 类型 | 生长期 |
|---|---|---|---|---|
| ○ | ● | ○ | 亚洲杂交百合 | 75天 |

80cm

### '核聚变' 'Fusion'

| 盆栽 | 庭园 | 切花 | 类型 | 生长期 |
|---|---|---|---|---|
| ○ | ● | ○ | 野生杂交百合 | 115天 |

100cm

# Hyacinthus orientalis
# 风信子

风信子科风信子属多年生球根花卉，原产小亚细亚，现已在世界各地广泛栽培。园艺品种约200多个，根据其花色大致分为蓝色、粉红色、白色、紫色、黄色、绯红色、红色等七个品系。风信子喜冬季温暖湿润、夏季凉爽稍干燥、阳光充足或半阴的环境。喜肥，宜肥沃、排水良好的沙壤土。地植、盆栽、水养均可。

## '粉珍珠' 'Pink Pearl'

| 盆栽 | 公园 | 切花 | 花色 |
|---|---|---|---|
| ● | ● | ● | 粉 |

20-30cm | Z 4/8 | time月 3/4

## '蓝珍珠' 'Blue Pearl'

| 盆栽 | 公园 | 切花 | 花色 |
|---|---|---|---|
| ● | ● | ● | 蓝 |

20-30cm | Z 4/8 | time月 3/4

## '紫色感动' 'Purple Sensation'

| 盆栽 | 公园 | 切花 | 花色 |
|---|---|---|---|
| ● | ● | ● | 紫 |

20-30cm | Z 4/8 | time月 3/4

## '杰妮鲍斯' 'Jan Bos'

| 盆栽 | 公园 | 切花 | 花色 |
|---|---|---|---|
| ● | ● | ● | 红 |

20-30cm | Z 4/8 | time月 3/4

## '得夫兰' 'Delft Blue'

| 盆栽 | 公园 | 切花 | 花色 |
|---|---|---|---|
| ● | ● | ● | 浅蓝 |

20-30cm | Z 4/8 | time月 3/4

## '西贡小姐' 'Miss Saigon'

| 盆栽 | 公园 | 切花 | 花色 |
|---|---|---|---|
| ● | ● | ● | 紫 |

20-30cm | Z 4/8 | time月 3/4

1

2

3

4

5

6

### '芬达'     'Fondant'

| 盆栽 | 公园 | 切花 | 花色 |
|---|---|---|---|
| ● | ● | ● | 粉 |

20-30cm

### '吉普赛公主'     'Gypsy Princess'

| 盆栽 | 公园 | 切花 | 花色 |
|---|---|---|---|
| ● | ● | ● | 黄 |

20-30cm

### '吉普赛女皇'     'Gypsy Queen'

| 盆栽 | 公园 | 切花 | 花色 |
|---|---|---|---|
| ● | ● | ● | 橙色 |

20-30cm

### '伍德'     'Woodstock'

| 盆栽 | 公园 | 切花 | 花色 |
|---|---|---|---|
| ● | ● | ● | 紫红 |

20-30cm

### '蓝星'     'Blue Star'

| 盆栽 | 公园 | 切花 | 花色 |
|---|---|---|---|
| ● | ● | ● | 蓝 |

20-30cm

# Narcissus pseudonarcissus
# 洋水仙

石蒜科水仙属多年生草本植物。由于洋水仙是温带性球根花卉，喜好冷凉的气候，忌高温多湿，生育适温为10~15℃。在我国南部不易培养开花球，可引种冷处理球，花后即可抛弃。中部及北部枯萎后可作多年生栽培来年可复花。种植深度10-15cm，种植间距15cm。花期早春至仲春。
洋水仙可盆栽，切花，公园展览中水边，岩石园，大面积花海使用。

**'魅力阳光'**    'Split Sunny Side Up'

| 盆栽 | 公园 | 切花 | 类型 |
|---|---|---|---|
| ● | ● | | 副冠开裂型 |

40cm · Z 3/8

**'魅力无限'**    'Split Apricot whirl'

| 盆栽 | 公园 | 切花 | 类型 |
|---|---|---|---|
| ● | ● | | 副冠开裂型 |

40cm · Z 3/8

**'魅力玛丽'**    'Split Mary Gay Lirette'

| 盆栽 | 公园 | 切花 | 类型 |
|---|---|---|---|
| ● | ● | | 副冠开裂型 |

40cm · Z 3/8

**'魅力小星星'**    'Split Blazing Starlet'

| 盆栽 | 公园 | 切花 | 类型 |
|---|---|---|---|
| ● | ● | | 副冠开裂型 |

40cm · Z 3/8

**'粉红魅力'**    'Pink Charm'

| 盆栽 | 公园 | 切花 | 类型 |
|---|---|---|---|
| ● | ● | | 大杯型 |

40cm · Z 3/8

**'嘹亮'**    'Fortissimo'

| 盆栽 | 公园 | 切花 | 类型 |
|---|---|---|---|
| ● | ● | ● | 大杯型 |

40cm · Z 3/8

**'迪克威顿'** 'Dick Witton'

| 盆栽 | 公园 | 切花 | 类型 |
|---|---|---|---|
| ● | ● |  | 重瓣型 |

40cm · Z 4/8

**'花车游行'** 'Bloemencorso'

| 盆栽 | 公园 | 切花 | 类型 |
|---|---|---|---|
| ● | ● |  | 重瓣型 |

40cm · Z 4/8

**'利普利特'** 'Lipset'

| 盆栽 | 公园 | 切花 | 类型 |
|---|---|---|---|
| ● | ● |  | 重瓣型 |

40cm · Z 4/8

**'花之惊喜'** 'Blossom Surprise'

| 盆栽 | 公园 | 切花 | 类型 |
|---|---|---|---|
| ● | ● |  | 重瓣型 |

40cm · Z 4/8

**'新娘皇冠'** 'Bridal Crown'

| 盆栽 | 公园 | 切花 | 类型 |
|---|---|---|---|
| ● | ● |  | 重瓣型 |

45cm · Z 4/8

**'女王节'** 'Koninginnedag'

| 盆栽 | 公园 | 切花 | 类型 |
|---|---|---|---|
| ● | ● |  | 重瓣型 |

40cm · Z 3/8

**'荷兰船长'** 'Dutch Master'

| 盆栽 | 公园 | 切花 | 类型 |
|---|---|---|---|
| ● | ● | ● | 喇叭型 |

40cm · Z 3/8

**'冰清玉洁'** 'Ice Follies'

| 盆栽 | 公园 | 切花 | 类型 |
|---|---|---|---|
| ● | ● | ● | 喇叭型 |

35cm · Z 3/8

**'胡德山'** 'Mount Hood'

| 盆栽 | 公园 | 切花 | 类型 |
|---|---|---|---|
| ● | ● | ● | 喇叭型 |

40cm · Z 3/8

**'悄悄话'** 'Tete a Tete'

| 盆栽 | 公园 | 切花 | 类型 |
|---|---|---|---|
| ● | ● | ● | 仙客来型 |

15cm · Z 3/8

# *Zantedeschia hybrida*
# 彩色马蹄莲

彩色马蹄莲为天南星科马蹄莲属多年生球根花卉，原产非洲，是近几年来发展较快、非常有发展潜质的花卉种类。其色彩富丽、形态高雅、广泛应用于公园种植和盆花栽培，正逐渐成为花卉市场的新宠。花期比较长，长江以北地区室内栽培一般花期为12月底至翌年4月，其中2~3月为盛花期。长江以南地区花期在12月至翌年3月。花期主要受温度光照的影响，通过控制温度光照可以周年供花。

### '梅尔罗斯' 'Melrose'

| 盆栽 | 公园 | 切花 | 花色 |
|---|---|---|---|
| ● | ○ | ○ | 粉 |

55-65cm

### '范图拉' 'Ventura'

| 盆栽 | 公园 | 切花 | 花色 |
|---|---|---|---|
| ○ | ○ | ○ | 白 |

50-75cm

### '布鲁雷诺' 'Bruneuo'

| 盆栽 | 公园 | 切花 | 花色 |
|---|---|---|---|
| ● | ○ | ○ | 橙 |

45-55cm

### '独角戏' 'Solo'

| 盆栽 | 公园 | 切花 | 花色 |
|---|---|---|---|
| ● | ○ | ○ | 黄 |

55-70cm

### '黛拉蒙' 'Dynamo'

| 盆栽 | 公园 | 切花 | 花色 |
|---|---|---|---|
| ● | ○ | ○ | 黄 |

45-55cm

### '艾玛' 'Alma'

| 盆栽 | 公园 | 切花 | 花色 |
|---|---|---|---|
| ○ | ○ | ● | 粉 |

55-70cm

### 1 '丽都' 'Lido'

| 盆栽 | 公园 | 切花 | 花色 |
|---|---|---|---|
| ● | ○ | ○ | 橙黄 |

45-55cm · time月 9/11 · Z 8/10

### 2 '樱花' 'Cheerio'

| 盆栽 | 公园 | 切花 | 花色 |
|---|---|---|---|
| ● | ○ | ○ | 玫红 |

40-45cm · time月 9/11 · Z 8/10

### 3 '桑巴' 'Samba'

| 盆栽 | 公园 | 切花 | 花色 |
|---|---|---|---|
| ● | ○ | ○ | 深粉 |

45-65cm · time月 10/12 · Z 8/10

### 4 '好莱坞' 'Hollywood'

| 盆栽 | 公园 | 切花 | 花色 |
|---|---|---|---|
| ● | ○ | ● | 红 |

50-80cm · time月 8/10 · Z 8/10

### 5 '卡雷拉' 'Carrera'

| 盆栽 | 公园 | 切花 | 花色 |
|---|---|---|---|
| ● | ○ | ● | 酱紫 |

50-75cm · time月 8/10 · Z 8/10

### 6 '毕加索' 'Picasso'

| 盆栽 | 公园 | 切花 | 花色 |
|---|---|---|---|
| ● | ○ | ● | 紫色花边 |

50-70cm · time月 8/10 · Z 8/10

# Ranunculus bsiaticus
# 花毛茛

毛茛科花毛茛属多年生草本花卉。原产地中海沿岸、欧洲东南部和亚洲西南部。株姿玲珑秀美，花色丰富艳丽，多为重瓣或半重瓣，花型似牡丹花，较小，叶型似芹菜叶，故有洋牡丹、芹菜花之称。常于树下、草坪中丛植，以及种在建筑物的阴面，主要适用于园林花坛、花带和家庭盆栽。同时，也适宜用作切花。每个球的花量都很多，花期可持续6~8周，Tomer系列非常适合盆栽生产。

## 'A 红'　　　　　　　'Aviv Red'

| 盆栽 | 公园 | 切花 | 类型 |
|---|---|---|---|
| ● | ● | ● | 普通型 |

30~40cm

**1**

## 'A 粉'　　　　　　　'Aviv Rod'

| 盆栽 | 公园 | 切花 | 类型 |
|---|---|---|---|
| ● | ● | ● | 普通型 |

30~40cm

**2**

## 'A 紫'　　　　　　　'Aviv Purple'

| 盆栽 | 公园 | 切花 | 类型 |
|---|---|---|---|
| ● | ● | ● | 普通型 |

30~40cm

**3**

## 'A 玫瑰'　　　　　　'Aviv Rose'

| 盆栽 | 公园 | 切花 | 类型 |
|---|---|---|---|
| ● | ● | ● | 普通型 |

30~40cm

**4**

## 'A 黄'　　　　　　　'Aviv Yellow'

| 盆栽 | 公园 | 切花 | 类型 |
|---|---|---|---|
| ● | ● | ● | 普通型 |

30~40cm

**5**

## 'A 金'　　　　　　　'Aviv Gold'

| 盆栽 | 公园 | 切花 | 类型 |
|---|---|---|---|
| ● | ● | ● | 普通型 |

30~40cm

**6**

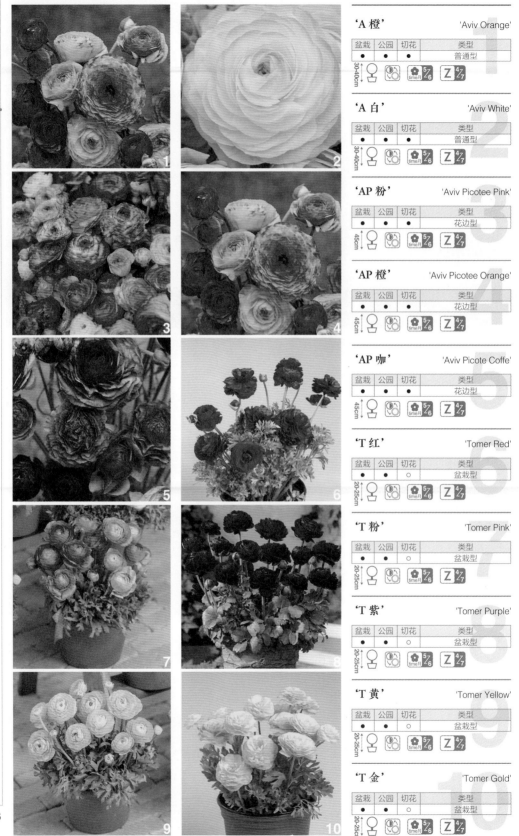

'A 橙'　　　　　　　'Aviv Orange'

| 盆栽 | 公园 | 切花 | 类型 |
|---|---|---|---|
| ● | ● | | 普通型 |

30-40cm

'A 白'　　　　　　　'Aviv White'

| 盆栽 | 公园 | 切花 | 类型 |
|---|---|---|---|
| ● | ● | | 普通型 |

30-40cm

'AP 粉'　　　　　'Aviv Picotee Pink'

| 盆栽 | 公园 | 切花 | 类型 |
|---|---|---|---|
| ● | ● | | 花边型 |

45cm

'AP 橙'　　　　'Aviv Picotee Orange'

| 盆栽 | 公园 | 切花 | 类型 |
|---|---|---|---|
| ● | ● | | 花边型 |

45cm

'AP 咖'　　　　'Aviv Picote Coffe'

| 盆栽 | 公园 | 切花 | 类型 |
|---|---|---|---|
| ● | ● | | 花边型 |

45cm

'T 红'　　　　　　　'Tomer Red'

| 盆栽 | 公园 | 切花 | 类型 |
|---|---|---|---|
| ● | ● | ○ | 盆栽型 |

20-25cm

'T 粉'　　　　　　　'Tomer Pink'

| 盆栽 | 公园 | 切花 | 类型 |
|---|---|---|---|
| ● | ● | ○ | 盆栽型 |

20-25cm

'T 紫'　　　　　　'Tomer Purple'

| 盆栽 | 公园 | 切花 | 类型 |
|---|---|---|---|
| ● | ● | ○ | 盆栽型 |

20-25cm

'T 黄'　　　　　　'Tomer Yellow'

| 盆栽 | 公园 | 切花 | 类型 |
|---|---|---|---|
| ● | ● | ○ | 盆栽型 |

20-25cm

'T 金'　　　　　　　'Tomer Gold'

| 盆栽 | 公园 | 切花 | 类型 |
|---|---|---|---|
| ● | ● | ○ | 盆栽型 |

20-25cm

# Allium giganteum
# 花葱

百合科葱属，多年生球根花卉。大花葱在欧洲是庭园中受欢迎的观赏植物，花型奇特，花色艳丽，用于花境或灌木草坪间丛植，既可为花坛增色，也用作切花装点室内，只需要种植在阳光充足的地方，五月满园芬芳的时候，大花葱就会绽放开浓密的堇色花球，婷婷立于众芳之上。种植深度30cm，间距25cm。花期在春、夏季，喜凉爽、半阴，适温15~25℃。要求疏松肥沃的砂壤土，忌积水，非常适合我国北方地区栽培。

## '角斗士' 'Gladiator'

| 盆栽 | 公园 | 切花 | 花色 | 花期 |
|---|---|---|---|---|
| ○ | ● | ● | 蓝紫 | 初夏 |

100cm

## '球王' 'Globemaster'

| 盆栽 | 公园 | 切花 | 花色 | 花期 |
|---|---|---|---|---|
| ○ | ● | ● | 蓝紫 | 初夏 |

80cm

## '大使' 'Ambassador'

| 盆栽 | 公园 | 切花 | 花色 | 花期 |
|---|---|---|---|---|
| ○ | ● | ● | 蓝紫 | 初夏 |

120cm

## '珠峰' 'Mount Everest'

| 盆栽 | 公园 | 切花 | 花色 | 花期 |
|---|---|---|---|---|
| ○ | ● | ● | 白色 | 初夏 |

120cm

## '博洛阁下' 'Bolog'

| 盆栽 | 公园 | 切花 | 花色 | 花期 |
|---|---|---|---|---|
| ○ | ● | ● | 紫红色 | 初夏 |

90-120cm

## '弹球巫师' 'Pinball Wizard'

| 盆栽 | 公园 | 切花 | 花色 | 花期 |
|---|---|---|---|---|
| ○ | ● | ● | 蓝紫色 | 初夏 |

90-100cm

1

2

3

4

5

6

### '勃朗峰' 'Mont Blanc'

| 盆栽 | 公园 | 切花 | 花色 | 花期 |
|---|---|---|---|---|
| ○ | ● | ● | 白色 | 初夏 |

### '塞浦路斯' 'Statos'

| 盆栽 | 公园 | 切花 | 花色 | 花期 |
|---|---|---|---|---|
| ○ | ● | ● | 蓝紫色 | 初夏 |

### '烟花' 'Schubertii'

| 盆栽 | 公园 | 切花 | 花色 | 花期 |
|---|---|---|---|---|
| ○ | ● | ● | 紫红色 | 初夏 |

### '紫色感动' 'Purple Sensation'

| 盆栽 | 公园 | 切花 | 花色 | 花期 |
|---|---|---|---|---|
| ○ | ● | ● | 蓝紫色 | 初夏 |

### '蜘蛛' 'Spider'

| 盆栽 | 公园 | 切花 | 花色 | 花期 |
|---|---|---|---|---|
| ○ | ● | ● | 紫红色 | 初夏 |

### '玫瑰' 'Roseum'

| 盆栽 | 公园 | 切花 | 花色 | 花期 |
|---|---|---|---|---|
| ● | ● | ○ | 粉色 | 初夏 |

### '球头' 'Tomer Red'

| 盆栽 | 公园 | 切花 | 花色 | 花期 |
|---|---|---|---|---|
| ○ | ● | ● | 蓝紫色 | 初夏 |

### '石青' 'Caeruleum'

| 盆栽 | 公园 | 切花 | 花色 | 花期 |
|---|---|---|---|---|
| ● | ● | ● | 青蓝色 | 初夏 |

### '粉红百合' 'Oreophilum'

| 盆栽 | 公园 | 切花 | 花色 | 花期 |
|---|---|---|---|---|
| ● | ● | | 粉色 | 初夏 |

# Hippeastrum rutilum
## 朱顶红

石蒜科朱顶红属多年生球根花卉。原产南美洲，现世界各地均有栽培。鳞茎肥大，近球形，叶厚有光泽，花色柔和艳丽，花朵硕大肥厚，适合盆栽陈设于客厅、书房和窗台。除盆栽观赏以外，还能配植露地庭园，形成群落景观，增添园林景色。无论室内还是户外种植，都非常容易，而且开花持续时间长。性喜温暖、湿润，忌强光暴晒。休眠期要求干燥，温度9~12℃，最低不能低于5℃，长江流域以南地区，只要稍加防护便可露地过冬。朱顶红可经过温度调控，将花期控制在元旦和春节期间，逐渐成为年宵花新宠。

注：生长期指入手商品球到开花的时间；花朵数量与球茎相关。

### 1 '圣诞快乐' 'Merry Christmas'

| 盆栽 | 公园 | 切花 | 生长期 |
| --- | --- | --- | --- |
| ● | | | 32天 |

30cm

### 2 '棉花糖' 'Cotton Candy'

| 盆栽 | 公园 | 切花 | 生长期 |
| --- | --- | --- | --- |
| ● | | | 32天 |

42cm

### 3 '娇羞新娘' 'Shy Sposa'

| 盆栽 | 公园 | 切花 | 生长期 |
| --- | --- | --- | --- |
| ● | | ○ | 30天 |

37cm

### 4 '婚礼舞曲' 'Wedding Song'

| 盆栽 | 公园 | 切花 | 生长期 |
| --- | --- | --- | --- |
| ● | | ○ | 30天 |

40cm

### 5 '明亮火花' 'Bright Spark'

| 盆栽 | 公园 | 切花 | 生长期 |
| --- | --- | --- | --- |
| ● | ● | ○ | 30天 |

30cm

### 6 '火焰红唇' 'Hot Lips'

| 盆栽 | 公园 | 切花 | 生长期 |
| --- | --- | --- | --- |
| ● | ● | ○ | 32天 |

50cm

### '炸药' — 'Explosive'

| 盆栽 | 公园 | 切花 | 生长期 |
|---|---|---|---|
| ● | ● | ○ | 26天 |

32cm

### '首选' — 'Preference'

| 盆栽 | 公园 | 切花 | 生长期 |
|---|---|---|---|
| ● | ● | ○ | 32天 |

32cm

### '阿玛尔菲' — 'Amingfi'

| 盆栽 | 公园 | 切花 | 生长期 |
|---|---|---|---|
| ● | ● | ○ | 26天 |

40cm

### '柠檬冰糕' — 'Limo Ice Cream'

| 盆栽 | 公园 | 切花 | 生长期 |
|---|---|---|---|
| ● | ● | ○ | 32天 |

30cm

### '小宝贝' — 'Little Darling'

| 盆栽 | 公园 | 切花 | 生长期 |
|---|---|---|---|
| ● | ● | ○ | 30天 |

30cm

### '鬼魅' — 'Goblins'

| 盆栽 | 公园 | 切花 | 生长期 |
|---|---|---|---|
| ● | ● | ○ | 20天 |

45cm

### '滑稽演员' — 'Farceur'

| 盆栽 | 公园 | 切花 | 生长期 |
|---|---|---|---|
| ● | ● | ○ | 30天 |

28cm

### '僵尸' — 'Rigid Body'

| 盆栽 | 公园 | 切花 | 生长期 |
|---|---|---|---|
| ● | ● | ○ | 28天 |

35cm

### '爵士乐' — 'Jazz'

| 盆栽 | 公园 | 切花 | 生长期 |
|---|---|---|---|
| ● | ● | ○ | 30天 |

30cm

### '摇滚乐' — 'Rock Music'

| 盆栽 | 公园 | 切花 | 生长期 |
|---|---|---|---|
| ● | ● | ○ | 36天 |

30cm

'贝尼托' 'Benito'

| 盆栽 | 公园 | 切花 | 生长期 |
|---|---|---|---|
| ● | | ○ | 50天 |

<40cm

 '桑巴舞' 'Samba'

| 盆栽 | 公园 | 切花 | 生长期 |
|---|---|---|---|
| ● | | ○ | 60天 |

50cm

 '黑天鹅' 'Royal Velvet'

| 盆栽 | 公园 | 切花 | 生长期 |
|---|---|---|---|
| ● | | | 50天 |

60cm

 '花瓶' 'Gervase'

| 盆栽 | 公园 | 切花 | 生长期 |
|---|---|---|---|
| ● | | | 50天 |

60cm

 '纽曼' 'Emanuelle'

| 盆栽 | 公园 | 切花 | 生长期 |
|---|---|---|---|
| ● | ● | ○ | 30天 |

55cm

 '粉色惊奇' 'Pink Surprise'

| 盆栽 | 公园 | 切花 | 生长期 |
|---|---|---|---|
| ● | ● | | 50天 |

60cm

 '花边石竹' 'Picotee'

| 盆栽 | 公园 | 切花 | 生长期 |
|---|---|---|---|
| ● | ● | | 65天 |

60cm

 '当红明星' 'Terra Cotta Star'

| 盆栽 | 公园 | 切花 | 生长期 |
|---|---|---|---|
| ● | | ○ | 60天 |

55cm

 '诱惑' 'Temptation'

| 盆栽 | 公园 | 切花 | 生长期 |
|---|---|---|---|
| ● | | ● | 50天 |

65cm

 '紫雨' 'Purple Rain'

| 盆栽 | 公园 | 切花 | 生长期 |
|---|---|---|---|
| ● | | ● | 60天 |

60cm

**'柠檬'**     'Lemon Lime'

| 盆栽 | 公园 | 切花 | 生长期 |
|---|---|---|---|
| ● | ● | ○ | 30天 |

50cm

**'杏色冰糕'**     'Apricot Parfait'

| 盆栽 | 公园 | 切花 | 生长期 |
|---|---|---|---|
| ● | ● | ○ | 40天 |

60cm

**'芭蕾舞女'**     'Baledino'

| 盆栽 | 公园 | 切花 | 生长期 |
|---|---|---|---|
| ● | ● | ○ | 30天 |

34cm

**'霓虹灯'**     'Neon Eon'

| 盆栽 | 公园 | 切花 | 生长期 |
|---|---|---|---|
| ● | ● | ● | 30天 |

60cm

**'阿弗雷'**     'Alfresco'

| 盆栽 | 公园 | 切花 | 生长期 |
|---|---|---|---|
| ● | ● | ○ | 40天 |

50cm

**'黛丝'**     'Daisy'

| 盆栽 | 公园 | 切花 | 生长期 |
|---|---|---|---|
| ● | ● | ○ | 40天 |

50cm

**'爱神（蝴蝶）'**     'Aphrodite'

| 盆栽 | 公园 | 切花 | 生长期 |
|---|---|---|---|
| ● | ● | ○ | 35天 |

50cm

**'北极女神'**     'Arctic Nymph'

| 盆栽 | 公园 | 切花 | 生长期 |
|---|---|---|---|
| ● | ● | ○ | 50天 |

45cm

**'派比奥'**     'Papilio'

| 盆栽 | 公园 | 切花 | 生长期 |
|---|---|---|---|
| ● | ● | ○ | 40天 |

30cm

**'爱莫丝'**     'Amorice'

| 盆栽 | 公园 | 切花 | 生长期 |
|---|---|---|---|
| ● | ● | ○ | 40天 |

55cm

### '异域孔雀'  'Exotic Peacock'

| 盆栽 | 公园 | 切花 | 生长期 |
|---|---|---|---|
| ● | ● | ○ | 45天 |

40cm · C · Z 7/-10 · number 7/8

### '天后'  'Diva'

| 盆栽 | 公园 | 切花 | 生长期 |
|---|---|---|---|
| ● | ● | ○ | 35天 |

45cm · C · Z 7/-10 · number 7/8

### '红孔雀'  'Red Peacock'

| 盆栽 | 公园 | 切花 | 生长期 |
|---|---|---|---|
| ● | ● | ● | 35天 |

60cm · C · Z 7/-10 · number 9/-10

### '帕萨迪纳'  'Pasadena'

| 盆栽 | 公园 | 切花 | 生长期 |
|---|---|---|---|
| ● | ● | ○ | 35天 |

50cm · C · Z 7/-10 · number 9/-10

### '樱桃妮芙'  'Cherry Nymph'

| 盆栽 | 公园 | 切花 | 生长期 |
|---|---|---|---|
| ● | ● | ● | 40天 |

50cm · C · Z 7/-10 · number 7/8

### '双龙'  'Double Dragon'

| 盆栽 | 公园 | 切花 | 生长期 |
|---|---|---|---|
| ● | ● | ● | 40天 |

45cm · C · Z 7/-10 · number 9/-10

### '双迹'  'Double Record'

| 盆栽 | 公园 | 切花 | 生长期 |
|---|---|---|---|
| ● | ● | ○ | 40天 |

45cm · C · Z 7/-10 · number 7/8

### '双梦'  'Double Dream'

| 盆栽 | 公园 | 切花 | 生长期 |
|---|---|---|---|
| ● | ● | ○ | 40天 |

45cm · C · Z 7/-10 · number 11/-12

### '异域仙女'  'Exotic Nymph'

| 盆栽 | 公园 | 切花 | 生长期 |
|---|---|---|---|
| ● | ● | ● | 40天 |

40cm · C · Z 7/-10 · number 9/-10

### '双重惊喜'  'Double Delicious'

| 盆栽 | 公园 | 切花 | 生长期 |
|---|---|---|---|
| ● | ● | ● | 35天 |

50cm · C · Z 7/-10 · number 7/8

**'火焰孔雀'**      'Flaming Peacock'

| 盆栽 | 公园 | 切花 | 生长期 |
|---|---|---|---|
| ● | | ○ | 45天 |

40cm | C | Z 7/-40 | number 7/8

**'珍妮小姐'**      'Lady Jane'

| 盆栽 | 公园 | 切花 | 生长期 |
|---|---|---|---|
| ● | | ○ | 40天 |

40cm | C | Z 7/-40 | number 7/8

**'玛里琳'**      'Marilyn'

| 盆栽 | 公园 | 切花 | 生长期 |
|---|---|---|---|
| ● | | ● | 40天 |

40cm | C | Z 7/-40 | number 6/7

**'仙女'**      'Nymph'

| 盆栽 | 公园 | 切花 | 生长期 |
|---|---|---|---|
| ● | | ● | 40天 |

50cm | C | Z 7/-40 | number 6/7

**'阳光仙女'**      'Sunny Nymph'

| 盆栽 | 公园 | 切花 | 生长期 |
|---|---|---|---|
| ● | | ● | 30天 |

50cm | C | Z 7/-40 | number 9/10

**'粉色荣耀'**      'Pink Honor'

| 盆栽 | 公园 | 切花 | 生长期 |
|---|---|---|---|
| ● | | ○ | 50天 |

50cm | C | Z 7/-40 | number 5/6

**'美丽仙女'**      'Pretty Nymph'

| 盆栽 | 公园 | 切花 | 生长期 |
|---|---|---|---|
| ● | | ● | 35天 |

45cm | C | Z 7/-40 | number 6/7

**'红妮芙'**      'Red Nymph'

| 盆栽 | 公园 | 切花 | 生长期 |
|---|---|---|---|
| ● | | ○ | 40天 |

50cm | C | Z 7/-40 | number 8/9

**'舞后'**      'Dancing Queen'

| 盆栽 | 公园 | 切花 | 生长期 |
|---|---|---|---|
| ● | | ● | 35天 |

45cm | C | Z 7/-40 | number 11/12

**'精灵'**      'Elvas'

| 盆栽 | 公园 | 切花 | 生长期 |
|---|---|---|---|
| ● | | ○ | 35天 |

40cm | C | Z 7/-40 | number 8/9

荷兰朱顶红 红妮芙

# Dahlia pinnata
# 大丽花

菊科大丽花属多年生草本花卉，原产墨西哥，象征大方、富丽。棒状肉质块根，茎直立，多分枝，头状花序。栽培品种甚多，几乎任何色彩都有，是世界著名的观赏花卉，遍布于各地庭园之中。性喜阳光和疏松肥沃、排水好的土壤。怕干旱，忌积水。喜凉爽气候，气温在20℃左右生长最佳，华北等地栽种从晚春到深秋均能生长良好。花期长，开春种植，6-7月盛花，盛夏后再度开花。非常适宜花坛、花境或庭前丛植；矮生品种可作盆栽;花朵可用于制作切花、花篮、花环等。

### '起飞'　'Take Off'

| 盆栽 | 公园 | 切花 | 花色 | 类型 |
|---|---|---|---|---|
| ○ | ● | ○ | 粉底白心 | 银莲花型 |

90cm | time月 6/7 | Z 8/40

### '斗牛舞'　'Freya's Paso Doble'

| 盆栽 | 公园 | 切花 | 花色 | 类型 |
|---|---|---|---|---|
| ○ | ● | ○ | 白底黄心 | 银莲花型 |

90cm | time月 6/7 | Z 8/40

### '简舞'　'Jive'

| 盆栽 | 公园 | 切花 | 花色 | 类型 |
|---|---|---|---|---|
| ○ | ● | ○ | 橙红 | 银莲花型 |

90cm | time月 6/7 | Z 8/40

### '图图'　'TuTu'

| 盆栽 | 公园 | 切花 | 花色 | 类型 |
|---|---|---|---|---|
| ○ | ● | ○ | 白 | 半仙人掌型 |

110cm | time月 6/7 | Z 8/40

### '塞尚画廊'　'Cezanne's Gallery'

| 盆栽 | 公园 | 切花 | 花色 | 类型 |
|---|---|---|---|---|
| ● | ○ | ○ | 黄 | 装饰型 |

25cm | time月 7/9 | Z 8/40

### '百丽画廊'　'Belle Gallery'

| 盆栽 | 公园 | 切花 | 花色 | 类型 |
|---|---|---|---|---|
| ● | ○ | ○ | 粉奶黄 | 装饰型 |

35cm | time月 7/9 | Z 8/40

1

2

3

4

5

6

### '眼镜蛇画廊' 'Cobra Gallery'

| 盆栽 | 公园 | 切花 | 花色 | 类型 |
|---|---|---|---|---|
| ● | ● | ○ | 橙红 | 装饰型 |

30cm

### '博览会画廊' 'Exhibition Gallery'

| 盆栽 | 公园 | 切花 | 花色 | 类型 |
|---|---|---|---|---|
| ● | ● | ○ | 白 | 装饰型 |

30cm

### '蓝色愿望' 'Blue Desire'

| 盆栽 | 公园 | 切花 | 花色 | 类型 |
|---|---|---|---|---|
| ○ | ● | ○ | 白色紫尖 | 装饰型 |

90cm

### '巴巴罗萨' 'Baba Rossa'

| 盆栽 | 公园 | 切花 | 花色 | 类型 |
|---|---|---|---|---|
| ○ | ● | ● | 红 | 装饰型 |

100cm

### '格子' 'Contraste'

| 盆栽 | 公园 | 切花 | 花色 | 类型 |
|---|---|---|---|---|
| ○ | ● | ● | 紫色白尖 | 装饰型 |

110cm

### '阳光女孩' 'Sunshine Girl'

| 盆栽 | 公园 | 切花 | 花色 | 类型 |
|---|---|---|---|---|
| ● | ● | ● | 黄 | 装饰型 |

90cm

### '道纳姆皇家' 'Downham Royal'

| 盆栽 | 公园 | 切花 | 花色 | 类型 |
|---|---|---|---|---|
| ○ | ● | ● | 紫 | 绒球型 |

115cm

### '牛奶咖啡' 'Cafe Au Lait'

| 盆栽 | 公园 | 切花 | 花色 | 类型 |
|---|---|---|---|---|
| ● | ● | ● | 渐变 | 装饰型 |

100cm

### '无价的粉' 'Invaluable Pink'

| 盆栽 | 公园 | 切花 | 花色 | 类型 |
|---|---|---|---|---|
| ● | ● | ○ | 粉白条纹 | 莲座花型 |

70cm

### '桑坦德' 'Santander'

| 盆栽 | 公园 | 切花 | 花色 | 类型 |
|---|---|---|---|---|
| ○ | ● | ○ | 白色粉点 | 装饰型 |

110cm

'视错觉'　'Optic Ilusion'

| 盆栽 | 公园 | 切花 | 花色 | 类型 |
|---|---|---|---|---|
| ○ | ● | ○ | 紫白双色 | 装饰型 |

100cm

'白色砰砰'　'Boom Boom White'

| 盆栽 | 公园 | 切花 | 花色 | 类型 |
|---|---|---|---|---|
| ○ | ● | ● | 白 | 圆球型 |

90cm

'海莉简'　'Hayley Jane'

| 盆栽 | 公园 | 切花 | 花色 | 类型 |
|---|---|---|---|---|
| ○ | ● | ○ | 白色紫尖 | 仙人掌型 |

130cm

'园艺秀'　'Gardening Show'

| 盆栽 | 公园 | 切花 | 花色 | 类型 |
|---|---|---|---|---|
| ○ | ● | ● | 白粉 | 银莲花型 |

90cm

'爆炸'　'Explosion'

| 盆栽 | 公园 | 切花 | 花色 | 类型 |
|---|---|---|---|---|
| ● | ● | ○ | 黄色红点 | 装饰型 |

90cm

'黑暗'　'Dark Fubuki'

| 盆栽 | 公园 | 切花 | 花色 | 类型 |
|---|---|---|---|---|
| ○ | ● | ○ | 深红 | 流苏型 |

90cm

'莱斯特主教'　'Bishop of Leicester'

| 盆栽 | 公园 | 切花 | 花色 | 类型 |
|---|---|---|---|---|
| ○ | ● | ○ | 白粉 | 芍药花型 |

90cm

'皮皮'　'Pippi'

| 盆栽 | 公园 | 切花 | 花色 | 类型 |
|---|---|---|---|---|
| ○ | ● | ○ | 橙色红条纹 | 装饰型 |

100cm

'兰开斯特主教'　'Bishop of Leicester'

| 盆栽 | 公园 | 切花 | 花色 | 类型 |
|---|---|---|---|---|
| ○ | ● | ○ | 红 | 芍药花型 |

90cm

'魅力'　'Fascination'

| 盆栽 | 公园 | 切花 | 花色 | 类型 |
|---|---|---|---|---|
| ● | ● | ● | 紫 | 芍药花型 |

70cm

### '梅尔的桔子酱' 'Mel's Orange Marmalade'

| 盆栽 | 公园 | 切花 | 花色 | 类型 |
|---|---|---|---|---|
| ● | | | 橙 | 流苏型 |

80cm

### '巴比伦' 'Babylon Brons Gevlamd'

| 盆栽 | 公园 | 切花 | 花色 | 类型 |
|---|---|---|---|---|
| ○ | ● | | 橙色红点 | 装饰型 |

110cm

### '大理石' 'Marble Ball'

| 盆栽 | 公园 | 切花 | 花色 | 类型 |
|---|---|---|---|---|
| ○ | ● | | 淡紫 | 装饰型 |

70cm

### '十字架' 'Topmix Rood'

| 盆栽 | 公园 | 切花 | 花色 | 类型 |
|---|---|---|---|---|
| | | ○ | 红 | 其他花型 |

50cm

### '热那亚' 'Genova'

| 盆栽 | 公园 | 切花 | 花色 | 类型 |
|---|---|---|---|---|
| | ● | ● | 白粉 | 圆球型 |

70cm

### '阳光男孩' 'Sunny boy'

| 盆栽 | 公园 | 切花 | 花色 | 类型 |
|---|---|---|---|---|
| ○ | ● | ● | 橙黄 | 霞光绒球型 |

110cm

### '爱丁堡' 'Edinburgh'

| 盆栽 | 公园 | 切花 | 花色 | 类型 |
|---|---|---|---|---|
| ○ | ● | ○ | 白紫 | 圆球型 |

120cm

### '娜塔莉' 'Nathali'

| 盆栽 | 公园 | 切花 | 花色 | 类型 |
|---|---|---|---|---|
| ○ | ● | ○ | 渐变 | 圆球型 |

110cm

### '霞光' 'New Baby'

| 盆栽 | 公园 | 切花 | 花色 | 类型 |
|---|---|---|---|---|
| ○ | ● | ● | 橙黄 | 圆球型 |

110cm

## 番红花　*Crocus satius*

### '珍妮'　'Jeanne d'Arc'

| 盆栽 | 公园 | 切花 | 花期 |
|---|---|---|---|
| • | • | ○ | 早春 |

10cm　Z 3/8

### '完美君主'　'King of the Striped'

| 盆栽 | 公园 | 切花 | 花期 |
|---|---|---|---|
| • | • | ○ | 早春 |

10cm　Z 3/8

### '匹克威克'　'Pickwick'

| 盆栽 | 公园 | 切花 | 花期 |
|---|---|---|---|
| • | • | ○ | 早春 |

10cm　Z 3/8

### '纪念品'　'Remembrance'

| 盆栽 | 公园 | 切花 | 花期 |
|---|---|---|---|
| • | • | ○ | 早春 |

70cm　Z 3/8

### '蓝珍珠'　'Blue Pearl'

| 盆栽 | 公园 | 切花 | 花期 |
|---|---|---|---|
| • | • | ○ | 早春 |

70cm　Z 3/8

### '福斯科'　'Fuscotinctus'

| 盆栽 | 公园 | 切花 | 花期 |
|---|---|---|---|
| • | • | ○ | 早春 |

70cm　Z 3/8

**'花仙子'**     'Flower Record'

| 盆栽 | 公园 | 切花 | 花期 |
|------|------|------|------|
| ● | ● | ○ | 早春 |

10cm · Z 3/7/8

**'金色美丽'**     'Golden Yellow Geel'

| 盆栽 | 公园 | 切花 | 花期 |
|------|------|------|------|
| ● | ● | ○ | 早春 |

10cm · Z 3/7/8

葡萄风信子 *Muscari botryoides*

**'海洋的魔法'**     'Ocean Magic'

| 盆栽 | 公园 | 切花 | 花期 |
|------|------|------|------|
| ● | ● | ○ | 仲春 |

20cm · Z 4/8

**'亚美尼亚蓝壶花'**     'Armeniacum'

| 盆栽 | 公园 | 切花 | 花期 |
|------|------|------|------|
| ● | ● | ○ | 仲春 |

20cm · Z 4/8

**'黑眼睛'**     'Dark Eyes'

| 盆栽 | 公园 | 切花 | 花期 |
|------|------|------|------|
| ● | ● | ○ | 仲春 |

20cm · Z 4/8

**'日出'**     'Pink Sunrise'

| 盆栽 | 公园 | 切花 | 花期 |
|------|------|------|------|
| ● | ● | ○ | 仲春 |

20cm · Z 4/8

**'蔚蓝'**     'Azureum'

| 盆栽 | 公园 | 切花 | 花期 |
|------|------|------|------|
| ● | ● | ○ | 仲春 |

20cm · Z 4/8

**'白色丽人'**     'White Beauty'

| 盆栽 | 公园 | 切花 | 花期 |
|------|------|------|------|
| ● | ● | ○ | 仲春 |

20cm · Z 4/8

香雪兰 *Freesia refracta*

**'凡蒂尼'**     'Fideloi'

| 盆栽 | 公园 | 切花 | 生长期 |
|------|------|------|------|
| ● | ○ | ● | 6~8周 |

40-55cm · C · Z 9/11

**'阳光'**     'Fragant Sunburst'

| 盆栽 | 公园 | 切花 | 生长期 |
|------|------|------|------|
| ● | ○ | ● | 6~8周 |

40-55cm · C · Z 9/11

## '格洛普' 'Rena'

| 盆栽 | 公园 | 切花 | 生长期 |
|---|---|---|---|
| ● | ○ | ○ | 6~8周 |

40-55cm　Z 9/11

## '辣舞' 'Lovely White'

| 盆栽 | 公园 | 切花 | 生长期 |
|---|---|---|---|
| ● | ○ | ○ | 6~8周 |

40-55cm　Z 9/11

## '巴瑞' 'Bari'

| 盆栽 | 公园 | 切花 | 生长期 |
|---|---|---|---|
| | ○ | ○ | 6~8周 |

30-40cm　Z 9/11

## '湖' 'Lovely Lake'

| 盆栽 | 公园 | 切花 | 生长期 |
|---|---|---|---|
| ● | ○ | ○ | 6~8周 |

40-55cm　Z 9/11

## '维亚' 'Viareggio'

| 盆栽 | 公园 | 切花 | 生长期 |
|---|---|---|---|
| ● | ○ | ○ | 6~8周 |

30-40cm　Z 9/11

## '佛罗' 'Florence'

| 盆栽 | 公园 | 切花 | 生长期 |
|---|---|---|---|
| ● | ○ | ○ | 6~8周 |

30-40cm　Z 9/11

## '博洛尼亚' 'Bologna'

| 盆栽 | 公园 | 切花 | 生长期 |
|---|---|---|---|
| ● | ○ | ○ | 6~8周 |

30-40cm　Z 9/11

## '安科纳' 'Ancona'

| 盆栽 | 公园 | 切花 | 生长期 |
|---|---|---|---|
| ● | ○ | ○ | 6~8周 |

30-40cm　Z 9/11

## '钻石' 'Shine Diamond'

| 盆栽 | 公园 | 切花 | 生长期 |
|---|---|---|---|
| ○ | ○ | ● | 6~8周 |

30-40cm　Z 9/11

## '帕洛玛' 'Paloma'

| 盆栽 | 公园 | 切花 | 生长期 |
|---|---|---|---|
| ○ | ○ | ● | 6~8周 |

30-40cm　Z 9/11

1

2

3

4

5

6

7

8

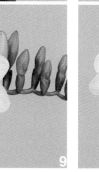

9

10

**'宏伟'** 'Grandeur'

| 盆栽 | 公园 | 切花 | 生长期 |
|---|---|---|---|
| ○ | ○ | ● | 6~8周 |

30-40cm | C | Z 9/11

**'蓝河'** 'Blue River'

| 盆栽 | 公园 | 切花 | 生长期 |
|---|---|---|---|
| ○ | ○ | ● | 6~8周 |

30-40cm | C | Z 9/11

**'阿维尼翁'** 'Avignon'

| 盆栽 | 公园 | 切花 | 生长期 |
|---|---|---|---|
| ○ | ○ | ● | 6~8周 |

30-40cm | C | Z 9/11

**'摩纳哥'** 'Monaco'

| 盆栽 | 公园 | 切花 | 生长期 |
|---|---|---|---|
| ○ | ○ | ● | 6~8周 |

30-40cm | C | Z 9/11

**'粉色激情'** 'Pink Passion'

| 盆栽 | 公园 | 切花 | 生长期 |
|---|---|---|---|
| ○ | ○ | ● | 6~8周 |

30-40cm | C | Z 9/11

**'红色激情'** 'Red Passion'

| 盆栽 | 公园 | 切花 | 生长期 |
|---|---|---|---|
| ○ | ○ | ● | 6~8周 |

30-40cm | C | Z 9/11

**'黑醋栗'** 'Cassis'

| 盆栽 | 公园 | 切花 | 生长期 |
|---|---|---|---|
| ○ | ○ | ● | 6~8周 |

30-40cm | C | Z 9/11

**'苏蕾'** 'Soleil'

| 盆栽 | 公园 | 切花 | 生长期 |
|---|---|---|---|
| ○ | ○ | ● | 6~8周 |

30-40cm | C | Z 9/11

**荷兰鸢尾** *Iris tectorum*

**'阿波罗'** 'Apollo'

| 盆栽 | 公园 | 切花 | 花期 |
|---|---|---|---|
| ○ | ● | ● | 仲春 |

70cm | Z 4/9

**'发现'** 'Discovery'

| 盆栽 | 公园 | 切花 | 花期 |
|---|---|---|---|
| ○ | ● | ● | 仲春 |

70cm | Z 4/9

'卡萨布兰卡'　'Casablanca'

| 盆栽 | 公园 | 切花 | 花期 |
|---|---|---|---|
| ○ | ● | ● | 仲春 |

70cm　Z 4-7 9

'金色美丽'　'Golden Yellow-Geel'

| 盆栽 | 公园 | 切花 | 花期 |
|---|---|---|---|
| ○ | ● | ● | 仲春 |

70cm　Z 4-7 9

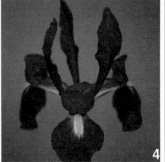

'布朗教授'　'Prof Blaauw'

| 盆栽 | 公园 | 切花 | 花期 |
|---|---|---|---|
| ○ | ● | ● | 仲春 |

70cm　Z 4-7 9

'电子星'　'Telstar'

| 盆栽 | 公园 | 切花 | 花期 |
|---|---|---|---|
| ○ | ● | ● | 仲春 |

70cm　Z 4-7 9

银莲花　Anemone cathayensis

'旗舰'　'Coronaria Admiral'

| 盆栽 | 公园 | 切花 | 花期 |
|---|---|---|---|
| ● | ● | ● | 仲春 |

25~40cm　Z 7-10

'荷兰美人'　'Holland Beauty'

| 盆栽 | 公园 | 切花 | 花期 |
|---|---|---|---|
| ● | ● | ● | 仲春 |

25~40cm　Z 7-10

'爱尔兰总督'　Coronaria Lord Lieutenant'

| 盆栽 | 公园 | 切花 | 花期 |
|---|---|---|---|
| ● | ● | ● | 仲春 |

25~40cm　Z 7-10

'珠穆朗玛峰'　'Mount Everest'

| 盆栽 | 公园 | 切花 | 花期 |
|---|---|---|---|
| ● | ● | ● | 仲春 |

25~40cm　Z 7-10

'双色美人'　'Coronaria Bicolor'

| 盆栽 | 公园 | 切花 | 花期 |
|---|---|---|---|
| ● | ● | ● | 仲春 |

25~40cm　Z 7-10

'新娘'　'Bride'

| 盆栽 | 公园 | 切花 | 花期 |
|---|---|---|---|
| ● | ● | ● | 仲春 |

25~40cm　Z 7-10

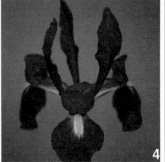

**'白调'**    'Blanda White Splendour'

| 盆栽 | 公园 | 切花 | 花期 |
|---|---|---|---|
| ● | ● | ○ | 仲春 |

10-15cm   Z 5/8

**'蓝调'**    'Blanda Blue Shades'

| 盆栽 | 公园 | 切花 | 花期 |
|---|---|---|---|
| ● | ● | ○ | 仲春 |

10-15cm   Z 5/8

### 玉米百合 *Ixia*

**'巨人'**    'Giant'

| 盆栽 | 公园 | 切花 | 花期 |
|---|---|---|---|
| ● | ● | ○ | 5~6月 |

45-60cm   Z 8/10

**'霍加斯'**    'Hogarth'

| 盆栽 | 公园 | 切花 | 花期 |
|---|---|---|---|
| ● | ● | ○ | 5~6月 |

45-60cm   Z 8/10

**'梅布尔'**    'Mabel'

| 盆栽 | 公园 | 切花 | 花期 |
|---|---|---|---|
| ● | ● | ○ | 5~6月 |

45-60cm   Z 8/10

**'乌奎特'**    'Marquette'

| 盆栽 | 公园 | 切花 | 花期 |
|---|---|---|---|
| ● | ● | ○ | 5~6月 |

45-60cm   Z 8/10

**'聚光灯'**    'Spoting'

| 盆栽 | 公园 | 切花 | 花期 |
|---|---|---|---|
| ● | ● | ○ | 5~6月 |

45-60cm   Z 8/10

**'维纳斯'**    'Venus'

| 盆栽 | 公园 | 切花 | 花期 |
|---|---|---|---|
| ● | ● | ○ | 5~6月 |

45-60cm   Z 8/10

**'皇帝'**    'Yellow Emperor'

| 盆栽 | 公园 | 切花 | 花期 |
|---|---|---|---|
| ● | ● | ○ | 5~6月 |

45-60cm   Z 8/10

### 雪片莲 *Leucojum vernum*

**'巨头'**    'Graveteye Giant'

| 盆栽 | 公园 | 切花 | 花期 |
|---|---|---|---|
| ● | ● | ○ | 春季 |

40-60cm   Z 4/9

## 秋水仙 *Colchicum autumnale*

### '白睡莲' 'Alboplenum'

| 盆栽 | 公园 | 切花 | 花期 |
|---|---|---|---|
| • | • | ○ | 9~10月 |

10-15cm　Z 4/8

### '粉睡莲' 'Waterlily'

| 盆栽 | 公园 | 切花 | 花期 |
|---|---|---|---|
| • | • | ○ | 9~10月 |

10-15cm　Z 4/8

## 花韭 *Ipheion Uniflorum*

### '红依' 'Charlotte Bishop'

| 盆栽 | 公园 | 切花 | 花期 |
|---|---|---|---|
| • | • | ○ | 6~10月 |

15-200cm　Z 6/9

### '蓝菲' 'Rolf Fiedler'

| 盆栽 | 公园 | 切花 | 花期 |
|---|---|---|---|
| • | • | ○ | 6~10月 |

30-45cm　Z 7/11

### '白雾' 'Alberto Castillo'

| 盆栽 | 公园 | 切花 | 花期 |
|---|---|---|---|
| • | • | ○ | 6~10月 |

30-45cm　Z 7/11

### '蓝薇' 'Wisley Blue'

| 盆栽 | 公园 | 切花 | 花期 |
|---|---|---|---|
| • | • | ○ | 6~10月 |

30-45cm　Z 7/11

## 立金花 *Lachenalia*

### '皮尔森'

| 盆栽 | 公园 | 切花 | 花期 |
|---|---|---|---|
| • | ○ | ○ | 12~2月 |

20-30cm　Z 9/10

### '绿松石'

| 盆栽 | 公园 | 切花 | 花期 |
|---|---|---|---|
| • | ○ | ○ | 12~2月 |

20-30cm　Z 9/10

### '四色立金花'

| 盆栽 | 公园 | 切花 | 花期 |
|---|---|---|---|
| • | ○ | ○ | 12~2月 |

20-30cm　Z 9/10

### '细斑'

| 盆栽 | 公园 | 切花 | 花期 |
|---|---|---|---|
| • | ○ | ○ | 12~2月 |

20-30cm　Z 9/10

**'马修斯'**

| 盆栽 | 公园 | 切花 | 花期 |
|---|---|---|---|
| ● | ○ | ○ | 12~2月 |

20-30cm　Z 9⁄7 4⁄10

**'泡叶'**

| 盆栽 | 公园 | 切花 | 花期 |
|---|---|---|---|
| ● | ○ | ○ | 12~2月 |

20-30cm　Z 9⁄7 4⁄10

**'玫瑰'**

| 盆栽 | 公园 | 切花 | 花期 |
|---|---|---|---|
| ● | ○ | ○ | 12~2月 |

20-30cm　Z 9⁄7 4⁄10

**'红宝石'**

| 盆栽 | 公园 | 切花 | 花期 |
|---|---|---|---|
| ● | ○ | ○ | 6~10月 |

20-30cm　Z 9⁄7 4⁄10

**'多变'**

| 盆栽 | 公园 | 切花 | 花期 |
|---|---|---|---|
| ● | ○ | ○ | 6~10月 |

20-30cm　Z 9⁄7 4⁄10

紫灯花　*Brodiaea*

**'水瓶座'**　　　　'Aquarius'

| 盆栽 | 公园 | 切花 | 花期 |
|---|---|---|---|
| ● | ○ | ○ | 5~6月 |

30-45cm　Z 6⁄7 2⁄9

**'蓝调'**　　　　'Blues'

| 盆栽 | 公园 | 切花 | 花期 |
|---|---|---|---|
| ● | ○ | ○ | 5~6月 |

30-45cm　Z 6⁄7 2⁄9

**'风信子'**　　　　'Hyacinthina'

| 盆栽 | 公园 | 切花 | 花期 |
|---|---|---|---|
| ● | ○ | ○ | 5~6月 |

30-45cm　Z 6⁄7 2⁄9

**'科琳娜'**　　　　'Corrina'

| 盆栽 | 公园 | 切花 | 花期 |
|---|---|---|---|
| ● | ○ | ○ | 5~6月 |

30-45cm　Z 6⁄7 2⁄9

**'狐仙'**　　　　'Foxy'

| 盆栽 | 公园 | 切花 | 花期 |
|---|---|---|---|
| ● | ○ | ○ | 5~6月 |

30-45cm　Z 6⁄7 2⁄9

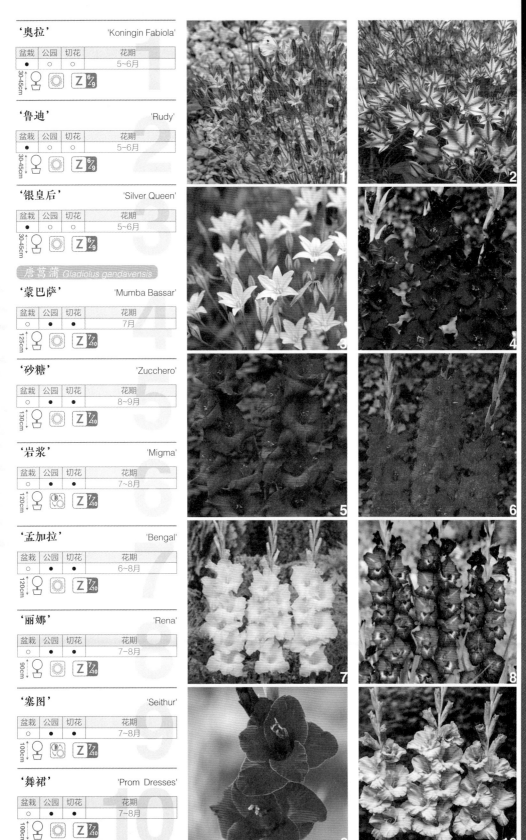

**'奥拉'**      'Koningin Fabiola'

| 盆栽 | 公园 | 切花 | 花期 |
|---|---|---|---|
| ● | ○ | ○ | 5~6月 |

30~45cm    Z 6/7 9

**'鲁迪'**      'Rudy'

| 盆栽 | 公园 | 切花 | 花期 |
|---|---|---|---|
| ● | ○ | ○ | 5~6月 |

30~45cm    Z 6/7 9

**'银皇后'**      'Silver Queen'

| 盆栽 | 公园 | 切花 | 花期 |
|---|---|---|---|
| ● | ○ | ○ | 5~6月 |

30~45cm    Z 6/7 9

**唐菖蒲** *Gladiolus gandavensis*

**'蒙巴萨'**      'Mumba Bassar'

| 盆栽 | 公园 | 切花 | 花期 |
|---|---|---|---|
| ○ | | | 7月 |

125cm    Z 7/7 10

**'砂糖'**      'Zucchero'

| 盆栽 | 公园 | 切花 | 花期 |
|---|---|---|---|
| ○ | ● | ● | 8~9月 |

130cm    Z 7/7 10

**'岩浆'**      'Migma'

| 盆栽 | 公园 | 切花 | 花期 |
|---|---|---|---|
| ○ | ● | ● | 7~8月 |

120cm    Z 7/7 10

**'孟加拉'**      'Bengal'

| 盆栽 | 公园 | 切花 | 花期 |
|---|---|---|---|
| ○ | ● | ● | 6~8月 |

120cm    Z 7/7 10

**'丽娜'**      'Rena'

| 盆栽 | 公园 | 切花 | 花期 |
|---|---|---|---|
| ○ | ● | ● | 7~8月 |

90cm    Z 7/7 10

**'塞图'**      'Seithur'

| 盆栽 | 公园 | 切花 | 花期 |
|---|---|---|---|
| ○ | ● | ● | 7~8月 |

100cm    Z 7/7 10

**'舞裙'**      'Prom Dresses'

| 盆栽 | 公园 | 切花 | 花期 |
|---|---|---|---|
| ○ | ● | ● | 7~8月 |

100cm    Z 7/7 10

### '柠檬' 　　　　　　　'Lemon'

| 盆栽 | 公园 | 切花 | 花期 |
|---|---|---|---|
| ○ | ● | ● | 7~8月 |

140cm

### '黛米' 　　　　　　　'Di Moore'

| 盆栽 | 公园 | 切花 | 花期 |
|---|---|---|---|
| ○ | ● | ● | 7~8月 |

100cm

### '粉色女士' 　　　　　　'Madam Pink'

| 盆栽 | 公园 | 切花 | 花期 |
|---|---|---|---|
| ○ | ● | ● | 8~9月 |

110cm

### '斯塔尔' 　　　　　　　'Starr'

| 盆栽 | 公园 | 切花 | 花期 |
|---|---|---|---|
| ○ | ● | ● | 6~8月 |

120cm

## 姜荷花 *Crocus satius*

### '清迈粉' 　　　　　　'Chiang Mai Pink'

| 盆栽 | 公园 | 切花 | 花期 |
|---|---|---|---|
| ● | ● | ● | 7~10月 |

90cm

### '紫影' 　　　　　　　'Shadow'

| 盆栽 | 公园 | 切花 | 花期 |
|---|---|---|---|
| ● | ● | ● | 7~10月 |

90cm

### '黎明' 　　　　　　　'Sunrise'

| 盆栽 | 公园 | 切花 | 花期 |
|---|---|---|---|
| ● | ● | ● | 7~10月 |

90cm

### '白雪公主' 　　　　　　'Snow White'

| 盆栽 | 公园 | 切花 | 花期 |
|---|---|---|---|
| ● | ● | ● | 7~10月 |

90cm

## 球根海棠 *Begonia*

### '山茶泡泡' 　　　　　　'Hybrid Gamelia'

| 盆栽 | 公园 | 切花 | 花期 |
|---|---|---|---|
| ● | | ○ | 夏秋 |

25~30cm

### '山茶 999' 　　　　　　'Superba Scarlet'

| 盆栽 | 公园 | 切花 | 花期 |
|---|---|---|---|
| ● | | ○ | 夏秋 |

25cm

### '山茶柠檬'　'Superba Yellow'

| 盆栽 | 公园 | 切花 | 花期 |
|---|---|---|---|
| ● | ● | ○ | 夏秋 |

25cm

### '山茶白雪'　'Superba White'

| 盆栽 | 公园 | 切花 | 花期 |
|---|---|---|---|
| ● | ● | ○ | 夏秋 |

25cm

### '山茶富贵'　'Supeba Salmon'

| 盆栽 | 公园 | 切花 | 花期 |
|---|---|---|---|
| ● | ● | ○ | 夏秋 |

25cm

### '小鱼红色'　'Pendula Scarlet'

| 盆栽 | 公园 | 切花 | 花期 |
|---|---|---|---|
| ● | ● | ○ | 夏秋 |

25-30cm

### '小鱼粉色'　'Pendula Pink'

| 盆栽 | 公园 | 切花 | 花期 |
|---|---|---|---|
| ● | ● | ○ | 夏秋 |

25-30cm

### '小鱼黄色'　'Pendula Yellow'

| 盆栽 | 公园 | 切花 | 花期 |
|---|---|---|---|
| ● | ● | ○ | 夏秋 |

25-30cm

### '小鱼白色'　'Pendua White'

| 盆栽 | 公园 | 切花 | 花期 |
|---|---|---|---|
| ● | ● | ○ | 夏秋 |

25-30cm

### '小鱼肉鲑'　'Pendula salmon'

| 盆栽 | 公园 | 切花 | 花期 |
|---|---|---|---|
| ● | ● | ○ | 夏秋 |

25-30cm

### '雅致粉'　'Giant Pendula Cascade Pink'

| 盆栽 | 公园 | 切花 | 花期 |
|---|---|---|---|
| ● | ● | ○ | 夏秋 |

25-30cm

### '雅致红'　'Giant Pendula Cascade Orange'

| 盆栽 | 公园 | 切花 | 花期 |
|---|---|---|---|
| ● | ● | ○ | 夏秋 |

25cm

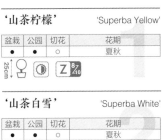

球根植物

郁金香　百合　风信子　洋水仙　彩色马蹄莲　花毛茛　花葱　朱顶红　大丽花

其他

### '雅致黄' 'Giant Pendula Cascade Yellow'

| 盆栽 | 公园 | 切花 | 花期 |
|---|---|---|---|
| ● | ● | ○ | 夏秋 |

25cm

**1**

### '雅致白' 'Giant Pendula Cascade White'

| 盆栽 | 公园 | 切花 | 花期 |
|---|---|---|---|
| ● | ● | ○ | 夏秋 |

25cm

**2**

### '雅致杏' 'Giant Pendula Cascade Abricot'

| 盆栽 | 公园 | 切花 | 花期 |
|---|---|---|---|
| ● | ● | ○ | 夏秋 |

25cm

**3**

### '美丽芭蕾' 'Splendida Bllerina'

| 盆栽 | 公园 | 切花 | 花期 |
|---|---|---|---|
| ● | ● | ○ | 夏秋 |

25-30cm

**4**

### '芳香香槟' 'Odorata Sunny Dream'

| 盆栽 | 公园 | 切花 | 花期 |
|---|---|---|---|
| ● | ● | ○ | 夏秋 |

25-30cm

**5**

### '芳香红' 'Odorata Red Glory'

| 盆栽 | 公园 | 切花 | 花期 |
|---|---|---|---|
| ● | ● | ○ | 夏秋 |

25-30cm

**6**

### '芳香粉' 'Odorata Pink Delight'

| 盆栽 | 公园 | 切花 | 花期 |
|---|---|---|---|
| ● | ● | ○ | 夏秋 |

25-30cm

**7**

### '芳香白' 'Odorata Angelique'

| 盆栽 | 公园 | 切花 | 花期 |
|---|---|---|---|
| ● | ● | ○ | 夏秋 |

25-30cm

**8**

### 风雨兰 *Zephyranthes*

### '胖丽丽' 'Lily Pies'

| 盆栽 | 公园 | 切花 | 花期 |
|---|---|---|---|
| ● | ○ | ○ | 6~10月 |

30-45cm

**9**

### '黑红' 'Lamduan Red'

| 盆栽 | 公园 | 切花 | 花期 |
|---|---|---|---|
| ● | ○ | ○ | 6~10月 |

30-45cm

**10**

## '樱吹雪' 'Sakura Snow'

| 盆栽 | 公园 | 切花 | 花期 |
|---|---|---|---|
| ● | ○ | ○ | 6~10月 |

30-45cm Z 7/41

## '开胃酒' 'Aperitif'

| 盆栽 | 公园 | 切花 | 花期 |
|---|---|---|---|
| ● | ○ | ○ | 6~10月 |

30-45cm Z 7/41

## '国王的赎金' 'King's Ramson'

| 盆栽 | 公园 | 切花 | 花期 |
|---|---|---|---|
| ● | ○ | ○ | 6~10月 |

30-45cm Z 7/41

## '夏天' 'Summer Chill'

| 盆栽 | 公园 | 切花 | 花期 |
|---|---|---|---|
| ● | ○ | ○ | 6~10月 |

30-45cm Z 7/41

## '悸动的心' 'Heart Throb'

| 盆栽 | 公园 | 切花 | 花期 |
|---|---|---|---|
| ● | ○ | ○ | 6~10月 |

30-45cm Z 7/41

## '查尼达' 'Chinda'

| 盆栽 | 公园 | 切花 | 花期 |
|---|---|---|---|
| ● | ○ | ○ | 6~10月 |

30-45cm Z 7/41

## '软绵绵的爱' 'Soft Love'

| 盆栽 | 公园 | 切花 | 花期 |
|---|---|---|---|
| ● | ○ | ○ | 6~10月 |

30-45cm Z 7/41

## '小几何' 'Small Geometric'

| 盆栽 | 公园 | 切花 | 花期 |
|---|---|---|---|
| ● | ○ | ○ | 6~10月 |

30-45cm Z 7/41

## '炽热的爱' 'Young love'

| 盆栽 | 公园 | 切花 | 花期 |
|---|---|---|---|
| ● | ○ | ○ | 6~10月 |

30-45cm Z 7/41

## '钱德拉' 'Yanti Chandra'

| 盆栽 | 公园 | 切花 | 花期 |
|---|---|---|---|
| ● | ○ | ○ | 6~10月 |

30-45cm Z 7/41

1

2

3

4

5

6

7

8

9

10

球根植物

郁金香 百合 风信子 洋水仙 彩色马蹄莲 花毛茛 花葱 朱顶红 大丽花 其他

### '忠诚的魅力'      'Fidelity Charm'

| 盆栽 | 公园 | 切花 | 花期 |
|---|---|---|---|
| ● | ○ | ○ | 6~10月 |

30-45cm   Z 7/-11

### '贵 V'      'Var.Variabilis'

| 盆栽 | 公园 | 切花 | 花期 |
|---|---|---|---|
| ● | ○ | ○ | 6~10月 |

30-45cm   Z 7/-11

### 'GYF'      'Gold Yellow Form'

| 盆栽 | 公园 | 切花 | 花期 |
|---|---|---|---|
| ● | ○ | ○ | 6~10月 |

30-45cm   Z 7/-11

### '惊喜'      'Zodiac Surprise'

| 盆栽 | 公园 | 切花 | 花期 |
|---|---|---|---|
| ● | ○ | ○ | 6~10月 |

30-45cm   Z 7/-11

铃兰 *Convallaria majalis*

### '白色'   'Giant Pendula Cascade White'

| 盆栽 | 公园 | 切花 | 花期 |
|---|---|---|---|
| ● | ● | ○ | 仲晚春 |

20cm   Z 2/-8

### '粉色'   'Giant Pendula Cascade Pink'

| 盆栽 | 公园 | 切花 | 花期 |
|---|---|---|---|
| ● | ● | ○ | 仲晚春 |

20cm   Z 2/-8

蛇鞭菊 *Liatris spicata*

### '蓝麒麟'      'Blue'

| 盆栽 | 公园 | 切花 | 花期 |
|---|---|---|---|
| ○ | ● | ● | 夏秋季 |

100-120cm   Z 3/-8

2021 球根比美大赛 花友：薇 坐标：广西省南宁市 品种：朱顶红（僵尸、花孔雀、鬼魅）

球根植物

郁金香

百合

风信子

洋水仙

彩色马蹄莲

花毛茛

花葱

朱顶红

大丽花

⋮

其他

⋮

2021 球根比美大赛 花友：细嗅蔷薇 Qing 坐标：贵州省贵阳市 品类：洋水仙

2021 球根比美大赛 花友：云想 坐标：安徽省马鞍山市 品类：洋水仙

2021 球根比美大赛 花友：your 青兮 坐标：江苏省扬州市 品类：渐变紫银莲花

2021 球根比美大赛 花友：lovely 幸福 _ 永远 坐标：上海市 品类：洋水仙

# 多年生花卉

Perennial Plants

多年生花卉泛指多年生耐寒草本植物，春季萌芽生长之后开花、结实，秋末气温转凉时地上部分开始枯萎死亡，而地下根部则安全越冬，翌年再次萌芽生长，被誉为一年种植多年观赏的优秀植物，一些品种在长江流域及以南还能表现冬季常绿。随着年数的积累，多年生花卉的根部会不断分蘖变大变多，原来小小的一株逐渐变成大大的一丛，更多美丽的花朵是对丰收的另一种诠释。多年生花卉因庞大的品种群而呈现出丰富多样的立体景观效果，植株形态各异、花期不同、颜色多样，在花境设计中是当之无愧的主力军。

# Hibiscus moscheutos

## 芙蓉葵

也叫玫瑰锦葵或者沼泽锦葵，锦葵科木槿属多年生草本植物，株高1~1.5m，茎粗壮，丛生，呈半木质化。品种多为种间杂交，叶广卵形至械树叶形。花单生于枝端叶腋间，有淡紫、红、白等色。蒴果卵圆形。花期6~9月；果9~11月成熟。夏秋开花，花期长而花朵大，适合围篱及基础种植材料或草坪、路边以及林缘丛植。

### '完美风暴'　　'Perfect Storm'

为国外流行的缩小版芙蓉葵，成熟植株高度90cm左右，花朵直径17~20cm左右，花型圆整，纯白色的花瓣，鲜红色的花眼，纹理从中心向外辐射，边缘粉色，叶片栗黑色。耐寒，非常适合各类小花园，不同于传统芙蓉葵，能够从底朝上在枝条和叶腋之间开满花朵，从初夏开放到深秋。

### '星光闪耀之夜'　'Starry Starry Night'

迄今为止芙蓉葵中叶片颜色最深的品种，叶片近黑色，但是花朵却是明亮的粉色花，花和叶形成鲜明的对比，不同于传统芙蓉葵，能够从底朝上在枝条和叶腋之间开满花朵。

### '扎染'　　'Tie Dye'

期待已久的双色芙蓉葵，花朵直径20~22cm,明亮的粉红色花瓣逐渐过渡为纯白色，中心又是美丽的樱桃粉，适合边界、视觉焦点单独欣赏。不同于传统芙蓉葵，能够从底朝上在枝条和叶腋之间开满花朵。花心是显著的深红色花眼，叶片具有观赏价值。

### '樱桃巧克力拿铁'
'Cherry Choco Latte'

植株矮小，成熟株高大约1.2m，适合小空间，生长速度快，花非常大，直径18~25cm，开花非常多，花瓣粉红色，有着美丽的纹理，显著的深红色花眼，叶片具有观赏性，深橄榄绿叶散发着青铜色的流光。不同于传统芙蓉葵，能够从底朝上在枝条和叶腋之间开满花朵。

### '疯狂战神'    'Mars Madness'

独特的花叶组合，花径16~20cm，花朵洋红色，每个花朵都有小而深的深红色光晕，像雕刻的纹理，不同于传统芙蓉葵，能够从底朝上在枝条和叶腋之间开满花朵。

### '午夜奇迹'    'Midnight Marvel'

植株表现综合了一些超级受欢迎的芙蓉葵品种的优点，花20~22cm，略杯状，花瓣红色，花眼深红色，花瓣重叠，有精致的纹理，叶片深橄榄绿色带铜色挑染，新叶紫铜色，秋季有着酒红色革质枫叶般的叶片，令人叹为观止。不同于传统芙蓉葵，能够从底朝上在枝条和叶腋之间开满花朵。

### '摩卡月亮'    'Mocha Moon'

生长速度快，花量大，轻微杯状花，纯白色带鲜红色花眼，与铜绿色叶片形成对比。不同于传统芙蓉葵，能够从底朝上在枝条和叶腋之间开满花朵。

# Allium
# 小花葱

百合科葱属植物，具粗壮的横生根状茎。叶宽或窄条形，肥厚，基部近半圆柱状，上部扁平，有时略呈镰状弯曲，短于或稍长于花葶，先端钝圆。花葶圆柱状，常具2纵棱，高度变化很大，10~65cm不等。伞形花序半球状至近球状，具多而稍密集的花;花紫红至淡紫色，后期变淡，花果期夏季。

### '蓝色旋涡' 'Blue Eddy'

灰绿色的条形叶片，弯曲呈螺旋状，莲座状丛生，象征流动溪流中的蓝色漩涡，细长的花葶从叶丛中挺出，次第绽放粉紫色花球，在叶丛映衬下生动活泼，有助于提升花园的动感格调，花球徐徐散发香气，吸引蝴蝶翩翩飞来。应用场所：容器栽培、岩石园和草本花园。

### '美杜莎' 'Medusa'

叶片尾端弯弯曲曲，像传说中美杜莎的头发。花苞矗立枝头略微下垂，盛开时花枝挺立，花球淡紫水晶色。

### '千禧' 'Millenium'

综合表现良好，长势健壮，叶片深绿色，花量十分丰富，玫瑰紫色花球，与很多夏季开花的宿根搭配效果都非常出众，堪称百搭神器。

## '惑星迷踪' 'In Orbit'

花量惊人，美丽的薰衣草色球状花，具
有生长快、花期长、开花多、颜色艳的
优点，特别适合家庭应用。

## '夏日美人' 'Summer Beauty'

株型紧凑，成型快，淡粉紫色花球次第
开放，植株直立性好，非常适合搭配其
他宿根种植在混合花境中。

多年生花卉

美容葵

小花葱

塞靛花

观赏草

玉簪

萱草

松果菊

落新妇

芍药

鸢尾

荷包牡丹

婆婆纳

其他

# *Baptisia*
# 赛靛花

豆科膺靛属多年生草本植物，株型直立呈灌丛状，羽状复叶，互生，总状花序生于枝顶；花冠蝶形，花色淡蓝色至深紫色，栽培品种花色丰富，荚果，果实椭圆形至长圆形，种子棕黄色，肾形，花期晚春早夏，果期秋季，观赏价值高，适合小花园地栽或阳台露台盆栽，也可作切花。

**'南极光'**      'Australis'

经典的赛靛花品种。醉人的蓝色花序簇拥在花丛的顶部，非常显眼。

90-120cm
80-100cm

**1**

**'蓝莓派'**      'Blueberry Sundae'

开放迷人的紫罗兰色花，强健，株型紧凑，花量很多。

90cm
90cm

**2**

**'棕色精灵'**      'Brownie Points'

植株茂密灌丛状，长期开放漂亮的棕色和黄色相间的花朵。

90cm
90cm

**3**

**'樱桃节'**      'Cherries Jubilee'

二级分枝多有着非常多花的习性，红褐色和黄色的双色花还能变为金色。

90cm
90cm

**4**

## '荷兰巧克力' 'Dutch Chocolate'

叶片萌发点低，覆盖效果好，花为巧克力紫红色。

## '葡萄太妃糖' 'Grape Taffy'

茂密成丛，漂亮的深紫红色花朵，好像串串紫葡萄。

## '暗黑尖塔' 'Indigo Spires'

深紫罗兰色花朵，搭配黄色龙骨瓣，二级分枝多，分枝上也能开满花。

## '柠檬糖霜' 'Lemon Meringue'

花柠檬黄色，与炭灰色的花茎形成迷人对比。

## '日晕' 'Solar Flare Prairieblues'

长势强健，花枝多，花独特的铁锈色和奶油色。

## '香草奶油' 'Vanilla Cream'

花色奶白色，有些泛黄。硕大的花序非常显眼，既耐寒又耐热，全国大部分地区可种。

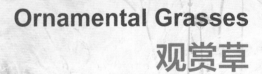

# Ornamental Grasses
# 观赏草

观赏草是一类色彩丰富、形态优美的宿根草本植物，他们多属于禾本科、莎草科或天南星科菖蒲属，叶丛潇洒俊逸极富野趣，因品种不同而具有不同的叶色或花色，在植物景观中可柔化线条，承前启后，多与宿根花卉或花灌木搭配种植，因观赏性好、环境适应力强、低维护而备受花园建造师青睐。

### 麦冬'黑龙'

*Ophionpogon planiscapus 'Nigrescens'*

叶紫黑色，丛生线形，呈禾叶状。花朵钟形，浅粉色，总状花序。浆果球状，蓝黑色。植株健康少有病虫害，生长慢，喜肥沃、排水良好的土壤，耐阴抗旱。
**类型：** 多年生常绿草本植物
**分类：** 百合科沿阶草属

### 白茅'红色男爵'

*Imperata cylindrica 'Red Baron'*

叶片黄绿色，丛生剑形，边缘有锯齿，夏季叶片的上半部会转变为石榴红色，并逐渐加深至酒红色。穗状花序，花朵圆柱形，小穗银白色，早春开放。植株喜光耐热，喜湿润、排水良好土壤，少有病害。
**类型：** 多年生落叶草本植物
**分类：** 禾本科白茅属

### 细茎针茅

*Stipa tenuissima*

叶舌钝圆，叶缘具缘毛，叶片内卷呈针状。圆锥状花序常包于叶鞘内部，小穗草黄色。植株生长速度快，再生能力强，耐干旱。
**类型：** 多年生半常绿草本植物
**分类：** 禾本科针茅属

## 金边阔叶麦冬

*Liriope muscari* 'Variegata'

叶片翠绿色具奶油色条纹，边缘金黄色。叶革质，宽线形，基部丛状生长。蓝紫色的小穗簇生排列成细长的总状花序。浆果暗紫色。植株喜湿润、肥沃、半阴环境，耐性好。

类型：多年生常绿草本植物

分类：百合科沿阶草属

## 金叶石菖蒲

*Acorus gramineus* 'Ogon'

天南星科，石菖蒲属，多年生常绿草本，叶金黄色，呈扇形排列，植株矮小，全年金黄，特别适合镶边或做容器花园。

类型：多年生常绿草本植物

分类：天南星科石菖蒲属

## 花叶芒

*Miscanthus sinensis* var. *Variegatus*

叶片绿色，具奶油色条纹，拱形弯曲成喷泉状。浅红色的小穗分布在如流苏般顺滑的圆锥花序上，待种子成熟后逐渐转变为银色羽毛状。喜光，耐性好。

类型：多年生落叶草本植物

分类：禾本科芒属

## 金叶薹草

*Carex oshimensis* 'Evergold'

叶片深绿色，中部有明亮的奶黄色条纹，叶细条形丛生。棕色花朵，穗状花序。植株生长密集，喜温暖湿润、排水良好、光照充足的环境。

类型：多年生常绿草本植物

分类：莎草科薹草属

## 花叶蒲苇

*Cortaderia selloana* 'Silver Comet'

叶片边缘具银白色纵向条纹，叶狭长锋利，下弯呈拱形。乳白色的小穗，排列成羽毛状的圆锥花序，夏末或早秋开花。植株抗旱性强。

类型：多年生常绿草本植物

分类：禾本科蒲苇属

## 凌风草

*Briza media*

叶片翠绿色，扁平，边缘略显粗糙。花朵银绿色，略带紫色。圆锥花序呈卵状金字塔形。株型松散，丛生。

类型：多年生落叶草本植物

分类：禾本科凌风草属

## 紫梦狼尾草

*Pennisetum setaceum 'Rubrum'*

叶片酒红色，狭长，弯拱呈流线形，质感细腻。穗状圆锥花序，小穗呈紫红色，毛茸茸的花朵突出于叶片之上，向外弯拱呈喷泉状。喜光照，抗旱耐贫瘠土壤，不耐寒。

类型：多年生落叶草本植物

分类：禾本科狼尾草属

## 针茅'马尾'

*Stipa tenuissima 'Pony Tails'*

叶片黄绿色，纵卷成线形，上面被微毛，叶背较粗糙。圆锥花序，花朵羽毛状，银灰色。夏季整株转变成金黄色。喜光照，耐阴，抗旱。

类型：多年生半常绿草本植物

分类：禾本科针茅属

## 粉黛乱子草

*Muhlenbergia capillaris*

叶片深绿色，光滑，狭披针形螺纹状，基生成丛。具疏松开展的圆锥花序，花穗云雾状，小穗粉紫红色。喜湿润、排水良好、光照充足的环境，耐热、耐干旱，耐贫瘠土壤。

类型：多年生落叶草本植物

分类：禾本科乱子草属

## 薹草'凤凰绿'

*Carex comans 'Phoenix Green'*

叶片草绿色，边缘白色，叶狭长，叶缘锋利，具良好的质感。穗状花序，小穗绿色，少花。喜湿润肥沃土壤，耐阴、耐寒。

类型：多年生常绿草本植物

分类：莎草科薹草属

## 薹草'野马'

*Carex comans 'Bronco'*

叶片青铜色至褐色，线形。穗状花序，小穗棕色，花朵遮于叶间，并不突出。喜湿润肥沃土壤，耐阴、耐寒。

类型：多年生常绿草本植物

分类：莎草科薹草属

# *Hosta plantaginea*
## 玉簪

玉簪喜肥沃、排水良好的土壤，pH为6.0~6.5最合适。玉簪是为数不多的在阴凉处能茁壮成长的植物之一，极易护理和繁殖。常用于阴生花园，它们丰富多彩的叶色可以照亮花园的阴暗区。当然，它也是优秀的林下、林缘低维护的多年生植物。

据不完全统计，玉簪的园艺品种有2000余个，大小各异，叶色从淡黄至蓝绿，叶型从长而剑状至大而圆形。一般从种苗长成成熟植株需要3~7年时间。

修剪方式为自然休眠，夏季发生焦叶时可修剪焦叶。

**'校园老鼠'** 'School Mouse'

迷你型品种，叶片厚实，波浪卷曲，中间宽阔的翠绿色，边缘黄绿色。

**'教会凤鼠耳'** 'Church Mouse'

叶片卷曲辨识度很高的小型品种，大波浪一样卷曲的蓝绿色至绿色叶片，自然长成扁圆球形的一大丛，十分适合作为花境前景。

**'赤子之心'** 'Pure Heart'

迷你型品种，叶片十分厚实，形状小巧可爱，中间华丽奶油黄色，边缘蓝绿色。

### '超短裙' 'Mini Skirt'

迷你型品种，厚实的心形叶片呈大波浪卷曲，中间灰蓝绿色和边缘奶油白色对比鲜明，格外娇媚动人，花样可爱，深受欢迎。

### '太空飞鼠' 'Mighty Mouse'

迷你型品种，长速中等，叶片小而圆，黄色叶片有绿色花纹，有质感。

### '星星之火' 'Munchkin Fire'

小型品种，不规则的狭长黄绿色叶片，基部从细长条形渐变到上部窄椭圆形，配色神奇。

### '卷曲薯条' 'Curly Fries'

叶片类似薯条般的小型品种，黄绿色波浪状细长的叶子随风飘荡，在阳光下绽放出耀眼的光彩，与蓝绿色玉簪品种搭配更是绝妙。

### '五彩旋涡' 'Lakeside Paisley Print'

叶片如绘画的中小型品种，叶片质感厚实，边缘波浪状，叶片图案仿佛奶油色羽毛镶嵌于蓝绿色画框之中。

### '蓝耳' 'Blue Mouse Ears'

可爱的迷你矮生品种。富有对称的银蓝色叶子，淡紫色的花。植株抗蜗牛。

**'波多拉'** 'Kiwi Spearmint'

白色的叶片，绿色的镶边，然后渐变为
翠绿的白色，再后来成了白色扭曲的叶
片。花为薰衣草色。

**'雨林日出'** 'Rainforest Sunrise'

植株耐寒、耐旱、耐热、耐湿性都不错，
且抗蜗牛。花朵为淡淡的薰衣草色。

**'奥拓'** 'Autumn Frost'

蓝色叶片，带有较宽的黄色边缘，到夏
天渐渐地变成乳白色边，开紫色花。

**'神奇柠檬'** 'Miracle Lemony'

特别的黄色花，在玉簪里并不常见。

**'清晨'** 'Spring Morning'

可爱的淡绿色叶，伴随奶油白色边缘，
花开亦是白色。

**'安妮'** 'Anne'

叶片深绿色，厚质，带乳黄色边缘。配
合淡紫色的花，甚是和谐。

**'色拉酱'**     'Guacamole'

绿色的叶片，带有深绿色的边缘，在半阴或全遮阴环境下生长旺盛。花为白色。

**'冰火'**     'Fire and Ice'

强烈对比色，叶子带有轻微扭曲，花为薰衣草色，整体配色与众不同。

**'凯瑟琳'**     'Catherine'

绿色黄心的一个抗蜗牛品种，花开淡紫色。

**'戴安娜'**     'Diana Remembered'

绿色的叶，边缘白色，白色的花带有芳香。

**'白色圣诞节'**     'White Christmas'

白色的叶子，绿色的镶边，花开紫色。

**'色彩'**     'Color Festival'

白色的叶子和深绿色的边缘，伴随有黄色的条纹，粉色花，半遮阴条件生长旺盛。

**'恩典'** 'Liberty'

很厚的椭圆形叶子，有质感，花开淡紫色。耐阳性好，抗蜗牛。

**'玉米片'** 'Tortilla Chip'

有光泽的黄色叶子，花有芳香，近白色。

**'宁静'** 'Halcyon'

玉簪里最蓝的一个品种，花开深紫色，抗蜗牛。

**'初霜'** 'First Frost'

带有奶油白边缘的蓝色叶子，花开浅紫色。抗蜗牛。

**'羽毛'** 'White Feather'

白叶后渐渐变为绿色，看起来美丽的白色条纹，花开淡紫色，是特别受关注的品种。

**'玉盘'** 'August Moon'

杯状、浅绿色的叶子，花色有些灰白。耐阳性好。

**'蓝葫芦'** 'Abiqua Drinking Gourd'

**'阿芙罗狄蒂'** 'Aphrodite'

**'涟漪'** 'Ripple Effect'

暴热也不会失去形状，也不会失去令人惊艳的蓝绿颜色。开花淡紫色。耐高温、耐潮湿、抗蜗牛。

叶子是光滑的绿色，其上有突出的纹理，花开白色，非常香。耐阳性好。

这个小品种是独一无二的，有严重扭曲的叶子，在春天长出亮黄色，边缘薄薄的蓝色，成熟后变成黄绿色，边缘是绿色。淡紫色花朵出现在夏季。

**'旋风'** 'Whirlwind'

**'金色沙滩'** 'Gold Standard'

**'酒香'** 'Fragrant Bouquet'

黄色的叶，深绿色的边缘，中心变成绿色，叶尖略有扭曲感。花开薰衣草色。耐阳性好。

大型品种，心形的金色叶伴随有绿色的边缘，开花薰衣草色，有香味。耐阳性好。

波浪状、心形的绿色叶子，有奶油色边缘。白色花带有香味。耐阳性好。

**'美梦'**      'Fragrant Dream'

绿色叶子，黄色渐变边缘。开花是白色的。

**'阿爸'**      'Atlantis'

每片叶子都有非常宽的淡黄色边缘，开花是薰衣草色的。

**'保罗荣耀'**      'Paul's Glory'

绿色叶片渐变为金色，开花是薰衣草色。

**'皇家旗帜'**      'Royal Standard'

大型品种，叶子边缘有起伏边，白色花有香味。耐阳性好。

**'大父'**      'Big Daddy'

可爱的蓝色皱叶，抗蜗牛，花开紫色。

**'地球天使'**      'Earth Angel'

心形的蓝绿色叶子，边缘是乳白色。成熟后奶油边缘变得更宽。花淡紫色。

**'蒙奇奇'** 'Golden Meadows'

黄绿色叶带点蓝，后来产生深绿色边缘。大型品种。花白色。

**'胜利'** 'Victory'

2015年出的品种，花白色，生长快，耐阳性好，抗蜗牛。

**'蓝天使'** 'Blue Angel'

蓝绿色的叶子覆盖面巨大，白色花光洁美好。

**'加拿大蓝'** 'Canadian Blue'

心形、带纹理的蓝色叶子，植株巨大，花开紫色。

**'风铃'** 'Honeybells'

叶片较大、生长旺盛的品种，叶淡绿色呈扁平的心形。钟状、芳香的、淡紫色的花序。

**'半天'** 'Undulata Albomarginata'

叶片呈波浪状，边缘带白或灰绿。在最热的时候，可能暂时会失去这些杂色。盛夏开淡紫色花。

### '要点' 'Sum and Substance'

巨大的玉簪品种。叶为大的心形，厚的纹理，有光泽的黄色，在适当的阳光照射下会随着时间的推移变成金黄色，花莛有钟状、芳香的白花总状花序。

### '瀑布' 'Glad Tidings'

黄绿色的叶片，随着植物的生长而变成强烈的金黄色。

### '红豆' 'Don Stevens'

有光泽的深绿色叶子和黄色边缘，在夏季晚些时候会变成奶油白色。在夏末时节，薰衣草色的花朵点缀着红色的花莛。

### '清晨' 'Spring Morning'

浅绿色的叶子，不规则，乳白色的边缘。盛夏开白花。

### '圣诞树' 'Christmas Tree'

很大的草本植物，生长快，皱叶，薰衣草色花。

### '爱心诀' 'Love Pat'

圆形杯状叶，带有褶皱，叶色呈蓝色，生长状态好，花开淡紫色。

# *Hemerocallis*
# 萱草

别名忘忧草，多年生草本花卉。分布自欧洲南部至亚洲北部直至日本。性极耐寒，且耐夏季高温。根茎宜在早春栽植，以根茎部与地面齐平为好，花蕾期应保持土壤湿润以延长花期。园艺品种众多，色彩丰富，矮生品种可用作盆栽。萱草每年开花，普通3~4周，花期长者可持续3~4个月之久，种植三年后花量惊人。非常适合布置花坛、花境，不仅可以赏花，而且其叶丛自春至深秋始终保持鲜绿，观赏效果俱佳。

**'舞会天使'** 'Celebration of Angels'
类型：常绿型

65cm

**'樱桃情人'** 'Cherry Valentine'
类型：常绿型

60cm

**'静脉'** 'Veins of Truth'
类型：常绿型

65cm

**'小瓢虫'** 'Lovely Ladybug'
类型：常绿型

65cm

'黑胡子'      'Calico Jack'

类型：常绿型

65cm

'小安娜罗莎'      'Little Anna Rosa'

类型：常绿型

40cm

'花边桌巾'      'Lacy Doily'

类型：常绿型

45cm

'潜水艇'      'Yellow Submarine'

类型：常绿型

65cm

'最佳'      'Bestseller'

类型：常绿型

65cm

'圣光'      'Joan Senior'

类型：常绿型

65cm

'开拓者'      'Finders Keepers'

类型：常绿型

65cm

'甜蜜眼睛'      'Spacecoast Sweet Eye'

类型：常绿型

65cm

'荨麻'      'Madeline Nettles Eyes'

类型：半常绿型

55cm

'等等'      'On and On'

类型：半常绿型

40cm

多年生花卉

芙蓉葵

小花葱

塞凝花

观赏草

玉簪

萱草

松果菊

落新妇

芍药

鸢尾

荷包牡丹

婆婆纳

其他

'西蒙斯'     'Simmons Overture'
类型：半常绿型

65cm

'黄色公主'     'Patricia Jojo'
类型：半常绿型

65cm

'焰火'     'Fire and Fog'
类型：半常绿型

65cm

'粉红女孩'     'Cute as can Be'
类型：半常绿型

40cm

'粉娃娃'     'Dress Code'
类型：休眠型

45cm

'虎眼石蜘蛛'     'Tigereye Spider'
类型：休眠型

75cm

'魔法森林'     'Enchanted Forest'
类型：休眠型

70cm

'儿童节'     'Childrens Festival'
类型：休眠型

50cm

'烛光晚餐'     'Candlelight Dinner'
类型：休眠型

65cm

'黑面超人'     'Bogeyman'
类型：休眠型

50cm

'楼兰美人' 'Orange Nassau'
类型：休眠型

55cm

'双面娇娃' 'Double Pompon'
类型：休眠型

75cm

'马可' 'Macbeth'
类型：休眠型

60cm

'惊艳' 'Rediculous'
类型：休眠型

65cm

'天使泪' 'Heavenly Angel Ice'
类型：休眠型

91cm

'无尽夏奶油' 'EveryDaylily™ Creamo®'
类型：休眠型

35cm

'无尽夏布隆' 'EveryDaylily™ Bronze®'
类型：休眠型

35cm

'无尽夏橘' 'Every Daylily™ Orange®'
类型：休眠型

35cm

'无尽夏樱' 'EveryDaylily™ Cerise®'
类型：休眠型

35cm

'蕾丝方巾' 'Lacy Doily'
类型：休眠型

60cm

‘老虎血’    'Tiger Blood'
类型：休眠型

65cm

‘紫钻’    'Purple de Oro'
类型：休眠型

45cm

‘西罗亚恩典’    'Siloam Grace Stamile'
类型：休眠型

40cm

‘弗里茨’    'Schnickel Fritz'
类型：休眠型

45cm

‘彩虹糖’    'Rainbow Candy'
类型：休眠型

65cm

‘蝴蝶’    'Longfields Butterfly'
类型：休眠型

35cm

‘牧场快乐’    'Pastures of Pleasure'
类型：休眠型

65cm

‘薰衣草’    'Lavender Blue Bab'
类型：休眠型

65cm

‘爆竹’    'Double Firecracker'
类型：休眠型

65cm

‘黑眼苏珊’    'Black Eyed Susan'
类型：休眠型

60cm

## Echinacea purpurea
## 松果菊

多年生草本花卉，因其头状花序很像松果而得名。原生北美洲中部及东部地区，性强健、耐干旱、耐寒。不择土壤，在深厚肥沃、富含腐殖质的土壤中生长良好。花大色艳，是作背景栽培、花境坡地布置的好材料，矮生品种可盆栽种植，亦可用作切花观赏。

**'黑莓松露'** 'Blackberry Truffle'
适合盆栽、公园栽培、切花。

45-55cm

**'蝴蝶之吻'** 'Butterfly Kisses'
适合盆栽、公园栽培、切花。

40-45cm

**'樱桃绒毛'** 'Cherry Fluff'
适合盆栽、公园栽培、切花。

40-50cm

**'美味糖果'** 'Delicious Candy'
适合盆栽、公园栽培、切花。

45-60cm

'小黄人 / 柠檬糖' 'Lemon Drop'
适合盆栽、公园栽培、切花。
40~45cm

'果酱' 'Marmelade'
适合盆栽、公园栽培、切花。
65~75cm

'奶昔' 'Milkshake'
适合盆栽、公园栽培、切花。
60~90cm

'木瓜' 'Hot Papaya'
适合盆栽、公园栽培、切花。
75~90cm

'树莓松露' 'Raspberry Trufle'
适合盆栽、公园栽培、切花。
45~55cm

'风铃' 'Southern Bells'
适合盆栽、公园栽培、切花。
60~90cm

'紫竹' 'Purpurea Double Decker'
适合盆栽、公园栽培、切花。
70~75cm

'粉之恋' 'Sensation Pink'
适合盆栽、公园栽培、切花。
50~60cm

'南瓜' 'Irresistible'
适合盆栽、公园栽培、切花。
35~45cm

'橙色船长' 'Orange Skipper'
适合盆栽、公园栽培、切花。
35~45 cm

# Astilbe
# 落新妇

虎耳草科落新妇属多年生宿根植物。原生长于海拔390～3600m的山谷、溪边、林下、林缘和草甸等处，俄罗斯、朝鲜、日本等地均有分布，性极耐寒。株高30～100cm，夏至秋季开花，小花聚集开放形成圆锥花序。细长的花穗上密密麻麻地开满小花，其品种繁多，既有高生品种也有矮生品种，通常按用途可分为盆栽型(矮而多花，叶片相对集中)、花园型(多数高而宽大，耐旱性好，部分矮生品种亦可作岩石园等)、切花型(植株较高，花序相对整齐)三大类。

---

'华美'  'Bressingham Beauty'
适合公园

 70-80cm | time月 6/7 | Z 4/9

'石榴'  'Granat'
适合公园

70-80cm | time月 6/7 | Z 4/9

'斯坦森'  'Straussenfeder'
适合公园

80-90cm | time月 7/8 | Z 4/9

'洛丽亚'  'Weise Gloria'
适合公园

60cm | time月 7/8 | Z 4/9

'蒙哥马利'     'Montgomery'

适合盆栽、公园

60cm   time月 6/7   Z 4/9    **1**

'视觉粉'     'Vision in Pink'

适合盆栽、公园、切花

65cm   time月 6/7   Z 4/9    **2**

'视觉红'     'Vision in Red'

适合盆栽、公园、切花

45cm   time月 6/7   Z 4/9    **3**

'视觉白'     'Vision in White'

适合盆栽、公园、切花

45cm   time月 6/7   Z 4/9    **4**

'法瑞布'     'Fireberry'

适合盆栽

30-40cm   time月 6/8   Z 4/9    **5**

'树莓'     'Raspberry'

适合盆栽

30-40cm   time月 6/8   Z 4/9    **6**

'红宝石'     'Ruby Red'

适合盆栽

30-40cm   time月 6/8   Z 4/9    **7**

'瞩目'     'Look at Me'

适合盆栽

45cm   time月 7/8   Z 4/9    **8**

'大马哈'     'Salmon'

适合盆栽

30-40cm   time月 6/7   Z 4/9    **9**

'银星'     'Silvery Pink'

适合盆栽

30-40cm   time月 6/7   Z 4/9    **10**

'华盛顿' 'Washington'

适合公园、切花

50-90cm

'欧洲粉' 'Europa'

适合切花、盆栽

45-60cm

'无敌红龙' 'Mighty Red Quin'

适合公园、切花

70-100cm

'无敌樱桃'
'Mighty Chocolate Cherry'

适合公园、切花

70-100cm

'无敌果仁' 'Mighty Pip'

适合公园、切花

70-100cm

'无敌粉龙' 'Mighty Joe'

适合公园、切花

70-100cm

'无敌白龙' 'Mighty Plonie'

适合公园、切花

70-100cm

'卡特兰' 'Cattleya'

适合公园、切花、盆栽

70-90cm

'紫丁香' 'Lilac'

适合盆栽

50-70cm

'花边德芙特' 'Delft Lace'

适合盆栽

50-70cm

1

2

3

4

5

6

7

8

9

10

# Paeonia

# 芍药

毛茛科芍药属多年生宿根草本花卉，株高40~100cm，羽状复叶，花一般独开在茎的顶端或近顶端叶腋处，花径10~30cm，有香味，被誉为"花仙"和"花相"，且被列为"六大名花"之一。9月到翌年3月种植，春季和秋季都可在户外种植，北方地区建议在春季进行为好。喜光照，耐旱，需低温（<5℃）打破休眠，低温不够开花会减少。芍药寿命长，可生长10~20年之久，第一年甚至第二年开花效果不太好属正常现象。非常适合地栽种植及切花观赏，如采用盆栽种植，需要选择尽可能深的盆器，建议5加仑为好。

'天使的脸颊'    'Angel Cheeks'

类型：普通型

60-75cm | Z 3/8 |  | 中 time | 🌿   **1**

'爱马仕'    'Emma Klehm'

类型：普通型

70-80cm | Z 2/8 | | 晚 time | 🌿   **2**

'新娘'    'Command Performance'

类型：杂交型

90-100cm | Z 2/8 |  | 中 time | 🌿   **3**

'老父亲'    'Old Faithfull'

类型：杂交型

80-100cm | Z 2/8 |  | 早 time | 🌿   **4**

'佳儿' 'Jacorma'
类型：杂交型

70-90cm

'心中的记忆' 'Callies Memory'
类型：杂交型

60-80cm

'珊瑚落日' 'Coral Sunset'
类型：杂交型

40-70cm

'窃窃私语' 'Do Tell'
类型：普通型

80-90cm

'初心' 'First Arrival'
类型：伊藤型

60-90cm

'金矿' 'Goldmine'
类型：普通型

75-85cm

'波斯美人' 'Henry Bockstoee'
类型：杂交型

90-120cm

'梦里蝴蝶' 'Hillary'
类型：伊藤型

60-70cm

'圣骑士' 'Paladin'
类型：杂交型

40-60cm

'娇娘' 'Petite Elegance'
类型：普通型

60-80cm

'花边香石竹'　　　'Picotee'
类型：普通型

'粉色珊瑚'　　　'Pink Hawaian Coral'
类型：杂交型

'红魅'　　　'Red Charm'
类型：杂交型

'维纳斯女神'　　　'Cytherea'
类型：杂交型

'保罗'　　　'Paul M Wild'
类型：普通型

'亲爱的'　　　'Honey Gold'
类型：普通型

'伊藤巴拉'　　　'Bartzella'
类型：伊藤型

'赫本'　　　'Sarah Bernhardt'
类型：普通型

'七叶树之恋'　　　'Buckeye Bllel'
类型：杂交型

'科拉露易丝'　　　'Cora Louise'
类型：伊藤型

**'珊瑚魅力'** 'Coral Charm'
类型：杂交型

60-90cm

**'戴安娜'** 'Diana Parks'
类型：杂交型

90-110cm

**'安乐'** 'Alertie'
类型：普通型

60-80cm

**'啄木鸟'** 'Pecher'
类型：普通型

70-90cm

**'秀兰邓波尔'** 'Shirley Temple'
类型：普通型

70-90cm

**'堪萨斯'** 'Kansas'
类型：普通型

70-90cm

**'柠檬树'** 'Lemon Chiffon'
类型：杂交型

70-90cm

**'弗莱明'** 'Dr.Alexander Fleming'
类型：普通型

60-90cm

**'贝恩哈特'** 'Sarah Bernhardt'
类型：普通型

70-90cm

**'卡尔'** 'Karl Rosenfield'
类型：普通型

70-90cm

多年生花卉

芙蓉葵
小花葱
塞靛花
观赏草
玉簪
萱草
松果菊
落新妇
芍药
鸢尾
荷包牡丹
婆婆纳
其他

**Iris**

鸢尾

德国鸢尾原产欧洲，耐寒，常用于花坛、花境，也是重要切花材料；路易斯安那鸢尾多由美国路易斯安那及周边的一些原生种衍生而来，喜全日照，无须毛或羽毛状附属物，四季常绿；西伯利亚鸢尾原产欧洲，根状茎粗壮，丛生性强，适合布置花境、岩石园、水景园等。

## 德国鸢尾 *Iris germanica*

**'爱普威'**    'Alpenview'
花期：早夏

90-180cm   Z 3/8  

**1**

**'布鲁克'**    'Rajah Brooke'
花期：晚春-早夏

50-90cm   Z 4/9  

**2**

**'黑水银'**    'Black Mercury'
花期：仲晚春

90-120cm   Z 3/8  

**3**

**'祝福'**    'Blessed Again'
花期：晚春-早夏

75-100cm   Z 4/9  

**4**

'脸红'     'Blushing Pink'
花期：晚春

70cm ⚲ Z⁵₈ 

'康康'     'French Cancan'
花期：仲晚春

85cm ⚲ Z⁴₉ 

'阳伞'     'Gay Parasol'
花期：晚春-早夏

80cm ⚲ Z⁴₉ 

'朗朗'     'Babbling Brook'
花期：晚春-早夏

90-100cm ⚲ Z³₉ 

'古道'     'Natchez Trace'
花期：晚春-早夏

80cm ⚲ Z⁴₉ 

'冒险'     'Tempting Fate'
花期：仲晚春

85cm ⚲ Z³₁₀ 

'小飞人'     'Thornbird'
花期：晚春-早夏

90-120cm ⚲ Z³₉ 

'荞麦'     'Buckwheat'
花期：晚春-早夏

90cm ⚲ Z⁴₉ 

'夜猫子'     Night Owl
花期：早夏

80-100cm ⚲ Z³₉ 

'伊丽莎白'     'Elizabeth Poldark'
花期：晚春-早夏

95cm ⚲ Z³₉ 

1 2 3 4 5 6 7 8 9 10

'浪琴'     'Black Watch'
花期：仲晚春
25-40cm   Z 3/8

'布朗'     'Burgundy Brown'
花期：晚春-早夏
60-90cm   Z 3/8

'斯伯爵'     'Earl of Essex'
花期：晚春-早夏
60-90cm   Z 3/8

'伊迪丝·沃福'     'Edith Wolford'
花期：晚春-早夏
80-100cm   Z 3/9

'映象'     'Golden Fackel'
花期：晚春
80-90cm   Z 4/10

'世纪情歌'     'Immortality'
花期：晚春-早夏
60-90cm   Z 4/9

'闪电'     'Loop The Loop'
花期：早夏
90-100cm   Z 3/9

'十月阳光'     'October Sun'
花期：晚春-早夏
80-90cm   Z 4/8

'芝士蛋糕'     'Pumpkin Cheesecake'
花期：早夏
60-90cm   Z 3/9

'天路'     'Rare Edition'
花期：仲晚春
50-70cm   Z 3/9

'狮子座' 'Sign of Leo'
花期: 晚春-早夏

80-100cm

'天火' 'Skyfire'
花期: 晚春-早夏

60-90cm

'信仰' 'Superstition'
花期: 早夏

90-100cm

'郁金香节' 'Tulip Festival'
花期: 早夏

60-80cm

'法国之旅' 'Yes'
花期: 早夏

60-90cm

'珍爱' 'Cherished'
花期: 晚春-早夏

70-90cm

## 路易斯安娜鸢尾 *Iris louisiana*

'白马王子' 'Her Highness'

70-90cm

'海瑟溪' 'Heather Stream'

90-110cm

'安卓宁' 'Ann Chowning'

70-90cm

'劳拉路易斯' 'Laura Louise'

60-80cm

'海浪'　'Sea Wisp'
70-90cm

'斗鸡'　'Black Gamecock'
60-90cm

'花花公子'　'Andy Dandy'
60-80cm

'色彩'　'Croriticr'
70-90cm

'彭格莱塔'　'Pegaltta'
70-90cm

'法式'　'Spicy Cajun'
70-90cm

**西伯利亚鸢尾** *Iris Sibirica*

'黎明'　'Dawn Waltz'
60-80cm

'飞行'　'Flying Fidless'
40-60cm

'面纱'　'Lemon Veil'
60-80cm

'丝绸'　'Moon Silk'
60-80cm

'尾巴'     'Yellow Tail'

60-80cm

'心光'     'Light of Heart'

60-80cm

'糖伴'     'Sugar Rush'

60-80cm

'努哈那'     'Ama No Hana'

60-80cm

'芭蕾舞'     'Dance Ballerina Dance'

70-90cm

'黑圈'     'Dark Circle'

60-80cm

'祈祷'     'Shaker's Prayer'

60-80cm

'康科德'     'Concord Crush'

60-80cm

'卡布'     'Kaboom'

60-80cm

'深思'     'How Audaciouse'

60-80cm

'五月惊喜' 'Pleasures of May'

'女神' 'Pink'

'巴菲' 'Pink Parfait'

'欢乐' 'Bundle of Joy'

'惊艳' 'Double Standard'

'苹果小姐' 'Miss Apple'

'比翼' 'Contrast in Styles'

# Dicentra
## 荷包牡丹

原产中国、西伯利亚及日本，性强健，耐寒而不耐夏季高温。适合盆栽，以及在树丛、草地边缘湿润处丛植，或点缀岩石园，或在林下大面积种植。

'海棠阿尔巴' 'Alba'

70-90cm

'海棠瓦伦丁' 'Valentine'

65-75cm

'金心' 'Gold Heart'

70-90cm

'福尔摩沙华丽'
'Formosa Luxuriant'

30-45cm

# Veronica
# 婆婆纳

穗花婆婆纳分枝性强、紧凑多花，适合应用于岩石园、混合花境或缀花草坪中；也可与同色系的鼠尾草、薰衣草相组合，为花园调色；单独种成盆栽或应用于容器花园之中也很不错。长尾婆婆纳是一种优秀的低维护植物，抗逆境能力强，以其直立的线条感有效调和花境、花园、花坛与组盆中的层次感，带来视觉上的享受，亦可用于切花观赏。

**穗花婆婆纳'优克宝贝蓝'**
*Veronica spicata* 'Younique Baby Blue ®'

深靛蓝色的开花机器，穗状花序，分枝性强，花后修减可促进新一轮的生长。

**穗花婆婆纳'优克宝贝粉'**
*Veronica spicata* 'Younique Baby Pink ®'

植株紧凑多花，花后修减可促进新一轮的生长。亮粉色花朵引人注目。

**穗花婆婆纳'优克宝贝白'**
*Veronica spicata* 'Younique Baby White ®'

植株分枝性良好，花型紧凑，纯白色的花朵倍显清新，花后修改可促进新一轮的生长。

### 穗花婆婆纳‘红狐’

*Veronica spicata* 'Rotfuchs'

红色花娇丽美艳，植株紧凑多花。

### 穗花婆婆纳‘海德星’

*Veronica spicata* 'Heidekind'

密集玫瑰粉色花朵，分枝性强，易生长。

### 长尾婆婆纳‘奖杯’

*Veronica longifolia* 'Glory ®'

紧凑的深蓝色花朵，花穗短而粗，花期持久。

### 长尾婆婆纳‘伊芙琳’

*Veronica longifolia* 'Pink Eveline ® '

适合切花，以其长长的粉红色花穗备受青睐。

### 长尾婆婆纳‘长尾白’

*Veronica longifolia* 'White'

丛生型，在初夏到仲夏期间开白色的花，拥有长而窄的穗状花序。

### 长尾婆婆纳‘长尾蓝’

*Veronica longifolia* 'Blue'

高度可达100厘米，可用于切花。

# Other
# 其他

### 新西兰茜草 '晚霞'
*Coprosma* 'Evening Glow'

　'晚霞'是非常美丽的花叶品种，叶片油亮，橙色、红色与绿色交织，到了秋冬叶色会更加浓郁出彩，是冬季不可或缺的组盆创作材料。北方需要室内过冬。
分类：茜草科臭叶木属

### 新西兰茜草 '柠檬酸橙'
*Coprosma* 'Lemon and Lime'

柠檬绿的叶片，并带有黄色花纹，叶片油亮。到了冬天叶色会变深，呈现温暖的橘色调，是冬季不可或缺的组盆创作材料。北方需要室内过冬。
分类：茜草科臭叶木属

### 新西兰茜草 '红色卡罗'
*Coprosma* 'Karo Red'

拥有迷人、有光泽的黑红色叶片，随季节改变，冬天更加出彩，让花园更加鲜明，是冬季不可或缺的组盆创作材料。北方需要室内过冬。
分类：茜草科臭叶木属

### 新西兰茜草'龙舌兰日出'

*Coprosma* 'Tequila Sunrise'

中心绿色，边缘呈黄色、红色与橙色，秋冬颜色会变深，呈现引人注目的橘红色，是冬季不可或缺的组盆创作材料。北方需要室内过冬。

分类：茜草科臭叶木属

### 新西兰茜草'菠萝椰汁'

*Coprosma* 'Pina Colada'

新西兰茜草四季常绿，叶片油亮，色彩绚丽。叶色随季节改变，冬天更加出彩，大多数品种都会呈现出温暖的橘红色，是冬季不可缺少的组盆创作材料。北方需要室内越冬。

分类：茜草科臭叶木属

### 岩白菜'调酒师'

*Bergenia* 'Flirt'

花色明艳，生长强健。叶片表面有光泽，坚挺有力，冬季叶色渐红，常绿。株型紧凑，长成一丛，花量第二年翻番。适合种在花园的树荫底下。

分类：虎耳草科岩白菜属

### 岩白菜'樱吹雪'

*Bergenia* 'Sakura'

花色柔和，半重瓣花。叶片表面有光泽，坚挺有力，冬季叶色渐红，常绿。株型紧凑，长成一丛。生长强健，第二年花量翻番。适合种在花园的树荫底下。

分类：虎耳草科岩白菜属

### 土当归'太阳之王'

*Aralia cordata* 'Sun King'

独特的叶形、闪亮的叶色，宽大的复叶充满了热带植物的味道。

分类：五加科惚木属

### 朝雾草

*Artemisia schmidtiana* 'Nana'

茎叶纤细柔软，叶互生，羽状深裂，叶片正反两面布满银白色的细软的茸毛，远看如同被晨雾包裹一般，具有强烈的药草香味。头状花序，小花白色略带黄色。喜温暖光照，忌潮湿多雨。

分类：菊科蒿属

## 西洋滨菊

*Chrysanthemun leucanthemum*

叶基生，江南常绿，头状花序，单生茎顶，或多个头状花序排列成疏松的伞状，花洁白具香气。喜温暖湿润及光照充足的环境，耐湿耐寒，宜疏松肥沃、排水良好的土壤栽植。

分类：菊科滨菊属

## 荷兰菊'玛丽·巴拉德'

*Symphyotrichum 'Marie Ballard'*

茎丛生，多分枝，叶片光滑，呈线状披针形。伞状花序，绒球状淡蓝紫色花朵，夏末至秋末开放，花色从淡粉色逐渐加深至深紫色。喜肥沃、湿润、光照充足且通风。良好的环境。

分类：菊科紫菀属

## 荷兰菊'妮可'

*Symphyotrichum 'Nicole'*

荷兰菊"女神系列"中精选的品种，花色为深蓝紫色，重瓣花。该系列的荷兰菊株型更加紧凑，秋季复花，适合用作盆栽组合。

分类：菊科紫菀属

## 荷兰菊'伊娃'

*Symphyotrichum 'Eva'*

荷兰菊"女神系列"精选品种，花色为蓝紫色，重瓣花。该系列的荷兰菊株型更加紧凑，秋季复花，适合用作盆栽组合。

分类：菊科紫菀属

## 荷兰菊'莎夏'

*Symphyotrichum 'Sasha'*

荷兰菊"女神系列"精选品种，花色为玫红色，重瓣花。该系列的荷兰菊株型更加紧凑，秋季复花，适合用作盆栽组合。

分类：菊科紫菀属

## 荷兰菊'蓝宝石'

*Symphyotrichum 'Lilac Blue'*

株型紧凑，分枝能力强，花开繁盛，秋季复花，常种在花境的中间位置。

分类：菊科紫菀属

## 荷兰菊 '红宝石'

*Symphyotrichum* 'Carmine Red'

株型紧凑，分枝能力强，花开繁盛，秋季复花，常种在花境的中间位置。

分类：菊科紫菀属

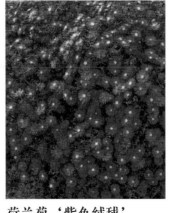

## 荷兰菊 '紫色绒球'

*Symphyotrichum* 'Purple Dome'

针状花瓣呈深紫色，分枝紧凑，株型饱满，自然成球。秋季能复花，常种在花境的中间位置。

分类：菊科紫菀属

## 金光菊 '金色风暴'

*Rudbeckia fulgida* var. *sullirantii* 'Goldsturm'

非常经典的多年生开花植物，1999年被评为年度最佳宿根植物。花色金黄，花量大，持续开放。生长强健，抗性好，可以适应长江流域闷湿的夏季，常种植在花丛中间。

分类：菊科金光菊属

## 金光菊 '秋色'

*Rudbeckia hirta* 'Autumn colors'

曾获得欧洲花卉育种协会颁发的优异表现奖。它的花期比其他品种更长，花径更大，可达12cm，从夏季一直开到霜期来临。生长强健，抗性好，可以适应长江流域闷湿的夏季，常种植在花丛中间。

分类：菊科金光菊属

## 白芨 '冰晶'

*Bletilla striata* 'Alba Variegata '

稀有花卉，清雅脱俗，低维护宿根。兰科白芨属，花叶品种，总状花序具数朵花；花直径约5cm。白花，花喉有褶边。喜半阴，在中等湿润、排水良好的土壤中生长良好。

分类：兰科白芨属

## 白芨 '蓝龙'

*Bletilla striata* 'Blue Dragon'

稀有花卉，清雅脱俗，低维护宿根。兰科白芨属，总状花序具数朵花；花似洋兰，蓝色花。喜半阴，在中等湿润、排水良好的土壤生长良好。

分类：兰科白芨属

## 白芨'口红'

*Bletilla striata* 'Kuchibeni'

稀有花卉，清雅脱俗，低维护宿根。兰科白芨属，总状花序具数朵花；花似洋兰，白色花，中间粉色。喜半阴，在中等湿润、排水良好的土壤生长良好。

分类：兰科白芨属

## 白芨'紫鸢'

*Bletilla sreiata* 'Shi-ran'

稀有花卉，清雅脱俗，低维护宿根。兰科白芨属，总状花序具数朵花；花似洋兰，粉红色花。喜半阴，在中等湿润、排水良好的土壤生长良好。

分类：兰科白芨属

## '紫叶千鸟花'

*Gaura lindheimeri* 'Crimson Butterflies'

茎叶暗红色，江南常绿，叶片浓密，株型紧凑。粉红色总状花序，花型似兰花。喜光照充足、土壤湿润肥沃、通风良好、凉爽的环境，耐热耐旱。

分类：柳叶菜科山桃草属

## 荆芥'六巨山'

*Nepeta x faassenii* 'Six Hills Giant'

叶卵状至三角状心脏形，灰绿色，具药草香。深蓝紫色或淡紫色穗状花序，花穗挺拔，完全可以打造媲美薰衣草的蓝色景观。温暖、湿润的环境，怕积水。

分类：唇形科荆芥属

## 克美莲'蓝星'

*Camassia cusickii*

叶片细长，开花挺立，花朵密集，呈六角星形。母球会侧生子球，长成一大丛。成年后单枝花箭可开花100朵，可用作切花。

分类：天门冬科糠米百合属

## 克美莲'银月'

*Camassia leichtlinii* 'Sacajawea'

叶片细长，开花挺立，花朵密集，呈六角星形。母球会侧生子球，长成一大丛。成年后单枝花箭可开花100朵，可用作切花。

分类：天门冬科糠米百合属

## 丛生福禄考

*Phlox subulata*

叶线状锥形，簇生，革质。江南常绿，春秋两季开放，聚伞花序，花色为红色、紫色、粉红色或偶见白色，略有芳香。花朵繁茂，覆盖度广。植株生长健壮，极耐寒、耐旱，喜肥沃、湿润、排水良好的土壤以及光照足的环境。在炎热的夏季适当遮阴会使其长更好。

分类：花葱科福禄考属

## 庭菖蒲'加利福尼亚的天空'

*Sisyrinchium* 'California Skies'

常绿宿根，非常低矮，花天蓝色，像婴儿的眼睛一样纯净，花期5～6月；喜光，抗性强健，耐干旱瘠薄。

分类：鸢尾科庭菖蒲属

## 假龙头'雪冠'

*Physostegia virginiana* 'Crown of Snow'

叶对生，长椭圆至披针形，缘有锯齿，呈亮绿色。纯白色唇形小花呈穗状，夏季开花，花期持久。植株抗性强健，喜光照充足、温暖、湿润的环境，宜疏松、肥沃和排水良好的沙质壤土。耐寒，不耐强光暴晒，不耐旱。

分类：唇形科随意草属

## 多花玉竹'银纹'

*Polygonatum multiflorum* 'Variegatum'

枝条拱形下垂，叶互生，椭圆形，深绿色，叶缘具黄色或白色条纹。聚伞花序，花朵乳白色铃形状。喜湿润荫蔽的环境，在疏松肥沃、排水良好的土壤中生长良好。耐粗放管理。

分类：百合科黄精属

## 林荫鼠尾草'蓝山'

*Salvia nemorosa* 'Blauhugel'

叶长心形，微皱，叶缘有钝锯齿。唇形蓝紫色，排列成总状花序，花朵呈串开放，一串串非常壮观。喜通风良好的环境，宜栽植于疏松肥沃、排水良好的土壤，冬季地上部分休眠。

分类：唇形科鼠尾草属

## 林荫鼠尾草'雪山'

*Salvia nemorosa* 'Schneehuegel'

叶长心形，微皱，叶缘有钝锯齿。唇形纯白色，排列成总状花序，花朵呈串开放，一串串非常壮观。喜通风良好的环境，宜栽植于疏松肥沃、排水良好的土壤，冬季地上部分休眠。

分类：唇形科鼠尾草属

## 天蓝鼠尾草

*Salvia uliginosa*

天蓝色总状花序，花朵成串轮生于茎顶，花叶均散发清香。喜温暖、通风良好的环境，耐寒，耐旱，不耐涝。

分类：唇形科鼠尾草属

## 虎耳草

*Saxifraga stolonifera*

多年生常绿草本，叶茎长，匍匐下垂。叶近心形、肾形至扁圆形，叶被细绒毛，具白色的掌状达缘脉序。圆锥状聚伞花序，花朵白色。喜潮湿、土壤肥沃的环境。

分类：虎耳草科虎耳草属

## 翠芦莉

*Ruellia brittoniana*

多年生宿根草本，花紫色，植株抗性强健，尤其耐热。为夏秋季庭院、绿化材料。

分类：爵床科单药花属

## 三七景天

*Sedum aizoon*

叶互生，披针形，边缘具不整齐锯齿，近革质。聚伞花序，多花，花朵黄色星芒状，花瓣长圆披针形。适应性强，不择土壤、气候，耐粗放管理。

分类：景天科景天属

## 景天'活力青柠'

*Sedum 'Lime Zinger'*

叶片苹果绿色，叶缘樱桃红色，大簇小花聚集成粉红色的大花序。枝条具有优良的自发习性，株型整齐，几乎不生枯叶病。喜排水良好的土壤，喜半干旱环境，耐寒耐旱，忌涝。

分类：景天科景天属

## 景天'匹克莱特'

*Sedum 'Picolette'*

叶片小，卵形，红铜色，终年具银色光泽。玫瑰红色星形花，晚夏绽放。喜光，喜排水良好的土壤，略耐阴，耐寒，群植时效果非常醒目。

分类：景天科景天属

## 景天'小桃红'

*Sedum 'Pinky'*

叶暗绿色，新叶粉红色，点缀枝头。成簇淡粉色星形小花聚集成伞房花序。喜阳光明媚且排水良好之处，春季或秋季分株能促进生长。

分类：景天科景天属

## 景天'闪闪'

*Sedum 'Winky'*

嫩叶簇拥抱团，装点着亮粉色和奶油色，老叶逐渐恢复绿色，边缘勾勒粉色和奶油色调。粉色星形小花，聚集成伞房花序，茎紫红色。

分类：景天科景天属

## 金叶佛甲草

*Sedum lineare*

佛甲草的变种，叶金黄色，线形至线状披针形，黄色聚伞花序，花瓣披针形，春末夏初开放。喜光照、干燥、土壤排水良好的环境，耐性非常好，是良好的地被覆盖品种。

分类：景天科景天属

## 中华景天

*Sedum hispanicum*

多年生常绿草本，叶肉质，灰蓝色，匍匐性强。花白色，春季开放。喜光，耐半阴，抗性强健，多做粗放地被。

分类：景天科景天属

## 紫景天'红心'

*Ruellia brittoniana*

叶肉质，淡紫色，茎秆红色。花色由初开时的淡红色变至红宝石色，花期持续至晚夏。

分类：景天科景天属

## 细叶美女樱

*Glandularia tenera*

叶对生，条状羽裂，伞房花序，顶生穗状，花白色至粉紫色。喜湿润、光照，植株强健，病虫害少，蔓性和抗杂草能力强，较耐寒。

分类：马鞭草科马鞭草属

## 细叶美女樱'浅紫'

*Glandularia tenera*

花期长，一年中一半的时间都在开花。即使在炎热的夏季也能不断开放，十分耐热。茎叶柔软匍匐生长，常用作铺面植物，还可以用作垂盆植物。

分类：马鞭草科马鞭草属

## 金鸡菊

*Coreopsis drummondii*

多年生宿根草本，叶片多对生，稀互生、全缘、浅裂或切裂。花单生或疏圆锥花序，总苞两列，每列3枚，基部合生。舌状花1列，宽舌状，呈黄、棕或粉色。管状花黄色至褐色。

分类：菊科金鸡菊属

## 蔓长春'蓝宝石'

*Vinca major* 'Maculata'

蔓长春是常绿观花植物。春天开花尤为繁盛，花形风趣，花瓣末端微旋，就像绿地里的蓝色小风车。

分类：夹竹桃科蔓长春花属

## 蔓长春'紫美人'

*Vinca minor* 'Atropurpurea'

蔓长春是常绿观花植物。春天开花尤为繁盛，花形风趣，花瓣末端微旋，就像绿地里的蓝色小风车。

分类：夹竹桃科蔓长春花属

## 蔓长春'伊芙琳'

*Vinca minor* 'Evelyn'

蔓长春是常绿观花植物。春天开花尤为繁盛，花形风趣，花瓣末端微旋，就像绿地里的小风车。

分类：夹竹桃科蔓长春花属

## 蔓长春'蓝重'

*Vinca minor* 'Plena'

蔓长春是常绿观花植物。春天开花尤为繁盛，花形风趣，花瓣末端微旋，就像绿地里的蓝色小风车。

分类：夹竹桃科蔓长春花属

### 蔓长春 '蓝天使'
*Vinca minor* 'Ralph Shugert'

蔓长春是常绿观花植物。春天开花尤为繁盛，花形风趣，花瓣末端微旋，就像绿地里的蓝色小风车。

分类：夹竹桃科蔓长春花属

### 蔓长春 '蓝色飞镖'
*Vinca minor* 'Dart's Blue'

蔓长春是常绿观花植物。春天开花尤为繁盛，花形风趣，花瓣末端微旋，就像绿地里的蓝色小风车。

分类：夹竹桃科蔓长春花属

### 蔓长春 '卡西尔'
*Vinca minor* 'Cahill'

蔓长春是常绿观花植物。春天开花尤为繁盛，花形风趣，花瓣末端微旋，就像绿地里的蓝色小风车。

分类：夹竹桃科蔓长春花属

### 筋骨草 '红唇'
*Ajuga* 'Rose'

筋骨草早春地毯式开花，花穗密集，成海。常和早春球根植物搭配种植。生长强健能适合各种气候类型。常种在花境的边缘位置。

分类：唇形科筋骨草属

### 筋骨草 '缤纷'
*Ajuga* 'Burgundy Glow'

筋骨草早春地毯式开花，花穗密集，成海。常和早春球根植物搭配种植。'缤纷'叶色绚丽，绿色、奶白色、红粉色三色交织。冬季叶色更红艳。

分类：唇形科筋骨草属

### 筋骨草 '士力架'
*Ajuga* 'Chocolate Chip'

筋骨草早春地毯式开花，花穗密集，花开成海。生长强健能适合各种气候类型。常种在花境的边缘位置。

分类：唇形科筋骨草属

## 三叶草 '露酒'

*Trifolium repens*

多年生常绿草本，叶绿色有红色花纹，如果光照充足，叶片颜色可更加鲜艳。除了单色栽培，也推荐在组盆和垂吊中应用。

分类：豆科车轴草属

## 三叶草 '巧克力'

*Trifolium repens*

多年生常绿草本，叶色巧克力色，如果光照充足，叶片颜色可更加鲜艳。除了单色栽培，也推荐在组盆和垂吊中应用。

分类：豆科车轴草属

## 三叶草 '铜叶'

*Trifolium repens*

多年生常绿草本，叶色古铜色，如果光照充足，叶片颜色可更加鲜艳。除了单色栽培，也推荐在组盆和垂吊中应用。

分类：豆科车轴草属

## 滨菊 '香蕉奶盖'

*Leucanthemum x superbum* 'Banana Cream'

花色诱人，奶黄色。花径可达10cm，样貌大气，性格奔放充满活力。炎炎夏日也是花开不断。

分类：菊科滨菊属

## 滨菊 '发如雪'

*Leucanthemum x superbum* 'Old Court'

花色清秀，纯白色。花径可达10cm，花瓣细长，飘散如发丝。

分类：菊科滨菊属

## 滨菊 '月神'

*Leucanthemum x superbum* 'Luna'

花色诱人，奶黄色至白色。花径可达10cm，重瓣花，花形饱满，近半球形，花瓣末端有刻横。

分类：菊科滨菊属

## 滨菊‘荣光’

*Leucanthemum* x *superbum* 'Real Glory'

花色诱人，奶黄色至白色。花径可达10cm，金灿灿的花芯特别醒目。明亮的色彩，即刻点亮你的花园生活。

分类：菊科滨菊属

## 滨菊‘梦想成真’

*Leucanthemum* x *superbum* 'Real Dream'

花色明艳，亮黄色，半重瓣，花蕊金黄。花径可达10cm，样貌大气。炎炎夏日也是花开不断。

分类：菊科滨菊属

## 滨菊‘心愿’

*Leucanthemum* x *superbum* 'Real Neat'

花色清丽，纯白色。花径可达10cm，花形喇叭状，多了点风趣。炎炎夏日也是花开不断。

分类：菊科滨菊属

## 重瓣滨菊

*Leucanthemum* x *superbum* 'Crazy Daisy'

花色多以白色、奶白色、黄色为主。生长表现出众，越来越受关注。该品种为重瓣白色品种，花型更饱满。

分类：菊科滨菊属

## 火炬花‘橙汁’

*Kniphofia* 'Poco Orange'

火炬花Poco系列品种之一。相比之前的品种，叶片变短，更加坚挺，不容易翻折。花期更长，成年后可以一直开到秋天。

分类：百合科火把莲属

## 火炬花‘西瓜汁’

*Kniphofia* 'Poco Red'

火炬花Poco系列品种之一。相比之前的品种，叶片变短，更加坚挺，不容易翻折。花期更长，成年后可以一直开到秋天。

分类：百合科火把莲属

## 火炬花'木瓜汁'

*Kniphofia* 'Poco Sunset'

火炬花Poco系列品种之一。相比之前的品种，叶片变短，更加坚挺，不容易翻折。花期更长，成年后可以一直开到秋天。

分类：百合科火把莲属

## 火炬花'凤梨汁'

*Kniphofia* 'Poco Yellow'

火炬花Poco系列品种之一。相比之前的品种，叶片变短，更加坚挺，不容易翻折。花期更长，成年后可以一直开到秋天。

分类：百合科火把莲属

## 紫娇花

*Tulbaghia violacea*

粉色伞形花，叶细长直立似韭菜，有韭菜的气味，花期超长，植物抗性强健，极耐热。

分类：石蒜科紫娇花属

## 紫娇花'银色花边'

*Tulbaghia violacea* 'Siler Lace'

株型极似韭菜，叶蓝绿色，边缘具白色条纹，使株丛看着似具银色的外观，散发浓郁韭菜味。顶生聚伞花序，花丁香紫色。喜光照及肥沃、排水良好的土壤，非常耐旱耐热。

分类：石蒜科紫娇花属

## 秋牡丹'幻想曲'

*Anemone* 'Fantasy'

新培育，丰花，粉色重瓣大花开放在高高的茎秆上，基本不结实。好管理，非常适合在林地环境成片种植或者点缀岩石花园，还可作切花。

分类：毛茛科银莲花属

## 秋牡丹'野天鹅'

*Anemone* 'Wild Swan'

新培育、丰花，习性超过日本杂交种。正面洁白，背面紫罗兰色的大花开放在高高的茎秆上。好管理，非常适合在林地环境成片种植或者点缀岩石花园，还可作切花。

分类：毛茛科银莲花属

## 秋牡丹 '梦天鹅'

*Anemone* 'Dreaming Swan'

拥有'野天鹅'的所有观赏特性。而且花更大，花瓣更多，半重瓣。花色清丽，最外层花瓣背面呈蓝紫色。天鹅系列秋牡丹初夏开放，一直开到秋天，花期超长。

分类：毛茛科银莲花属

## 秋牡丹 '美天鹅'

*Anemone* 'Dainty Swan'

与'野天鹅'是同胞姐妹。花形硕大，花径可达7～9cm。花色清丽，花瓣背面有粉色的长条斑纹。

分类：毛茛科银莲花属

## 秋牡丹 '和风'

*Anemone hupehensis* 'Pocahontas'

拥有饱满的重瓣花朵，花色粉紫色，中间金色的花蕊非常明显。相比传统秋牡丹品种，株型更加紧凑，环境适应性更好。

分类：毛茛科银莲花属

## 秋牡丹 '小红帽'

*Anemone hupehensis* 'Red Riding Hood'

花色明艳，紫红色，中间金色的花蕊非常明显。该品种属于秋牡丹幻想曲系列，相比传统秋牡丹品种，株型更加紧凑，环境适应性更好。

分类：毛茛科银莲花属

## 紫叶马蓝 '喜雅'

*Strobilanthes anisophyllus* 'Brunetthy'

多年生草本灌木，枝条柔嫩、直立性好、株型饱满茂盛、四季常绿，叶片呈长矛状。边缘带锯齿，冬春季叶色呈红棕色至紫色，花色呈浅紫色、管状。被选为2020年虹越年度植物。

类型：常绿多年生草本灌木

## 薹草 '金色发丝'

*Carex oshimensis* 'Everilo'

自然芽变品种，观赏性更突出，耀眼的叶色，种在花园里一眼就能看到它。叶片表面有光泽，韧性好，不易折断。

分类：莎草科薹草属

## 鼠尾草'幻紫'

*Salvia nemorosa* 'Amistad'

经典的花园植物,花期长,热度有增无减。花色极为丰富,是常用的蜜源植物。'幻紫'和深蓝鼠尾草是同系品种,萼片几乎全黑,花色深邃。

分类:唇形科鼠尾草属

## 鼠尾草'卡拉多娜'

*Salvia nemorosa* 'Caradonna'

花穗细长,花色深邃。高挑的花穗可以丰富花园的线条美感。

分类:唇形科鼠尾草属

## 鼠尾草'新篇章(蓝紫)'

*Salvia nemorosa* 'New Dimension Blue'

花穗细长,深蓝紫色。分枝旺盛,株形低矮紧凑,自然生长成圆球形。

分类:唇形科鼠尾草属

## 鼠尾草'新景象(粉色)'

*Salvia nemorosa* 'New Dimension Pink'

花穗细长,深玫粉色。分枝旺盛,株型低矮紧凑,自然生长成圆球形。

分类:唇形科鼠尾草属

## 莨力花'粉天使'

*Acomthus* 'Fsmanian Angel'

花序硕大而挺拔,粉白色的苞片格外引人注意。油亮的斑叶雕刻着精美的轮廓。推荐半阴养护。

分类:爵床科老鼠筋属

## 百子莲'龙卷风'

*Agapanthus* 'Twister'

颜色蓝白双色调,清爽素雅。该品种分蘖能力强,株型更紧凑,适合小空间种植。

分类:石蒜科百子莲属

# 藤本植物

## Climbing Plants

藤本植物是指那些茎干细长，自身不能直立生长，必须依附他物而向上攀缘的植物。按照它们的攀附方式，则有缠绕藤本（如紫藤、金银花）、吸附藤本（如凌霄、五叶地锦）和卷须藤本（如葡萄）、蔓生藤本（如蔷薇、木香等）。藤本植物一直是造园中常用的植物材料，如今可用于园林绿化的面积愈来愈小，尤其是家庭小空间花园，充分利用攀援植物进行垂直绿化是拓展绿化空间，增加城市和家庭绿量，改善生态和家居环境的重要途径。

# *Wisteria*
# 紫藤

紫藤，落叶大藤本，通常可长达数十米，寿命也长达上百年。自古以来，紫藤就是中国园林中必不可少的应用植物。常用于廊架栽培，可春观花，夏遮阴纳凉，深受大家的喜爱。如今不少古典名园中，百年紫藤也非常常见。紫藤颜色除了常见的紫色外，蓝色、粉色、白色等花色也有很多。其中花穗长达60-120cm的长穗多花紫藤品种，花开时节美丽震撼的景象，给大家留下了深刻的印象。

### 丰花紫藤'小确幸'
*Wisteria sinensis* 'Prolific'

'丰花'最大特点在于7~8月独特的复花特性。'丰花'是由中华紫藤在荷兰选育的十分丰花的品种，花量大，容易形成花瀑效果，比其他品种抗性强，能再次开花。总状花序花蓝紫色，基部浅紫色。花香浓郁、甜香。种植后2~3年即可开花。

花穗长度：20~30cm　花色：蓝紫色
花朵特点：艳丽

### 长穗多花紫藤
*Wisteria floribunda* 'Multijuga'

长花穗紫藤首选品种，花序淡蓝紫色，同类中花序最长，花朵有芳香。5月开花。喜欢光照充足、避风、较温暖、土壤肥力和湿度中等的环境。需要种植于强硬的支撑物附近。

花穗长度：80~120cm　花色：淡蓝紫色
花朵特点：艳丽，芳香，花穗长

### 多花紫藤'罗萨'
*Wisteria floribunda* 'Rosea'

粉色系紫藤首选，又叫'冰粉'，是一个非常惊艳的品种，艳丽的粉红色花朵，具有铃兰的花香。在初夏花期长达两周。植株生长迅速，易分枝，花量大，可以很快覆盖支撑物。

花穗长度：45~60cm　花色：粉红色
花朵特点：艳丽

## 多花紫藤'阿拉贝拉'

*Wisteria floribunda* 'Shiro-noda'

白色系长花穗紫藤首选，纯净的白色花序，香味强烈，香味类似碗豆，5月开花。植株栽种3～4年后开始开花。在日本它被认为是纯净和典雅的象征，已开始在国内花艺设计中应用。生长速度很快，抗寒性好。

花穗长度：40～60cm　花色：白色
花朵特点：艳丽，芳香

## 多花紫藤'伊赛'

*Wisteria × formosa* 'Issai'

中国紫藤和日本紫藤的杂交品种，开花紧凑，略有芳香，花色淡蓝和白色相间，花叶同时开放。

花穗长度：60cm　花色：蓝白色
花朵特点：艳丽，芳香

## 多花紫藤'中提琴'

*Wisteria floribunda* 'Violacea Plena'

重瓣花穗紫藤首选，又名'重瓣黑龙'。重瓣紫色花朵，开花效果非凡，花朵有香味，一般3～5年生的植株才能够开花。茎左旋，羽状复叶，绿色，秋天会转变为漂亮的奶油黄色。

花穗长度：25～40cm　花色：蓝紫色
花朵特点：艳丽，重瓣

## 多花紫藤'蓝梦'

*Wisteria floribunda* 'Blue Dream'

花蓝紫色，香气迷人。总状花序，有清香，羽状复叶，叶色在秋天变为黄色。需要有强硬支撑物支撑，长速快，年生长量1～3m，可以很快覆盖支撑物。

花穗长度：25～40cm　花色：蓝紫色
花朵特点：艳丽

## 多花紫藤'多米诺'

*Wisteria floribunda* 'Domino'

'多米诺'是稍微小型的多花紫藤，花朵排列紧密，浅紫色，基部白色，总状花序，有清香。栽种后第2～3年开始开花。

花穗长度：25cm　花色：浅紫色
花朵特点：艳丽，芳香

## 多花紫藤'口红'

*Wisteria floribunda* 'Kuchi-beni'

花朵很美，长势强的品种。淡粉红色花朵，开花效果非凡，有香味，抗性强，长速快，耐寒。在全光、避风、暖和的种植环境下开花良好。棚架、凉亭、墙壁的优美覆盖物。

花穗长度：25～35cm　花色：粉红色
花朵特点：艳丽

## 多花紫藤'路易拉文'

*Wisteria floribunda* 'Ludwik lawin'

白紫色花序，花量大，栽种第2～3年就开花，花朵芳香浓郁，抗性强，长势快。常作为紫藤花海背景色。
花穗长度：25～40cm　花色：浅紫色
花朵特点：艳丽

## 多花紫藤'紫斑'

*Wisteria floribunda* 'Murasaki Noda'

多年生落叶木质藤本，蓝紫色花朵，总状花序，羽状叶秋天变黄。茎从右向左缠绕。
花穗长度：35cm　花色：紫罗兰色
花朵特点：艳丽

## 多花紫藤'紫王冠'

*Wisteria florribunda* 'Royal Purple'

花朵紫罗兰色，十分艳丽，具有较浓的香味。
花穗长度：20cm　花色：紫罗兰色
花朵特点：艳丽

## 多花紫藤'富士船长'

*Wisteria brachybotrys* 'Shiro Kapitan Fuji'

白色花序，花量大，栽种第2～3年就开花，花朵芳香浓郁，抗性强，长势快。常作为紫藤花海背景花色。
花穗长度：15～20cm　花色：奶白色
花朵特点：洁白

## 美国紫藤'紫色长廊'

*Wisteria frutescens* 'Longwood Purple'

重瓣球状花，十分迷你可爱，先叶后花，适合小空间拱门或柱状栽培。
花穗长度：10cm　花色：蓝紫色
花朵特点：球状花，花期长，复花

## 美国紫藤'蓝月'

*Wisteria macrostachya* 'Blue Moon'

美国品种，先叶后花，花序葡萄吊坠型，十分可爱，植株中等，枝叶较少，极适宜小空间栽培，如拱门、柱子、棚架等。花期晚多花紫藤一个月。
花穗长度：15～20cm　花色：淡蓝色
花朵特点：花期长，复花

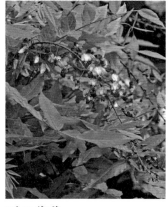

## 紫藤 '紫水晶'

*Wisteria sinensis 'Amethyst'*

芳香浓郁的紫藤品种。花朵观赏性高，深紫色，总状花序，发出浓郁的甜蜜芳香。羽状复叶，春季和夏季浅绿色，秋季转黄。茎右旋，夏季可以复花。

花穗长度：20~25cm　花色：蓝紫色
花朵特点：艳丽，芳香

## 夏日紫藤

*Millettia japonica*

与普通紫藤习性相似，但是花期在夏季。花大小类似豌豆，紫红色，有红晕，具有雪松或香樟的香味。花期夏季，甚至延续至秋季。适宜覆盖凉亭、棚架、花架及墙面。也可作花灌木。

花穗长度：15cm　花色：紫色
花朵特点：艳丽

藤本植物还包括风车茉莉、狗枣猕猴桃、八月瓜、凌霄、金银花、
扶芳藤、木香等。

## 狗枣猕猴桃'博士'

*Actinidia kolomikta* 'Dr Szgmomowski'

落叶中大藤本。果可食用，富含维生素C。

花色：白色或玫瑰红色

叶色：绿色，春季新叶顶端或中部以上常变为黄白色或紫红色

分类：猕猴桃科猕猴桃属

## 八月瓜 '银铃'

*Akebia quinata* 'Silver Bells'

半落叶木质缠绕藤本，雌雄同株。是一个优秀的藤蔓植物品种，可攀爬于乔木上，也可作地被种植。该品种抗性好，花量大，花美，果实极为鲜美。

花色：雌花紫粉色，雄花白色

叶色：青绿色

分类：木通科木通属

## 八月瓜 '斑锦'

*Akebia quinata* 'Variegata'

半落叶木质缠绕藤本，雌雄同株。是一个优秀的藤蔓植物品种，可攀爬于乔木上，也可作地被种植。该品种春季花叶极为美丽，果实极为鲜美。

花色：雌花巧克力色，雄花粉红色

叶色：新叶黄白复色

分类：木通科木通属

## 八月瓜 '牛奶雪糕'

*Akebia quinata* 'Alba'

半落叶藤本，芳香的白色花朵，叶片狭长宽大，植株健壮，自花授粉，能长出10cm长的紫色大果实。

花色：白色

叶色：绿色

分类：木通科木通属

## 八月瓜

*Akebia quinata*

半落叶藤本。精致的紫色花朵，叶片、株型整体偏小，更适合小空间栽培，搭配其他品种授粉，能长出可以食用的果实。

花色：紫色

叶色：绿色

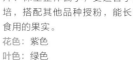

## 美国凌霄 '宁静清晨'

*Campsis grandiflora* 'Morning Calm'

紫葳科凌霄属。落叶藤本，植株长势慢，吸附能力弱，不具侵略性。花朵大，花量多，花筒短，花色淡黄，夏季持续开花，十分醒目迷人。

花色：淡黄色

叶色：绿色

## 美国凌霄'弗拉门戈'

*Campsis radicans* 'Flamenco'

一个非常漂亮且生长繁茂的藤本，一年内可以长高3m，红色的喇叭花状花朵，花筒橙色，叶片深绿色，大型锯齿状的叶片秋天会变为黄色。耐贫瘠，吸引蜂鸟。需要定期养护，可随时修剪。种植于光照充足或半阴的环境中。

花色：红色　分类：紫葳科凌霄属

## 美国凌霄'弗拉瓦'

*Campsis radicans* 'Flava'

开出无数黄色小花的藤本植物，生长迅速，整个夏季都开放出亮黄色的花朵，管理简单，可以攀援于凉亭、栅栏、街灯柱上。耐贫瘠土壤，吸引蜂鸟。种植于光照充足或半阴的环境中。

花色：亮黄色

分类：紫葳科凌霄属

## 美国凌霄'朱迪'

*Campsis radicans* 'Judy'

非常漂亮的黄色花朵，花筒深色，一个高藤本品种，植株叶片繁茂，郁郁葱葱的叶片可以营造出一个热带花园的效果。种植于光照充足或半阴的环境中。

花色：黄色

分类：紫葳科凌霄属

## 金银花'垂红忍冬'

*Lonicera × brownii* 'Dropmore Scarlet'

半落叶藤本，叶片光洁；花期长，花量大，可多次开花，花朵下垂，火红色，适合仰视欣赏；秋季低温叶片变成彩色，极为美丽。

花色：外面玫红色，里面橘红色

叶色：青绿色

分类：忍冬科忍冬属

## 金银花'比利时精选'

*Lonicera periclymenum* 'Belgiga Select'

半常绿藤本，多次花，有芳香，春季满枝红花，夏季挂满樱桃般的红果或黄果，抗性强。

花色：初开时红色，后期变为金色

叶色：中绿

分类：忍冬科忍冬属

## 金银花'缤纷'

*Lonicera periclymenum* 'Harlequin'

花和叶片都极具吸引力。叶是绿色与不规则的奶油白色，有时带粉红色边界。花具有强烈的令人愉快的香气。

花色：紫色至粉红色

叶色：白色、粉色、绿色

分类：忍冬科忍冬属

## 金银花'金色喇叭'

*Lonicera × brownii* 'Golden'Trumpet'

半常绿藤本，叶子铜黄色，花金黄色，花后会结红色浆果，是良好的垂直绿化及棚架材料。

**花色：**金黄色

**叶色：**铜黄色

**分类：**忍冬科忍冬属

## 金银花'小仙女'

*Lonicera periclymenum* 'Chic et Choc'

盆栽型金银花品种，花量大，持续开花，耐热性好。

**花色：**红鲑鱼色、粉色、金色

**叶色：**青绿色

**分类：**忍冬科忍冬属

## 京红久忍冬

*Lonicera × heckrottii*

半常绿藤本，花期长，有香味，抗性强。是一个优秀的攀援植物品种，适用于公园、绿地的垂直绿化，也用于庭院中的花架、花廊等点缀，以及丛植作地被。

**花色：**玫红色

**叶色：**中绿

**分类：**忍冬科忍冬属

## 钻地风'玫瑰'

*Schizophragma hydrangeoides* 'Roseum'

落叶大藤本，6~7月，淡黄色的花朵开放，萼片在昼夜温差大的环境下，由白色变为淡粉色，叶子是深绿色，秋天变黄。喜欢潮湿和酸性土壤。茎干具有气生根，可以吸附在墙壁、树木和地面覆盖。

**花色：**白色至淡粉色　　**叶色：**亮绿色

**年生长速度：** 0.5m

**分类：**虎耳草科钻地风属

## 五叶地锦'星雨'

*Parthenocissus quinquefolia* 'Star Showers'

落叶藤本，长势中等，春季花叶极为美丽，秋天结出的黑色浆果可以吸引鸟类。植株慢生长(不会疯狂生长导致侵占其他植物生长空间)，适合小空间种植。

**叶色：**黄白绿相间

**分类：**葡萄科地锦属

## 重瓣白木香

*Roses banksiae*

半常绿木质藤本，无刺，长江以南为常绿。春季大量的重瓣白色花朵覆盖整个植株，极为清雅。可做拱门、墙面装饰，亦可以做悬垂蔓生。

**花色：**白色

**叶色：**绿

**分类：**蔷薇科蔷薇属

## 风车茉莉 '粉风车'

*Trachelospermum asiaticum* 'Pink Showers'

常绿藤本，粉色的花朵十分迷人，花期集中在春秋两季，植株叶片细腻狭长，深绿色，长势慢，适合各种小空间栽培。

花色：淡粉色，强光下易褪色

叶色：墨绿色　分类：夹竹桃科络石属

## 风车茉莉 '白风车'

*Trachelospermum jasminoides*

常绿藤本，是一个优秀的藤蔓植物品种，开花期在春夏季，可以开出大量的很有特点的螺旋状白色小花，俗称风车茉莉。花香迷人，抗性强，生长速度快，是优秀速生地被和立面景观营建材料。

花色：白色

叶色：绿色　分类：夹竹桃科络石属

## 风车茉莉 '黄风车'

*Trachelospermum jasminnoides* 'Star of Toscana'

多年生常绿小藤本，长势慢，叶片小，嫩叶金黄色，是一个优秀的藤蔓植物品种，春夏秋三季开花，可以开出大量的很有特点的螺旋状黄色小花，花香迷人。

花色：黄色，高温年份花色偏白

叶色：墨绿色　分类：夹竹桃科络石属

## '黄金锦络石'

*Trachelospermum asiaticum* 'Ougonnishik'

常绿藤本植物，为夹竹桃科络石属亚洲络石的变种。新叶橙黄色，经过光照可变为鲜红色、金黄色、古铜色、橘红色等多种色泽，老叶有绿黄色的斑块。其特点是叶色丰富，观赏性强。喜光亦耐荫，抗病能力强，是优良的攀援植物和地被植物。

花色：白色　叶色：有金黄、鲜红、纯白等　分类：夹竹桃科络石属

## '重瓣黄木香'

*Rosa banksiae* 'Lutea'

半常绿木质藤本，无刺，长江以南为常绿。春季大量的重瓣黄色花朵覆盖整个植株，极为壮观。可做拱门，墙面，亦可以做悬垂蔓生。

花色：黄色

叶色：绿

分类：蔷薇科蔷薇属

# 乔灌木

Trees and Shrubs

乔灌木是造园中最关键的植物材料，也是整个景观中的中高层骨架，因品种不同有观花型、观叶型、观果型等。想要打造四季不同的花园效果，乔灌木的选择搭配至关重要。

# Camellia
# 茶花

山茶花山茶属。茶花，中国十大名花之一。在古代中国，茶花象征着春天之树，长期以来一直被视为长寿、爱情的象征。四季常青，寓意好运和幸福，多冬季开花，花色端庄大气，品种众多，被誉为冬日玫瑰，深受家庭花友的喜爱。家庭阳台盆栽，养护打理简单，可半光照，不易感染红蜘蛛，冬季耐寒-10℃左右，喜欢温暖湿润的气候，夏季忌暴晒，全国范围均可以盆栽。

### 茶花 '大红牡丹'
Camellia japonica 'Dahongmudan'

特性：常绿乔木
花色：红色
叶色：墨绿色

### 茶花 '十八学士'
Camellia japonica 'Shiba Xueshi'

特性：常绿乔木
花色：白色带有粉色条纹
叶色：深绿色

### 美人茶
Camellia uraku

花色：粉红色
叶色：绿色

### 束花茶花'美人簪'
*Camellia japonica* 'Meiren Zan'

特性：观花灌木或小乔木
花色：玫红色

### 茶梅
*Camellia sasanqua*

特性：小乔木
花色：粉红色
叶色：墨绿色

### 日本造型茶梅
*Camellia sasanqua*

特性：小乔木
花色：粉红色
叶色：墨绿色

### 茶花'紫玫瑰'
*Camellia japonica* 'Manuroa Road'

紫色系代表，花型多变，长势好，花期长，花量大。
种类：红山茶
花色：暗红、绒红色
花径：大轮

### 茶花'美千'
*Camellia japonica* 'Mei-Cian'

叶小花大，全文瓣花，花朵大，边缘呈波浪状皱褶。
种类：红山茶
花色：亮深桃粉色
花径：大轮

### 茶花'宫粉'
*Camellia japonica* 'Gong Fen'

经典品种，花型优美，花色典雅，超凡脱俗。
种类：红山茶
花色：淡粉色
花径：中轮

## 茶花 '西利米切尔'
*Camellia japonica* 'Cile Mitchell'

花瓣层次丰富，株型紧凑，长势好，花期长。
种类：威廉斯茶
花色：淡紫粉色
花径：大轮

## 茶花 '红乔伊'
*Camellia japonica* 'Joy Kendrick Red'

粉色大花代表，花朵大，重瓣，偶有白斑。
种类：红山茶
花色：粉红色
花径：大轮

## 茶花 '白雪塔'
*Camellia japonica* 'Compacta Alba'

花色洁白如雪，花型似塔，晶莹秀美，高洁清雅。
种类：红山茶
花色：纯白色
花径：大轮

## 茶花 '东方亮'
*Camellia japonica* 'Eastern Light'

少见的肉粉色茶花，花型完美，颜色温馨。
种类：红山茶
花色：淡粉边较白
花径：中轮

## 茶花 '黄绣球'
*Camellia japonica* 'Brushfield's Yellow'

白色外瓣，奶黄色中间花瓣，色泽非常温馨迷人。
种类：红山茶
花色：白至乳黄色
花径：中轮
花型：唐子

## 茶花 '黄达'
*Camellia japonica* 'Dahlohnega'

经典黄色茶花品种，花朵玫瑰重瓣，极为雅致美丽。
种类：红山茶
花色：淡黄色
花径：中轮

## 茶花'姚黄魏紫'

*Camellia japonica* 'Yaohuang Weizi'

精品茶花，花颜色层次丰富、花型排列整齐。

种类：云南茶
花色：粉白，边有深粉
花径：中轮至大轮

## 茶花'伊丽莎白之女'

*Camellia japonica* 'Elizabeth Weaver'

文瓣花中花瓣多的品种，螺旋排列，纯色和白斑偶有。

种类：红山茶
花色：珊瑚红色
花径：大轮

## 茶花'乌马克'

*Camellia japonica* 'Virginia Womack'

粉色大花，花瓣多，波浪线，令人印象深刻。

种类：云南茶
花色：淡粉色
花径：大轮

## 茶花'梦30'

*Camellia japonica* 'Sawada's Dream'

内白，外层花瓣逐渐变成柔和的红色，颜色仙，花型美。

种类：红山茶
花色：亮粉色
花径：中轮

## 茶花'芙蓉香波'

*Camellia japonica* 'Sweet Emily Kate'

枝条下垂，花朵有香味，株型较小。

种类：山茶杂交种
花色：淡粉色
花径：中轮
花型：牡丹

## 茶梅'粉色伊甸园'

*Camellia sasanqua* 'Paradise Blush'

早花，花量大，花色仙的品种，长势好，抗性强。

种类：茶梅
花色：白色粉边
花径：小轮

### 茶梅'圣诞红'

*Camellia sasanqua* 'Yuletide'

茶梅新优品种，长势好，花色亮丽，有淡淡的茶香。

种类：茶梅
花色：鲜橙红色
花径：小至中轮

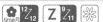

### 茶花'白瑞奇'

*Camellia japonica* 'Kay Berridge'

花色丰富，花瓣内勾，能开出六角状、螺旋状花。

种类：红山茶
花色：白底红条斑
花径：小轮

### 茶花'牛西奥雕石'

*Camellia japonica* 'Nuccio's Cameo'

花型独特，层叠似雕石，株型矮小紧凑。

种类：红山茶
花色：珊瑚红
花径：中轮至大轮

### 茶花'叠红玫瑰'

*Camellia japonica* 'Red Red Rose'

花色非常鲜红的品种，花瓣多，层叠似玫瑰。

种类：红山茶
花色：鲜红色
花径：中轮

### 茶花'松子'

*Camellia japonica* 'Matsukasa'

较耐寒，花型独特，松子状，长势慢，株型紧凑。

种类：红山茶
花色：鲜红至暗紫色
花径：小至中轮
花型：松果

### 茶花'迷茫的春天'

*Camellia japonica* 'Spring Daze'

娇艳欲滴，仿佛美人脸上擦了胭脂，分外妩媚。

种类：威廉斯茶
花色：淡粉、珊瑚红
花径：小到中轮

### 茶花'大金'

*Camellia japonica* 'Barbara'

金黄花蕊较大，非常醒目，长势很好，
紧凑，易养护。

种类：红山茶
花色：红色
花径：大轮

### 茶花'雪里红'

*Camellia japonica* 'Snowred'

白色大花，花瓣多，偶有粉色条纹，非
常端庄大气。

种类：红山茶
花色：白色粉色
花径：大轮

### 茶花'小玫瑰'

*Camellia japonica* 'Coquettii'

花型别致，花量大，株型紧凑，长势很
好，易养护。

种类：红山茶
花色：红色
花径：小至中轮

### 茶花'粉玲珑'

*Camellia japonica* 'Hishi-karaito'

花型独特，似铃铛，令人印象深刻，长
势好，易养护。

种类：红山茶
花色：粉红色
花径：中轮
花型：唐子

### 茶花'津川娇'

*Camellia japonica* 'Tsugawa Shibori'

可以开出多种花，花瓣厚实，排列工整
精致。

种类：雪茶
花色：淡粉有红条纹
花径：中轮

### 茶花'砂金'

*Camellia japonica* 'Dusty'

大型粉色文瓣花，花瓣头尖，花朵稠
密。

种类：红山茶
花色：玫瑰粉色
花径：大轮

## 茶花'倚阑娇'

*Camellia japonica* 'Yilanjiao'

花色淡粉红，洒不规则的红色条纹斑点，偶全红。

种类：红山茶
花色：白底有粉色斑
花径：中轮

## 茶花'黛比'

*Camellia japonica* 'Debbie'

绣球型花朵非常可爱，花朵大。

种类：威廉斯茶
花色：鲜粉有白斑
花径：中轮至大轮
花型：八重、牡丹

## 茶花'格蕾丝'

*Camellia japonica* 'Grace Albritton'

花小，仙气十足，淡粉花，尖端浓粉，娇艳欲滴。

种类：红山茶
花色：淡粉瓣端浓粉
花径：小轮

# Acer
# 枫树

无患子科槭树属，落叶型乔灌木植物。枫树叶子色泽绚烂，形态别致优美，叶片的颜色会根据季节的变化而发生改变。全世界的槭树科植物有202种，分布于亚洲、欧洲、北美洲和非洲北缘，中国是世界上拥有枫树原生种最多的国家，已有157种，主要分布于中国中部和西南部。枫树是我国园林绿化植物中的重要组成部分。

**红枫'威尔逊矮人'**

*Acer palmatum* 'Wilson's Pink Dwarf'

特性：落叶型乔灌木
春叶：橙黄色
夏叶：绿色
秋叶：橙黄色\红色

**红枫'石榴红'**

*Acer palmatum* 'Garnet'

特性：落叶型乔灌木
花色：紫色
春叶：亮红色\暗红色
夏叶：暗绿色（高温返绿）
秋叶：红色

**红枫'血红'**

*Acer palmatum* 'Bloodgood'

特性：落叶型乔灌木
春叶：暗红色
夏叶：暗红色（高温返绿）
秋叶：橙黄色\红色

**红枫'蝴蝶锦'**

*Acer palmatum* 'Butterfly'

特性：落叶型乔灌木
春叶：绿色粉斑叶
夏叶：绿叶花叶
秋叶：红色花叶

**红枫'卡苏'（金贵）**

*Acer palmatum* 'Katsura'

特性：落叶型乔灌木
春叶：橙黄色
夏叶：绿色
秋叶：橙黄色\红色

**红枫'橙之梦'**

*Acer palmatum* 'Orange Dream'

特性：落叶型乔灌木
春叶：橙红色
夏叶：绿色
秋叶：橙黄色、橙红色

**红枫'珊瑚阁'**

*Acer palmatum* 'Sango-kaku'

特性：落叶型乔灌木
春叶：黄绿色
夏叶：绿色
秋叶：橙黄色、橙红色

**红枫'青龙'**

*Acer palmatum* 'Seiryu'

特性：落叶型乔灌木
春叶：绿色
夏叶：绿色
秋叶：橙黄色\红色

**红枫'幻彩'**

*Acer palmatum* 'Oridono Nishiki'

特性：落叶型乔灌木
春叶：绿色（6月才出花叶）
夏叶：绿色
秋叶：橙黄色、橙红色

### 红枫'凤凰'

*Acer palmatum* 'Phoenix'

特性：落叶型乔灌木
春叶：橙红色\橙黄色
夏叶：绿色
秋叶：橙黄色\红色

### 红枫'流泉'

*Acer palmatum* 'Ryusen'

特性：落叶型乔灌木
春叶：黄绿色
夏叶：绿色
秋叶：橙红色\红色

### 红枫'袖锦'

*Acer palmatum* 'Sode Nishiki'

特性：落叶型乔灌木
春叶：橙黄色
夏叶：绿色
秋叶：橙黄色、橙红色

### 红枫'猩猩枝垂'

*Acer palmatum* 'Shojo Shidare'

特性：落叶型乔灌木
春叶：暗红色
夏叶：绿色
秋叶：亮红色

### 红枫'粉色珊瑚'

*Acer palmatum* 'Coral Pink'

特性：落叶型乔灌木
春叶：黄绿色
夏叶：绿色
秋叶：亮橙黄色

### 红枫'红羽衣'

*Acer palmatum* 'Beni hagoromo'

特性：落叶型乔灌木
春叶：暗红色
夏叶：绿色
秋叶：橙黄色\红色

## 红枫'泰勒'

*Acer palmatum* 'Taylor'

特性: 落叶型乔灌木
春叶: 粉色\白色\花叶;
夏叶: 绿色\花叶;
秋叶: 红粉色

## 红枫'希拉蕊'

*Acer palmatum* 'Shirazz'

特性: 落叶型乔灌木
春叶: 红粉色\花叶
夏叶: 绿色\花叶
秋叶: 红色

## 红枫'茜'

*Acer palmatum* 'Akane'

特性: 落叶型乔灌木
春叶: 橙黄色
夏叶: 绿色
秋叶: 橙黄色\红色

## 红枫'阿里阿德'

*Acer palmatum* 'Ariadne'

特性: 落叶型乔灌木
春叶: 琥珀色
夏叶: 暗绿色
秋叶: 橙黄色\红色

## 红枫'约旦'

*Acer palmatum* 'Jordan'

特性: 落叶型乔灌木
春叶: 亮黄色
夏叶: 绿色
秋叶: 橙黄色\红色

## 红枫'紫鬼'

*Acer palmatum* 'Purple Ghost'

特性: 落叶型乔灌木
春叶: 亮红色
夏叶: 暗绿色\暗红色
秋叶: 橙黄色\红色

### 红枫'茜空'

*Acer palmatum*

特性：落叶型乔灌木
春叶：橙黄色
夏叶：绿色
秋叶：橙黄色\红色

### 红枫'祖母鬼'

*Acer palmatum* 'Grandma Ghost'

特性：落叶型乔灌木
春叶：黄绿色带淡红边
夏叶：绿色
秋叶：橙黄色\红色

### 红枫'琥珀鬼'

*Acer plmnatom* 'Amber Ghost'

特性：落叶型乔灌木
春叶：琥珀色泛红
夏叶：绿色
秋叶：橙黄色\红色

### 红枫'爪柿'

*Acer palmatum* 'Tsuma Gaki'

特性：落叶型乔灌木
春叶：黄绿色带红边
夏叶：绿色
秋叶：橙黄色\红色

### 红枫'魔幻珊瑚'

*Acer palmatum* 'Coral Magic'

特性：落叶型乔灌木
春叶：橙黄色\橙红色
夏叶：绿色
秋叶：橙黄色\红色

### 红枫'美峰'

*Acer palmatum* 'Bihou'

特性：落叶型乔灌木
春叶：黄绿色
夏叶：绿色
秋叶：橙黄色、橙红色

## 红枫'泽千鸟'

*Acer palmatum* 'Sawa Chidori'

特性：落叶型乔灌木
春叶：黄色
夏叶：绿色
秋叶：橙黄色\红色

## 红枫'赤鸭立泽'

*Acer palmatum* 'Beni Shigitatsu Sawa'

特性：落叶型乔灌木
春叶：红色脉纹
夏叶：绿色
秋叶：橙黄色、橙红色

## 红枫'日笠山'

*Acer palmatum* 'igasa-yama'

特性：落叶型乔灌木
春叶：红粉色\绿色
夏叶：绿色
秋叶：橙黄色\红色

## 红枫'朱华羽衣'

*Acer palmatum* 'Hagoromo'

特性：落叶型乔灌木
春叶：橙黄色
夏叶：绿色
秋叶：橙黄色、橙红色

## 红枫'赛娜'

*Acer palmatum* 'Shaina'

特性：落叶型乔灌木
春叶：鲜红色
夏叶：暗红色\高温返绿
秋叶：红色

## 红枫'乙女樱'

*Acer palmatum* 'Otome Zakura'

特性：落叶型乔灌木
春叶：亮红色
夏叶：绿色
秋叶：橙黄色\红色

### 红枫'三河锦'

*Acer palmatum* 'Mikawa nishiki'

特性：落叶型乔灌木
春叶：绿叶、粉边花叶
夏叶：绿色
秋叶：橙黄色、红色

### 红枫'多彩的佩夫'

*Acer palmatum* 'Peve Multicolor'

特性：落叶型乔灌木
春叶：粉白花叶\绿色花叶
夏叶：绿色
秋叶：橙黄色\红色

### 红枫'新日笠'

*Acer palmatum* 'Shin hikasa'

特性：落叶型乔灌木
春叶：粉色花叶
夏叶：绿色
秋叶：橙红色、橙黄色

### 红枫'姐妹鬼'

*Acer palmatum* 'Sister Ghost'

特性：落叶型乔灌木
春叶：黄绿色
夏叶：绿色
秋叶：橙黄色\红色

### 红枫'第一鬼'

*Acer palmatum* 'First Ghost'

特性：落叶型乔灌木
春叶：黄绿色带红尖
夏叶：绿色
秋叶：橙黄色\红色

### 红枫'清姬'

*Acer palmatum* 'Kiyohime'

特性：落叶型乔灌木
春叶：橙黄色有红边
夏叶：绿色
秋叶：橙红色、红色

## 红枫'迪瓦恩'

*Acer palmatum* 'Will's Devine'

特性：落叶型乔灌木
春叶：黄绿色
夏叶：绿色
秋叶：橙黄色\红色

## 红枫'蜜桃奶盖'

*Acer palmatum* 'Peaches and Cream'

特性：落叶型乔灌木
春叶：橙黄色\淡绿色
夏叶：绿色
秋叶：橙黄色\红色

## 红枫'卡莉'

*Acer palmatum* 'Calico'

特性：落叶型乔灌木
春叶：橙黄色
夏叶：绿色
秋叶：橙黄色\红色

## 红枫'庞克'

*Acer palmatum* 'Pung Kil'

特性：落叶型乔灌木
春叶：红色
夏叶：暗红色\高温返绿
秋叶：红色

## 红枫'秋月'

*Acer shirasawanum* 'Autumn Moon'

特性：落叶型乔灌木
春叶：橙黄色、橙红色
夏叶：绿色
秋叶：橙红色、红色

## 鸡爪槭

*Acer palmatum*

特性：落叶型乔灌木
花色：紫色
春叶：绿色、黄绿色
夏叶：绿色
秋叶：橙黄色、橙红色

### 红枫 '梦化'

*Acer shirsawanum* 'Muka'

特性：落叶型乔灌木
春叶：绿色
夏叶：绿色
秋叶：橙黄色、橙红色

### 红枫 '姬爪柿'

*Acer palmatum* 'Hime tsuma gaki'

特性：落叶型乔灌木
春叶：黄绿色有红边
夏叶：绿色
秋叶：橙红色、红色

### 红枫 '紫清姬'

*Acer palmatum* 'Murasaki kiyohime'

特性：落叶型乔灌木
春叶：橙黄色有红边
夏叶：绿色
秋叶：橙红色、红色

### 中国红枫

*Acer palmatum* 'Atropurpureum'

特性：落叶型乔灌木
春叶：暗红色
夏叶：暗绿色泛红
秋叶：红色

Other
其他

## 丁香 '白雪公主'
*Syringa meyeri* 'Flowerfesta White'

科属：木樨科丁香属
特性：落叶灌木
花色：白色
叶色：绿色

## 六道木 '法兰西'
*Abelia × grandiflora* 'Francis Mason'

科属：忍冬科六道木属
特性：常绿灌木
花色：白、淡黄或浅红色

## 合欢'夏日巧克力'
*Albizia julibrissin* 'Summer Chocolate'

科属：豆科合欢属
特性：落叶乔木
花色：粉色+偏白
叶色：紫红色

**小叶黄杨 '福来'**

*Buxus sempervirens* 'Arborescens'

科属：黄杨科黄杨属
特性：常绿灌木
叶色：春-秋叶色翠绿，冬季叶色变黄。

**醉鱼草 '蓝筹股'**

*Buddleja davidii* 'Blue Chip'

科属：玄参科醉鱼草属
特性：落叶灌木
花色：蓝色

**醉鱼草 '皇家紫'**

*Buddleja davidii* 'Royal Purple'

科属：玄参科醉鱼草属
特性：落叶灌木
花色：紫红色

**醉鱼草'白色梦幻'**

*Buddleja davidii* 'Dreaming White'

科属：玄参科醉鱼草属
特性：落叶灌木
花色：白色

**醉鱼草'蓝色蜂鸟'**

*Buddleja davidii* 'Blue Colibri'

科属：玄参科醉鱼草属
特性：落叶灌木
花色：蓝紫色

**金叶醉鱼草**

*Buddleja davidii* 'Santanna'

科属：玄参科醉鱼草属
特性：(半)落叶灌木
花色：深紫红色

## 互叶醉鱼草'蝴蝶喷泉'

*Buddleja alternifolia* 'Unique'

科属：玄参科醉鱼草属
特性：(半)落叶灌木
花色：紫色

## 红千层'玛索蒂红'

*Callistemon rigidus* 'Masotit Mini Red'

科属：桃金娘科红千层属
特性：常绿灌木
种植方位：向阳处
叶色：花及雄蕊大红色，雄蕊长，穗状花序似红色的瓶刷。

## 红千层'粉色激情'

*Callistemon viminalis* 'Hot Pink'

科属：桃金娘科红千层属
特性：常绿树
花色：粉红色

## 垂枝银芽柳

*Salix caprea* 'Kilmarnock'

科属：杨柳科柳属
特性：落叶灌木
花色：黄色

## 红千层

*Callistemon rigidus*

科属：桃金娘科红千层属
特性：常绿灌木
种植方位：向阳处
花色：花及雄蕊大红色，雄蕊长，穗状花序似红色的瓶刷。
造型：棒棒糖型

## 帚状欧洲鹅耳枥

*Carpinus betulus* 'Columnaris Nana'

科属：桦木科鹅耳枥属
特性：落叶乔木
叶色：秋色叶黄色，植株矮小紧凑，形似扫帚，非常可爱。

## 欧洲鹅耳枥

*Carpinus betulus* 'Fastigiata'

科属：桦木科鹅耳枥属
特性：落叶乔木
叶色：秋色叶金黄色，树型呈柱状，窄小却高挺，形态优美。

## 金叶莸 '海蓝阳光'

*Caryopteris × clandonensis* 'Sunshine Blue'

科属：马鞭草科莸属
特性：半常绿灌木
花色：紫罗兰色伞房花序，叶金黄色

## 垂枝雪松 '蓝宝石'

*Cedrus deodara* 'Feelin' Blue'

科属：松科雪松属
特性：常绿乔木
叶色：蓝绿色，花不显著
年生长速度：适中，每年8~15cm

## 紫荆

*Cercis chinensis*

科属：豆科紫荆属
特性：落叶乔木或灌木
花色：紫红/粉红色
叶色：嫩叶绿色

## 金线柏

*Chamaecyparis pisifera* 'Filifera Aurea'

科属：柏科扁柏属
特性：常绿灌木
叶色：鳞形叶金黄色，小枝线形下垂，株型洒脱。

## 利蓝柏

*Cupressocyparis leylandii* 'Blue Jeans'

科属：柏科柏木属
特性：常绿乔木
叶色：叶色蓝色，有香味

## 蓝湖柏

*Chamaecyparis pisifera* 'Boulevard'

科属：柏科扁柏属
特性：常绿灌木
花/叶色：叶灰蓝色，有银白色光泽，株型紧凑

## 矮生铺地柏

*Juniperus procumbens* 'Nana'

科属：柏科扁柏属
特性：常绿针叶灌木
叶色：蓝绿色至黄紫色

## '母脉' 平铺圆柏

*Juniperus horizontalis* 'Mother Lode'

科属：柏科扁柏属
特性：常绿针叶灌木
叶色：青绿色至金黄色

## 澳洲朱蕉 '太阳舞'

*Cordyline australis* 'Sundance'

科属：异蕊草科朱蕉属
特性：常绿灌木
叶色：箭型叶墨绿色，株丛中部洋红色

## 澳洲朱蕉 '红巨人'

*Cordyline australis* 'Torbay Red'

科属：异蕊草科朱蕉属
特性：常绿灌木
叶色：暗紫红色，箭型叶轮生，似红色喷泉。

## 多花楝木 '威利新红'

*Cornus florida* 'Willy's New Red'

科属：山茱萸科山茱萸属
特性：落叶小乔木
花色：深粉红色
秋叶色：紫红色

**多花梾木‘勇敢的切诺基’**

*Cornus florida* 'Cherokee Brave'

科属：山茱萸科山茱萸属
特性：落叶小乔木
花色：亮红色，中心渐变为白色
秋叶色：紫红色

**多花梾木‘切诺基公主’**

*Cornus florida* 'Cherokee Princess'

科属：山茱萸科山茱萸属
特性：落叶小乔木
花色：纯白色大花
秋叶色：紫红色

**多花梾木‘晚霞’**

*Cornus florida* 'Cherokee Sunset'

科属：山茱萸科山茱萸属
特性：落叶小乔木
花色：粉红色
秋叶色：紫红色

**多花梾木‘切诺基酋长’**

*Cornus florida* 'Cherokee Chief'

科属：山茱萸科山茱萸属
特性：落叶小乔木
花色：深粉红色，中心渐变为白色
秋叶色：紫红色

**多花梾木‘黎明’**

*Cornus florida* 'Cherokee Daybreak'

科属：山茱萸科山茱萸属
特性：落叶小乔木
花色：白色
秋叶色：粉红色

**多花梾木‘彩虹’**

*Cornus florida* 'Rainbow'

科属：山茱萸科山茱萸属
特性：落叶小乔木
花色：白色
秋叶色：紫红色、黄色、墨绿色

## 多花梾木'皇室红'

*Cornus florida* 'Royal Red'

科属：山茱萸科山茱萸属
特性：落叶小乔木
花色：粉红色至深红色
秋叶色：深红色

## 多花梾木'鲁布拉'

*Cornus florida* 'Rubra'

科属：山茱萸科山茱萸属
特性：落叶小乔木
花色：亮粉色
秋叶色：紫红色

## 多花梾木'秋日玫瑰'

*Cornus kousa* 'Autumn Rose'

科属：山茱萸科山茱萸属
特性：落叶小乔木
花色：白色至淡粉色
秋叶色：玫瑰红色

## 多花梾木'洒脱米'

*Cornus kousa* 'Satomi'

科属：山茱萸科山茱萸属
特性：落叶小乔木
花色：粉色，有时偏白色
秋叶色：紫红色

## 多花梾木'金色夏日'

*Cornus kousa* 'Summer Gold'

科属：山茱萸科山茱萸属
特性：落叶小乔木
花色：白色
叶色：金黄色、紫红色

## 大花梾木'维纳斯'

*Cornus florida* 'Venus'

科属：山茱萸科梾木属
特性：落叶小乔木
花色：巨大的白色花
秋叶色：紫红色

## 烟树 '优雅'
*Cotinus coggygria* 'Grace'

科属：漆树科黄栌属
特性：落叶乔木
叶色：叶片为紫色椭圆形

## 烟树 '贵族紫'
*Cotinus coggygria* 'Royal Purple'

科属：漆树科黄栌属
特性：落叶乔木
叶色：紫红色，夏季老叶返绿

## 烟树 '紫雾'
*Cotinus coggygria* 'Lilla'

科属：漆树科黄栌属
特性：落叶乔木
花色：深酒红色至粉色
叶色：春夏酒红色秋叶鲜红至橙红

## 烟树 '可爱女士'
*Cotinus coggygria* 'Young Lady'

科属：漆树科黄栌属
特性：落叶乔木
花色：粉色
叶色：春夏绿色秋叶红色、橙色

## 烟树 '焰火'
*Cotinus coggygria* 'Red Flame'

科属：漆树科黄栌属
特性：落叶乔木
花色：粉色至玫红色
叶色：春夏绿色泛蓝，秋叶红色、橙色

## 烟树 '金奖章'
*Cotinus coggygria* 'Golden Spirit'

科属：漆树科黄栌属
特性：落叶乔木
花色：粉色
叶色：春夏黄色，秋叶红色、橙色、粉色

**红叶山茶**

*Camellia cuspidata*

科属：山茶科山茶属
特性：灌木
花色：白色
叶色：幼叶紫红色

**溲疏‘草莓田’**

*Deutzia hybrida* 'Strawberry Fields'

科属：虎耳草科溲疏属
特性：落叶灌木
花色：白色带粉色红晕

**溲疏‘雪樱花’**

*Deutzia gracilis* 'Yuki Cherry Blossom'

科属：虎耳草科溲疏属
特性：花灌木
花色：里面奶油粉色，背面粉红色

**溲疏‘雪绒花’**

*Deutzia gracilis* 'Yuki Snowflake'

科属：虎耳草科溲疏属
特性：花灌木
花色：纯白色

**溲疏‘爱丽丝’**

*Deutzia × hybrida* 'Iris Alford'

科属：虎耳草科溲疏属
特性：花灌木
花色：里面粉白色，背面粉紫红色，白边

**金边黄杨**

*Euonymus japonicus* 'Elegantissimus Aureus'

科属：卫矛科卫矛属
特性：常绿灌木或小乔木
花色：绿白色
叶色：叶边金黄，中间亮绿色

## 埃比胡颓子

*Elaeagnus × ebbingei* 'Gilt Edge'

科属：胡颓子科胡颓子属
特性：灌木
花色：白色
叶色： 叶边金黄色

## 金边胡颓子

*Elaeagnus pungens* 'Varlegata'

科属：胡颓子科胡颓子属
特性：灌木
花色：白色
叶色：叶边金黄色

## 火焰卫矛

*Euonymus alatus* 'Compactus'

科属：卫矛科卫矛属
特性：落叶灌木
花色：白绿色
秋叶色：火红色

## 白鹃梅'尼亚加拉瀑布'

*Exochorda racemosa* 'Niagara'

科属：蔷薇科白鹃梅属
特性：落叶灌木

## 大花白娟梅'新娘'

*Exochorda × macrantha* 'The Bride'

科属：蔷薇科白鹃梅属
特性：落叶灌木
花色：白色

## 白鹃梅'魔法春天'

*Exochorda racemosa* 'Magical Springtime'

科属：蔷薇科白鹃梅属
特性：落叶灌木
成熟冠幅：1.2～1.5m
花色：白色

## 滨柃

*Eurya emarginata*

科属：山茶科柃木属
特性：常绿灌木
花色：灰白色
叶色：油绿色
果色：黑色

## 金缕梅'帕丽达'

*Hamamelis × intermedia* 'Pallida'

科属：金缕梅科金缕梅属
特性：落叶灌木
花色：花金黄色，花瓣如缕，微香，先花后叶。

## 金缕梅'阿诺德的承诺'

*Hamamelis × intermedia* 'Amold Promise'

科属：金缕梅科金缕梅属
特性：落叶灌木
花色：花金黄色，花瓣如缕，微香，先花后叶。

## 金缕梅'戴安娜'

*Hamamelis × intermedia* 'Diane'

科属：金缕梅科金缕梅属
特性：落叶灌木
花色：花大红色，花瓣如缕，微香，先花后叶。

## 金缕梅'北极光'

*Hamamelis × intermedia* 'Feuerzauber'

科属：金缕梅科金缕梅属
特性：落叶灌木
花色：花橙红色，花美如缕，微香，先花后叶。

## 金缕梅'雅米娜'

*Hamamelis × intermedia* 'Yamina'

科属：金缕梅科金缕梅属
特性：落叶灌木
花色：金黄色

## 木槿'蓝雪纺'

*Hibiscus syriacus* 'Blue Chiffon'

科属：锦葵科木槿属
特性：落叶灌木
花色：蓝紫色

## 木槿'紫色绒球'

*Hibiscus syriacus* 'French Cabaret Purple'

科属：锦葵科木槿属
特性：落叶灌木
花色：紫色

## 木槿'粉雪纺'

*Hibiscus syriacus* 'Pink Chiffon'

科属：锦葵科木槿属
特性：落叶灌木
花色：粉红色
修剪方式：中度修剪

## 木槿'星光雪纺'

*Hibiscus syriacus* 'Starburst Chiffon'

科属：锦葵科木槿属
特性：落叶灌木
花色：白色内嵌红色条纹

## 木槿'玛丽娜'

*Hibiscus syriacus* 'Marina'

科属：锦葵科木槿属
花色：继'蓝鸟'之后又一蓝色木槿品
种，花蓝紫色具紫红色花斑
修剪方式：中度修剪

## 木槿'紫柱'

*Hibiscus syriacus* 'Purple Pillar'

科属：锦葵科木槿属
特性：落叶灌木
花色：粉紫色，具红色花斑
修剪方式：中度修剪

**木槿 '阿登斯燃烧'**

*Hibiscus syriacus* 'Ardens'

科属：锦葵科木槿属

特性：落叶灌木

花色：紫丁香色重瓣花

**木槿 '紫裙'**

*Hibiscus syriacus* 'Purple Rufles'

科属：锦葵科木槿属

特性：落叶灌木

花色：玫瑰紫色

**英国无刺冬青**

*Ilex aquifolium* 'J.C. van Tol'

科属：冬青科冬青属

特性：常绿灌木或小乔木

花色：黄绿色

叶色：亮绿色

果色：鲜红色

**'金边枸骨叶冬青'**

*Ilex acquifolium* 'Argenteo Marginata'

科属：冬青科冬青属

特性：常绿灌木

叶色：黄绿色

果色：鲜红色

**'黄金枸骨'**

*Ilex × attenuata* 'Sunny Foster'

科属：冬青科冬青属

特性：常绿灌木

花色：黄白色

叶色：新叶金黄色

果色：红色

**大叶枸骨**

*Ilex cornuta*

科属：冬青科冬青属

特性：常绿灌木或小乔木

花色：黄绿色

叶色：亮绿色

果色：鲜红色

## 无刺枸骨

*Ilex cornuta* var. *fortunei*

科属：冬青科冬青属
特性：常绿灌木或小乔木
花色：黄绿色
叶色：亮绿色
果色：鲜红色

## 直立冬青

*Ilex crenata* 'Sky Pencil'

科属：冬青科冬青属
特性：常绿灌木或小乔木
花色：淡紫色
叶色：绿色
果色：黑色

## 全冠精品紫薇

*Lagerstroemia indica*

科属：千屈菜科紫薇属
特性：落叶乔木
花色：紫红色
叶色：绿色
果色：灰色

## 紫薇

*Lagerstroemia indica*

科属：千屈菜科紫薇属
特性：落叶乔木
花色：紫红色
叶色：绿色
果色：灰色

## 美国矮紫薇'樱桃摩卡'

*Lagerstroemia* 'Cherry Mocha'

科属：千屈菜科紫薇属
特性：落叶灌木
花色：樱桃红色
叶色：酒红色

## 美国矮紫薇'拿铁咖啡'

*Lagerstroemia* 'Like a Latte'

科属：千屈菜科紫薇属
特性：落叶灌木
花色：纯白色
叶色：红铜色至绿色

## 美国矮紫薇 '暗香梅子'

*Lagerstroemia* 'Spiced Plum'

科属：千屈菜科紫薇属
特性：落叶灌木
花色：树莓紫红色
叶色：深绿色，橄榄绿

## 月桂

*Laurus nobilis*

科属：樟科月桂属
特性：常绿灌木或小乔木
花色：黄色
花香：有醇香味
叶色：翠绿色

## 松红梅

*Leptospermum scoparium*

科属：桃金娘科薄子木属
特性：常绿灌木
花色：重瓣、桃红、白色
叶色：深绿色

## 金禾女贞

*Ligustrum* × *vicaryi*

科属：木犀科女贞属
特性：常绿灌木或小乔木
叶色：春秋柠檬黄

## 金美女贞

*Ligustrum* × *vicaryi*

科属：木犀科女贞属
特性：常绿灌木或小乔木
叶色：叶色金黄

## 川滇蜡树

*Ligustrum delavayanum*

科属：木犀科女贞属
特性：灌木
叶色：墨绿色

## 蓝杉'蓝钻'

*Picea pungens* 'Blue Diamond'

科属：松科云杉属

特性：常绿小乔木

叶色：蓝杉的针叶上覆盖有一些银色

## 蓝杉'胖伯'

*Picea pungens* 'Fat Albert'

科属：松科云杉属

特性：常绿小乔木

叶色：叶片呈独特的蓝绿色

## 蓝杉'伊迪斯'

*Picea pungens* 'Edith'

科属：松科云杉属

特性：常绿小乔木

叶色：叶片为冰蓝色带银色的针叶

## 蓝杉'蓝圈'

*Picea pungens* 'Hoopsii'

科属：松科云杉属

特性：常绿小乔木

叶色：叶片密集呈亮蓝色

## 大叶花叶女贞

*Ligustrum lucidum* 'Excelsum Superbum'

科属：木犀科女贞属

特性：常绿小乔木

叶色：叶边金黄

果色：紫黑色

## 金森女贞

*Ligustrum japonicum* 'Howardii'

科属：木犀科女贞属

特性：大型常绿灌木

花色：白色

叶色：新叶鲜黄色，冬季金黄色

果色：紫黑色

## 花叶女贞'银霜'

*Ligustrum lucidum* 'Jack Frost'

科属: 木犀科女贞属
特性: 常绿灌木或小乔木
花色: 白色
花香: 芳香
叶色: 银白色，中间深绿

## 小叶女贞'柠檬之光'

*Ligustrum ovalifolium* 'Lemon and Lime'

科属: 木犀科女贞属
特性: 常绿灌木
叶色: 叶较小，黄绿色，非常耐修剪，
易于造型

## 金冠女贞

*Ligustrum × vicaryi*

科属: 木犀科女贞属
特性: 常绿乔木
叶色: 春秋柠檬黄

## 银姬小蜡

*Ligustrum sinense* 'Variegatum'

科属: 木犀科女贞属
特性: 常绿小乔木
花色: 白色
叶色: 银绿至乳白色

## 小叶枸骨

*Ilex cornuta*

科属: 冬青科冬青属
特性: 常绿灌木或小乔木
叶色: 油绿带金边
果色: 鲜红色

## 冬青'金宝石'

*Ilex crenata* 'Golden Gem'

科属: 冬青科冬青属
特性: 常绿灌木
花色: 白花
叶色: 上部叶为金黄色
果色: 黑色

### 冬青 '完美'

*Ilex crenata* 'Compacta'

科属：冬青科冬青属
特性：常绿灌木
花色：白花
叶色：深绿色
果色：黑色

### 冬青 '先令'

*Ilex vomitoria* 'Schilling'

科属：冬青科冬青属
特性：常绿灌木
叶色：蓝灰色

### 红花檵木

*Loropetalum chinense* var. *rubrum*

科属：金缕梅科檵木属
特性：常绿灌木
花色：紫红色
叶色：暗红色

### 星花木兰

*Magnolia stellata*

科属：木兰科木兰属
特性：落叶乔木
花色：花蕾淡粉色，花白色，花型美丽

### 星花木兰 '玫瑰'

*Magnolia stellata* 'Rosea'

科属：木兰科木兰属
特性：落叶乔木
花色：深粉色

### 北美海棠 '红巴伦'

*Malus* 'Red Barron'

科属：蔷薇科苹果属
特性：落叶乔木
叶色：深红
花色：紫红后期红色，果紫红至橙红
新叶：铜红后变紫红色，生长迅速，抗性好

## 北美海棠'高原之火'

*Malus* 'Prairie Fire'

科属：蔷薇科苹果属
特性：落叶乔木
花色：花朵粉红至深紫红色，非常繁密
叶片：紫红色，茎杆紫红色非常亮眼；
果红色

## 垂丝海棠

*Malus halliana*

科属：蔷薇科苹果属
特性：落叶乔木
花色：紫色
叶色：绿色

## 紫花含笑

*Michelia crassipes*

科属：木兰科含笑属
特性：常绿乔木或灌木
花色：紫色
叶色：深绿

## 花叶香桃木

*Myrtus communis* 'Variegata'

科属：桃金娘科桃金娘属
特性：常绿灌木
花色：洁白色
叶：绿色带白边，有香味
果色：黑紫色

## 金冠柏

*Monterey cypress* 'Goldcrest'

科属：柏科柏木属
特性：常绿乔木
叶色：浅黄色金黄色浅绿

## 南天竹'绿色柠檬'

*Nandina domestica* 'Lemon Lime'

科属：小檗科南天竹属
特性：常绿灌木
叶色：柠檬绿色
花色：白色圆锥花序，具芳香

## 南天竹'红宝石'

*Nandina domestica* 'Obsessed'

科属：小檗科南天竹属
特性：常绿灌木
叶色：新叶酒红色，老叶深绿色
花色：白色圆锥花序，具芳香

## 南天竹'暮光之城'

*Nandina domestica* 'Twilight'

科属：小檗科南天竹属
特性：常绿灌木
叶色：粉色、白色斑点，绿色至红色
花色：白色圆锥花序，具芳香

## 南天竹'红矮人'

*Nandina domestica* 'Flirt'

科属：小檗科南天竹属
特性：常绿灌木
叶色：新叶酒红色，老叶深绿色
花色：白色圆锥花序，具芳香

## 南天竹'羞嗒嗒'

*Nandina domestica* 'Blush Pink'

科属：小檗科南天竹属
特性：常绿灌木
叶色：鲜红色
花色：白色圆锥花序，具芳香

## 南天竹'湾流'

*Nandina domestica* 'Gulf Stream'

科属：小檗科南天竹属
特性：常绿灌木
花色：白色圆锥花序，具芳香
叶色：春色铜红色，夏季绿色，秋叶红色，冬季深红色

## '火焰'南天竹

*Nandina domestica* 'Fire Power'

科属：小檗科南天竹属
特性：灌木
叶色：绿色-鲜红色

## 花叶柊树

*Osmanthus heterophyllus* 'Tricolor'

科属：木犀科木犀属
特性：常绿灌木
花色：白色
果色：暗紫色
叶色：深绿带有黄色斑纹

## 牡丹'八千代椿'

*Paeonia × suffruticosa*

特点：落叶灌木
花色：花淡粉色，色泽娇嫩，粉色名品

## 牡丹'初乌'

*Paeonia × suffruticosa*

特点：落叶灌木
花色：花暗紫红色近墨色，雄蕊金黄色。颜色最接近黑色的品种。

## 牡丹'大胡红'

*Paeonia × suffruticosa*

特点：落叶灌木
花色：花浅红色，雄蕊瓣化为紧凑花团，皇冠型

## 牡丹'岛锦'

*Paeonia × suffruticosa*

特点：落叶灌木
花色：花淡粉色与红色相间，复色花，日本名品

## 牡丹'芳纪'

*Paeonia × suffruticosa*

特点：落叶灌木
花色：花深红色，雄蕊黄色，色泽艳丽，蔷薇型

### 牡丹 '海黄'

*Paeonia × suffruticosa*

特点：落叶灌木

花色：花黄色，基部有紫红色斑，菊花型

### 牡丹 '花二乔'

*Paeonia × suffruticosa*

特点：落叶灌木

花色：花淡粉色与紫红色相间，为复色花，中国名品

### 牡丹 '花王'

*Paeonia × suffruticosa*

特点：落叶灌木

花色：花大红色，花瓣紧密，菊花型

### 牡丹 '雪塔'

*Paeonia × suffruticosa*

特点：落叶灌木

花色：花纯白色，雄蕊瓣化为花瓣，绣球型

### 牡丹 '银红巧对'

*Paeonia × suffruticosa*

特点：落叶灌木

花色：花淡粉红，带紫红色晕彩，绣球型

### 牡丹 '紫蓝魁'

*Paeonia × suffruticosa*

特点：落叶灌木

花色：花蓝紫色，雄蕊瓣化为同色花瓣，台阁型

**红叶石楠'红罗宾'**

*Photinia × fraseri 'Red Robin'*

科属：蔷薇科石楠属
特点：常绿小乔木
叶色：春季和秋季新叶亮红色

**五针松**

*Pinus parviflora*

科属：松科松属
特性：常绿乔木
叶：5枚针叶簇成一束
果色：淡褐色

**竹柏**

*Podocarpus nagi*

科属：罗汉松科罗汉松属
特性：常绿乔木
叶：深绿，革质

**日本关山樱**

*Prunus serrulata var. lannesiana*

科属：蔷薇科李属
特点：落叶乔木
花/叶色：花色粉红色，重瓣

**火棘**

*Pyracantha fortuneana*

科属：蔷薇科火棘属
特性：常绿灌木或小乔木
果色：橘红色或深红色

**牡丹花石榴**

*Punica granatum 'Legrelliae'*

科属：石榴科石榴属
特点：落叶灌木
花色：花橙红色重瓣，较大

## 小丑火棘

*Pyracantha fortuneana* 'Harlequin'

科属：蔷薇科火棘属
特性：常绿灌木或小乔木
叶色：叶片有花纹，似小丑花脸，冬季
叶片变红色
花色：白色

## 车轮梅'春天'

*Rhaphiolepis indica* 'Springtime'

科属：蔷薇科石斑木属
特点：常绿灌木
花/叶色：粉红色花集成圆锥花序，花
量大

## 接骨木'麦当娜'

*Sambucus nigra* 'Madonna'

科属：忍冬科接骨木属
特点：落叶灌木
花/叶色：纯白色伞形花，叶金黄色与绿
色相间

## 接骨木'黑美人'

*Sambucus nigra* 'Black Beauty'

科属：忍冬科接骨木属
特点：落叶灌木
花/叶色：粉红色伞形花，叶紫黑色深裂

## 接骨木'黑色蕾丝'

*Sambucus nigra* 'Black Lace'

科属：忍冬科接骨木属
特点：落叶灌木
花/叶色：淡粉色伞形花，叶紫黑色深裂

## 接骨木'黑色宝塔'

*Sambucus nigra* 'Black Tower'

科属：忍冬科接骨木属
特点：花灌木
花色：亮粉红色

**接骨木 '黄金塔'**

*Sambucus nigra* 'Golden Tower'

科属：忍冬科接骨木属
特点：花灌木
花色：白色

**'金焰' 绣线菊**

*Spiraea japonica* 'Goldflame'

科属：蔷薇科绣线菊属
特点：落叶灌木
花/叶色：新叶色红色，后转为金黄色，秋季叶片又转为橙红色，花玫红色

**喷雪花**

*Spiraea thunbergii*

科属：蔷薇科绣线菊属
特性：落叶灌木
花色：洁白色
叶色：绿色
枝色：褐色

**粉苞喷雪花**

*Spiraea thunbergii* 'Fujino Pink'

科属：蔷薇科绣线菊属
特性：落叶灌木
花色：粉色花苞，花开颜色变淡

**菱叶绣线菊 '黄金喷泉'**

*Spiraea vanhouttei* 'Gold Fountain'

科属：蔷薇科绣线菊属
特性：落叶灌木
花/叶色：叶片黄色，花淡粉色至白色，密布于柔软枝条上

**赤楠**

*Syzygium buxifolium*

科属：桃金娘科蒲桃属
特性：常绿灌木或小乔木
叶色：黄绿色
果色：黑色

## 花叶柳 '哈诺'

*Salix integra 'Hakuro Nishiki'*

科属：杨柳科柳属
特性：落叶灌木
叶色：新叶粉白色或黄绿色，夏季转绿

## 欧洲红豆杉    *Taxus baccata*

科属：红豆杉科红豆杉属
特性：常绿乔木
叶色：羽状叶深绿色，秋季叶尖橙色
耐修剪，常被造型为圆锥状或螺旋状

## 欧洲红豆杉 '黄金柱'

*Taxus baccata 'Fastigiata Aurea'*

科属：红豆杉科红豆杉属
特性：常绿乔木
叶色：针状新叶边缘带明亮的金黄色随
后转为深绿色
树型：窄柱状

## 南方红豆杉    *Taxus chinensis*

科属：红豆杉科红豆杉属
特性：常绿乔木
叶色：浅绿色
果色：鲜红色

## 曼地亚红豆杉    *Taxus madia*

科属：红豆杉科红豆杉属
特性：常绿灌木
叶色：深绿
株型：宝塔形
果色：鲜红色

## 厚皮香

*Ternstroemia gymnanthera*

科属：山茶科厚皮香属
特性：常绿灌木或小乔木
叶色：新叶红色，老叶亮绿色
花色：淡黄色
果色：开裂

**雪球荚蒾'安妮罗素'**

*Viburnum × burkwoodii* 'Anne Russell'

科属：忍冬科荚蒾属

特性：落叶灌木

花/叶色：淡粉色聚伞花序，有芳香，果红色，秋季叶片紫红色

**蝴蝶荚蒾'玛丽莎'**

*Viburnum plicatum* 'Mariesii'

科属：忍冬科荚蒾属

特性：花灌木

花色：白色

**蝴蝶荚蒾'红粉佳人'**

*Viburnum plicatum* 'Pink Beauty'

科属：忍冬科荚蒾属

特性：花灌木

花色：初开白色带粉边，后期变全粉(冷凉地区更明显)

**蝴蝶荚蒾'玛丽弥尔顿'**

*Viburnum plicatum* 'Mary Mitton'

科属：忍冬科荚蒾属

特性：落叶灌木

花/叶色：绿粉色至红色至白色，秋色叶紫红

**油橄榄**

*Olea europaea*

科属：木樨科木樨榄属

特性：常绿小乔木

叶色：叶表面深绿色，背面银灰白色或银灰绿色

果色：紫黑色

**木本绣球**

*Viburnum macrocephalum*

科属：忍冬科荚蒾属

花色：白色

叶色：嫩绿色

## 荚蒾 '劳力士'

*Viburnum tinus* (Laurustinus)

科属：忍冬科荚蒾属
特性：落叶灌木
花色：浅紫红
叶色：绿色
果色：深红色

## 欧洲木绣球 '玫瑰'

*Viburnum opulus* 'Roseum'

科属：忍冬科荚蒾属
特点：落叶灌木
花/叶色：大型球状花淡绿色至纯白色后有淡粉色晕彩，秋色叶紫红

## 穗花牡荆

*Vitex agnus-castus*

科属：马鞭草科牡荆属
特点：落叶灌木
花/叶色：蓝紫色大型总状花序

## 紫叶锦带

*Weigela florida* 'Foliis Purpureis'

科属：忍冬科锦带花属
特性：落叶灌木
花色：粉红色
叶色：紫红色

## 红王子锦带

*Weigela florida* 'Red Prince'

科属：忍冬科锦带花属
特性：落叶灌木
花色：鲜红色
叶色：浅绿色

## 花叶锦带

*Weigela florida* 'Variegata'

科属：忍冬科锦带花属
特性：落叶灌木
花色：粉红色
叶色：浅绿色带白边

## 金叶锦带

*Weigela florida* 'Jean's Gold'

科属：忍冬科锦带花属
特性：落叶灌木
花/叶色：花玫红色，叶金黄色

## 锦带'乌木象牙'

*Weigla florida* 'Ebony and Ivory' (Velde)

科属：忍冬科锦带花属
特性：落叶灌木
花色：白色
叶色：深绿色，后转深紫铜色

## 迷你锦带'红宝石'

*Weigela* 'All Summer Red'

科属：忍冬科锦带花属
特性：落叶灌木
花色：猩红色
叶色：绿色

## 迷你锦带'粉桃子'

*Weigela* 'All Summer Peach'

科属：忍冬科锦带花属
特性：落叶灌木
花色：杏粉色

# 果树

## Fruit Trees

果树是花园营造中不可或缺的植物门类。品种好、品质优、易养护、小型化、种类丰富、健康美味，是花友们期待的果苗品质。目前市场上有盆栽蓝莓、无花果、柑橘、树莓、软枣猕猴桃、樱桃、石榴、枇杷、木通、胡颓子苗等 30 余种果树产品，品种多达 200 余种。

需冷量：植物经历 0 ~ 7.2℃低温的累计时数。

**蓝莓'虹越1号'**
*Vaccinium corymbosum* 'Hongyue No.1'

大果，早熟，丰产，口感好，盆栽佳品。
类型：落叶灌木
盛果株龄：≥4年
授粉：单株挂果

**蓝莓'广州1号'**
*Vaccinium corymbosum* 'Guangzhou No.1'

天蓝色大果，口感独特，味道极好。
类型：落叶灌木
盛果株龄：≥4年
授粉：推荐搭配薄雾

**蓝莓'追雪'**
*Vaccinium corymbosum* 'Snowchaser'

早熟、酸度低、中果、矮生型。
类型：落叶灌木
盛果株龄：≥4年
授粉：单株挂果

**蓝莓'奥扎克兰'**
*Vaccinium corymbosum* 'Scintilla'

晚熟、果大、酸甜可口、耐寒。
类型：落叶灌木
盛果株龄：≥4年
授粉：单株挂果

**蓝莓'蓝美1号'**
*Vaccinium corymbosum* 'Lanmei No.1'

口感好，丰产，抗性强，长势好。
类型：落叶小灌木 南高丛
盛果株龄：≥4年
授粉：单株挂果

**蓝莓'春高'**
*Vaccinium corymbosum* 'Springhigh'

早熟，果大，汁液多，口感好，丰产，
抗性强，需冷量只需200小时。
类型：落叶小灌木 南高丛
盛果株龄：≥4年
授粉：单株挂果

## 蓝莓 '薄雾'
*Vaccinium corymbosum* 'Misty'

果粒中大，早熟，丰产，株型紧凑，秋叶变红。
类型：落叶小灌木 南高丛
盛果株龄：≥4年
授粉：单株挂果

## 蓝莓 '甜蜜蜜'
*Vaccinium corymbosum* 'Sweetheart'

适宜条件下，秋季能二次开花和挂果，果实香味浓郁，口感细腻，味道很好。
类型：落叶小灌木南高丛
盛果株龄：≥4年
授粉：单株挂果

## 蓝莓 '奥尼尔'
*Vaccinium corymbosum* 'Oneal'

早熟，果粒大，香味浓。
类型：落叶小灌木 南高丛
盛果株龄：≥4年
授粉：单株挂果

## 蓝莓 '天后'
*Vaccorymbosum* 'Primadonna'

类似奥尼尔，果实口感很好，无任何涩味，中等大小果，植株抗性强。
类型：落叶小灌木南高丛
盛果株龄：≥4年
授粉：单株挂果

## 蓝莓 '明星'
*Vaccinium corymbosum* 'Star'

果中大，集中成熟，酸甜可口，丰产，抗性强。
类型：落叶小灌木南高丛
盛果株龄：≥4年
授粉：单株挂果

## 蓝莓 '珠宝'
*Vaccinium corymbosum* 'Jewel'

果中大，顶生，酸甜可口，丰产，抗性强，需冷量只需250小时。
类型：落叶小灌木 南高丛
盛果株龄：≥4年
授粉：单株挂果

## 蓝莓'粉色柠檬水'
*Vaccinim ashei* 'Pink Lemonede'

成熟果实为粉红色的兔眼蓝莓，株型紧凑，也叫粉嘟嘟蓝莓，成熟果实为独特且漂亮的粉红色，果粒中大，甜度高，汁液多，口感好。
类型：落叶灌木
盛果株龄：≥4年
授粉：建议搭配同花期品种，如灿烂、追雪等

## 蓝莓'灿烂'
*Vaccnium ashei* 'Bightwell'

甜度大，口味佳，丰产。
类型：半落叶灌木
盛果株龄：≥4年
授粉：自花授粉

## 无花果'紫色波尔多'
*Ficus carica*

盆栽佳品，丰产、口感好、株型小、耐雨淋。
类型：半落叶灌木或乔木
盛果株龄：≥4年
授粉：单株挂果

## 无花果'青皮'
*Ficus carica*

北方推荐，口感好，丰产，好养。
类型：半落叶灌木或乔木
盛果株龄：≥3年
授粉：单株挂果

## 无花果'巴劳奈'
*Ficus carica*

果大，甜度高，口感好。
类型：半落叶灌木或乔木
盛果株龄：≥3年
授粉：单株挂果

## 无花果'小龙波'
*Ficus carica*

中晚熟，甜度高，产量大，植株矮小，适宜盆栽。
类型：半落叶灌木或乔木
盛果株龄：≥3年
授粉：单株挂果

## 无花果'小甜心'
*Ficus carica*

中熟，果小，甜度高，口感好，可盆栽。
类型：半落叶灌木或乔木
盛果株龄：≥3年
授粉：单株挂果

## 无花果'波姬红'
*Ficus carica* 'Rouge de Bordeaux'

早熟，口感好，鲜食大型红色优秀品种。
类型：半落叶灌木或乔木
盛果株龄：≥3年
授粉：单株挂果

## 无花果'日本紫果'
*Ficus carica* 'Violette Solise'

中晚熟，果实味甜，富含硒，丰产，抗性强。
类型：半落叶灌木或乔木
盛果株龄：≥3年
授粉：单株挂果

## 无花果'美丽亚'
*Ficus carica*

中晚熟，果大，汁多味甜，风味佳，抗性强。
类型：半落叶灌木或乔木
盛果株龄：≥3年
授粉：单株挂果

## 无花果'丰产黄'
*Ficus carica* 'Kodota'

果期长，稳产丰产，甜度高，适合盆栽。
类型：半落叶灌木或乔木
盛果株龄：≥3年
授粉：单株挂果

## 无花果'黑爵士'
*Ficus carica* 'Bourjassotte Grise'

丰产，果实甜度高，果肉颜色夏季鲜红(秋季深红)。不易裂果，果皮颜色更黑，更美。
类型：半落叶灌木或小乔木
盛果株龄：≥3年
授粉：单株挂果

**无花果'金镶玉'**
*Ficus carica* 'Tiger'

果皮条纹色，黄绿相间，非常独特美丽，果实甜度高。
类型：半落叶灌木或小乔木
盛果株龄：≥3年
授粉：单株挂果

**软枣猕猴桃'缤果'**
*Actinidia arguta* 'Bingo'

雌株，产量高，果肉金黄，果实具有菠萝味的芳香。
类型：落叶藤本
盛果株龄：≥3年
授粉：需搭配雄株

**软枣猕猴桃'安娜'**
*Actinidia arguta* 'Ananasnaya'

雌株，商业化种植的优秀品种，果实非常的美味香甜。
类型：落叶藤本
盛果株龄：≥3年
授粉：需搭配雄株

**软枣猕猴桃'赤焰'**
*Actinidia arguta* 'Ken's Red'

雌株，果肉果皮紫红色，丰产，味道可口香甜，果皮光滑。
类型：落叶藤本
盛果株龄：≥3年
授粉：需搭配雄株

**软枣猕猴桃'巨人'**
*Actinidia arguta* 'Jumbo'

雌株，果实大，味甜，植株抗性强。
类型：落叶藤本
盛果株龄：≥3年
授粉：需搭配雄株

**软枣猕猴桃'库库瓦'**
*Actinidia arguta* 'Kokuwa'

雌雄花同株，果实小，甜度高，丰产，单棵挂果能力强。
类型：落叶藤本
盛果株龄：≥3年
授粉：单株挂果

### 软枣猕猴桃'伊赛'
*Actinidia arguta* 'Issai

雌雄同株，早产，丰产，果实大，甜且
果皮光滑，生长强健。
类型：落叶藤本
盛果株龄：≥3年
授粉：单株挂果

### 软枣猕猴桃'红色九月'
*Actinidia arguta* 'Scaret September'

雌株，丰产品种，果实醒目，红如树
莓，甜香扑鼻，香味独特。
类型：落叶藤本
盛果株龄：≥3年
授粉：需搭配雄株

### 树莓 '虹安 mini'
*Rubus idaeus* 'Hongan Mini'

矮生盆栽型品种，口感好。
类型：落叶灌木
盛果株龄：≥3年
授粉：单株挂果

### 树莓 '波尔卡'
*Rubus idaeus* 'Polka'

红色新优品种，口感好，糯性强。
类型：落叶灌木
盛果株龄：≥3年
授粉：单株挂果

### 树莓'橙色甜蜜'
*Rubus idaeus* 'Orange Miracle'

黄色大果品种，果大，甜度高。
类型：落叶灌木
盛果株龄：≥3年
授粉：单株挂果

### 树莓 '黑水晶'
*Rubus idaeus* 'Bristol'

黑果品种，营养价值高。
类型：落叶灌木
盛果株龄：≥3年
授粉：单株挂果

## 泰莓'白金汉宫'
*Rubus fruticosus* × R.idaeus'Buckingham'

藤本品种，无刺，果大，口感好。
类型：落叶藤本
盛果株龄：≥3年
授粉：单株挂果

## 树莓'哈瑞太兹'
*Rubus idaeus* 'Heritage'

国际认同鲜食品种，果实色味口感俱佳。
类型：落叶小灌木
盛果株龄：≥2年
授粉：单株挂果

## 覆盆子'草莓'
*Rubus illecebrosus*

矮化品种，红色可食用浆果大而鲜艳，
株型似草莓，汁液多，口感好。
类型：多年生宿根
盛果株龄：≥2年
授粉：单株挂果

## 覆盆子'草莓墙'
*Rubus illceebrosus*

大果，汁液多，口感好，产量高。
类型：落叶藤本
盛果株龄：≥3年
授粉：单株挂果

## 黑莓'黑色小王子'
*Rubus fruticosus* 'Lowberry® Little Black Prince'

专为盆栽培育。成熟后味道鲜美，果
期长。
类型：半落叶灌木
盛果株龄：≥2年
授粉：单株挂果

## 脆皮金橘'橙果'
*Citrus japonica*

果皮无涩味，清脆爽口，改变金桔皮涩的
历史。植株小，挂果早，5～10月多次开
花挂果。被选为2019年虹越年度植物。
类型：常绿小灌木
盛果株龄：≥3年
授粉：单株挂果

## 柑橘 '蜜桔 1 号'
*Citrus reticulata*

口感好，早产早熟丰产，抗性好，盆栽。
类型：常绿灌木或小乔木
盛果株龄：≥3年
授粉：单株挂果

## 柑橘 '红美人'
*Citrus reticulata*

俗称果冻橙，口感好。
类型：常绿灌木或小乔木
盛果株龄：≥4年
授粉：单株挂果

## 柑橘 '沃柑'
*Citrus reticulata*

晚熟柑，口感爽脆。
类型：常绿灌木或小乔木
盛果株龄：≥3年
授粉：单株挂果

## 柑橘 '耙耙柑'
*Citrus reticulata*

果大肉多，风味浓郁。
类型：常绿灌木或小乔木
盛果株龄：≥3年
授粉：单株挂果

## 柑橘 '明日见'
*Citrus reticulata*

高糖、口感好、抗性强。
类型：常绿灌木或小乔木
盛果株龄：≥3年
授粉：单株挂果

## 柑橘 '红得发紫'
*Citrus reticulata*

富含花青素，口感爽脆。
类型：常绿灌木或小乔木
盛果株龄：≥4年
授粉：单株挂果

## 柑橘'甘平'
*Citrus reticulata*

果非常大。
类型：常绿灌木或小乔木
盛果株龄：≥4年
授粉：单株挂果

## 美国糖桔
*Citrus reticulata*

株型紧凑，丰产，果皮光滑，鲜红，美观。果实紧密，口感佳。
类型：常绿灌木或小乔木
盛果株龄：≥3年
授粉：单株挂果

## 春香桔柚
*Citrus*

桔与柚杂交品种，兼具柚子清香和桔子细腻的特点。果皮金黄，丰产稳产，含糖量低。
类型：常绿灌木或小乔木
盛果株龄：≥3年
授粉：单株挂果

## 鸡尾葡萄柚
*Citrus paradisi*

丰产，多汁，口感清爽。
类型：常绿灌木或小乔木
盛果株龄：≥3年
授粉：单株挂果

## 泰国花叶柠檬
*Citrus limon*

新叶色彩斑斓，果皮黄绿相间，观赏性强，成熟后色泽呈浅黄色或黄色，果肉偏白色，汁多肉脆，有浓郁的芳香。
类型：常绿灌木或小乔木
盛果株龄：≥3年
授粉：单株挂果

## 花叶柠檬'红粉佳人'
*Citrus limon*

花叶，惊艳的粉色肉。
类型：常绿灌木或小乔木
盛果株龄：≥4年
授粉：单株挂果

## 香水柠檬
*Citrus limon*

果实长椭圆形，绿果就可以食用，叶片芳香。
类型：常绿小乔木
盛果株龄：≥3年
授粉：单株挂果

## 血橙
*Citrus sinensis*

果实美味，营养价值高。
类型：常绿小乔木
盛果株龄：≥4年
授粉：单株挂果

## 指橙
*Citrus australasica*

原产于澳洲的一种野果，主要以酸味为主。果肉包含于鱼子大小的小粒当中，号称水果中的鱼子酱，西餐中高级食用辅材。
类型：常绿灌木
盛果株龄：≥3年
授粉：单株挂果

## 枇杷'白沙'
*Eriobotrya japonica* 'White Flesh'

果大、含糖高、风味浓郁、入口即化。
类型：常绿小乔木
盛果株龄：≥4年
授粉：单株挂果

## 菲油果'安德瑞'
*Feijoa sellowiana*

花色艳丽，果实芳香，枝叶常绿，集绿化、观赏和食用三位于一体。
类型：常绿灌木或小乔木
盛果株龄：≥4年
授粉：单株挂果

## 桐乡檇李
*Prunus salicina*

历史名果，果形硕大，皮色殷红，芬芳异常，甘甜鲜美。
类型：落叶乔木
盛果株龄：≥3年
授粉：搭配芙蓉李授粉

### 突尼斯软籽石榴
*Punica granatum*

需冷量小，株型好，果实风味佳。
类型：灌木或小乔木
盛果株龄：≥4年
授粉：单株挂果

### 地果
*Ficus tikoua*

优良常绿地被，观赏兼食用。
类型：常绿地被
盛果株龄：≥3年
授粉：单株挂果

### 刺梨
*Rosa roxburghii*

花美，果可食用。
类型：落叶灌木
盛果株龄：≥3年
授粉：单株挂果

### 羊奶果'大软糖'
*Elaeagnus multiflora* var. *hortensis*

长柄大果是其最大特色。果实重量为
5-10g，是其他品种的1～1.5倍。果量
大，果实成熟鲜红色，酸甜美味且营养
丰富。
类型：落叶灌木
盛果株龄：≥3年
授粉：单株挂果

### 羊奶果'发酵的甜蜜'
*Elaeagnus umbellata* 'Pointilla Sweet'n'sour'

果实可食用且营养丰富，果小，量多，
密集覆盖树枝。果味甜酸，果皮珊瑚
红，有斑点。
类型：落叶灌木
盛果株龄：≥3年
授粉：搭配其他品种授粉

### 羊奶果'幸运女神'
*Elaeagnus umbellata* 'Pointilla Fortunella'

果实金黄色，产量丰富，果实可食用，
酸甜可口，鲜食或掺入蜜饯风味佳，非
常适合制作果酱。
类型：落叶灌木
盛果株龄：≥3年
授粉：不同品种搭配授粉

## 五叶木通

*Akebia quinata*

半落叶藤本。精致的紫色花朵，叶片、株型整体偏小，更适合小空间栽培，搭配其他品种授粉，能长出可以食用的果实。
类型：落叶藤本
盛果株龄：≥4年
授粉：不同品种搭配授粉

## 中国樱桃'红妃'

*Prunus pseudocerasus* 'Hongfei'

优秀的中国樱桃品种，口感浓甜、爽口。
类型：落叶小乔木
盛果株龄：≥5年
授粉：单株挂果

## 中国樱桃'乌皮'

*Prunus pseudocerasus* 'Heizhenzhu'

中国樱桃，果中大，品质佳。
类型：落叶小乔木
盛果株龄：≥5年
授粉：单株挂果

## 短柄樱桃

*Prunus pseudocerasus*

中国樱桃，成熟早，色美味甜，抗性强。
类型：落叶小乔木
盛果株龄：≥5年
授粉：单株挂果

## 果桑'无籽大十'

*Morus macroura*

主要食用果桑品种，果型大，抗性强。
类型：落叶小乔木
盛果株龄：≥3年
授粉：单株挂果

## 果桑'白玉王'

*Morus macroura* 'Baiyu king'

果实白色，汁多，甜味浓。
类型：落叶小乔木
盛果株龄：≥3年
授粉：需搭配非白色品种为其授粉

## 果桑'日本富士'
*Morus macroura* 'Fuji'

耐寒，北京及其周边地区亦可栽种，口
感好。
类型：落叶小乔木
盛果株龄：≥3年
授粉：单株挂果

## 台湾长果桑
*Morus macroura*

果型独特，树形果形优美，浓甜，口感好。
类型：落叶小乔木
盛果株龄：≥3年
授粉：单株挂果

# 花彩盆栽

H!Color

年轻一代喜爱的爆花型植物。

# 易多® 绣球 '梦幻'

*Hydrangea macrophylla* 'Illusion'

虎耳草科绣球属。新老枝开花绣球，拥有优秀盆栽绣球的基因，长势旺盛，枝条粗壮，具备耐晒、耐热、耐寒、抗病等多重优点；花朵随pH变化呈现酸蓝碱红，色彩鲜艳饱和，呈现亮粉色和深邃天蓝色变化，相较于其他绣球更容易调色，花量多且花球大，是绣球品种的不二之选。被评为2020年虹越年度植物。

| 观赏类型 | 土壤水分 | 观赏期 |
|---|---|---|
| 观花 | 喜水 | 春夏秋 |

# 花彩® 玫瑰

*Rosa hybrid*

微型月季，株高通常在30cm左右，枝条直立，羽状复叶，茎短，叶小，花朵着生在枝条顶端，连续开花能力强。身形小巧，花型精巧，颜色丰富；室内室外，盆栽地栽，无所不能；花开不断，四季相伴，轻松地实现玫瑰自由。

| 观赏类型 | 土壤水分 | 观赏期 |
|---|---|---|
| 观花 | 见干见湿 | 四季 |

505

## 海角樱草

*Streptocarpus × hybridus*

苦苣苔科多年生植物，非常适合室内种植，其开花性极佳，花量巨大、且花期长。明亮散射光下可以做到爆花。海角樱草有个独特的花语："除你之外，别无他爱"。入选切尔西年度最佳植物。

| 观赏类型 | 土壤水分 | 观赏期 |
|---|---|---|
| 观花 | 见干见湿 | 四季 |

## 彩色马蹄莲

*Zantedeschia hybrida*

彩色马蹄莲原产非洲中部，因佛焰苞形似马蹄而得名。叶片圆形或戟形，具有半透明斑点，茎秆修长柔软，肉穗花序黄色，居于佛焰苞中央，观赏价值极高。

| 观赏类型 | 土壤水分 | 观赏期 |
|---|---|---|
| 观叶观花 | 见干见湿 | 冬 |

## '墨美'秋海棠

*Begonia rhizomatous hybrid*

是美国育种专家培育的杂交根茎类秋海棠，该品秋海棠具备较强的耐热、抗病性；叶色叶形丰富。非常耐阴，适合室内观赏，早春时期爆花，花期长达3个多月。花色从白色到粉色不一，植物叶色会随着温度光照的变化而变化。

| 观赏类型 | 土壤水分 | 观赏期 |
|---|---|---|
| 观叶观花 | 喜干 | 四季 |

## '虎头'茉莉

*Jasminum sambac* 'Grand Duke of Tuscany'

茉莉的一个品种，是茉莉中颜值担当的品种，因花型重瓣，多时可达50多个花瓣，形似虎头虎脑而得名，花期可以从4月一直延续到10月。花香较之普通茉莉更加香气怡人，美观而大气。

| 观赏类型 | 土壤水分 | 观赏期 |
|---|---|---|
| 观花 | 见干见湿 | 春夏 |

509

# 三角梅

*Bougainvillea spectabilis*

单叶互生，卵形全缘，被厚茸毛，顶端圆钝。花很细小，黄绿色，三朵聚生于三片红苞中，外围的红苞片大而美丽，有鲜红色、橙黄色、紫红色、乳白色等，被误认为是花瓣，因其形状似叶，故也称其为叶子花。

| 观赏类型 | 土壤水分 | 观赏期 |
|---|---|---|
| 观花 | 见干见湿 | 春夏秋 |

## 西番莲 '康斯坦斯'

Passiflora caerulea 'Constance Eliott'

不同寻常的白色花朵，具有浓郁的香气，香味似菲油果的果实，花期通常为5～8月，叶形则与其他西番莲类似，是深绿色的裂叶。花量巨大，四季常绿，极易开花，极易维护，英国皇家园艺学会曾授予了它一个享有盛誉的花园荣誉奖。

| 观赏类型 | 土壤水分 | 观赏期 |
|---|---|---|
| 观花 | 见干见湿 | 春夏 |

# 国美乡土植物

Gorgeous and Amazing Native Plants

乡土植物选自产于浙江区域的一类植物，或者这类植物在当地经历漫长的驯化过程后，较能适应当地的气候条件，而且其形态特征、生理均与当地的自然条件相适应，在当地具有较强的适应能力。在栽培养护过程中，具有易养护、易管理、病虫害少等优势，且具有一定的野趣和生态的情调。

## 蜘蛛抱蛋　　　*Aspidistra elatior*

别名箬叶、一叶兰，百合科蜘蛛抱蛋属，多年生常绿草本。叶矩圆状披针形、披针形至近椭圆形，长22~46cm，宽8~11cm，先端渐尖，基部楔形，边缘多少皱波状。

观赏类型：观叶

土壤水分：喜温暖、潮湿

观赏期：四季

## 香蒲　　　*Typha orientalis*

别名蒲菜、水蜡烛等，香蒲科香蒲属多年生沼生、水生或湿生草本，有地下茎，叶2列，线形，直立，花小，圆柱状的长穗状花序，常混有毛状的小苞片，花果期5~8月，花粉名蒲黄，有止血、活血消瘀的作用，叶供织席。

观赏类型：观叶

土壤水分：喜水

观赏期：四季

## 大吴风草　　　*Farfugium japonicum*

别名八角乌、活血莲等，菊科大吴风草属，多年生常绿葶状草本植物。叶片肾形近革质，花黄色，头状花序辐射状，花果期8月至翌年3月。

观赏类型：观叶、观花

土壤水分：喜湿

观赏期：四季/秋

## 薜荔　　　*Ficus pumila*

别名凉粉子、木莲、凉粉果，桑科榕属攀缘或匍匐灌木两型植物。不结果的枝节上生不定根，叶卵状心形，榕果单生叶腋，花果期5~8月，瘦果水洗可作凉粉，藤叶药用。

观赏类型：观叶

土壤水分：喜湿

观赏期：四季

## 蒲公英　　　*Taraxacum mongolicum*

别名婆婆丁、灯笼草等，菊科蒲公英属多年生草本植物。头状花序，暗褐色瘦果上有白色长冠毛，花期4~9月，果期5~10月。全草可入药，有清热解毒、消肿散结的功效。

观赏类型：观花

土壤水分：见干见湿

观赏期：春、夏

## 兰花三七　　　*Liriope cymbidiomorpha*

百合科山麦冬属植物，其形似兰花根像三七，且味也像三七并可入药故名兰花三七。总状花序，花淡紫色，偶有白色，花期7~8月。

观赏类型：观叶、观花

土壤水分：见干见湿

观赏期：夏

# 多肉多浆植物

## Succulents

多肉植物又称多浆植物或多肉花卉，是指植物营养器官的某一部分，在外形上显得肥厚多汁或带粉的一类植物。其隶属的科类众多，目前以景天科、仙人掌科、番杏科、百合科等流通较多。以"神奇""呆萌""色彩缤纷"等诸多特点深受大众喜欢。

特点：（1）养护起点低；（2）外形特征明显；（3）大部分体型小，空间利用率高。

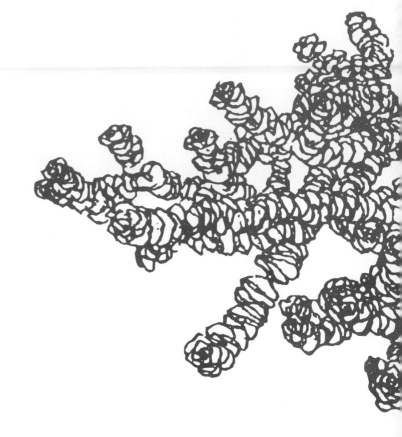

## 白牡丹　× Graptoveria 'Titubans'

互生叶排列成莲座形，叶片倒卵形，先
端急尖，白色的叶子如牡丹花绽开。

土壤水分：耐旱

分类：景天科风车石莲属

## 佛珠　Senecio rowleyanus

叶肉质，圆球形至纺锤形，叶中心有一
条透明纵纹，尾端有微尖状突起。茎悬
垂或匍匐土面生长，因此多被当成吊盆
植物栽培。

土壤水分：喜湿润

分类：菊科千里光属

## 爱之蔓　Ceropegia woodii

叶心形，对生，叶面上有灰色网状花
纹，叶背呈紫红色。

土壤水分：耐旱

分类：夹竹桃科吊灯花属

## 虹之玉　Sedum × rubrotinctum

叶片肉质，呈长椭圆形，约1cm长，
互生。花黄色，强光照下，叶片部分或
全部转为鲜红色。叶尖处略呈透明状，
此时叶片红绿相间，色泽鲜艳，如虹如
玉，故名虹之玉。

土壤水分：耐旱

分类：景天科景天属

## 火祭　Crassula capitella 'Campfire'

又称秋火莲，长圆形肉质叶交互对生，
排列紧密，使植株呈四棱状，叶面有毛
点。

土壤水分：耐旱

分类：景天科青锁龙属

## 姬胧月　Graptopetalum paraguayense 'Bronze'

又称宝石花，叶排成延长的莲座状，被
白粉或叶尖有须。叶色朱红带褐色，叶
呈瓜子型，叶末较尖。

土壤水分：耐旱

分类：景天科风车草属

### 吉娃莲　*Echeveria chihuahuaensis*

又称吉娃娃，无茎的莲座叶盘非常紧凑。卵形叶较厚，带小尖，蓝绿色被浓厚的白粉，叶缘为美丽的深粉红色。

土壤水分：喜干

分类：景天科石莲花属

### 金琥　*Echinocactus grusonii*

又称象牙球，植株中球形，深绿色，顶端新刺座上密生黄色绵毛。

土壤水分：喜干

分类：仙人掌科金琥属

### 鹿角海棠　*Astridia velutina*

叶粉绿色，交互对生，对生叶在基部合生。叶半月形，肉质，三棱状叶端稍狭。全株密被极细短茸毛。

土壤水分：耐旱

分类：番杏科鹿角海棠属

### 茜之塔　*Crassula corymbulosa*

矮小的植株呈丛生状，叶无柄，对生，密集排列成四列，叶片心形或长三角形，基部大，逐渐变小，顶端最小，接近尖形。

土壤水分：耐旱

分类：景天科青锁龙属

### 青星美人　*Pachyphytum* 'Dr. Cornelius'

叶疏散排列为近似莲座形态，叶片肥厚，匙型，细长，叶缘圆弧状，有叶尖，叶片光滑微量白粉，叶色翠绿。

土壤水分：耐旱

分类：景天科厚叶草属

### 霜之朝　× *Pachyveria* 'Powder Puff'

叶片环状排列，扁长梭型叶片，有叶尖，叶缘圆弧状，叶片肥厚，向叶心轻微弯曲，光滑有白粉，叶背有棱线，叶面凹陷。

土壤水分：喜干

分类：景天科厚石莲属

**艳日辉** *Aeonium decorum*

叶多肉，基生叶丛，呈莲座状，叶片扁平卵形。

土壤水分：耐旱

分类：景天科莲花掌属

**乙女心** *Sedum pachyphyllum*

叶片簇生于茎顶，圆柱状，淡绿色或淡灰蓝色，叶先端具红色，叶长3～4cm，密集排列在枝干的顶端。

土壤水分：耐旱

分类：景天科景天属

**月兔耳** *Kalanchoe tomentosa*

叶片奇特，形似兔耳，植株密被绒毛，叶片边缘着生褐色斑纹，对生，长梭形，叶尖圆形。

土壤水分：耐旱

分类：景天科伽蓝菜属

**紫珍珠** *Echeveria 'Perle von Nurnberg'*

叶缘呈白色，叶片呈莲座形螺旋排列。

土壤水分：耐旱

分类：景天科石莲花属

**黑王子** *Echeveria 'Black Prince'*

叶片匙形，稍厚，顶端有小尖，叶色黑紫；聚伞花序，小花红色或紫红色。

土壤水分：喜干

分类：景天科石莲花属

**绯花玉** *Gymnocalycium baldianum*

扁球状，直径可达10cm左右。花顶生，白色、红色或玫瑰红色。果纺锤状，深灰绿色。病虫害极少，很适合一般家庭栽培。

土壤水分：喜干

分类：仙人掌科裸萼球属

**条纹十二卷** *Haworthia fasciata*

叶片紧密轮生在茎轴上，呈莲座状；叶三角状披针形，先端锐尖；叶表光滑，深绿色；叶背绿色，具较大的白色瘤状突起。

土壤水分：耐旱

分类：阿福花科十二卷属

**筒叶花月** *Crassula obliqua 'Gollum'*

叶互生，在茎或分枝顶端密集成簇生长，肉质叶筒状，顶端呈斜截形，截面通常为椭圆形，叶色鲜绿，顶端有些许微黄，有蜡状光泽。

土壤水分：耐旱

分类：景天科青锁龙属

**特玉莲** *Echeveria runyonii 'Topsy Turvy'*

叶背中央有一条明显的沟，表面覆有一层厚厚的天然白霜，呈莲座状排列，抹掉白粉后为蓝绿色或灰绿色。

土壤水分：耐旱

分类：景天科石莲花属

**菲欧娜** *Echeveria 'Fiona'*

叶片呈莲座状排列，出状态的时候叶片呈紫色或者浅紫色。

土壤水分：耐旱

分类：景天科石莲花属

**熊童子** *Cotyledon tomentosa*

多年生肉质草本，植株多分枝，呈小灌木状，茎深褐色，肥厚的肉质叶，交互对生，叶片卵形，叶片有绒毛，像熊的爪子。

土壤水分：耐旱

分类：景天科银波锦属

**雪兔** *Echeveria 'Snow Bunny'*

叶粉白色，莲座形轮生。植株健康少有病虫害，生长速度较快，喜肥沃、排水良好的土壤。

土壤水分：耐旱

分类：景天科石莲花属

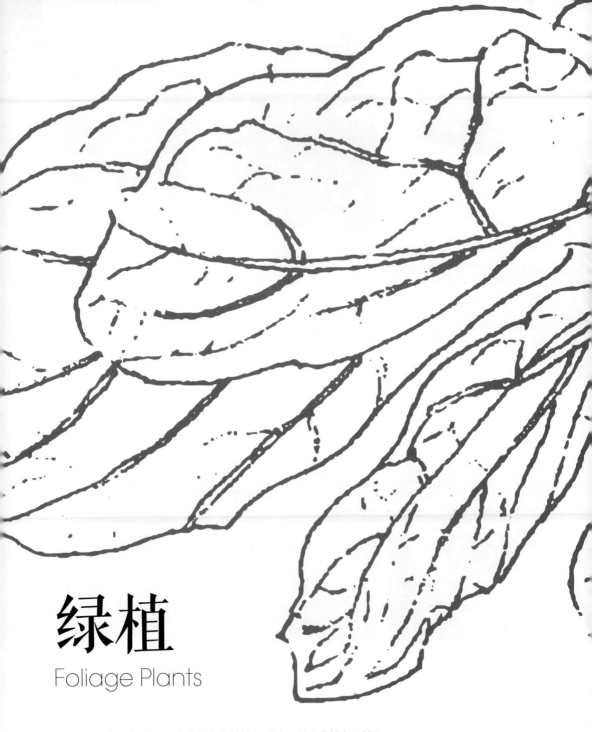

# 绿植
## Foliage Plants

绿植是指室内条件下，经过精心养护，能长时间或较长时间正常生长发育，用于室内装饰与造景的植物。是目前世界上最流行的观赏门类之一，原产于热带、亚热带，主要以赏叶为主，同时也兼赏茎、花、果的一个形态各异的植物群。通常用于装饰居室、门厅、展览厅、会议室、办公室等室内环境。

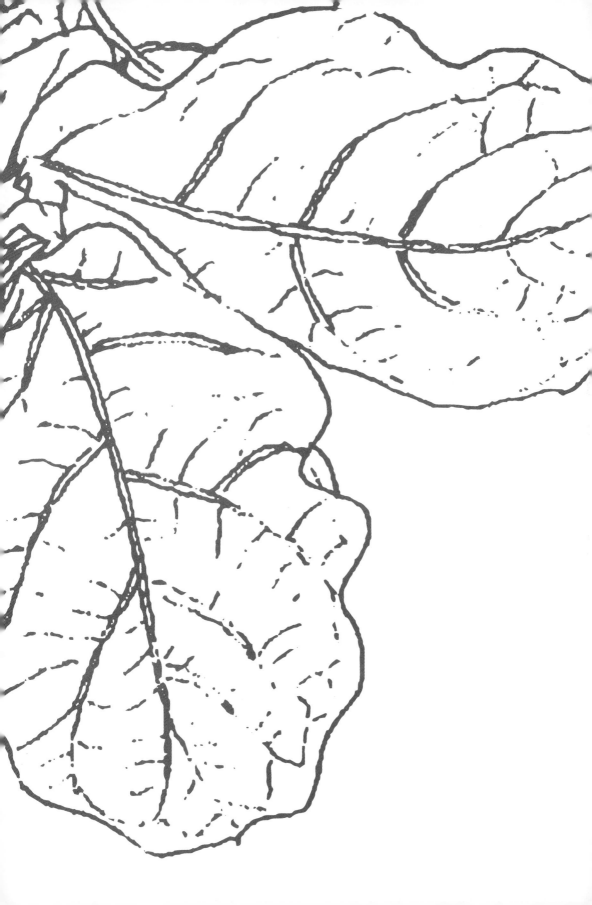

## 琴叶榕　　*Ficus pandurata*

桑科榕属，热带观叶植物，其叶型独特株形优美，观赏度高。琴叶榕喜温暖湿润的环境，不耐寒，冬季要注意防寒；对于光照的要求较高，但不能阳光直射，否则叶片容易灼伤，光照不理想的环境下生长较缓慢，老叶容易脱落。夏季为旺盛生长期，要注意及时补充水分和养分。

## 虎尾兰　　*Sansevieria sp.*

天门冬科虎尾兰属，又名虎皮兰、锦兰、千岁兰，其适应性强，性喜温暖湿润，耐干旱，喜光又耐阴。虎尾兰叶片坚挺直立，品种较多株形和叶色变化较大，对环境适应性强，为常见的室内盆栽观叶植物。可供较长时间欣赏。被评选为2019年虹越年度植物。

## 发财树　　*Pachira aquatica*

锦葵科瓜栗属，喜高温高湿气候，耐寒力差，作为最常见的室内观叶植物，已经得到了市场的广泛认可。它叶色清秀，有一定的耐阴性，比较适合室内环境，强光直射会导致叶片受伤。对水分的要求也不高，盆土宁干勿湿，浇水不当容易导致根系腐烂。

## 春羽　　*Philodendron selloum*

天南星科喜林芋属，非常好的室内观叶植物，有较强的耐阴性，可长期在光线较暗的室内环境生长。散射光有助于生长，忌强光，强光下叶片容易灼伤焦黄；茎叶奇特，观赏性高，适合应用于厅堂、书房等环境。

## 千年木　　*Dracaena marginata*

天门冬科龙血树属，茎杆直立，叶色红艳美丽，四季不凋，适合庭院观赏，北方常作盆栽观赏。喜高温高湿环境，不耐寒，要保持叶片的色彩美需要充足的光线，在半阴条件下较适宜生长。冬天必须入室避寒，最好置于温室之内，并要减少浇水和停止施肥才能安全越冬。

## 荷兰铁　　*Yucca elephantipes*

天门冬科丝兰属，株形规整，茎杆粗壮，叶片坚挺绿色。它适应性强，生命力旺盛，栽培管理简单，同时对多种有害气体具有较强的吸收能力。耐阴，耐旱，耐寒。对土壤要求不高，以疏松的壤土为佳，排水性需良好。养护上保持土壤潮湿，冬季水分不宜多，平均湿度即可。

## 孔雀木 *Schefflera elegantissima*

五加科南鹅掌柴属，喜温暖湿润环境，喜光，不耐寒，不耐强光直射，部分遮阴即可。土壤以肥沃、疏松的壤土为好。夏季适当遮阴，秋、冬季要多晒。冬季特别注意温度不能忽高忽低，否则易受冻害。夏季为生长期，水溶性肥料可每两周一次。

## 量天尺 *Cereus peruvianus*

仙人掌科仙人柱属，大型多浆植物，有较多的变种。植株圆柱形，多分枝，最高可达7～8m，具棱5～7枚，深绿或灰绿色。喜欢温暖干燥的环境，较易于养殖。室内种植简洁大方，常和沙生植物组合应用，营造异域风格。

## 圆叶福禄桐 *Polyscias scutellaria*

五加科南洋参属，茎杆挺拔多分枝，叶宽卵形或近圆形，基部心形。喜温暖湿润和阳光充足的环境，耐半阴，怕干旱。家庭中可长期放在光线明亮的环境，冬季要放置于阳光充足的地方并减少浇水。

## 龟背竹 *Monstera deliciosa*

天南星科龟背竹属，喜温暖湿润，耐阴，怕强光暴晒。其叶形奇特，孔裂纹状，极像龟背。茎节粗壮有深褐色气生根，纵横交叉，形如电线。叶片常年碧绿，极为耐阴，是著名的室内大型盆栽观叶植物。

## 橡皮树 *Ficus elastica*

桑科榕属，橡皮树树皮灰白色，单叶互生，长椭圆形，厚革质，墨绿色，幼嫩叶红色，叶柄粗壮，喜高温湿润、阳光充足的环境，耐空气干燥。忌黏性土，不耐瘠薄和干旱，喜疏松、肥沃及排水良好的微酸性土壤。

## 龙舌兰 *Agave americana*

天门冬科龙舌兰属，多年生肉质草本，叶片呈莲座状排列，观赏价值高。性喜阳光充足，稍耐寒，不耐阴；喜凉爽、干燥的环境。耐旱力强；对土壤要求不严，以疏松、肥沃及排水良好的湿润沙质土壤为宜。

## 散尾葵 *Dypsis lutescens*

棕榈科金果椰属，丛生常绿灌木，又名黄椰子、紫葵。茎杆光滑，黄绿色，无毛刺，嫩时被蜡粉，上有明显叶痕，纹状呈环。其性喜温暖湿润、半阴且通风良好的环境，耐寒性不强。

## 幸福树 *Radermachera sinica*

紫葳科菜豆树属，喜高温多湿、阳光足的环境，畏寒冷，宜湿润，忌干燥。栽培宜用疏松肥沃、排水良好、富含有机质的壤土和沙质壤土。常见室内大型观叶植物，枝叶茂盛，树型自然，常应用于具有散射光的厅堂等较大的室内环境。

## 金钱树 *Zamioculcas zamiifolia*

天南星科雪铁芋属，又名雪铁芋，其性喜暖热略干、半阴及年均温度变化小的环境，生长期浇水应"不干不浇，浇则浇透"。比较耐干旱，但畏寒冷，忌强光暴晒，怕土壤黏重，如果盆土内通风不良易导致其块茎腐烂。要求土壤疏松肥沃、排水良好、富含有机质、呈酸性至微酸性。

## 龙血树 *Dracaena angustifolia*

天门冬科龙血树属，因具有殷红色的树液而得名，叶剑形，株型优美规整。喜高温多湿，喜光，可耐阴，喜疏松、排水良好、含腐殖质丰富的土壤。其中，小盆花可点缀书房、客厅和卧室，大中型植株可美化、布置厅堂。

## 鹤望兰 *Strelitzia reginae*

鹤望兰科鹤望兰属，四季常青，植株别致，具清晰、高雅之感。花期可达100天左右，每朵花可开13～15天，1朵花谢，另1朵相继而开。亚热带长日照植物，每天要有不少于4小时的直接光照，最好是整天有亮光，阳光强烈时采取一些保护措施。喜温暖、湿润、阳光充足的环境，畏严寒，忌酷热、忌旱、忌涝，保证充足的有规律的水分供应。

## 针葵 *Phoenix roebelenii*

棕榈科海枣属，常绿灌木观叶植物，茎短粗，叶羽片状，基部两侧有长刺，其枝叶拱垂似伞形，且青翠亮泽，喜高温高湿的热带气候，喜光也耐阴，耐旱、耐瘠，喜排水性良好、肥沃的沙质壤土。有较强的耐寒性，冬季在0℃左右可安全越冬，是优良的盆栽观叶植物，用它来布置室内，可洋溢着热带情调。

## 大叶伞　*Heptapleurum heptaphyllum*

五加科鹅掌柴属，叶片阔大，柔软下垂，形似伞状，株型优雅轻盈，喜欢温暖湿润、通风和明亮光照的环境，适于排水良好、富含有机质的沙质壤土，易于管理，适于客厅的墙隅与沙发旁边置放，是室内理想的观叶植物。

## 棕竹　*Rhapis excelsa*

棕榈科棕竹属，常绿观叶植物，丛生灌木，又称观音竹、筋头竹、棕榈竹、矮棕竹。有叶节，包有褐色网状纤维的叶鞘。喜温暖湿润及通风良好的半阴环境，不耐积水，极耐阴，畏烈日。夏季炎热光照强时，应适当遮阴。生长缓慢，对水肥要求不十分严格。要求疏松肥沃的酸性土壤，不耐瘠薄和盐碱。

## 富贵榕　*Ficus elastica*

桑科榕属，叶色斑驳、绿白相间，远观是花，近看是叶，观赏价值高。喜温暖明亮且湿度较大的环境条件。生长适温25～30℃，越冬温度不得低于5℃。

## 冷水花　*Pilea cadierei*

荨麻科冷水花属，茎直立或匍匐，绿色，节上生根，多分支，叶椭圆形绿色，叶脉间有银白色斑块，叶脉凹陷，叶片略带皱褶，叶背淡绿色。聚伞花序腋生。
观赏类型：观叶
土壤水分：喜湿润

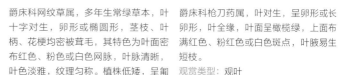

## 网纹草　*Fittonia albivenis*

爵床科网纹草属，多年生常绿草本，叶十字对生，卵形或椭圆形，茎枝、叶柄、花梗均密被茸毛，其特色为叶面密布红色、粉色或白色网脉，叶脉清晰，叶色淡雅，纹理匀称。植株低矮，呈匍匐状蔓生，园艺品种丰富。
观赏类型：观叶
土壤水分：喜湿润

## 嫣红蔓　*Hypoestes phyllostachya*

爵床科枪刀药属，叶对生，呈卵形或长卵形，叶全缘，叶面呈橄榄绿，上面布满红色、粉红色或白色斑点，叶腋易生短枝。
观赏类型：观叶
土壤水分：喜湿润

## 铜钱草　　Hydrocotyle vulgaris

伞形科天胡荽属，多年生草本，又称一串钱、金钱。植株具有蔓生性，节上常生根。叶互生，具长柄，圆盾形，缘波状，草绿色，叶脉15～20条放射状。作为盆栽观赏，能保持四季常绿，当长到一定密度后，茎蔓向盆外飘垂。可用浅盆水养（盆内放白色碎石块）。

观赏类型：观叶

土壤水分：喜湿润

## 含羞草　　Mimosa pudica

豆科含羞草属，多年生草本，叶互生，二回羽状复叶，小叶矩圆形。基部膨大成枕，具钩刺及倒生刺毛，叶片被触动即闭合而下垂。

观赏类型：观叶

土壤水分：喜湿润

## 合果芋　　Syngonium spp.

天南星科合果芋属，多年生蔓性常绿草本，茎节具气生根，攀附他物生长。叶片呈两型性，幼叶为单叶，箭形或戟形，佛焰苞浅绿。

观赏类型：观叶

土壤水分：喜湿润

## 椒草　　Peperomia spp.

胡椒科草胡椒属，一年或多年生常绿草本，肉质、丛生；茎葡匐，多分枝，叶密集，大小近相等，互生、对生或轮生，全缘，无托叶；穗状花序顶生或与叶对生，稀腋生；花极小，两性，常与苞片同着生于花序轴的凹陷处。

观赏类型：观叶

土壤水分：湿润

## 青叶碧玉　　Peperomia tetraphylla

胡椒科草胡椒属，多年生丛生草本。茎叶肥厚多肉，植株低矮，4或3片轮生，阔椭圆形或近圆形。穗状花序单生、顶生或腋生。

观赏类型：观叶

土壤水分：喜湿润

## 波斯顿蕨　　Nephrolepis exaltata 'Bostoniensis'

肾蕨科肾蕨属，附生或土生，根状茎直立，被蓬松的淡棕色长钻形鳞片，下部有粗壮的铁丝状的棕褐色匍匐茎向四方横展，不分枝。叶簇生，暗褐色，略有光泽，叶片线状披针形或狭披针形。

观赏类型：观叶

土壤水分：喜湿润

## 卷柏 *Selaginella tamariscina*

卷柏科卷柏属，土生或石生，复苏植物，呈垫状。根托只生于茎的基部，根多分叉，密被毛，和茎及分枝密集形成树状主干，有时高达数十厘米。主茎自中部开始羽状分枝或不等二叉分枝，不呈"之"字形，分枝上的腋叶对称，卵形、卵状三角形或椭圆形。

观赏类型：观叶

土壤水分：湿润

## 狼尾蕨 *Davallia trichomanoides*

骨碎补科骨碎补属，小型附生蕨，根状茎长而横走，肉质，密被绒状披针形灰棕色鳞片，长6～12cm，如同兔脚，因此又称兔脚蕨。叶远生，阔卵状三角形，三至四回羽状复叶，叶面平滑浓绿，富光泽。孢子囊群着生于近叶缘小脉顶端。

观赏类型：观叶

土壤水分：湿润

## 绿地珊瑚蕨 *Selaginella apoda*

卷柏科卷柏属，又称马氏卷柏、珊瑚卷柏等。原产地是非洲，多年生常绿草本，马氏卷柏、珊瑚卷柏等。呈直立状，多分枝。全株嫩绿色，枝叶密集，高约10cm，是美丽的小型盆栽观叶植物。

观赏类型：观叶

土壤水分：湿润

## 鹿角蕨 *Platycerium wallichii*

水龙骨科鹿角蕨属，根状茎肉质，短而横卧，密被鳞片。附生植物，常附生于树干或岩壁、峭壁面，植株体自然垂悬于空气中，形态优美，因其叶片形似麋鹿的角而得名。

观赏类型：观叶

土壤水分：喜潮湿

## 铁线蕨 *Adiantum capillus-veneris*

多年生草本，因其茎细长且颜色似铁丝，故名铁线蕨。根状茎细长横走，密被棕色披针形鳞片。叶远生或近生，叶脉多回二歧分叉，直达边缘，两面均明显。

铁线蕨科铁线蕨属。

观赏类型：观叶

土壤水分：喜湿润

## 富贵蕨 *Blechnopsis orientalis*

乌毛蕨科乌毛蕨属，根状茎粗壮，直立，顶部密被褐色钻线形鳞片。叶簇生，叶片长圆状披针形，先端渐尖。叶脉羽状，分离，叶近革质，两面无毛。孢子囊群线形，着生于中脉两侧，连续而不中断。

观赏类型：观叶

土壤水分：喜湿润

## 波叶鸟巢蕨
*Asplenium antiquum 'Osaka'*

铁角蕨科巢蕨属，中型附生蕨，株形呈漏斗状或鸟巢状。根状茎短而直立，叶簇生，辐射状排列于根状茎顶部，中空如巢形结构，叶长披针形，两面滑润，边缘呈波浪状褶皱。

观赏类型：观叶

土壤水分：喜湿润

## 鸟巢蕨
*Asplenium nidus*

铁角蕨科铁角蕨属，多年生阴生草本。植株高，根状茎直立，木质，深棕色，先端密被鳞片；鳞片阔披针形，长约1cm，先端渐尖，全缘，薄膜质，深棕色，稍有光泽。

观赏类型：观叶

土壤水分：喜湿润

## 肾蕨
*Nephrolepis cordifolia*

肾蕨科肾蕨属，自然萌发力强，喜半阴，忌强光直射，对土壤要求不严，以疏松、肥沃、透气、富含腐殖质的中性或微酸性沙壤土生长最为良好，较耐旱，耐贫瘠。

观赏类型：观叶

土壤水分：喜湿润

## 彩虹蕨
*Pteridium aquilinum*

碗蕨科蕨属，喜温暖湿润、半阴的生长环境，新叶叶色淡红，长江流域可户外过冬。

观赏类型：观叶

土壤水分：喜湿润

## 竹芋
*Calathea spp.*

竹芋科肖竹芋属，多年生草本，叶片椭圆形，叶色丰富多彩，观赏性极强，具有较强的耐阴性，适应性较强，多用于室内盆栽观赏。栽培管理的过程中要适当补充光照并定期向叶面喷水，提高空气湿度。

观赏类型：观叶

土壤水分：喜温暖湿润

## 紫背竹芋
*Stromanthe sanguinea*

竹芋科花竹芋属，多年生草本，叶片椭圆形，叶色丰富多彩，观赏性极强，具有较强的耐阴性，适应性较强，多用于室内盆栽观赏。栽培管理的过程中要适当补充光照并定期向叶面喷水，提高空气湿度。

观赏类型：观叶

土壤水分：喜温暖湿润

## 百万心 *Dischidia ruscifolia*

萝藦科眼树莲属，多年生常绿草质藤木。心形叶片对生于绿色枝条。茎节常生根。叶绿色，稍肉质，对生，阔椭圆形或卵形，先端突尖。初生枝条较硬挺，会斜开升上扬，长度可达1m以上，适合做吊盆。

观赏类型：观叶

土壤水分：喜湿润

## 金冠柏 *Cupressus macroglossus*

柏科柏木属，又称迷你小香松，树冠呈宝塔形，枝叶繁密，外形美观。小的鳞状叶，有香气，树形狭窄呈柱状，常绿针叶树种，有醒目的金黄色的叶子，叶色随季节变化。

观赏类型：观叶

土壤水分：排水良好

## 常春藤 *Hedera spp.*

五加科常春藤属，多年生常绿攀缘藤本，单叶互生，幼叶多呈掌状5裂，暗绿色，叶脉浅绿奶白色，叶革质，叶面平滑无毛。茎枝节处易发生气生根，以蔓生、悬垂、攀附或缠绕方式生长，于欧美地区户外常作地被植物，或攀爬在围墙、花架上供观赏。

观赏类型：观叶

土壤水分：湿润

## 串钱藤 *Dischidia nummularia*

萝藦科眼树莲属，附生缠绕藤本，以气根攀附于他物上；叶对生，多年生草本。叶银绿色，肥厚多肉，对生，阔椭圆形或阔卵形，先端突尖，每片叶大小形状几近相同，形态酷似"钮扣"，植株具蔓性，可攀附或垂坠生长，春季开黄色或白色花朵。

观赏类型：观叶观花

土壤水分：较耐寒

## 六月雪 *Serissa japonica*

茜草科白马骨属，常绿小灌木，分枝繁多而密集。叶形细小，对生，略带革质，卵形至长椭圆形，全缘，表面浓绿色。花冠漏斗状盛开时，如同雪花散落，故名"六月雪"。

观赏类型：观叶观花

土壤水分：喜湿润

## 绿萝 *Epipremnum aureum*

天南星科麒麟叶属，叶纸质，宽卵形，基部心形。成熟枝上叶卵状长椭圆形或心形，薄革质，叶深绿色、光亮。是除甲醛"卫士"。

观赏类型：观叶

土壤水分：喜湿润

## 仙洞龟背竹 *Monstera friedrichsthali*

多年生常绿蔓状草本植物。茎细长，匍
匐状。叶鲜绿色，薄革质，叶缘完整无
缺，主侧脉处分布有一个个紧密排列的
椭圆形或长椭圆形穿孔；叶基部不对
称，呈歪斜之状，主脉也稍离叶片的中
央；叶柄浅绿色，全长的4/5呈鞘状。
观赏类型：观叶
土壤水分：湿润

## 千叶兰 *Muehlewbeckia complera*

蓼科千叶兰属，多年生常绿藤本，呈匍
匐状，茎红褐色或黑褐色。叶小，互
生，心形或近圆形，先端尖，基部近截
平。花小，黄绿色，花期秋季。
观赏类型：观叶
土壤水分：湿润

## 花叶薜荔 *Ficus pumila*

桑科榕属，常绿性蔓生植物，单叶卵心
形，叶缘常呈不规则的圆弧形缺口，乳
白斑块或斑条，又称斑叶薜荔。
观赏类型：观叶
土壤水分：喜湿润

## 丝苇 *Rhipsalis cassutha*

仙人掌科丝苇属，植株悬垂形，肉质
柔软的茎细长分节，每节长10cm、粗
0.5cm，深绿色。花瓣薄而透明，雄蕊
红色。果初黑后黄。
观赏类型：观叶
土壤水分：耐旱

## 万年青 *Dieffenbachia maculata*

天南星科花叶万年青属，较矮小亚灌
木。茎为合轴，粗壮，下部常倾斜生
根，顶端具叶。花序柄短于叶柄。佛焰
苞长圆形，下部席卷成管。肉穗花序圆
柱形，先端通常弯弓，稍短于佛焰苞。
叶面具白色或黄色斑块，背面稍发亮。
观赏类型：观叶
土壤水分：喜湿润

## 鱼骨令箭 *Selenicereus anthonyanus*

仙人掌科蛇鞭柱属，原产于墨西哥，形
似鱼骨，别名鱼骨仙人掌，有刺，花白
色或粉色。
观赏类型：观叶
土壤水分：耐干

## 文竹 *Asparagus setaceus*

百合科天门冬属，攀缘植物。根稍肉质，细长。茎的分枝极多达几近平滑。叶状枝常10～13成簇，刚毛状，分枝具3棱，长4～5mm。
观赏类型：观叶
土壤水分：喜湿润

## 狐尾天门冬 *Asparagus densiflorus*

百合科天门冬属，喜温暖、湿润的环境，在半阴和阳光充足处都能正常生长；4～10月可放在室外养护，夏季高温时要适当遮阴，以防烈日暴晒。
观赏类型：观叶
土壤水分：喜湿润

## 袖珍椰子 *Chamaedorea elegans*

棕榈科竹棕属，常绿小灌木，茎干直立，不分枝。叶丛生于枝干顶，羽状全裂，裂片披针形，互生，深绿色。
观赏类型：观叶
土壤水分：喜湿润

## 滴水观音 *Alocasia macrorrhiza*

天南星科海芋属，别名天芋、观音莲等。常绿草本植物，具有匍匐茎，有直立的地上茎。掌状叶片，汇水聚源，叶色翠绿，清新美观。
观赏类型：观叶
土壤水分：喜湿润

## 竹柏 *Podocarpus nagi*

罗汉松科竹柏属，又称铁甲树。叶交叉对生，厚革质，宽披针形或椭圆状披针形，无中脉，有多数并列细脉。种子核果状，圆球形。
观赏类型：观叶
土壤水分：较耐旱

## 栗豆树 *Castanospermum australe*

豆科栗豆树属，又称开心果、元宝树。栗豆树的实生苗通常高20～30cm，基部生有2片饱含养分的豆瓣，形似一个元宝，故名绿元宝。羽状复叶互生，小叶卵形，深绿色，叶密集，形成密实的小树冠。观赏重点在于膨大的基部种球，以及生长出的芽。
观赏类型：观叶
土壤水分：排水良好

## 变叶木　*Codiaeum variegatum*

大戟科变叶木属，小乔木或灌木状，叶薄革质，叶形、大小、色泽因品种不同有很大变异，叶形丰富，叶色有亮绿色、白色、红色、黄色、黄红色等。

观赏类型：观叶

土壤水分：喜湿润

## 垂榕　*Ficus benjamina*

桑科榕属，常绿灌木或小乔木。树干直立，灰色，树冠锥形。枝干易生气根，小枝弯垂状，全株光滑。叶椭圆形，互生，叶缘微波状，先端尖，基部圆形或钝形。

观赏类型：观叶

土壤水分：喜湿润

## 人参榕　*Ficus microcarpa*

桑科榕属，它基部膨大的块根，实际上是其种子发芽时的胚根和下胚轴发生变异突变而形成的。树干的形状酷似一个正在守望的人形，因此得名叫"人参榕"。

观赏类型：观叶

土壤水分：喜湿润

## 罗汉松　*Podocarpus macrophyllus*

罗汉松科罗汉松属，叶螺旋状着生，条状披针形，微弯，长7~12cm，宽7~10mm，先端尖，基部楔形，深绿色，有光泽。罗汉松喜水，平时应保持盆土湿润，夏季每天傍晚或清晨浇一次透水。并于午后加喷一次叶面水。

观赏类型：观叶

土壤水分：喜湿润

## 日本大叶伞　*Schefflera microphylla*

五加科鹅掌柴属，大叶伞，叶片阔大、柔软，自然下垂，像伞状，形态很优雅。喜欢温暖湿润、通风和明亮光照，适于排水良好、富含有机质的沙质壤土。

观赏类型：观叶

土壤水分：排水良好

## 镜面草　*Pilea peperomioides*

荨麻科冷水花属，网红绿植，又称为翠屏草。多年生肉质草本植物，叶片肉质，圆形或倒圆卵形。十分耐阴，一般散射光即可生长，适合家庭室内盆栽，阳光充足的温室内也生长良好。

观赏类型：观叶

土壤水分：喜湿润

## 天堂鸟　*Strelitzia reginae*

旅人蕉科鹤望兰属，大型盆栽植物，从生状，叶大，四季常青，植株别致，是重要的室内观叶植物。其喜温暖、湿润、喜阳稍耐阴，畏严寒，忌涝。

观赏类型：观叶

土壤水分：喜湿润

## 心叶球兰　*Hoya kerri*

萝藦科球兰属，心叶球兰，状如心形，俗称"情人球兰"，性喜温暖及潮湿，生育适温18～28℃；10月中旬后，温度应为10～14℃，置于干燥、光照充足处越冬，越冬最低温度为7℃。

观赏类型：观叶

土壤水分：较耐旱

## 酒瓶兰　*Beaucarmea recurvata*

龙舌兰科酒瓶兰属，地下根肉质，茎干直立，下部肥大，状似酒瓶，可以储存水分。叶线形，软垂状。性喜温暖、湿润及日光充足环境，较耐旱、耐寒。生长适宜温为16～28℃，越冬温度不低于0℃。喜肥沃土壤，在排水通气良好、富含腐殖质的沙质壤土上生长较佳。

观赏类型：观叶

土壤水分：排水良好

## 彩叶芋 '白色圣诞节'

*Caladium hortulanum*

天南星科五彩芋属，白色彩叶芋拥有通透的白色叶片，叶脉分布着绿色的花纹，生长迅速，养护简单，耐热植物，夏季给室内带来热带风情。

观赏类型：观叶

土壤水分：喜湿润

# 盆花
Pot Flowers

本节盆花主要是指观花类盆栽花卉，包含草盆花、球根盆花、其他盆花三类，涵盖了近百种植物。在产品选择上，可根据所在空间环境的方位、区域大小及光照情况进行挑选。

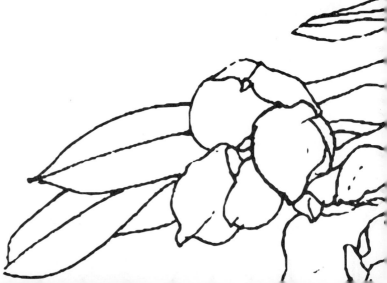

‘爱神’

‘宝石光’

‘彩云’

‘橙色果酱’

‘红色’

‘兰迪’

‘月光’

‘黄色闪电’

彩叶草场景图

## 波普™ 彩叶草　*Coleus hybridus*

叶色鲜明，花纹独特，简单养护就能获得饱满的株型，优秀的夏季观赏花材，地栽盆栽都很合适。被评选为2019年虹越年度植物。

| 观赏类型 | 土壤水分 | 观赏期 | 品名 |
| --- | --- | --- | --- |
| 观叶 | 喜湿 | 5~10月 | ‘月光’ |
| | | | ‘彩云’ |
| | | | ‘爱神’ |
| | | | ‘橙色果酱’ |
| | | | ‘兰迪’ |
| | | | ‘红色’ |
| | | | ‘宝石光’ |
| | | | ‘黄色闪电’ |

## 满天星　*Gysophila paniculata*

多年生草本，茎单生，直立，多分枝，叶片披针形或线状披针形，圆锥状聚伞花序多分枝，疏散，花小而多，花梗纤细。

| 观赏类型 | 土壤水分 | 观赏期 | 品名 |
| --- | --- | --- | --- |
| 观花 | 排水良好 | 5~8月 | 白色 |
| | | | 紫色 |

紫色

## 小兔子角堇 *Viola cormuta*

冬季网红花，花型独特，宛如一只只可爱的小兔子。被评选为2019年虹越年度植物。

| 观赏类型 | 土壤水分 | 观赏期 | 品名 |
|---|---|---|---|
| 观花 | 喜湿 | 11月~次年春 | '太阳安琪' |
| | | | '玫红美音' |
| | | | '空中飞兔' |
| | | | '光斑库乌' |
| | | | '冒险哈里' |
| | | | '舞蹈野兔' |

'光斑库乌'

'空中飞兔'

'冒险哈里'

'玫红美音'

'舞蹈野兔'

'太阳安琪'

## 报春花 *Primula vulgaris*

报春花科报春花属。多年生草本，喜温暖湿润气候，较耐寒，喜排水好、富含腐殖质的土壤。适合组合盆栽、窗台、花箱及花坛。

观赏类型：观花

土壤水分：喜湿润、排水良好

观赏期：春

## 安徽羽叶报春 *Primula merrilliana*

报春花科报春花属，多年生草本，叶片羽状全裂，花葶直立，柔美可爱。喜气候温凉、湿润的环境和排水良好、富含腐殖质的土壤，不耐高温和强烈的直射阳光。适合组合盆栽、窗台、花箱使用。

观赏类型：观花

土壤水分：喜湿润、排水良好

观赏期：春

## 四季樱草 *Primula obconica*

报春花科报春花属。二年生草本，原生于海拔500~2200m林下、水沟边和湿润岩石上。喜气候温凉、湿润的环境和排水良好、富含腐殖质的土壤，不耐高温和强烈的直射阳光。适合组合盆栽、窗台、花箱及花坛使用。

观赏类型：观花

土壤水分：喜湿润、排水良好

观赏期：春

## 银莲花 *Anemone cathayensis*

毛茛科银莲花属。多年生草本，叶片圆肾形，偶尔圆卵形；花葶有疏柔毛或无毛；瘦果扁平，宽椭圆形或近圆形。

观赏类型：观花

土壤水分：排水良好

观赏期：4~7月

## 姬小菊 *Brachyscome angustifolia*

菊科鹅河菊属。多年生草本。花量极大，花色清新，花期长，耐热又耐寒，是极佳的花园植物。

观赏类型：观花

土壤水分：排水良好

观赏期：全年

## 六倍利 *Lobelia chinensis*

桔梗科半边莲属。多年生草本，常作一年生栽培。株高12~20cm，茎枝细密，容易长成花球，花色有红、桃红、紫、紫蓝、白等色。适合盆栽、窗台花箱、花坛使用。

观赏类型：观花

土壤水分：排水良好

观赏期：春

## 鲁冰花 *Lupinus polypylus*

豆科羽扇豆属。多年生草本，高50~100cm。较耐寒，喜气候凉爽，阳光充足的地方，略耐阴，需肥沃、排水良好的沙质土壤。花序挺拔、丰硕，花色艳丽多彩，有白、红、蓝、紫等。花期长，可用于片植或在带状花坛群体配植，效果出众。
观赏类型：观花
土壤水分：排水良好
观赏期：春

## 玛格丽特 *Argyranthemum frutescens*

菊科木茼蒿属。常绿亚灌木，株高约1m，多分枝，叶互生，二回羽状线形深裂。野生的以白色品种居多，园艺栽培也有红色、黄色和蓝色等品种。
观赏类型：观花
土壤水分：排水良好
观赏期：春、秋

## 蓝色玛格丽特 *Felicia amelloides*

菊科蓝菊属。原产南非，多年生草本。生性强健，耐热耐寒，养护简单。适合盆栽地栽，是良好的花境、花海材料。
观赏类型：观花
土壤水分：喜湿润、排水良好
观赏期：春

## 南非万寿菊 *Osteospermum hybrid*

菊科骨子菊属。半灌木或多年生草本，在园林中，也作一二年生草花栽培。喜阳，耐干旱，喜疏松肥沃的沙质壤土。分枝性强，不需摘心。适合盆栽、花坛地栽使用。
观赏类型：观花
土壤水分：排水良好
观赏期：春、秋

## 海石竹 *Armeria maritima*

白花丹科海石竹属。多年生草本，植株低矮，株高约12cm左右。叶线形，全缘，深绿色。头状花序顶生，花茎细，小花聚生于茎顶，呈半球状。花期春季。适合组合盆栽、岩石、沙地花境。
观赏类型：观花
土壤水分：排水良好
观赏期：春

## 金鱼草 *Antirhinum majus*

车前科金鱼草属。多年生草本植物，株高20~150cm。下部叶片对生、互生，上部卵形顶生，花冠二唇瓣，基部膨大，有火红、金黄、艳粉、纯白和复色等色。适合组合盆栽、花坛花境使用，在景观构成中是很好的竖线条材料。
观赏类型：观花
土壤水分：排水良好
观赏期：春、秋

## 天竺葵 *Pelargonium × hortorum*

牻牛儿苗科天竺葵属。多年生草本，高30~60cm。原产非洲南部。喜温暖、湿润和阳光充足环境。也耐半阴。开花性能好，如环境合适，可持续开花。适合盆栽、窗台花箱和花坛使用。园艺品种非常多。

观赏类型：观花

土壤水分：排水良好

观赏期：春、秋

## 天竺葵 '天使之眼' *Pelargonium crispum*

牻牛儿苗科天竺葵属。这类天竺葵的叶片边缘是锯齿状的，叶片和花朵较一般的天竺葵品种小，株型紧凑，枝叶浓密。花瓣上有明显的深色斑点。花苞繁多，容易开成花球，是很好的家庭园艺品种。

观赏类型：观花

土壤水分：排水良好

观赏期：春、秋

## 天竺葵 '银边' *Pelargonium 'Frank Headley'*

牻牛儿苗科天竺葵属。直立天竺葵中经典观叶品种。亚灌木，株高30~80cm，茎直立圆柱形近肉质，叶卵状盾形或倒卵形，叶片边缘呈白色，花为单瓣红色。

观赏类型：观花

土壤水分：排水良好

观赏期：春、秋

## 天竺葵 '三色旗' *Pelargonium zonale 'Mrs.Polock'*

牻牛儿苗科天竺葵属。直立天竺葵中经典的观叶品种。亚灌木，株高30~80cm，茎秆立圆柱形近肉质，叶卵状盾形或倒卵形，真片边缘呈白色，花为单瓣红色。

观赏类型：观花

土壤水分：排水良好

观赏期：春、秋

## 垂吊天竺葵 *Pelargonium peltatum*

牻牛儿苗科天竺葵属。多年生草本，具蔓生性。原产非洲南部。喜温暖、湿润和阳光充足环境。较耐高温，开花性能好，如环境合适，可持续开花。适合盆栽、窗台花箱和花坛使用。

观赏类型：观花

土壤水分：排水良好

观赏期：春、秋

## 枫叶天竺葵 '百年温哥华' *Pelargonium × hortum 'Vancouver Centennial'*

牻牛儿苗科天竺葵属。'百年温哥华'是枫叶天竺葵中的经典观叶品种。枫叶形的叶片中央布满美丽的红褐色，开红色异形花，半匍匐性，株型小巧，优雅迷人。

观赏类型：观花观叶

土壤水分：排水良好

观赏期：春、秋

品名：百年温哥华

### 矮牵牛　　*Petunia × hybrida*

茄科矮牵牛属。园艺杂交种，多年生草本，常作一二年生栽培。花朵繁多，颜色丰富。喜温暖、光照充足、排水良好环境，耐热性好，开花性能强，是良好的花园、公共绿化品种。

观赏类型：观花

土壤水分：排水良好

观赏期：春夏秋

### 舞春花　　*Calibrachoa hybrids*

茄科舞春花属。多年生植物常作一二年生栽培。喜温暖、光照充足、排水良好环境。花朵繁多，颜色丰富。长势强，持续开花，适合组合盆栽、窗台、花箱及花坛使用。

观赏类型：观花

土壤水分：排水良好

观赏期：夏秋

### 蒲包花　　*Calceolaria herbeohybrida*

荷包花科荷包花属。又称荷包花，一年生草本。叶卵形或卵状椭圆形，叶质柔软，黄绿色。花色丰富，具淡黄、乳白、淡红、红、橙红等色，并常嵌有褐色或红色斑点。

观赏类型：观花

土壤水分：湿润排水良好

观赏期：冬春

### 澳洲狐尾　　*Ptilotus exaltatus*

苋科猫尾苋属。株高30~40cm，叶片银绿色，大花、圆锥型花序，花穗7~10cm，深霓桃红色。喜阳，耐热，耐旱，适应性强。

观赏类型：观花

土壤水分：耐旱排水良好

观赏期：夏

### 蓝庭芥　　*Aubrieta cultorum*

十字花科南庭荠属。多年生草本，丛生但不呈垫状，有星状毛或叉状毛；叶小，全缘或有角状锯齿；总状花序顶生，花少而大，紫色、紫堇色或白色。

观赏类型：观花

土壤水分：耐干旱

观赏期：4~6月

### 矮生桔梗　　*Platycodon grandiflorus*

桔梗科桔梗属。别名包袱花、铃铛花，多年生草本。株高仅20~30cm，根肥大肉质，圆锥形。叶互生或3小叶轮生，卵状披针形，叶缘有锐锯齿。花钟形，蓝紫色，5裂。

观赏类型：观花

土壤水分：排水良好

观赏期：6~8月

## 超级凤仙'桑蓓斯®'

*Impatiens x hybrida hort 'SunPatiens'*

凤仙花科凤仙花属。'桑蓓斯'的显著特点就是耐春季及初夏的持续雨水和35℃以下的高温天气，并且能持续开花，开花量盛，此外还可以有效地持续改善城市中心的热岛效应，在夏季起到很好的降温作用。

观赏类型：观花
土壤水分：排水良好
观赏期：6~9月

## 大岩桐

*Sinningia speciosa*

苦苣苔科大岩桐属。多年生草本。叶对生，质厚，长椭圆形，肥厚而大，缘具钝锯齿。花顶生或腋生，花冠钟状，蒴果。

观赏类型：观花
土壤水分：排水良好
观赏期：夏

## 夏堇

*Torenia fournieri*

母草科蝴蝶草属。直立草本，茎几无毛，具4窄棱，叶片长卵形或卵形，总状花序。方茎，分枝多，呈披散状。

观赏类型：观花
土壤水分：排水良好
观赏期：夏、秋

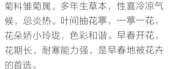

## 蓝雪花 *Ceratostigma plumbaginoides*

白花丹科蓝雪花属。原产南非南部，常绿草本，枝条柔软，叶薄，通常菱状卵形至狭长卵形。花色蓝色，花期6~9月和12月至翌年4月。

观赏类型：观花
土壤水分：排水良好
观赏期：夏季

## 雏菊 *Bellis perennis*

菊科雏菊属。多年生草本，性喜冷凉气候，忌炎热。叶间抽花葶，一葶一花，花朵娇小玲珑，色彩和谐。早春开花，花期长，耐寒能力强，是早春地被花卉的首选。

观赏类型：观花
土壤水分：排水良好
观赏期：春季

## 五星花 *Pentas lanceolata*

茜草科五星花属。高30~50cm。幼茎和叶两面密被柔毛，托叶多裂成刺毛状，叶对生，膜质，基部下延成楔形。聚伞花序顶生，花冠细长，高脚碟状，5裂，多为深红色或桃红色，是良好的盆栽花卉。

观赏类型：观花
土壤水分：湿润
观赏期：全年

### 长春花 *Catharanthus roseus*

夹竹桃科长春花属。直立多年生草本或半灌木，全株无毛。叶对生，膜质，倒卵状矩圆形，聚伞花序顶生或腋生，园艺品种多。

观赏类型：观花
土壤水分：排水良好
观赏期：夏季

### 美人蕉 *Canna generalis*

美人蕉科美人蕉属。多年生草本，高可达1.5m，全株绿色无毛，被蜡质白粉。具块状根茎，地上枝丛生。单叶互生，具鞘状叶柄，叶片卵状长圆形。总状花序，花单生或对生；萼片3，绿白色，先端带红 大多红色，外轮退化雄蕊2~3枚，鲜红色；唇瓣披针形，弯曲；蒴果，长卵形，绿色。

观赏类型：观花
土壤水分：湿润排水良好
观赏期：3~12月

### 蜀葵 *Alcea rosea*

锦葵科蜀葵属。别称一丈红、大蜀季，二年生直立草本，高达2m，茎枝密被刺毛，花呈总状花序顶生，单瓣或重瓣，有紫、粉、红、白等色。栽培当年即可开花，在适宜的条件下可持续开花3个月。

观赏类型：观花
土壤水分：湿润排水良好
观赏期：2~8月

### 非洲菊 *Gerbera jamesonii*

菊科非洲菊属。多年生被毛草本。叶基生，莲座状，叶片长椭圆形至长圆形，花色丰富。主要类型可分现代切花型和矮生栽培型。

观赏类型：观花
土壤水分：湿润
观赏期：11月至翌年4月

### 角堇 *Viola cornuta*

堇菜科堇菜属。多年生草本，常作一年生栽培，花2~4cm，是三色堇的1/2~1/3。浅色多，中间无深色圆点，只有猫胡须一样的黑色直线，茎较短而直立，花色丰富，园艺品种较多。

观赏类型：观花
土壤水分：排水良好
观赏期：11月至翌年5月

### 石竹 *Dianthus chinensis*

石竹科石竹属。多年生草本，高30~50cm。耐寒、耐干旱，不耐酷暑。喜阳光充足、干燥、通风及凉爽湿润气候。园艺栽培品种多，养护简单，是良好的花坛植物品种。

观赏类型：观花
土壤水分：排水良好
观赏期：春

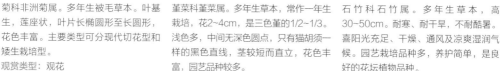

## 风信子　*Hyacinthus orientalis*

天门冬科风信子属。花茎肉质，花莛高15~35cm，中空，顶端着生总状花序；小花10~20朵密生上部，多横向生长，少有下垂，漏斗形，花香四溢，花色丰富。

观赏类型：观花

土壤水分：喜湿润不积水

观赏期：11月~翌年3月

## 洋水仙　*Narcissus pseudonarcissus*

石蒜科水仙属。花葶高20~30cm，每葶开花一枝，横向或斜上方开放，花径大者可达10cm，副花冠多变，花色温柔和谐，是世界著名的球根花卉。

观赏类型：观花

土壤水分：喜湿润不积水

观赏期：1~2月

## 康乃馨　*Dianthus caryophyllus*

石竹科石竹属。多年生草本，全株无毛，粉绿色。茎丛生，直立，基部木质化。花色多。主要类型可分现代切花型和矮生栽培型。

观赏类型：观花

土壤水分：排水良好

观赏期：冬春

## 瓜叶菊　*Pericallis x hybrida*

菊科瓜叶菊属。多年生草本，茎直立，被密白色长柔毛，叶片大，肾形至宽心形，有时上部叶三角状心形。原产大西洋加那利群岛。我国各地公园或庭院广泛栽培。花色美丽鲜艳，色彩多样，是一种常见的盆景花卉和装点庭院居室的观赏植物。

观赏类型：观花

土壤水分：排水良好

观赏期：冬春

**郁金香**　*Tulipa gesneriana*

百合科郁金香属。花葶长35~55cm；花单生，直立，单朵花的盛花期为1~2周左右。采用5℃处理球促成栽培，花期大大提前，可控制在元旦至情人节期间开花。

观赏类型：观花

土壤水分：水培郁金香保持5cm水位，地栽郁金香保持土壤湿润

观赏期：12月至翌年2月

**东方百合**　*Lilium Oriental Hybrids*

百合科百合属。株高40~60cm，茎直立，不分枝，地下具鳞茎。东方百合通常有香味，亦可将花切下水养。

观赏类型：观花

土壤水分：喜湿润不积水

观赏期：9月至翌年6月

**亚洲百合**　*Lilium Asiatica Hybrida*

百合科百合属。株高35~50cm，茎直立，不分枝，地下具鳞茎。亚洲百合通常没有香味，亦可将花切下水养。

观赏类型：观花

土壤水分：喜湿润不积水

观赏期：9~12月

**彩色马蹄莲**　*Zantedeschia hybrida*

天南星科马蹄莲属。球根花卉，多年生，具块茎，叶片亮绿色，部分品种具斑点。肉穗花序鲜黄色，佛焰苞似马蹄状，品种多颜色丰富。高温季节地上部分枯萎，地下部分块茎进入休眠，马蹄莲多数冬季低温期休眠，温度适宜，可周年开花。

观赏类型：观花

土壤水分：忌过分潮湿

观赏期：10月至翌年5月

**酢浆草**　*Oxalis corniculata*

酢浆草科酢浆草属。喜温暖，忌炎热，盛夏生长慢或休眠；叶片茂密青翠，小花烂漫繁多，株型小巧可爱，生命力非常旺盛。

观赏类型：观花

土壤水分：喜湿润不积水

观赏期：11月至翌年4月

**朱顶红**　*Hippeastrum rutilum*

石蒜科朱顶红属。花梗中空，被有白粉，顶端着花2~6朵，花喇叭形，花期有深秋以及春季到初夏，甚至有的品种初秋到春节开花。品种众多，盆栽应用广泛。

观赏类型：观花

土壤水分：耐干旱

观赏期：10月至翌年3月

## 姜荷花　*Curcuma alismatifolia*

姜科姜黄属。株高50~90cm，穗状花序，苞片形似荷花，为主要观赏部位。真正的小花着生在花序下半部苞片内。因其原产热带，且花朵外形似郁金香而被誉为"热带郁金香"。

观赏类型：观花

土壤水分：喜湿润不积水

观赏期：7~10月

## 番红花　*Crocus sativus*

鸢尾科番红花属。叶条形，灰绿色，长15~20cm，宽2~3mm，边缘反卷；花茎甚短，常有淡蓝色、红紫色或白色，有香味。

观赏类型：观花

土壤水分：喜湿润不积水

观赏期：12月至翌年2月

## 葡萄风信子　*Muscari botryoides*

天门冬科蓝壶花属。花莛高15~20cm，顶端簇生10~20朵小坛状花，整个花序犹如蓝紫色的葡萄串，秀丽高雅，多年复花。

观赏类型：观花

土壤水分：喜湿润不积水

观赏期：12月至翌年3月

## 香雪兰　*Freesia refracta*

鸢尾科香雪兰属。穗状花序顶生，稍有扭曲，花漏斗状，花茎有分枝，花清香似兰，常用盆栽或剪取花枝插瓶装点室内。

观赏类型：观花

土壤水分：耐干旱

观赏期：4~5月

## 阿玛 '小精灵'

*Amarine tubergenii 'Zwanenburg'*

石蒜科石蒜属。尼润石蒜与南非真孤挺的属间杂交品种，对于环境适应性很强，花期长，跨度夏秋季，秋季花量较集中，喇叭型花，花型密集，介于粉与紫色间，有芳香。

观赏类型：观花

土壤水分：耐干旱喜湿润

观赏期：5~7月

## 荷包牡丹　*Dicentra formosa*

罂粟科荷包牡丹属。总状花序顶生呈拱状，有小花数朵至10余朵，株高30~60cm。具肉质根状茎。花朵形似荷包，是盆栽和切花的好材料。

观赏类型：观花

土壤水分：喜湿润不积水

观赏期：4~5月

## 真孤挺　*Amaryllis belladonna*

石蒜科孤挺花属。对环境适应性强，具有香味。

观赏类型：观花

土壤水分：喜湿润不积水

观赏期：5~7月

## 文殊伞百合　*Amarcrinum howardii*

石蒜科孤殊兰属。朱顶红和文殊兰的跨属杂交品种，簇生花序，花香诱人，从春末开始一直盛开着嫩粉色的花朵，直至霜冻才会结束。如南方栽培可常年见花，适合室内盆栽或者地栽。

观赏类型：观花

土壤水分：喜湿润不积水

观赏期：5~7月

## 蛇鞭菊　*Liatris spicata*

菊科蛇鞭菊属。因多数小头状花序聚集成密长穗状花序，小花由上而下次第开放，好似响尾蛇那沙沙作响的尾巴，呈鞭形而得名。

观赏类型：观花

土壤水分：喜湿润不积水

观赏期：5~10月

## 蓝铃花　*Hyacinthoides non-scripta*

天门冬科蓝铃花属。钟形花六瓣，花的底部收束，而顶部打得极开，花药为蓝色，几乎没有香味。花簇生，植株相对较大。

观赏类型：观花

土壤水分：喜湿润不积水

观赏期：2~3月

## 晚香玉　*Polianthes tuberosa*

石蒜科晚香玉属。球根植物，花乳白色，浓香。拥有质地如玉、芳香馥郁却香气清澈的花朵。它的花朵正像它的名字那样，朵朵洁白如玉，只在大地拉下夜幕之后，才肯吐露芬芳，由淡到浓，越来越令人陶醉。

观赏类型：观花

土壤水分：喜湿润

观赏期：7~9月

## 迷你玫瑰  *Rosa rugosa*

蔷薇科蔷薇属。落叶灌木，枝杆多针刺，奇数羽状复叶，椭圆形，有边刺。花瓣倒卵形，重瓣。

| 观赏类型 | 土壤水分 | 观赏期 | 品名 |
|---|---|---|---|
| 观花 | 排水良好 | 春秋 | 卡伊萨苹果粉 |
| | | | 费雷娅白色 |
| | | | 柯瑞玫红色 |
| | | | 米酷黄色 |
| | | | 拉米藕荷色 |
| | | | 吉吉红白复色 |

柯瑞玫红色

卡伊萨苹果粉

羽叶薰衣草

## 薰衣草  *Lavandula angustifolia*

唇形科薰衣草属。薰衣草是半灌木或矮灌木，分枝，被星状茸毛。穗状花序，通常具6~10花，长3~5cm，著名芳香精油植物。

| 观赏类型 | 土壤水分 | 观赏期 | 品名 |
|---|---|---|---|
| 观花 | 排水良好 | 夏季 | 法国薰衣草 |
| | | | 羽叶薰衣草 |

法国薰衣草

'阿拉巴马'

'橙冠军'

'红布加迪'

'红成功'

'红赢家'

'罗兰公主'

'梦幻'

'特伦萨'

'茱莉'

**安祖花** *Anthurium andraeanum*

天南星科花烛属。原产南美热带雨林，多年生常绿草本，花(佛焰苞)叶均革质，花序梗细长，佛焰苞卵心形，肉穗花序，品种繁多。花期长，花色艳，周年开花。

| 观赏类型 | 土壤水分 | 观赏期 | 品名 |
|---|---|---|---|
| 观花 | 喜温暖湿润 | 全年 | 阿拉巴马 |
| | | | 特伦萨 |
| | | | 红布加迪 |
| | | | 梦幻 |
| | | | 红成功 |
| | | | 红赢家 |
| | | | 橙冠军 |
| | | | 茱莉 |
| | | | 潘多拉 |
| | | | 罗兰公主 |

**栀子花** *Gardenia jasminoides*

茜草科栀子属。叶色四季常绿，花芳香素雅，绿叶白花，格外清丽可爱。其喜光也能耐阴，在庇荫条件下叶色浓绿，但开花稍差；喜温暖湿润气候，耐热也稍耐寒(-3℃)；喜肥沃、排水良好、酸性土壤。萌糵力、萌芽力均强，耐修剪。既可以用于庭院栽培，也适合室内盆栽，花还可作插花和佩戴装饰。

株型：丛生、盆栽

栀子花

'233-50'

'234-13'

'大辣椒'

'大财主'

'黄金甲'

'金阳公主'

'法国斑'

'樱桃番茄'

'马尔摩'

'圣诞树'

## 蝴蝶兰　*Phalaenopsis aphrodite*

兰科蝴蝶兰属。原产于亚热带雨林地区，为附生性兰花。有白色粗大的气根吸收养分。花梗从叶腋抽出，花形如蝴蝶飞舞，有"洋兰王后"之称。茎很短，常被叶鞘所包。叶片稍肉质，常3~4枚或更多，上面绿色，背面紫色，椭圆形，长圆形或镰刀状长圆形。

| 观赏类型 | 土壤水分 | 观赏期 | 品名 |
|---|---|---|---|
| 观花 | 喜温暖湿润 | 全年 | '大辣椒' |
| | | | '黄金甲' |
| | | | '金阳公主' |
| | | | '圣诞树' |
| | | | '樱桃番茄' |
| | | | '233~50' |
| | | | '234~13' |
| | | | '大财主' |
| | | | '法国斑' |
| | | | '马尔摩' |

'巴西'

'牙买加'

帝罗

'锦缎'

'卡桑布兰卡'

## 长寿花　*Kalanchoe blossfeldiana*

景天科伽蓝菜属，多年生肉质草本，茎直立，单叶对生，椭圆形，缘具钝齿，聚伞花序，为短日照植物，对光周期反应比较敏感。

'凯迪拉克粉'

'狂欢'

| 观赏类型 | 土壤水分 | 观赏期 | 品名 |
|---|---|---|---|
| 观花 | 排水良好 | 2~5月 | '巴西' |
| | | | '卡桑布兰卡' |
| | | | '里约' |
| | | | '凯迪拉克粉' |
| | | | '帝罗' |
| | | | '牙买加' |
| | | | '西伦' |
| | | | '狂欢' |
| | | | '织女星' |
| | | | '锦缎' |
| | | | '岩钉' |
| | | | '佩德罗' |
| | | | 'Banda百代' |
| | | | 'Bromo安静' |
| | | | 'Qima希玛' |
| | | | 'Cpto柯托' |
| | | | 'Discodip' |
| | | | 'Dukon' |
| | | | 'Galera' |
| | | | 'Kanaga' |
| | | | 'Kikai' |
| | | | 'Lanin' |
| | | | 'Longo' |
| | | | 'Mandarin' |
| | | | 'Mere' |
| | | | 'Milos 米洛斯' |
| | | | 'Paso 帕索' |
| | | | 'Rudak' |
| | | | 'Saja' |
| | | | 'Snowdon雪儿' |
| | | | 'Toka' |
| | | | 'Tombo' |
| | | | 'Venia' |
| | | | 'Wevano' |

'里约'

'米德勒'

'佩德罗'

'西伦'

'岩钉'

'织女星'

'Banda百代'

'Milos 米洛斯'

'Bromo安静'

'Qima希玛'

'Cpto柯托'

'Discodip'

'Dukon'

'Galera'

'Kanaga'

'Kikai'

'Lanin'

'Longo'

'Mandarin'

'Paso 帕索'

'Saja'

'Smowdon雪儿'

'Rudak'

'Tombo'

'Venia'

'Mere'

'Wevano'

'Toka'

克林克外锦球兰

## 球兰

*Hoya* spp.

萝藦科球兰属。攀缘藤本，叶片肉质或革质，不同品种叶形不同，有时具灰色斑点。伞状花序球形，花冠平展，十分可爱。品种繁多，花色丰富，光照足则开花多，花期可达15天，花谢后同一花序会再度开花。

| 观赏类型 | 土壤水分 | 观赏期 | 品名 |
|---|---|---|---|
| 观叶观花 | 喜湿润 | 全年 | 银斑球兰<br>克林克外锦球兰<br>镜叶球兰 |

银斑球兰

镜叶球兰

芭芭拉*

奇科*

达利*

德加*

**非洲紫罗兰**　*Saintpaulia ionantha*

苦苣苔科非洲堇属。多年生草本植物。叶片轮状平铺生长呈莲座状，叶卵圆形全绿，先端稍尖。花梗自叶腋间抽出，花单朵顶生或交错对生，有单瓣、重瓣之分。

| 观赏类型 | 土壤水分 | 观赏期 | 品名 |
|---|---|---|---|
| 观花 | 排水良好 | 夏、冬 | 芭芭拉* |
| | | | 奇科* |
| | | | 达利* |
| | | | 德加* |
| | | | 印第安纳* |
| | | | 曼尼托巴* |
| | | | 安省* |
| | | | 维多利亚 |
| | | | 精灵 |
| | | | 盔天白云 |
| | | | 蓝馨儿 |
| | | | 恋人 |
| | | | 梦幻 |
| | | | 娜塔莎 |
| | | | 热舞 |
| | | | 圣保罗 |
| | | | 天鹅湖 |
| | | | 星语 |
| | | | 米歇尔* |

*优选品种

印第安纳*

曼尼托巴*

安省*

维多利亚

精灵

盔天白云

蓝馨儿

恋人

梦幻

娜塔莎

热舞

天鹅湖

星语

圣保罗

米歇尔*

红霞

世界和平

## 大花蕙兰　*Cymbidium hybridum*

兰科兰属。植株挺拔，花茎直立或下垂，花大色艳，主要用作盆栽观赏。喜冬季温暖和夏季凉爽。花芽形成、花茎抽出和开花，都要求白天和夜间温差大。

| 观赏类型 | 土壤水分 | 观赏期 | 品名 |
|---|---|---|---|
| 观花 | 喜湿润 | 冬春 | 红霞 |
| | | | 世界和平 |
| | | | 金秋 |
| | | | 钢琴家 |
| | | | 红酒之恋 |
| | | | 烛光 |

金秋

钢琴家

红酒之恋

烛光

阿波罗黄色

阿多尼斯深粉色

### 丹麦木槿 *Hibiscus syriacus*

锦葵科木槿属。落叶灌木，花单生于上部叶腋间，花大色艳，是世界名花。叶阔卵形或狭卵形，基部近圆形，边缘有不整齐粗齿或缺刻，花型呈钟状。

| 观赏类型 | 土壤水分 | 观赏期 | 品名 |
|---|---|---|---|
| 观花 | 喜温凉湿润 | 夏秋季 | 阿波罗黄色 |
| | | | 阿多尼斯深粉色 |
| | | | 伯瑞斯白色 |
| | | | 沃尔坎红色 |
| | | | 雅典娜亮黄色 |
| | | | 朱诺玫红色 |

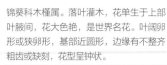

伯瑞斯白色

沃尔坎红色

雅典娜亮黄色

朱诺玫红色

### 马达加斯加茉莉
*Stephanotis floribunda*

夹竹桃科耳药藤属。又名新娘花。常绿木质藤本，是球兰的远亲，喜光植物，喜高温花期初春至秋季，有淡淡香味。
观赏类型：观花/观叶
土壤水分：排水良好
观赏期：4~10月

### 一叶莲 *Nymphoides indica*

睡莲科荇菜属。又称印度莲、水荷叶、金银莲花、白花荇菜。原产热带及亚热带。多年生浮叶性草本。它姿态优雅，适宜观赏，一片叶子即可开花，养护简单。
观赏类型：观花观叶均可
土壤水分：喜湿
观赏期：5~9月

### 睡莲 *Nymphaea tetragona*

睡莲科睡莲属。多年生水生草本，耐热，夏季开花，花朵小巧精致可爱。
观赏类型：观花
土壤水分：喜湿
观赏期：5~9月

**风铃草** *Campanula portenschlagiana*

桔梗科风铃草属。多年生草本，叶卵形至倒卵形，叶缘圆齿状波形，粗糙。茎生叶小而无柄。总状花序，花冠钟状，5浅裂，基部略膨大，花色有白、蓝、紫及淡桃红等。

观赏类型：观花

土壤水分：排水良好

观赏期：4~6月

**花毛茛** *Ranunculus asiaticus*

毛茛科毛茛属。多年生草本，花色丰富，多为重瓣或半重瓣，花型似牡丹花，但较小，花直径一般为8~10cm；叶似芹菜的叶，故常被称为芹菜花。花单生或数朵顶生，重瓣和半重瓣。

观赏类型：观花

土壤水分：排水良好

观赏期：冬春

**露薇花** *Lewisia cotyledon*

水卷耳科露薇花属。多年生草本，根肉质，基生莲座。叶丛直径10~12cm，叶倒卵状匙形，长7.5cm，全缘或波状。圆锥花序顶生，高约25cm。用于岩石园或盆栽。

观赏类型：观花

土壤水分：排水良好

观赏期：冬春

**丽格海棠** *Begonia × hiemalis*

秋海棠科秋海棠属。多年生草本，茎肉压多汁。单叶互生，心形，叶缘为重锯齿状或缺刻，掌状脉，多为绿色，也有棕色。花形多样，多为重瓣，花色有红等。园艺杂交种。

观赏类型：观花

土壤水分：排水良好

观赏期：冬春

**仙客来** *Cyclamen persicum*

报春花科仙客来属。又称兔子花，多年生草本，叶片由块茎顶部生出，心形、卵形或肾形，叶片有细锯齿，叶面绿色，具有白色或灰色晕斑，叶背绿色或暗红色，叶柄较长。

观赏类型：观花

土壤水分：喜湿润

观赏期：冬春

**蟹爪兰** *Schlumbergera truncata*

仙人掌科仙人指属。喜凉爽、温暖环境，较耐干旱，怕夏季高温炎热，较耐阴。喜疏松、排水透气良好的介质。属短日照植物，可通过控制光照来调节花期。

观赏类型：观花

土壤水分：耐干旱

观赏期：11月至翌年2月

## 一品红　*Euphorbia pulcherrima*

大戟科大戟属。又称圣诞花，常绿灌木。茎直立，含乳汁，叶互生，卵状椭圆形，下部叶为绿色，上部叶苞片状，花序顶生。颜色有红、粉、白、黄等。

观赏类型：观花

土壤水分：湿润

观赏期：冬春

## 红星凤梨　*Guzmania atilla*

凤梨科星花凤梨属。多年生草本。叶长带状，浅绿色，背面微红而光亮。穗状花序高出叶丛，花茎、苞片和基部的数枚的花呈鲜红色。色彩艳丽持久，为花叶兼用之室内盆栽花卉，还可作切花用。

观赏类型：观花

土壤水分：喜高温高湿

观赏期：全年

## 姬凤梨　*Cryptanthus acaulis*

凤梨科姬凤梨属。多年生草本，叶从根茎上密集丛生，每簇有数片叶子，水平伸展呈莲座状，叶片坚硬，边缘呈波状，且具有软刺，叶片呈条带形，先端渐尖，叶背有白色磷状物，叶肉肥厚革质，表面绿褐色。

观赏类型：观叶

土壤水分：喜温暖湿润

观赏期：全年

## 铁兰　*Tillandsia cyanea*

凤梨科铁兰属。多年生草本，原产美国南部和拉丁美洲，附生性常绿植物，呈莲座状，个别的种有分枝，叶片螺旋状排列在枝条上。根部不发达，叶片上密生鳞片或茸毛，植株矮小。

观赏类型：观花

土壤水分：喜温暖湿润

观赏期：全年

## 莺歌凤梨　*Vriesea carinata*

凤梨科丽穗凤梨属。多年生草本，小型种类，莲座状植株。叶片带状，质柔软，绿色中部以上弯垂；穗状花序由叶丛中央抽出，花苞片2列排成扁穗状，外形尤似莺哥鸟的羽毛，十分美丽，小花黄色，开放时伸出花苞片之外。

观赏类型：观花

土壤水分：喜湿润不积水

观赏期：5~10月

## 袋鼠爪　*Anigozanthos spp.*

血皮草科袋鼠爪花属。又名袋鼠花，枝叶丛生状，条状披针形，叶绿，表面光滑。总状花序顶生，有茸毛。自然花期为春夏季，花期长，可连续开花。耐高温，不耐重霜，在温室内虽不加温也可安全越冬。需要较强的光照，耐旱。

观赏类型：观花

土壤水分：喜湿润不积水

观赏期：2~3月

**宝莲灯** *Medinilla magnifica*

野牡丹科酸脚杆属。多年生小灌木，单叶对生，叶片大，卵形至椭圆形，全缘无柄。穗状花序下垂，花外苞片为粉红色，花冠钟形，浆果。常用作年宵高档盆花。

观赏类型：观叶观花

土壤水分：湿润

观赏期：冬春

**君子兰** *Clivia miniata*

石蒜科君子兰属。其植株文雅俊秀，有君子风姿，花如兰而得名。根肉质纤维状，叶基部形成假鳞茎，叶形似剑，长可达45cm，互生排列，全缘。伞形花序顶生花漏斗状，直立，黄或橘黄色。

观赏类型：观叶观花

土壤水分：喜凉爽

观赏期：冬春，全年观叶

**欧石楠** *Erica carnea*

杜鹃花科欧石楠属。常绿灌木，大部分都产自南非。叶子细小，极耐寒，耐贫瘠、喜酸性和疏松、富含腐殖质的土壤。

观赏类型：观花

土壤水分：排水良好

观赏期：冬春

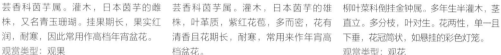

**红玉珠** *Skimmia japonica*

芸香科茵芋属。灌木，日本茵芋的雌株，又名青玉珊瑚。挂果期长，果实红润，耐寒，因此常用作高档年宵盆花。

观赏类型：观果

土壤水分：湿润

观赏期：冬春

**紫玉珊瑚** *Skimmia japonica*

芸香科茵芋属。灌木，日本茵芋的雄株，叶革质，紫红花苞，多而密，花有清香且花期长，耐寒，常用来作年宵高档盆花。

观赏类型：观花观果

土壤水分：湿润

观赏期：冬春

**倒挂金钟** *Fuchsia hybrida*

柳叶菜科倒挂金钟属。多年生半灌木，茎直立。多分枝，叶对生。花两性，单一且下垂，花冠筒状，如悬挂的彩色灯笼。

观赏类型：观花

土壤水分：喜湿润

观赏期：4~12月

## 茉莉花 *Jasminum sambac*

木樨科素馨属。多年生常绿灌木，叶对生，纸质，圆形、椭圆形或倒卵形。盛夏季每天早、晚浇水，如空气干燥，需补充喷水；冬季要控制浇水量，避免烂根或落叶。春季换盆后，要经常摘心整形，盛花期后，要重剪，以利萌发新枝，使植株整齐健壮，开花旺盛。

观赏类型：观花

土壤水分：喜温暖湿润

观赏期：6~9月

## 口红花 *Aeschynanthus pulcher*

苦苣苔科芒毛苣苔属。多年生藤本植物，叶对生，长卵形，全缘，叶面浓绿色，叶背浅绿色。花序多腋生或顶生，花萼筒状，黑紫色被茸毛，花冠筒状，红色至红橙色，从花萼中伸出，蒴果。

观赏类型：观叶

土壤水分：湿润

观赏期：全年

## 白掌 *Spathiphyllum floribundum*

天南星科白鹤芋属。又称一帆风顺，多年生草本，叶长椭圆状披针形，两端渐尖，叶脉明显，叶柄长，有平行脉至箭形而有网脉，全缘或分裂。花莛直立，高出叶丛，佛焰苞直立向上，肉穗花序圆柱状，均白色。

观赏类型：观花

土壤水分：喜湿润

观赏期：全年

## 虎刺梅 *Euphorbia mili*

大戟科大戟属。又称铁海棠，蔓生灌木，茎多分枝，具纵棱，密生硬而尖的锥状刺，刺长1~1.5cm，常呈3~5列排列于棱脊上。叶互生，通常集中于嫩枝上，倒卵形或长圆状匙形，全缘。

观赏类型：观花

土壤水分：喜干

观赏期：3~12月

## 铁皮石斛 *Dendrobium officinale*

兰科石斛属。茎密布铁锈色斑点，新茎及叶片颜色翠绿，花色黄绿新奇，花型精致可爱。

观赏类型：可食用

土壤水分：湿润，排水良好

观赏期：3~6月

## 双喜藤 *Mandevilla sanderi*

夹竹桃科飘香藤属。多年生常绿藤本植物。叶对生，全缘，长卵圆形，先端急尖。革质，叶面有皱褶，叶色浓绿并富有光泽。花腋生花冠漏斗形，花为红色、桃红色、粉红等色。

观赏类型：观花

土壤水分：排水良好

观赏期：夏秋季

**迷迭香** *Rosmarinus oficinalis*

唇形科迷迭香属。常绿灌木，叶簇生，线形，长1~2.5cm，宽1~2mm，是一种不错的香料植物，可食用。

观赏类型：香草植物

土壤水分：排水良好

观赏期：全年

**碰碰香** *Plectranthus hadiensis*

唇形科马刺花属。亚灌木状多年生草本。多分枝，全株被有细密的白色茸毛。肉质叶，交互对生，绿色，卵圆形，边缘有钝锯齿。因触碰后可散发出令人舒适的香气而享有"碰碰香"的美称。

观赏类型：香草植物

土壤水分：排水良好

观赏期：全年

**驱蚊草** *Pelargonium graveolens*

牻牛儿苗科天竺葵属。灌木状多年生草本。茎基部木质，全体有长毛，有香气。叶对生，宽心脏形至近圆形，伞形花序与叶对生。

观赏类型：香草植物

土壤水分：排水良好

观赏期：全年

**肉桂天竺葵** *Geranium cinnamon*

牻牛儿苗科天竺葵属。与罗勒、薄荷、其他风味天竺葵、水果风味鼠尾草和多数茶饮类香草一起搭配使用，用于制作茶饮、蛋糕、冰淇淋、饼干和果酱等。新鲜叶片可以加在沙拉、甜点中或用于烤蛋糕或饼干，还可以添加到肉冻、果酱和饼干中，使其有肉桂香味。

观赏类型：香草植物

土壤水分：排水良好

观赏期：全年

**'浆果奶油'薄荷**

*Mentha 'Berries and Cream'*

唇形科薄荷属。兼具甜莓和薄荷味，碎叶片用于调味汁淋于甜点上，整片叶用温水冲泡可制成清热茶，亦可用叶片制作"浓茶"混合冰镇苏打水即成可口的夏日饮品。可作甜品、沙拉和鸡尾酒的装饰品。

观赏类型：香草植物

土壤水分：喜湿润

观赏期：春夏秋

**'巧克力'薄荷**

*Mentha x piperita 'Chocolate'*

唇形科薄荷属。同时散发着巧克力与薄荷的香甜气息，可佐以其他薄荷类香草食用，可将叶片剁碎拌入酱料或撒在甜点上，也是巧克力布朗尼重要的原料之一。

观赏类型：香草植物

土壤水分：喜湿润

观赏期：春夏秋

盆花

草盆花 球根盆花 ⋮ 其它 ⋮

## 普列薄荷 *Mentha pulegium*

唇形科薄荷属。薄荷脑含量很高，有非常浓烈的薄荷味，可用于泡茶、煮汤、腌渍、驱虫和沐浴，有强心健胃、助消化、解热、发汗、活血化瘀的功效，孕妇和高血压患者勿用。

观赏类型：香草植物
土壤水分：喜湿润
观赏期：春夏秋

## 百里香'杰克' *Thymus 'Jekka'*

唇形科百里香属。富含多种维生素、矿物质和抗氧化剂，可与其他品种百里香、牛至、迷迭香和大蒜等提升鱼类、鸡肉、蔬菜等料理的风味层次，花和枝叶都是优良的料理配菜。耐热经煮，可在烹饪的任何阶段加入，砂锅浓汤中早加，在炒菜、沙拉或做小菜装饰。

观赏类型：香草植物
土壤水分：排水良好
观赏期：春夏秋

## 柠檬香蜂草 *Melissa officinalis*

唇形科蜜蜂花属。叶片散发着浓郁柠檬甜香，能增进食欲，可取代柠檬酸调味，避免柠檬酸与一些蛋白质食物的不良反应。高温烹饪不利于有效成分的持续释放。搭配几片甜叶菊和新鲜薄荷泡制清爽夏日冰镇饮料是其最佳的应用。

观赏类型：香草植物
土壤水分：喜湿润
观赏期：春夏秋

## 凤梨鼠尾草 *Salvia elegans*

唇形科鼠尾草属。风味细腻，散发着凤梨甜香，可拌沙拉、菜品装饰。或取嫩叶切碎，与其他香草一起制作酱料；亦可取小枝，加入沸水，泡上3~4min便成一杯风味独特的茶饮。秋季开花，花朵亦可食用或作为餐饰。

观赏类型：香草植物
土壤水分：喜湿润
观赏期：春夏秋

## 甜罗勒 *Stevia rebaudiana*

唇形科罗勒属。一种很好的厨用一年生香草。可以提升食根类蔬菜、汤品、面食和海鲜的风味，只要在上菜前添加即可，也是番茄、茄子和西葫芦的好搭档。叶片与松仁、大蒜、帕尔玛干酪(或干酪)和橄榄混合制成意大利青酱。多余的叶片可与少量橄榄油混合冷藏，以供冬季使用。

观赏类型：香草植物
土壤水分：喜湿润
观赏期：春夏秋

## 甜叶菊 *Sweet Stevia*

菊科甜叶菊属。叶片含有丰富的含菊糖苷，是一种健康的低热量、高甜度天然甜味剂，可用于甜味茶饮和餐食，由于有效成分是白色粉末状晶体，故鲜叶和干叶甜度一致，可长期保存。是青少年、儿童、三高人群和糖尿病患者对糖味汲取的最佳来源。

观赏类型：香草植物
土壤水分：喜湿润
观赏期：春夏秋

## 猫薄荷 *Nepeta cataria*

唇形科荆芥属。宠物猫喜爱的天然香草之一。它们喜欢在枝叶间打滚，呼吸薄荷芳香。而这些香味会使它们做出摩擦、翻滚、啃咬、舔舐、跳跃等有趣的行为。可晾干叶片，放入宠物玩具里，为猫咪玩具增添趣味。猫薄荷本身还能缓解人们的感冒、反胃、头痛的症状。同时也是夏天驱蚊利器。

观赏类型：香草植物
土壤水分：排水良好
观赏期：春夏秋

## 德国洋甘菊 *Matricaria chamomilla*

菊科母菊属。一年生喜冷凉植物，花似雏菊，可以直接摘取泡制宁神茶，帮助消化。取8~10朵洋甘菊花，加入开水，加盖，静待7~10min即可。也可与其他茶饮香草(如柠檬香蜂草、柠檬、青柠马鞭草、青柠薄荷、胡椒薄荷天竺葵等)进行多种组合。

观赏类型：香草植物
土壤水分：排水良好
观赏期：春夏

## 柠檬香茅 *Cymbopogon citratus*

禾本科香茅属。东南亚菜系的首选香草，含有天然柠檬油可代替添加柠檬酸的香草品种，全株均可食用，可用于制作茶饮、烧烤、汤品等，味道清雅且具有抗氧化成分。推荐地栽，夏季萌发力极强，取新鲜叶片，可鲜食或阴干备用，冬季移入温室或覆盖保温。

观赏类型：香草植物
土壤水分：排水良好
观赏期：春夏秋

## 小木槿 '微草莓' *Anisodontea capensis*

锦葵科南非葵属。灌木类，花色淡粉，花瓣轻盈繁多；花期夏到秋，持续时间久；日常养护需保持6小时以上光照，冬季注意保温；花期需良好的肥水充足条件。

观赏类型：观花
土壤水分：排水良好
观赏期：5~10月

## 石竹 '霹雳' *Dianthus barbatus*

石竹科石竹属。耐热性极高的种间杂交石竹品种，而其花期持久，分枝性极佳，盆栽地栽效果极佳，石竹'霹雳'开花后并不会结籽，所以开花周期要比普通的石竹更持久。

观赏类型：观花
土壤水分：排水良好
观赏期：春、秋两季

## 特丽莎香茶菜 *Rabdosia* 'Mona Lavender'

唇形科香茶菜属。叶卵圆形至披针形，花紫蓝色，芳香植物，可驱蚊；花期6~10月，花量大；冬季注意保温。

观赏类型：观花
土壤水分：排水良好
观赏期：6~10月

# 萌吖吖

Meng Yaya

"萌吖吖"产品为家庭小包装花卉果蔬种子，来自全球一线种源供应商，始终致力于将植物萌芽的过程融入到家庭园艺生活。

## 宿根野花组合

由十多个多年生的景观花卉种子随机组合而成的混合品种，株高30~80cm，该组合最好的表现在第二年，多个品种带来从春到初秋不同的花期，观赏期得以大大延长。用途：庭院、花园。

产地：浙江

播种时间：春、秋

花期/采收期：6~10月

## 夏日花园组合

由十多个非常适应夏季炎热天气的一二年生花卉种子随机组合而成的混合品种，株高50~80cm，在夏季形成丰富的色调，生长期短，2~3个月就可以呈现丰富的景观效果，可在一年中根据需要多次播种以得到连续不断的景观需求。用途：庭院、花园。

产地：浙江

播种时间：3~8月

花期/采收期：6~10月

## 耐寒组合

集中在早春和初夏开花的混合品种，以耐寒性较强的品种为主，株高30~80cm。盛花期在春季，同时包含部分一年生和多年生品种可延长观花期至夏末。花色多较为清爽淡雅，让盎然的春季频添色彩。用途：庭院、花园。

产地：浙江

播种时间：秋

花期/采收期：3~7月

## 藿香'亚利桑那'（混色）
*Agastache rugosa*

唇形科藿香属。多年生草本，植株高度20~25cm，株型紧凑且丰花，叶片散发柠檬或薄荷清香，花期可在夏季。在盆栽及园林绿化中表现优秀。

产地：日本

播种时间：春、秋

花期/采收期：6~8月

## 重瓣蜀葵（混色）
*Alcea rosea*

锦葵科蜀葵属。多年生草本，一年栽植可连年开花。重瓣花，基部分枝好，矮生蜀葵。耐旱、喜肥沃、耐贫瘠。种子发芽需要光照，植株生长阶段喜光，稍耐阴，耐寒性较强。

产地：英国

播种时间：3~5月/8~11月

花期/采收期：6~9月

## 矮生金鱼草（混色）
*Antirrhinum majus*

玄参科金鱼草属。多年生直立成本，生长适温8~20℃，株高15~20cm，花色鲜艳，分枝性好，适合10cm大小的盆栽。

产地：日本

播种时间：9~10月

花期/采收期：3~5月

### 向日葵'无限阳光'
*Helianthus annuus*

菊科向日葵属，一年生草本，株高40~70cm，花朵中等大小，整个夏季持续有花，花枝也可做切花，理想环境下单株可收获近百朵花，抗病性优秀；适合庭院地栽、家庭盆栽。花语：太阳、伟大的父爱。
产地：荷兰
播种时间：春、夏
花期/采收期：6~10月

### 蕾丝花'典雅'（白色）
*Daucus carota*

伞形科野胡萝卜属，多年生草本，株高可达80cm，花型似白色蕾丝小伞，典雅纯洁；适合家庭盆栽、庭院地栽，亦可作切花采摘。
产地：浙江
播种时间：春、秋
花期/采收期：6~9月

### 雏菊'萝莉'（玫红色）
*Bellis perennis*

菊科雏菊属，多年生草本，常作二年生栽培。株高12~15cm，植株喜阳且可耐半阴，花期早，花大，是盆栽的理想选择。
产地：德国
播种时间：秋
花期/采收期：播后12~14周

### 羽衣甘蓝'红鹤'
*Brassica oleracea*

十字花科芸薹属，二年生草本，切花型羽衣甘蓝，瓶插期长。高60~90cm，耐寒。建议地栽或者在10~15cm的盆钵中栽培。
产地：日本
播种时间：秋

### 羽衣甘蓝'名古屋'（混色）
*Brassica oleracea*

十字花科芸薹属，二年生草本，生长适温5~20℃。皱叶型，叶片卷曲，株型整齐，耐寒。无需通过降温来使叶片着色，建议地栽或者在10~15cm的盆钵中栽培。
产地：日本
播种时间：秋

### 蒲包花（混色）
*Calceolaria crenatiflora*

玄参科蒲包花属，一年生栽培，生长适温10~20℃；花型像一个口袋，又称荷包花，花袋厚，大小为3~4cm的花袋避免了灰霉病的入侵。株型紧凑，冠幅约15cm，适合作8~10cm盆栽。
产地：日本
播种时间：3~4月/8~9月
花期/采收期：播后约4个月

## 金盏菊（橘黄色）
*Calendula officinalis*

菊科金盏菊属，一二年生草本，生长适温7~20℃，株高15~20cm，重瓣花、花径7~8cm，株型紧凑低矮，非常适合盆栽种植。

产地：日本
播种时间：3~4月/9~10月
花期/采收期：3~5月

## 金盏菊（高秆混色）
*Calendula officinalis*

菊科金盏菊属，一二年生草本，株高40~70cm。园林用途：庭院、公园、花境、花坛。

产地：浙江
播种时间：秋
花期/采收期：春

## 金盏菊'尼奥'
*Calendula officinalis*

菊科金盏菊属，一二年生草本，生长适温10~25℃，株高约70cm，冠幅45cm；重瓣花、花大、发亮的橙色，非常吸引眼球；播种简单，适合花园、庭院、边界和切花种植。花语：救济。

产地：英国
播种时间：3~5月/9~10月
花期/采收期：5~8月

## 金盏菊'冰火'
*Calendula oficinalis*

菊科金盏菊属，一二年生草本，生长适温10~25℃，株高约45cm，冠幅30cm；花瓣颜色不同寻常，正面浅黄色，背面为迷人深红色，非常特别；播种简单，适合花园、庭院、边界和盆栽种植。

产地：英国
播种时间：3~5月/9~10月
花期/采收期：5~8月

## 翠菊'阳台小姐'（混色）
*Callistephus chinensis*

菊科翠菊属，一二年生草本，株高约15cm，冠幅约15cm，花大重瓣，直径5~8cm，颜色丰富，花型优美，株型娇小，适用于阳台盆栽、组合盆栽。

产地：美国
播种时间：春、夏、秋
花期/采收期：播后2~3月

## 鳞叶菊'海珊瑚'
*Calocephalus brownii*

菊科鳞叶菊属，多年生常绿灌木，株高20~25cm，鳞叶菊外观独特，银色的叶子呈鳞片状，观叶为主，常作独立盆栽，特别适合秋冬季节室外组合和花床，有优秀的露地表现。

产地：德国
播种时间：秋
花期/采收期：春、夏

## 美人蕉'热带'（红色）
*Canna generalis*

美人蕉科美人蕉属，多年生宿根草本，生长适温10~30℃。株高60~75cm，冠幅约45cm，花大，花径7.5~10cm，在全年气温高于16℃的环境可终年生长开花；适合盆栽、地栽，同时适合在浅水塘种植，分枝性佳，耐高温高湿。花语：坚实的未来。

产地：日本

播种时间：4~6月

花期/采收期：播后80~85天

## 长春花'太平洋'（混色）
*Catharanthus roseus*

夹竹桃科长春花属，多年生草本，耐炎热和干燥。株高20~30cm，植株直立生长，基部分枝佳。开花早，花朵大，花径5cm。

产地：美国

播种时间：5~7月

花期/采收期：7~10月

## 迷你鸡冠花'彩烛'（混色）
*Celosia cristata*

苋科青葙属，一年生草本，生长适温15~25℃。超级矮生型，株高8~15cm，花色丰富，花穗紧密，具有漂亮的金字塔形花型，适合在盆钵里密植栽培。

产地：日本

播种时间：春、秋

花期/采收期：播后7~10周

## 矢车菊（高秆混色）
*Centaurea cyanus*

菊科矢车菊属，一年生草本，生长适温15~25℃，株高50~80cm，冬季常绿。用途：庭院、花园、花坛、花境、草地边缘、片植。

产地：浙江

播种时间：春、秋

花期/采收期：4~6月

## 桂竹香'博爱'（混色）
*Cheiranthus cheiri*

十字花科桂竹香属，二年生草本，生长适温15~25℃，株高20~30cm，花香浓郁，适合盆栽和庭院栽植。

产地：日本

播种时间：秋

花期/采收期：4~6月

## 花环菊（混色）
*Chrysanthemum carinatum*

菊科茼蒿属，一二年生草本，生长适温15~25℃，株高40~60cm，花瓣由内向外形成色彩不同的环状，非常独特，花色艳丽且花期长。用途：庭院、花园。

产地：浙江

播种时间：春、秋

花期/采收期：5~8月

## 白晶菊（白色黄芯）
*Chrysanthemum paludosum*

菊科茼蒿属，一二年生草本，生长适温5~22℃，株高20~35cm，花径2~4cm。用途：庭院、花园、花境、盆栽。
产地：浙江
播种时间：春、秋
花期/采收期：3~6月

## 醉蝶花'皇后'（混色）
*Cleome spinosa*

白花菜科醉蝶花属，一年生强壮草本，植株高度80~100cm，掌状复叶，总状花序顶生，花多数，花色丰富，花型奇特，有长长的花丝，适宜布置花坛、花境或在路旁、林缘成片种植。是优良的抗污染花卉。
产地：德国
播种时间：春、夏
花期/采收期：6~9月

## 波斯菊（各类混色）
*Cosmos bipinnata*

菊科秋英属，一年生草本，生长适温20~35℃。各种花型、花色混合而成的组合，具有奇特、花期长等特点。适合盆栽，也适合庭院地栽。花语：珍惜眼前人。
产地：英国
播种时间：3~8月
花期/采收期：6~10月

## 重瓣波斯菊（混色）
*Cosmos bipinnata*

菊科秋英属，一年生草本，生长适温20~35℃。很少见的重瓣波斯菊品种，重瓣及半重瓣花相混合，颜色是玫瑰色，白色和粉色的混合色。适合盆栽，也适合庭院地栽。花语：珍惜眼前人。
产地：英国
播种时间：3~8月
花期/采收期：6~10月

## 波斯菊'花季少女'
*Cosmos bipinnata*

菊科秋英属，一年生草本，生长适温20~35℃。引人注目的粉红色花朵犹如腼腆少女脸红一般，每朵花都有独特的深粉红色花边以及中心有一个独特的双褶边；适合盆栽，也适合庭院地栽。花语：珍惜眼前人。
产地：英国
播种时间：3~8月
花期/采收期：6~10月

## 波斯菊'柯西莫'
*Cosmos bipinnata*

菊科秋英属，一年生草本，生长适温20~35℃。株高约60cm，冠幅40cm；红白相间的花瓣，热烈激情；适合盆栽，也适合庭院地栽。花语：珍惜眼前人。
产地：英国
播种时间：3~8月
花期/采收期：6~10月

### 硫华菊（矮秆混色）
*Cosmos sulphureus*

菊科秋英属，一年生草本，生长适温15~35℃，株高50~60cm。用途：庭院、花园、花境、丛植、片植。

产地：浙江
播种时间：3~8月
花期/采收期：6~10月

### 硫华菊'宇宙'（混色）
*Cosmos sulphureus*

菊科秋英属，一年生草本，生长适温15~35℃，株高30cm，冠幅20~30cm，盆栽品种。大花，多花，分枝性强，播种后8~10周开花，颜色有红色、黄色和橙色。花语：野性美。

产地：德国
播种时间：3~9月
花期/采收期：5~10月

### 鸟尾花'热带'（火焰红色）
*Crossandra infundibuliformis*

爵床科十字爵床属，多年生常绿小灌木，株高约25cm，冠幅20cm，花型奇特，形似鸟尾，花期长，夏秋季连续开花，叶色浓绿有光泽。适合家庭盆栽或园林地栽。

产地：美国
播种时间：春
花期/采收期：6~10月

### 盆栽飞燕草'夏日'（混色）
*Delphinium elatum*

毛茛科飞燕草属，一年生草本。生长适温10℃。株高约30cm的盆栽品种，株型紧凑低矮，分枝性佳，花色吸引人。花期早，耐热性好。植株挺拔，花穗长，色彩鲜艳而丰富，着花繁密，观赏性强。花语：清静、轻盈、正义、自由。

产地：德国
播种时间：春、秋
花期/采收期：播后16~20周

### 须苞石竹（混色）
*Dianthus barbatus*

石竹科石竹属，多年生草本，株高30~40cm。园林用途：庭院、公园、花坛、花境、草地边缘、片植。

产地：浙江
播种时间：秋
花期/采收期：春

### 常夏石竹（粉色）
*Dianthus barbatus*

石竹科石竹属，多年生草本，株高15~30cm。园林用途：庭院、公园、疏林配置、花坛、花境。

产地：浙江
播种时间：秋
花期/采收期：春

## 石竹'地毯'（混色）
*Dianthus chinensis*

石竹科石竹属，"地毯"系列因能构成如漂亮的地毯般的图案而得名。生长适温15~20℃，株高15~20cm，株型紧凑，适合家庭盆栽和花坛造景应用。

产地：日本

播种时间：秋

花期/采收期：春

## 双距花'钻石'珊瑚（玫瑰红色）
*Diascia barberae*

玄参科双距花属，一年生草本，株高25~30cm，冠幅30~35cm，小花花型奇特，有两个花距，故名"双距花"，小花开满植株非常壮观。适合春、秋季花园地栽和盆栽。

产地：美国

播种时间：春、秋

花期/采收期：夏、秋

## 多肉'蓝玉蝶'
*Echeveria peacockii*

景天科拟石莲花属，生育适温18~25℃。夜间可降至15~18C，温度越低，叶色越浓。不耐霜冻。株高30~45cm，蓝灰色肉质叶片，花紫红色。室内观叶植物，也可种于室外岩石花园和景观工程。

产地：德国

播种时间：春、秋

## 紫松果菊（淡紫色）
*Echinacea purpurea*

菊科紫松果菊属，多年生草本，生长适温15~25℃，株高60~100cm，冬季常绿。用途：庭院、花园、花坛、花境、背景栽培、切花。

产地：浙江

播种时间：春、秋

花期/采收期：5~7月

## 蓝蓟（蓝色）
*Echium vulgare*

紫草科蓝蓟属，一年生草本，生长适温15~35℃，株高30~60cm。用途：庭院、花园、花境、野花区。

产地：浙江

播种时间：3~8月

花期/采收期：6~10月

## 花菱草（混色）
*Eschscholzia californica*

罂粟科花菱草属，二年生草本，株高20~40cm。园林用途：庭院、公园、花坛、花境、草地边缘、片植。

产地：浙江

播种时间：秋

花期/采收期：春

## 藻百年'白色牧羊人'
*Exacum affine*

龙胆科藻百年属，一年生草本，又名紫芳草，株高15cm，冠幅20cm，植株小巧可爱，饱满花多，花有淡薄荷香，适宜家庭阳台和桌面摆放。

产地：美国

播种时间：春、秋

花期/采收期：春、秋

## 藻百年'蓝色吟游诗人'
*Exacum affine*

龙胆科藻百年属，一年生草本，又名紫芳草，株高15cm，冠幅20cm，植株小巧可爱，饱满花多，花有淡薄荷香，适宜家庭阳台和桌面摆放。

产地：美国

播种时间：春、秋

花期/采收期：春、秋

## 藻百年'酒庄夫人'
*Exacum affine*

龙胆科藻百年属，一年生草本，又名紫芳草，株高15cm，冠幅20cm，植株小巧可爱，饱满花多，花有淡薄荷香，适宜家庭阳台和桌面摆放。

产地：美国

播种时间：春、秋

花期/采收期：春、秋

## 宿根天人菊（矮秆）
*Gaillardia aristata*

菊科天人菊属，多年生草本，株高30~60cm。园林用途：庭院、公园、花坛、花境、片植、盆栽、切花。

产地：浙江

播种时间：春、秋

花期/采收期：春

## 千日红'侏儒'（混色）
*Gomphrena globosa*

苋科千日红属，一年生，生长适温15~30℃，株高15cm，花径2cm，花色有粉红色、紫红色和白色。

产地：日本

播种时间：春、秋

花期/采收期：9~12周

## 满天星（大花单瓣）
*Gypsophlia muralis*

为石竹科丝石竹属，一二年生草本，生长适温15~30℃，株高40~60cm。用途：庭院、花园、花坛、花境、疏林配置、野花区。

产地：浙江

播种时间：春、秋

花期/采收期：5~8月

## 满天星（粉红色）
*Gypsophila muralis*

石竹科丝石竹属，生长适温10~30℃，容易栽培；植株轻盈，丰花性好，花朵有质感，可爱的紧凑圆润型植株加上持续的花期，使观赏更具亮点；多种用途，用作窗盒、吊篮、容器盆栽、庭院等花材，也可以用作边界植物。花语：纯洁的爱。

产地：日本
播种时间：3~6月/9月
花期/采收期：播后16周

## 食用向日葵（油葵）
*Helianthus annuus*

菊科向日葵属，一年生草本，生长适温18~30℃；可食用，果皮黑色，皮薄，株高80~20cm，花黄色，花盘大，花直径达18~22cm，适合地栽、大容器栽培。

产地：浙江
播种时间：3~8月
花期/采收期：6~10月

## 向日葵'美丽微笑'（迷你盆栽）
*Helianthus annuus*

菊科向日葵属，一年生草本，生长适温18~30℃；花黄色，黑色花盘非常引人注目，且花盘在植株生长过程中始终保持平展。在长日照条件下25~40cm口径大容器栽培，株高40~45cm；在短日照条件下8~10cm口径小容器种植，可生产株高仅为15cm的迷你型盆栽。花语：太阳、伟大的父爱。

产地：日本
播种时间：4~8月
花期/采收期：6~10月

## 向日葵'富阳'（金黄色）
*Helianthus annuus*

菊科向日葵属，一年生草本，生长适温18~30℃；株高60~70cm，花瓣橘黄色，花芯绿色，花盘大，花瓣浓密，观赏期长，目前在切花向日葵市场居领先地位。花语：太阳、伟大的父爱。

产地：日本
播种时间：4~8月
花期/采收期：6~10月

## 百日草'繁花'（渐变樱桃红）
*Zinnia elegans*

菊科百日菊属，一年生草本，株高25~30cm，轻度重瓣，花径9~10cm；易播种，适合家庭盆栽、庭院地栽。

产地：日本
播种时间：春、夏
花期/采收期：6~10月

## 矾根'烈火'
*Heuchera micrantha*

虎耳草科矾根属，多年生耐寒草本，观叶为主。株高约20cm，植株大而丰满，叶片深紫红色，呈卷曲状。适合四季用于阳台或岩石庭院。

产地：美国
播种时间：春、秋
花期/采收期：4~10月

## 矾根 '红宝石'
*Heuchera sanguinea*

虎耳草科矾根属，多年生耐寒草本花卉，生长适温5-20℃，可耐-40℃的低温。株高约40cm。四季用于阳台或岩石庭院，花色独特，花期长，深红色的花杂或岩绿的叶片形成鲜明的对比。

产地：德国
播种时间：春、秋
花期/采收期：4~10月

## 凤仙花（重瓣混色）
*Impatiens balsamina*

凤仙花科凤仙花属，一年生草本，株高40~60cm，花期可保持2个月，花型似蝴蝶，花色丰富，观赏价值优秀，民间常用其花朵染指甲。适应性强，栽培容易。

产地：浙江
播种时间：春、夏
花期/采收期：夏、秋

## 洋凤仙 '雅典娜'（半重瓣橙色闪光）
*Impatiens walleriana*

凤仙花科凤仙花属，株高25~30cm，冠幅35~40cm；花大，半重瓣，花径4cm；适应性强。

产地：英国
播种时间：3~5月
花期/采收期：6~8月

## 地肤 '红叶'
*Kochia scoparia*

藜科地肤属，一年生草本，别名扫帚菜，观叶品种，株高50~80cm，秋季叶片转红，丛植或搭配种植均有良好观赏效果。

产地：浙江
播种时间：春
花期/采收期：夏、秋

## 香豌豆（混色）
*Lathyrus odoratus*

豆科香豌豆属，一二年生蔓性攀缘草本，藤长可达2m。用途：庭院、公园、野花区。

产地：浙江
播种时间：秋
花期/采收期：春

## 薰衣草
*Lavandula angustifolia*

唇形科薰衣草属，多年生耐寒半木质化草本，株高约30cm，花紫青色、叶灰绿色、四季常绿、具丛生性，适合盆栽，也适合庭院地栽。

产地：德国
播种时间：3~5月/9~10月
花期/采收期：春、夏

**西洋滨菊**（白色黄芯）
*Leucanthemum maximum*

菊科滨菊属，多年生草本，株高30~60cm，花径5~8cm。园林用途：花坛、花境、片植、盆栽、切花。
产地：浙江
播种时间：春、秋
花期/采收期：5~8月

**露薇花'爱丽丝'**（混色）
*Lewisia cotyledon*

马齿苋科露薇花属，一年生草本，叶片基生呈莲座状，花色鲜艳，花径3~5cm，株高12~15cm，花期早春至夏季。适用于家庭盆栽观赏或岩石园造景。
产地：德国
播种时间：秋
花期/采收期：春、夏

**柳穿鱼**（高秆混色）
*Linaria vulgaris*

玄参科柳穿鱼属，一二年生草本，株高30~40cm。园林用途：庭院、公园、花坛、花境、草地边缘。
产地：美国
播种时间：秋
花期/采收期：春、夏

**蓝亚麻**
*Linum usitatissimum*

亚麻科亚麻属，多年生草本，株高30~60cm，叶片细小，蓝色的花瓣中带着光泽，摇曳在风中，格外美丽。建议播种量2~3g/m²。花语：优美、朴实。
产地：浙江
播种时间：春、秋
花期/采收期：6~8月

**六倍利'宫殿'**（天蓝色）
*Lobelia erinus*

桔梗科半边莲属，多年生草本，生长适温15~18℃，要求光照充足或半光照环境。花色丰富，生长紧凑，株型适合吊篮摆放，可以装饰出一个独具匠心的花园。花语：同情。
产地：日本
播种时间：3~4月/9月
花期/采收期：播后11~12周

**香雪球'仙境'**（混色）
*Lobularia maritima*

十字花科香雪球属，一二年生草本植物。株高约8cm，生长旺盛，花朵繁多，开花时散发出阵阵幽香，花期较长，日常适合盆花、吊篮种植或用于花境。
产地：德国
播种时间：秋
花期/采收期：4~6月

## 鲁冰花（混色）
*Lupinus polyphyllus*

豆科羽扇豆属，一年生草本，发芽适温25℃左右，株高40~50cm，花色丰富艳丽，总状花序顶生，建议播种量4~5g/m²。其特别的植株型态和丰富的花序颜色，是园林植物造景难得的配置材料，适合用作花境背景及林缘河边丛植、片植，也可家庭阳台盆栽。花语：母爱、奉献。

产地：浙江
播种时间：秋
花期/采收期：5~7月

## 剪秋萝（红色）
*Lychnis fulgens*

石竹科剪秋萝属，多年生草本，株高50~80cm，花径6~10cm。园林用途：庭院、公园、道路、花坛、花境。

产地：浙江
播种时间：春、秋
花期/采收期：5~9月

## 紫罗兰（盆栽混色）
*Matthiola incana*

十字花科紫罗兰属，二年生草本，生长适温5~15℃，花大色艳，花期长，叶色鲜绿，非常适合冷凉季节盆栽及容器栽培。

产地：日本
播种时间：3~4月/9~10月
花期/采收期：5~7月

## 坡地毛冠草
*Melinis nerviglumis*

禾本科糖蜜草属，多年生草本，株高约45cm，花色呈宝石红，花型奇特，整个穗状圆锥花序柔软如绒毛，花有糖蜜香气，叶片入秋后由绿转为深红，为优秀观赏草品种，可用于岩石庭院和花园配置，或作盆栽观赏。

产地：德国
播种时间：春
花期/采收期：6~11月

## 含羞草
*Mimosa pudica*

豆科含羞草属，多年生草本。生长适温为15~25℃。趣味观赏植物，株高35cm左右，为家庭阳台、室内的盆栽花卉，纤细叶子受到外力触碰，叶子立即闭合，对热和光也会产生反应。

产地：浙江
播种时间：春、秋
花期/采收期：7~10月

## 猴面花'极大'（混色）
*Mimulus moschatus 'Maximum'*

透骨草科狗面花属，一二年生草本，大花的猴面花品种，株高25cm，花径6cm，约为普通猴面花的2倍。生命力旺盛，适合10cm盆栽。

产地：英国
播种时间：秋
花期/采收期：春、夏或夏、秋

## 粉黛乱子草
*Muhlenbergia capillaris*

禾本科乱子草属，多年生草本，秋季开花，花穗粉紫色云雾状；株高约90cm，孤植、搭配种植或成片种植均有良好的观赏效果。

产地：德国

播种时间：春、夏

花期/采收期：9~11月

## 勿忘我'挪威森林'（混色）
*Myosotis sylvatica*

紫草科勿忘草属，二年生草本，生长适温为12~15℃。株高20cm，俏丽淡雅的小花像小精灵一般，魅力独特，是理想的盆栽植物。花语：永恒的爱、永不变的心，永远的回忆。

产地：德国

播种时间：秋

花期/采收期：播后24周

## 龙面花'七重天'（混色）
*Nemesia strumosa*

玄参科龙面花属，一年生草本，花型优美雅趣，适用于10~15cm的花盆种植，也可地栽，有良好的花园表现。

产地：英国

播种时间：秋

花期/采收期：春、夏

## 花烟草'阿瓦隆'（红色）
*Nicotiana sanderae*

茄科烟草属，株高约为90cm，多分枝，优良抗病性；花期长，其绽放的数百朵小花可以从5月持续到霜冻；长日照植物。

产地：英国

播种时间：3~8月

花期/采收期：6~11月

## 黑种草（混色）
*Nigella damascena*

毛茛科黑种草属，一年生草本，生长适温15~25℃，株高50~60cm，叶子像茴香，花型特别，花色有淡紫色、紫色、玫瑰和蓝色，非常美丽；播种简单，适合边界、花园和切花种植，花后硕大的果荚晒干后用在冬季室内装饰也是不错的选择。

产地：浙江

播种时间：3~5月/9~10月

花期/采收期：6~8月

## 月见草（中秆、黄色）
*Oenothera biennis*

柳叶菜科月见草属，多年生草本，株高40~60cm，花径8~10cm。园林用途：庭院、公园、边坡、道路、厂区、花境、盆栽。

产地：浙江

播种时间：春、秋

花期/采收期：5~10月

## 美丽月见草（粉色）
Oenothera speciosa

柳叶菜科月见草属，多年生草本，生长适温15~25℃，株高30~60cm，花朵如杯盏状，引来粉蝶翩翩飞舞，甚为美丽。

产地：浙江

播种时间：早春/秋

花期/采收期：5~7月

## 观赏牛至'折纸画'
Origanum vulgare

唇形科牛至属，多年生草本，观叶品种，株高20cm，冠幅35cm，叶片持续转变为玫瑰色，春、夏、秋均可保持良好状态，有独特香气，清新怡人。

产地：美国

播种时间：春

花期/采收期：春、夏、秋

## 二月蓝（蓝紫色）
Orychophragmus violaceus

十字花科诸葛菜属，二年生草本，株高40~60cm。园林用途：庭院、花园、花境、地被植物。

产地：浙江

播种时间：秋

花期/采收期：春

## 南非万寿菊'激情'（混色）
Osteospermum ecklonis

菊科南非万寿菊属，多年生宿根草本花卉，作一二年生栽培，花径5cm，单瓣，花色丰富，分枝多、花朵密、株型矮、耐干旱，非常适合家庭盆栽观赏。花语：甜蜜爱情、健康长寿、珍重。

产地：日本

播种时间：9月至翌年1月

花期/采收期：1~5月

## 冰岛虞美人（混色）
Papaver nudicaule

罂粟科罂粟属，多年生草本，株高30~60cm。园林用途：庭院、公园、花坛、花境、草地边缘、片植。

产地：浙江

播种时间：秋

花期/采收期：春

## 冰岛虞美人'仙境'（混色）
Papaver nudicaule

罂粟科罂粟属，一年生草本。株高25cm，花径10cm，株型矮小，叶片紧凑，花色艳丽，花朵轻盈飞舞。耐寒性和耐风性好。

产地：日本

播种时间：秋

花期/采收期：3~4月

## 五星花'壁画'（玫红色）
*Pentas lanceolata*

茜草科五星花属，一年生栽培，生长适温15~30℃；株高约30cm，株型紧凑，分枝良好；大花，花簇紧密，花量大，色彩靓丽独特，花期长，深受人们喜爱，适合盆栽或花坛花园地栽。花语：满心梦想。

产地：德国

播种时间：3~6月

花期/采收期：7~10月

## 矮牵牛'梦幻'（混色）
*Petunia hybrida*

茄科矮牵牛属，多年生草本，常作二年生栽培，大花、单瓣。生长适温15~25℃，植株矮小，株型整齐，花大，花径9~10cm，阳台盆栽效果好。

产地：美国

播种时间：3~8月

花期/采收期：5~11月

## 矮牵牛'夸张'（白星红色）
*Petunia hybrida*

茄科矮牵牛属，大花、单瓣。生长适温15~25C 种子发芽需要光照，播种后14~15周开花，株高30~35cm，皱边，花径9cm。

产地：荷兰

播种时间：3~8月

花期/采收期：5~11月

## 矮牵牛'海市蜃楼'（混色）
*Petunia hybrida*

茄科矮牵牛属，多年生草本，常作一二年生栽培，多花、单瓣。生长适温15~25℃，适合作垂吊盆栽，花色齐全，适应性强，分枝多。

产地：美国

播种时间：3~8月

花期/采收期：5~11月

## 矮牵牛'美声'（粉红晨光）
*Petunia hybrida*

茄科矮牵牛属，大量的分枝上开满艳丽的花朵，丰富的花色；极强的匍匐性非常适合于吊篮和窗台应用；适应性广泛，整体植株表现紧凑而且分枝优秀非常更适合作吊篮应用。

产地：日本

播种时间：3~8月

花期/采收期：6~10月

## 美国牵牛花'高雅宝贝'
*Pharbitis purpurea*

旋花科番薯属，一年生攀缘花卉，茎长可达2~3m，花期6~9月，果期9~10月；花冠喇叭形，花色丰富，蒴果球形。

产地：日本

播种时间：3~5月

花期/采收期：6~9月

## 盆栽桔梗 '情感蓝'
*Platycodon grandiflorus*

桔梗科桔梗属，多年生草本，生长适温15~30℃；矮生型品种，基部分枝性好，圆润的株型，配上杯状的多花型中蓝色花瓣，非常漂亮，适合盆栽，也是理想的地栽花卉。花语：永恒的爱。

产地：日本

播种时间：秋

花期/采收期：3~6月

## 花葱（紫红色）
*Polemonium foliosissimum*

百合科葱属，多年生草本，生长适温10~25℃，株高15~35cm。园林用途：庭院、花园、花坛、花境、盆栽。

产地：浙江

播种时间：春、秋

花期/采收期：7~8月

## 半支莲（半重瓣混色）
*Portulaca grandiflora*

马齿苋科马齿苋属，一年生草本，生长适温15~35C，株高10~30cm，用途：庭院、花园、花坛、花境。

产地：浙江

播种时间：3~8月

花期/采收期：播种9~11周

## 半支莲 '太阳神'（混色）
*Portulaca grandiflora*

马齿苋科马齿苋属，株高10cm，花径4~5cm，重瓣花，开花早，花期整齐一致，花色艳丽，需要全日照条件。生长适宜温度14~30℃，播种后9~11周开花，花多，耐恶劣气候条件，花期长。

产地：德国

播种时间：3~7月

花期/采收期：9~11周

## 四季樱草 '亲密接触'（混色）
*Primula obconica*

报春花科报春花属，多年生草本花卉，是世界上第一个不含樱草碱的品种，可以触摸它的植株和花朵而不用再担心皮肤过敏。株型圆润饱满，株高20~25cm，冠幅约30cm。花语：一生一世只爱你。

产地：荷兰

播种时间：秋天

花期/采收期：12月至次年5月

## 黄晶菊 '黄色蓬蓬裙'
*Chrysanthemum multicaule*

菊科菊属，二年生草本；株高约35cm，冠幅约20cm，花色明亮，花型小巧可爱；适合家庭盆栽、庭院地栽。

产地：日本

播种时间：春、秋

花期/采收期：2~6月

## 黑心菊
*Rudbeckia hirta*

菊科金光菊属，多年生草本，生长适温15~35℃，株高50~80cm，花径3~7cm。用途：庭院、花园、花坛、花境。

产地：浙江

播种时间：春、秋

花期/采收期：6~9月

## 金光菊'草原阳光'
*Rudbeckia laciniata*

菊科金光菊属，多年生草本，生长适温13~30℃；株高70~80cm，单瓣大花，花金黄色，芯部绿色，抗性强，极耐旱，适合盆栽及花坛花境用花。

产地：美国

播种时间：3~8月

花期/采收期：5~11月

## 日本蓝盆花'玫红屋'
*Scabiosa japonica*

川续断科蓝盆花属，适宜发芽温度18~21℃，发芽天数10~12天。株高15~20cm，株型紧凑，无需生长调节剂，花期持久，可作花境、盆栽等。

产地：德国

播种时间：秋

花期/采收期：播后14~16周

## 多肉种子'卷娟'
*Semperivum arachnoideum*

景天科长生草属，多年生，生长适温15~25℃，株高5cm，叶片肉质多浆，花穗不分枝，生长非常缓慢。耐旱、耐寒，一定条件下可露地越冬，宜作盆花，亦可在花园中使用。

产地：德国

播种时间：春、秋

## 高雪轮（粉红色）
*Silene armeria*

石竹科绳子草属，一年生草本，株高30~50cm。园林用途：庭院、公园、花境、花坛。

产地：浙江

播种时间：秋

花期/采收期：春

## 冬珊瑚
*Solanum pseudocapsicum*

茄科茄属，多年生直立小灌木，观赏园艺品种，株型矮，适合盆栽观赏。株高30~60cm，腋生白色小花，橘红色圆形小浆果，在适合环境下可持续开花结果，为优秀的观果品种。

产地：浙江

播种时间：春

花期/采收期：6~10月

## 彩叶草'航路'（混色）
*Solenostemon scutellarioides*

唇形科鞘蕊花属，多年生草本，生长
适温15~35℃，株高25~30cm，叶片
小，株型紧凑，基部分枝强的矮生品
种，叶色丰富多彩。

产地：日本

播种时间：春、秋

花期/采收期：播后13周

## 黑眼苏珊（黑眼橙色）
*Thunbergia alata*

爵床科山牵牛属，攀缘植物，蔓长可达
1.8-2m，种子为精处理种子，发芽率
高，苗壮且整齐一致；是一个与众不同
的草质藤本花卉品种，开花早，短短六
周就可开花，适于吊篮栽培和阳台、花
园容器栽培。

产地：德国

播种时间：3~8月

花期/采收期：5~10月

## 旱金莲'赤帝'
*Tropaeolum majus*

旱金莲科旱金莲属，多年生，常作一年
生草本栽培，生长适温15~25℃，株高
30cm，半蔓性，最长藤可达2m；大量的
深红色花朵，花喉处又是金黄色，非常漂
亮。适合盆栽、吊篮栽培、廊架攀缘和花
园地栽。

产地：英国

播种时间：3~8月

花期/采收期：6~10月

## 旱金莲'印度女皇'
*Tropaeolum majus*

旱金莲科旱金莲属，多年生，常做一年
生草本栽培，生长适温15~25℃，株高
30cm，旱金莲经典品种，花量大，单
瓣花朵深红色，与暗绿色的叶片对比鲜
明。适合盆栽、吊篮栽培和花园地栽。

产地：英国

播种时间：3~8月

花期/采收期：6~10月

## 旱金莲'火鸟'
*Tropaeolum majus*

旱金莲科旱金莲属，多年生草本，生长
适温15~25℃，理想的吊篮品种，藤长
40cm，密集的花朵垂下来，配上不寻常
的斑驳叶子，能达到小瀑布的效果，非常
夺眼球；适合吊篮盆，窗台花盆种植。

产地：英国

播种时间：3~8月

花期/采收期：6~10月

## 旱金莲'奶油花'
*Topaeolom majus*

旱金莲科旱金莲属，多年生草本，生长适
温15~25℃，蔓性攀缘生长，藤长1m；
奶油花，花瓣中心还有一圈可爱的斑纹，
奇特又漂亮。适合吊篮栽培，廊架攀缘和
花园爬藤栽培。

产地：英国

播种时间：3~8月

花期/采收期：6~10月

**旱金莲 '汤姆'**（混色）
*Tropaeolum majus*

旱金莲科旱金莲属，多年生，常作一年生草本栽培，生长适温15~25℃，株高15~23cm，株型矮小、花色艳丽，适合盆栽和吊篮栽培。

产地：英国
播种时间：3~8月
花期/采收期：6~10月

**柳叶马鞭草 '诀窍'**
*Verbena bonariensis*

马鞭草科马鞭草属，一二年生草本，植物株高约120cm，花序淡紫色，花量茂盛，花期超长，耐热、耐雨，可盆栽种植、搭配组合、丛植或成片种植。

产地：德国
播种时间：春、秋
花期/采收期：春、夏

**美女樱**（混色）
*Verbena hybrida*

马鞭草科美女樱属，一年生植物，半耐旱，生长适温15~25℃，株高20cm，冠幅25cm，花色丰富，花期一致，花园地栽及盆栽表现出众。

产地：英国
播种时间：春、秋
花期/采收期：6~10月

**角堇**（复色）
*Viola cornuta*

堇菜科堇菜属，一年生草本，株高10~30cm。园林用途：庭院、公园、花坛、花境。

产地：美国
播种时间：秋
花期/采收期：2~5月

**三色堇 '水晶'**（混色）
*Viola tricolor*

堇菜科堇菜属，一二年生草本，生长适温12~18℃；颜色丰富，无斑点，开花早，适合盆栽，也适合庭院地栽。

产地：英国
播种时间：3~4月、9~10月
花期/采收期：3~5月

**三色堇**（混色盆栽）
*Viola tricolor*

堇菜科堇菜属，一二年生草本，生长适温为10~13℃。花期早、颜色丰富、株型紧凑且多花，直径4cm的花朵完全覆盖了植株，适合盆栽、成苗生产和容器栽培以及绿化。花语：沉思、快乐。

产地：日本
播种时间：秋
花期/采收期：播后14~15周

### 三色堇'自然'（玫瑰白边）
*Viola tricolor*

堇菜科堇菜属，一二年生草本，生长适温为10~13℃。花期早、颜色丰富、株型紧凑且多花，直径4cm的花朵完全覆盖了植株，适合盆栽、成苗生产和容器栽培。
产地：日本
播种时间：秋
花期/采收期：播后14~15周

### 三色堇（混色垂吊）
*Viola tricolor*

堇菜科堇菜属，一二年生草本，生长适温为10~13℃。瀑布型垂吊效果，花量多，花径5~6cm，株型低矮不易徒长。适合吊篮、窗台容器栽植。
产地：英国
播种时间：秋
花期/采收期：播后14~15周

### 百日草（高秆混色）
*Zinnia elegans*

菊科百日草属，一年生草本，生长适温15~35℃，株高40~120cm。用途：庭院、花园、花坛、花境、切花。
产地：浙江
播种时间：4~8月
花期/采收期：6~10月

### 百日草'丰盛'（单瓣中花混色）
*Zinnia elegans*

菊科百日草属，株高30~35cm，花径5cm，花色亮丽。耐高温、高湿、干旱，抗病性强。
产地：日本
播种时间：4~8月
花期/采收期：6~10月

### 六倍利（淡紫罗兰色）
*Lobelia erinus*

桔梗科半边莲属，多年生草本，株高约15cm，冠幅约20cm，花色清新淡雅，株型紧凑，可吊篮摆放，适合家庭盆栽。
产地：美国
播种时间：春、秋
花期/采收期：播后11~12周

### 美女樱'奶茶'（渐变色）
*Verbena hybrida*

马鞭草科美女樱属，一年生草本，株高20cm，冠幅25cm，花色清新，花期一致，适合家庭盆栽、家庭地栽。
产地：荷兰
播种时间：春、秋
花期/采收期：6~10月

**角堇**（渐变粉色）
*Viola cornuta*

堇菜科堇菜属，一年生草本，株高10~30cm，冠幅15~20cm，连续开花时间长，花色清新怡人，适合家庭盆栽、庭院地栽。
产地：日本
播种时间：秋
花期/采收期：播后10~12周

**角堇 '小蜜蜂'**
*Viola cornuta*

堇菜科堇菜属，一年生草本，株高10~30cm，冠幅15~20cm，连续开花时间长，花色独特，形似小蜜蜂；适合家庭盆栽、庭院地栽。
产地：美国
播种时间：秋
花期/采收期：播后10~12周

**皱边三色堇**（红色树莓）
*Viola tircolor*

堇菜科堇菜属，一年生草本，株高10~30m，冠幅15~20cm，连续开花时间长，花型独特，花色鲜艳，适合盆栽组合、容器栽培和庭院地栽。
产地：美国
播种时间：秋
花期/采收期：播后10~12周

**皱边三色堇**（酒红色）
*Viola tircolor*

堇菜科堇菜属，一年生草本，株高10~30m，冠幅15~20cm，连续开花时间长，花型独特，花色典雅深沉，适合盆栽组合、容器栽培和庭院地栽。
产地：美国
播种时间：秋
花期/采收期：播后10~12周

**三色堇**（古风渐变）
*Viola tricolor*

堇菜科堇菜属，一年生草本，株高10~30m，冠幅15~20cm，连续开花时间长，花型独特，花色复古庄重，适合盆栽组合、容器栽培和庭院地栽。
产地：日本
播种时间：秋
花期/采收期：播后10~12周

**银叶喜林草 '雪原蓝宝石'**
*Nemophila menziesii*

紫草科粉蝶花属，二年生草本，株高约15cm，冠幅约25cm，银叶蓝花，配色清新独特，适合家庭盆栽、庭院地栽。
产地：日本
播种时间：秋
花期/采收期：翌年春

### 羽衣甘蓝'白色晚礼服'
*Brassica oleracea*

十字花科芸薹属，二年生草本，株高60~70cm，冠幅15~20cm，配色清新，株型大气，适合家庭盆栽、切花或地栽。
产地：日本
播种时间：秋
花期/采收期：播后约10周

### 羽衣甘蓝'蕾丝小披肩'
*Brassica oleracea*

十字花科芸薹属，二年生草本，切花型，株高60~70cm，冠幅15~20cm，叶片羽状，形态精致，适于家庭盆栽、切花或地栽。
产地：日本
播种时间：秋
花期/采收期：播后约10周

### 羽衣甘蓝'冬日圆舞曲'
*Brassica oleracea*

十字花科芸薹属，二年生草本，切花型，株高60~70cm，冠幅15~20cm，叶片圆润，形态大气，适于家庭盆栽、切花或地栽。
产地：日本
播种时间：秋
花期/采收期：播后约10周

### 欧洲报春（渐变杏色）
*Primula acaulis*

报春花科报春花属，多年生草本，作一二年生栽培，株高约15cm，冠幅约15cm。花型典雅复古，花色清新，适合家庭盆栽、庭院地栽。花语：一生一世只爱你。
产地：日本
播种时间：秋
花期/采收期：12月至翌年5月

### 欧洲报春（柠檬黄色）
*Primula acaulis*

报春花科报春花属，多年生草本，作一二年生栽培，株高约15cm，冠幅约15cm。花型典雅复古，花色淡雅，适合家庭盆栽、庭院地栽。
产地：日本
播种时间：秋
花期/采收期：12月至翌年5月

### 欧洲报春（花边玫瑰色）
*Primula acaulis*

报春花科报春花属，多年生草本，作一二年生栽培，株高约15cm，冠幅约15cm。花型典雅复古，花色鲜艳，适合家庭盆栽、庭院地栽。
产地：日本
播种时间：秋
花期/采收期：12月至翌年5月

## 金鱼草'黎明'（白色）
*Antirrhinum majus*

车前科金鱼草属，多年生草本，垂吊型，株高15~20cm，冠幅30~40cm，花量丰富，花色清雅，分枝性好，适合家庭盆栽、庭院地栽。

产地：日本
播种时间：秋
花期/采收期：翌年春

## 金鱼草'玫红锦鲤'
*Antirrhinum majus*

车前科金鱼草属，多年生草本，垂吊型，株高15~20cm，冠幅30~40cm，花量丰富，花色艳丽，分枝性好，适合家庭盆栽、庭院地栽。

产地：日本
播种时间：秋
花期/采收期：播后10~12周

## 满天星'典雅'（白色）
*Gypsophila paniculata*

石竹科石头花属，多年生草本，作一二年生栽培，株高约20cm，冠幅约25cm，植株轻盈，丰花性好，花朵有质感；适合家庭盆栽。花语：纯洁的爱。

产地：浙江
播种时间：春、秋
花期/采收期：5~8月

## 毛地黄'胜境'（混色）
*Digitalis purpurea*

车前科毛地黄属，多年生草本，株高约50cm，冠幅约35cm，花色丰富，优秀的立体花材，组合种植或成片种植效果优秀，适合家庭盆栽、庭院地栽。

产地：美国
播种时间：秋
花期/采收期：4~6月

## 大花飞燕草'神秘之水'（混色）
*Consolida ajacis*

毛茛科飞燕草属，多年生草本，株高约90cm，花色丰富，组合种植或成片种植效果优秀，剪取作切花，适合家庭盆栽、庭院地栽。

产地：德国
播种时间：春、秋
花期/采收期：4~6月

## 尤加利'蓝色领主'
*Eucalyptus pulverulenta*

桃金娘科桉属，多年生灌木至小乔木，株型小，株高50~150cm，成型后可作切叶，亦可作家庭绿植，适合家庭盆栽。

产地：德国
播种时间：秋
花期/采收期：播后18周

### 情人果 '蓝色海湾'
*Eryngium planum*

伞形科刺芹属，多年生草本，株高约90cm，花型奇特，花色典雅，可用作切花，适合家庭盆栽、庭院地栽。

产地：德国

播种时间：春、秋

花期/采收期：6~8月

### 情人果 '白色星光'
*Eryngium planum*

伞形科刺芹属，多年生草本，株高约90cm，花型奇特，花色清新，可用作切花，适合家庭盆栽、庭院地栽。

产地：德国

播种时间：早春、秋

花期/采收期：6~8月

### 向日葵 '都市清晨'（重瓣柠檬黄色）
*Helianthus annuus*

菊科向日葵属，一年生草本，株高可达80cm，中度重瓣，柠檬黄色花瓣；适合庭院地栽、家庭盆栽。花语：太阳、伟大的父爱。

产地：德国

播种时间：春、夏

花期/采收期：4~10月

### 向日葵 '都市清晨'（柠檬黄色）
*Helianthus annuus*

菊科向日葵属，一年生草本，株高可达100cm，AGM获奖品种，柠檬黄色花瓣；适合庭院地栽、家庭盆栽。

产地：德国

播种时间：春、夏

花期/采收期：6~10月

### 向日葵 '都市清晨'（大花明黄色）
*Helianthus annuus*

菊科向日葵属，一年生草本，株高可达80cm，大花盘，明黄色花；适合庭院地栽、家庭盆栽。

产地：荷兰

播种时间：春、夏

花期/采收期：6~10月

### 向日葵 '庄园夏日'（酒红色）
*Helianthus annuus*

菊科向日葵属，一年生草本，切花型，株高可达200cm，AGM获奖品种。酒红色花瓣；适合庭院地栽、大容器盆栽。花语：太阳、伟大的父爱。

产地：荷兰

播种时间：春、夏

花期/采收期：7~10月

**向日葵'庄园夏日'**（多花宝石红）
*Helianthus annuus*

菊科向日葵属，一年生草本，切花型株高可达190cm，宝石红色花瓣，自然多花头；适合庭院地栽、大容器盆栽。
产地：荷兰
播种时间：春、夏
花期/采收期：6~10月

**切花向日葵'庄园夏日'**（多花木桃红）
*Helianthus annuus*

一年生草本，切花型株高可达220cm，渐变木桃红色花瓣，自然多花头；适合庭院地栽、大容器盆栽。花语：太阳，伟大的父爱。
产地：荷兰
播种时间：春、夏
花期/采收期：6~10月

**切花向日葵'庄园夏日'**（多花古典红）
*Helianthus annuus*

菊科向日葵属，一年生草本，切花型株高可达200cm，红色带黄梢花瓣，自然多花头；适合庭院地栽、大容器盆栽。
产地：荷兰
播种时间：春、夏
花期/采收期：6~10月

**向日葵'庄园夏日'**（多花红晕）
*Helianthus annuus*

菊科向日葵属，一年生草本，切花型株高可达170cm。AGM获奖品种，红黄复色花瓣，自然多花头；适合庭院地栽、大容器盆栽。
产地：荷兰
播种时间：春、夏
花期/采收期：6~10月

**切花向日葵'庄园夏日'**（多花橘黄色）
*Helianthus annuus*

菊科向日葵属，一年生草本，切花型株高可达180cm，橘黄色花瓣，自然多花头；适合庭院地栽、大容器盆栽。
产地：荷兰
播种时间：春、夏
花期/采收期：6~10月

**向日葵'毛熊'**（橘黄色）
*Helianthus annuus*

菊科向日葵属，一年生草本，切花型株高可达140cm，重度重瓣，橘黄色花瓣；适合庭院地栽、大容器盆栽。
产地：荷兰
播种时间：春、夏
花期/采收期：8~10月

**向日葵'毛熊'**（金黄色）
*Helianthus annuus*

菊科向日葵属，一年生草本，切花型，株高可达180cm，重度重瓣，明黄花瓣；适合庭院地栽、大容器盆栽。
产地：荷兰
播种时间：春、夏
花期/采收期：8~10月

**向日葵'斯托克夫人'**
*Helianthus annuus*

菊科向日葵属，一年生草本，切花型，株高可达140cm，淡黄绿色花瓣；适合庭院地栽、大容器盆栽。
产地：荷兰
播种时间：春、夏
花期/采收期：7~10月

**向日葵'蒙特勒巨人'**
*Helianthus annuus*

菊科向日葵属，一年生草本，超高型，株高可达350cm，明黄色花瓣；适合庭院地栽。
产地：荷兰
播种时间：春、夏
花期/采收期：8~9月

**矮牵牛'轻浪'**（红丝绒）
*Petunia hybrida*

茄科矮牵牛属，多年生草本，常作一二年生栽培，花色丝绸红，植株矮小，株型整齐，花大，花径9~10cm，阳台盆栽效果好，适合家庭盆栽。
产地：美国
播种时间：春、夏
花期/采收期：5~11月

**矮牵牛'至雅'**（柠檬绿色）
*Petunia hybrida*

茄科矮牵牛属，多年生草本，常作一二年生栽培，花色柠檬绿。植株矮小，株型整齐，花大，花径9~10cm，阳台盆栽效果好，适合家庭盆栽。
产地：美国
播种时间：春、夏
花期/采收期：5~11月

**矮牵牛'至雅'**（柠檬双色）
*Petunia hybrida*

茄科矮牵牛属，多年生草本，常作一二年生栽培，花色柠檬绿与红色相间，植株矮小，株型整齐，花大，花径9~10cm，阳台盆栽效果好，适合家庭盆栽。
产地：美国
播种时间：春、夏
花期/采收期：5~11月

**矮牵牛'至雅'**（古色剪影）
*Petunia hybrida*

茄科矮牵牛属，多年生草本，常作一二生栽培，花色柠檬绿至玫红渐变，植株矮小，株型整齐，花大，花径9~10cm，阳台盆栽效果好，适合家庭盆栽。
产地：美国
播种时间：春、夏
花期/采收期：5~11月

**矮牵牛'炫目'**（混色）
*Petunia hybrida*

茄科矮牵牛属，多年生草本，常作一二年生栽培，花色丰富，配色独特，植株矮小，株型整齐，花大，花径9~10cm，阳台盆栽效果好，适合家庭盆栽。
产地：美国
播种时间：春、夏
花期/采收期：5~11月

**百日草'繁花'**（玫瑰星光）
*Zinnia elegans*

菊科百日菊属，一年生草本，株高25~30cm；轻度重瓣，花径9~10cm；易播种，适合家庭盆栽、庭院地栽。
产地：美国
播种时间：春、夏
花期/采收期：6~10月

**百日草'繁花'**（日出）
*Zinnia elegans*

菊科百日菊属，一年生草本，株高25~30cm；轻度重瓣，花径9~10cm；易播种，适合家庭盆栽、庭院地栽。
产地：美国
播种时间：春、夏
花期/采收期：6~10月

**桔梗'深海蓝'**
*Platycodon grandiflorus*

桔梗科桔梗属，多年生草本，株高约15cm，冠幅约20cm；矮生品种，株型圆润，蓝紫色花瓣，清新优雅，适合家庭盆栽、庭院地栽。花语：永恒的爱。
产地：日本
播种时间：春
花期/采收期：7~9月

**桔梗'清晨粉'**
*Platycodon grandiflorus*

桔梗科桔梗属，多年生草本，株高约15cm，冠幅约20cm；矮生品种，株型圆润，浅粉色花瓣，清新优雅，适合家庭盆栽、庭院地栽。
产地：日本
播种时间：春
花期/采收期：7~9月

## 花烟草'阿瓦隆'（青柠绿色）
*Nicotiana sanderae*

茄科烟草属，多年生草本，株高30~50cm，淡绿色花，多分枝，优良抗病性，花期长，其绽放的数百朵小花可以从5月持续到霜冻；适合家庭盆栽、庭院地栽。

产地：英国
播种时间：春、夏
花期/采收期：春、夏、秋

## 花烟草'阿瓦隆'（紫边绿色）
*Nicotiana sanderae*

茄科烟草属，多年生草本，株高30~50cm，淡绿色紫边花，多分枝，优良抗病性，花期长，其绽放的数百朵小花可以从5月持续到霜冻；适合家庭盆栽、庭院地栽。

产地：英国
播种时间：春、夏
花期/采收期：春、夏、秋

## 花烟草'阿瓦隆'（粉红渐变）
*Nicotiana sanderae*

茄科烟草属，多年生草本，株高30~50cm，粉色渐变花，多分枝，优良抗病性，花期长，其绽放的数百朵小花可以从5月持续到霜冻；适合家庭盆栽、庭院地栽。

产地：英国
播种时间：春、夏
花期/采收期：春、夏、秋

## 薰衣草'优雅冰'
*Lavandula angustifolia*

唇形科薰衣草属，多年生半木质化草本，株高约30cm，花浅冰蓝色、四季常绿、具丛生性，适合家庭盆栽、庭院地栽。

产地：美国
播种时间：春、秋
花期/采收期：春、夏

## 薰衣草'优雅雪'
*Lavandula angustifolia*

唇形科薰衣草属，多年生半木质化草本，株高约30cm，花雪白色、四季常绿、具丛生性，适合家庭盆栽、庭院地栽。

产地：美国
播种时间：春、秋
花期/采收期：春、夏

## 球根海棠'永恒摩卡'（浅橙红）
*Begonia tuberhybrida*

秋海棠科秋海棠属，多年生常绿草本，株高约20cm，花浅橙色，咖啡色叶，适合家庭盆栽、庭院地栽。

产地：德国
播种时间：春、秋
花期/采收期：夏、秋

## 球根海棠 '永恒摩卡' （圣光白色）
*Begonia tuberhybrida*

秋海棠科秋海棠属，多年生常绿草本，株高约20cm，花白色，咖啡色叶，适合家庭盆栽、庭院地栽。
产地：德国
播种时间：春、秋
花期/采收期：夏秋季

## 球根海棠 '永恒摩卡' （明黄色）
*Begonia tuberhybrida*

秋海棠科秋海棠属，多年生常绿草本，株高约20cm，花黄色，咖啡色叶，适合家庭盆栽、庭院地栽。
产地：德国
播种时间：春、秋
花期/采收期：夏秋季

## 香彩雀 '热舞' （玫红渐变）
*Angelonia salicarifolia*

车前科香彩雀属，多年生草本，株高约35cm，花玫红色，花量繁多，花序挺拔，适合家庭盆栽、庭院地栽。
产地：美国
播种时间：春、夏
花期/采收期：夏秋季

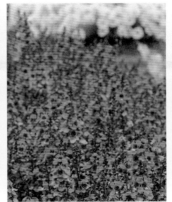

## 香彩雀 '热舞' （天蓝色）
*Angelonia angustifolia*

车前科香彩雀属，多年生草本，株高约35cm，花天蓝色，花量繁多，花序挺拔，适合家庭盆栽、庭院地栽。
产地：美国
播种时间：春、夏
花期/采收期：夏秋季

## 香彩雀 '热舞' （粉色）
*Angelonia angustifolia*

车前科香彩雀属，多年生草本，株高约35cm，花粉色，花量繁多，花序挺拔，适合家庭盆栽、庭院地栽。
产地：美国
播种时间：春、夏
花期/采收期：夏秋季

## 假马齿苋 '仙境' （白色）
*Bacopa monnieri*

车前科假马齿苋属，多年生匍匐草本，株高约15cm，花白色，精致小巧，适合家庭盆栽。
产地：美国
播种时间：春、夏、秋
花期/采收期：5~10月

## 假马齿苋'仙境'（粉色）
*Bacopa monnieri*

车前科假马齿苋属，多年生匍匐草本，株高约15cm，花粉色，精致小巧，适合家庭盆栽。
产地：美国
播种时间：春、夏、秋
花期/采收期：5~10月

## 科西嘉薄荷'萌萌哒'
*Mentha requienii*

唇形科薄荷属，多年生匍匐草本，株高约5cm，全株具有芳香清凉味，可用作铺面植物，适合家庭盆栽、地栽。
产地：美国
播种时间：春、秋
花期/采收期：6~10月

## 鸡冠花'赤壁'
*Celosia argentea*

苋科青葙属，一年草本植物，矮生型，株高约70cm，花色大红，叶色暗红，成片或大容器栽植效果好，适合家庭盆栽。
产地：日本
播种时间：春、秋
花期/采收期：播后7~10周

## 雏菊'偌倍娜'（柔粉色）
*Bellis perennis*

菊科雏菊属，多年生草本，常作二年生栽培。株高12cm，冠幅约20cm，球形重瓣花开花整齐，丰花性好。花语：隐藏在心中的爱。
产地：德国
播种时间：秋
花期/采收期：播后12~14周

## 屈曲花'天使'（白色）
*Iberis amara*

十字花科屈曲花属，又称蜂室花，一二年生草本，株高约40cm，花纯白色，花序优雅，适合家庭盆栽、庭院地栽。
产地：浙江
播种时间：春、秋
花期/采收期：5~6月

## 羽叶茑萝（混色）
*Quamoclit pennata*

旋花科茑萝属，一年生缠绕藤本，花粉白红，适合家庭盆栽、庭院地栽。
产地：浙江
播种时间：春
花期/采收期：夏秋季

**蓝盆花**（深紫色）
*Scabiosa comosa*

川断续科蓝盆花属，多年生草本，切花型株高50cm，花深紫红色，花茎长，可做切花，适合家庭盆栽、庭院地栽。
产地：浙江
播种时间：春、秋
花期/采收期：夏、秋

**长春花'夏日微风'**（混色）
*Catharanthus roseus*

夹竹桃科长春花属，多年生草本株高20~30cm，花色清新，植株直立生长，基部分枝佳，开花早，花朵大，花径5cm，适合家庭盆栽。
产地：浙江
播种时间：春、夏
花期/采收期：7~10月

**美女樱'沙漠宝石'**（混色）
*Verbena hyrida*

马鞭草科马鞭草属，一年生草本，株高20cm，冠幅25cm，花色明艳丰富，花期一致，适合家庭盆栽、家庭地栽。
产地：日本
播种时间：春、秋
花期/采收期：6~10月

**香豌豆'小喜悦'**（混色）
*Lathyrus odoratus*

豆科山黧豆属，一年生草本，藤长可达2m，花色丰富；适合家庭盆栽、庭院地栽。
产地：浙江
播种时间：春、秋
花期/采收期：春

**牵牛花'原野'**（混色）
*Pharbitis purpurea*

旋花科牵牛属，一年生缠绕草本，茎长可达2~3m；花冠喇叭形，花色清新丰富，适合家庭盆栽、庭院地栽。
产地：浙江
播种时间：春、秋
花期/采收期：6~9月

**非洲凤仙'辉煌'**（Baby 混色）
*Impatiens walleriana*

凤仙花科凤仙花属，一年生草本，株高约25cm，花色清新丰富，适合家庭盆栽、庭院地栽。
产地：美国
播种时间：春、夏
花期/采收期：夏、秋

## 非洲凤仙'辉煌' （什锦水果混色）

*Impatiens walleriana*

凤仙花科凤仙花属，一年生草本，株高约25cm，花色明快鲜艳，适合家庭盆栽、庭院地栽。

产地：美国

播种时间：春、夏

花期/采收期：夏、秋

## 兔尾草

*Lagurus ovatus*

禾本科兔尾草属，一年生草本，有自播能力，株高约45cm，花白色短锥状，形似兔尾，极富趣味性，可剪取花枝作切花；适合家庭盆栽、庭院地栽。

产地：英国

播种时间：秋

花期/采收期：夏、秋

## 蕾丝花'薄雾公主'

*Ammi visnaga*

伞形科阿米芹属，草本，株高约80cm，花蕾丝状伞形，花色纯净。适合家庭盆栽、庭院地栽，亦可作切花采摘。

产地：荷兰

播种时间：春、秋

花期/采收期：6~9月

## 百日草'繁花' （渐变樱桃红）

*Zinnia elegans*

菊科百日菊属，一年生草本，株高25-30cm，轻度重瓣，花径9-10cm；易播种，适合家庭盆栽、庭院地栽。

产地：荷兰

播种时间：春、夏

花期/采收期：6~10月

## 蜀葵'春庆'　　*Alcea rosea*

锦葵科蜀葵属，多年生草本，一年栽植可连年开花，生长适温15~25℃。重瓣至半重瓣花，基部分枝性好，矮生，在适宜的条件下可持续开花3个月。耐旱、喜肥沃、耐贫瘠。

| 颜色 | 产地 | 播种时间 | 花期/采收期 |
| --- | --- | --- | --- |
| 混色 | 日本 | 3~6月 | 6~10月 |
| 深红玫瑰色 | 日本 | 3~6月 | 6~10月 |

蜀葵'春庆'（混色）　　蜀葵'春庆'（深红玫瑰色）

## 雏菊'塔苏'　　*Bellis perennis*

菊科雏菊属，多年生草本，常作二年生栽培。株高12cm，花径4cm，乒乓球形管状重瓣花，开花整齐，丰花。喜冷凉、湿润，较耐寒，在3~4℃可露地越冬，要求富含腐殖质、肥沃、排水良好的沙质壤土。

| 颜色 | 产地 | 播种时间 | 花期/采收期 |
| --- | --- | --- | --- |
| 霜红色 | 德国 | 12月到翌年5月 | 6~10月 |
| 混色 | 德国 | 播后20周 | 6~10月 |

雏菊'塔苏'（霜红色）　　雏菊'塔苏'（混色）

## 风铃草　　*Campanula medium*

桔梗科风铃草属，桔梗科风铃草属，多年生草本，生长适温15~35℃，开出来的花是极具吸引力的柔和的粉红色，株型矮化，株高30cm，适合盆栽，花园表现也很优秀。

| 颜色 | 产地 | 播种时间 | 花期/采收期 |
| --- | --- | --- | --- |
| 粉红色 | 英国 | 3~6月、9~10月 | 5~8月 |
| 混色 | 英国 | 春秋 | 5~8月 |

风铃草（粉红色）　　风铃草（混色）

## 大花波斯菊'奏鸣曲'
### *Cosmos bipinnata*

菊科秋英属，一年生草本，花大，花径7~10cm。生长快，分枝性好，地栽50~60cm。夏季开花，不耐霜冻，忌酷暑潮湿。

| 颜色 | 产地 | 播种时间 | 花期/采收期 |
| --- | --- | --- | --- |
| 混色 | 美国 | 3~6月 | 6~9月 |
| 粉红色 | 美国 | 4~8月 | 6~10月 |

大花波斯菊'奏鸣曲'（混色）　　大花波斯菊'奏鸣曲'（粉红色）

## 管状波斯菊　　*Cosmos bipinnata*

菊科秋英属，一年生草花，生长适温20~35℃，各种各样颜色的管状花瓣，类似蕨类的叶子，非常有趣，适合盆栽，也适合庭院地栽。

| 颜色 | 产地 | 播种时间 | 花期/采收期 |
| --- | --- | --- | --- |
| 混色 | 英国 | 3~8月 | 6~10月 |
| 红色 | 英国 | 3~8月 | 6~10月 |

管状波斯菊（混色）　　管状波斯菊'（红色）

## 波斯菊（矮秆） *Cosmos bipinnata*

菊科秋英属，一年生草本，生长适温
15~35℃，株高30~50cm。用途：庭院、
花园、花坛、花境、草地边缘、片植。

| 颜色 | 产地 | 播种时间 | 花期/采收期 |
|---|---|---|---|
| 混色 | 浙江 | 3~8月 | 6~10月 |
| 粉红色 | 浙江 | 3~8月 | 6~10月 |

## 勋章菊'热吻'（火焰纹）

*Gazania rigens*

菊科勋章菊属，一年生草本，在热带可以
作多年生植物，生长适温15~30℃；株高
25~30cm，冠幅25~30cm，大花，花径
可达11cm，花色独特，花茎强健，株型
紧凑饱满，是极佳的盆栽品种。

| 颜色 | 产地 | 播种时间 | 花期/采收期 |
|---|---|---|---|
| 黄色 | 荷兰 | 3~6月 | 7~10月 |
| 白色 | 荷兰 | 3~6月 | 7~10月 |

## 大丽花 *Dahlia hybrida*

菊科大丽菊属，一年生栽培，适温
10~25℃；株高30~35cm，冠幅
25~30cm，花径约7cm，100%半重瓣和
完全重瓣；首选的盆栽大丽花品种。

| 颜色 | 产地 | 播种时间 | 花期/采收期 |
|---|---|---|---|
| 混色 | 美国 | 3~4月、18~9月 | 播后12~14周 |
| 紫罗兰色 | 美国 | 3~4月、18~9月 | 播后12~14周 |
| 黄色 | 美国 | 3~4月、18~9月 | 播后12~14周 |
| 红色 | 美国 | 3~4月、18~9月 | 播后12~14周 |

波斯菊（矮秆）(混色)

波斯菊（矮秆）(粉红色)

勋章菊'热吻'火焰纹(黄色)

勋章菊'热吻'火焰纹(白色)

大丽花(混色)

大丽花(黄色)

大丽花(红色)

天竺葵地平线(苹果花色)

天竺葵地平线(深鲑肉色)

天竺葵地平线(白色)

天竺葵地平线(淡紫色)

天竺葵地平线(混色)

## 天竺葵地平线

*Pelargonium hortorum*

牻牛儿苗科天竺葵属，多年生草本花卉，生长适温15~25℃；株高30~40cm，冠幅约30cm，花径10~12cm，开花早，花期长，叶片带有环形条纹，植株360°分枝，盆栽品种。

| 颜色 | 产地 | 播种时间 | 花期/采收期 |
|---|---|---|---|
| 苹果花色 | | | |
| 深鲑肉色 | | | |
| 淡紫色 | 英国 | 3~4月 8~9月 | 播后12~13周 |
| 混色 | | | |
| 玫瑰彩虹色 | | | |
| 红色 | | | |
| 白色 | | | |

天竺葵地平线(玫瑰彩虹色)

天竺葵地平线(红色)

## 角堇'珍品'  *Viola cornuta*

堇菜科堇菜属，一年生草本，生长适温5~25℃。株高10~30cm，花径2.5~4cm，耐寒耐热，育苗期短，连续开花期长，适合盆栽组合和园林绿化。

| 颜色 | 产地 | 播种时间 | 花期/采收期 |
|---|---|---|---|
| 火焰 | 日本 | 秋 | 播后10~11周 |
| 浅蓝渐变 | | | |

角堇'珍品'(火焰)

角堇'珍品'(浅蓝渐变)

## 百日草'梦境'  *Zinnia elegans*

菊科百日草属，一年生草本，耐旱，开花早，播种后7周开花；株高25~30cm，重瓣花，花径9~10cm；易播种，抗病性好，极适合做盆花。

| 颜色 | 产地 | 播种时间 | 花期/采收期 |
|---|---|---|---|
| 红色 | 日本 | 4~8月 | 6~10月 |
| 混色 | | | |

百日草'梦境'(红色)

百日草'梦境'(混色)

## 重瓣矮牵牛'双瀑布'

*Petunia hybrida*

茄科矮牵牛属，生长适温15~25℃，种子发芽需光照；大花重瓣，花径10~13cm；株型非常紧凑，开花期提前2~4周。

| 颜色 | 产地 | 播种时间 | 花期/采收期 |
|------|------|----------|-------------|
| 混色 | 美国 | 3~8月 | 6~10月 |
| 粉红色 | | | |
| 酒红色 | | | |
| 蓝色 | | | |

重瓣矮牵牛'双瀑布'（蓝色）

重瓣矮牵牛'双瀑布'（混色）

重瓣矮牵牛'双瀑布'（粉红色）

重瓣矮牵牛'双瀑布'（酒红色）

满天星'吉普赛'（深玫红色）

满天星'吉普赛'（白色）

满天星'吉普赛'（粉色）

## 满天星'吉普赛'

*Gypsophila paniculata*

石竹科石头花属，多年生草本，作一二年生栽培，株高约20cm，冠幅约25cm，植株轻盈，丰花性好，花朵有质感；适合家庭盆栽。

| 名称 | 产地 | 播种时间 | 花期/采收期 |
|------|------|----------|-------------|
| 白色 | 日本 | 春、秋播 | 6~10月 |
| 粉色 | | | |
| 深玫红色 | | | |

长春花'刺青'（车厘子）

长春花'刺青'（木瓜）

## 长春花'刺青' *Catharanthus roseus*

夹竹桃科长春花属，多年生草本，株高20~30cm，花色独特，植株直立生长，基部分枝佳，开花早，花朵大，花径5cm，适合家庭盆栽。

| 名称 | 产地 | 播种时间 | 花期/采收期 |
|------|------|----------|-------------|
| 车厘子 | 美国 | 春、夏播 | 7~10月 |
| 木瓜 | | | |
| 树莓 | | | |
| 柑橘 | | | |

长春花'刺青'（树莓）

长春花'刺青'（柑橘）

大花马齿苋(混色)

大花马齿苋(薄荷粉色)

大花马齿苋(柠檬黄色)

大花马齿苋(深红色)

**大花马齿苋**　*Portulaca grandiflora*

马齿苋科马齿苋属，一年生，生长
适温20~35℃，株高25cm，冠幅
25~30cm；重瓣花，花大色艳，花色
有红色、黄色、薄荷色。

| 颜色 | 产地 | 播种时间 | 花期/采收期 |
|---|---|---|---|
| 混色 | 美国 | 5~8月 | 7~10月 |
| 薄荷粉色 | | | |
| 柠檬黄色 | | | |
| 深红色 | | | |

**拇指西瓜**

*Melothria scabra*

葫芦科番马㼱儿属，一年生藤本，藤长
约2m，果实可食用，口感类似黄瓜；适
合家庭盆栽、庭院地栽。
产地：浙江
播种时间：春、夏、秋
花期/采收期：播后75~90天

**彩色甜椒**

*Capsicum annuum var. grossum*

茄科辣椒属，一年生草本，株高约
70cm，果实长20~25cm，非常甜美、
皮薄的果实，适合直接食用；适合家庭
盆栽、庭院地栽。
产地：浙江
播种时间：春、秋
花期/采收期：7~10月

**观赏小葫芦**

*Lagenaria siceraria*

葫芦科葫芦属，一年生草本，植株蔓生，
生长势强，瓜形小巧，成熟果实可做各种
造型手工艺，适合家庭盆栽、庭院地栽。
产地：浙江
播种时间：春、秋
花期/采收期：播后120~130天

### 鸭蛋茄子
*Solanum texanum*

茄科茄属，一年生草本，成熟果实白色
鸭蛋型，可食用，挂果期长，可作观
赏，适合家庭盆栽、庭院地栽植。
产地：浙江
播种时间：春、秋
花期/采收期：播后85~90天

### 黄秋葵
*Abelmoschus esculentus*

锦葵科秋葵属，果实棱角清晰，果形整
齐，浓绿色，从低节位开始着果，连续
着果性强，产果率高，果长8cm，果径
1.7cm，大棚及露地均可栽培。
产地：浙江
播种时间：3~8月
花期/采收期：播后65~70天

### 红秋葵
*Abelmoschus esculentus*

锦葵科秋葵属，一年生栽培，生长适温
15~35℃，茎为红色，蒴果长形，先端
尖，横断面五角形，荚长6~12cm，横
茎1.5~2cm时采收嫩荚。
产地：浙江
播种时间：春、秋
花期/采收期：播后65~70天

### 红皮洋葱
*Allium cepa*

百合科葱属，二年生草本，生长适温
10~20℃，葱头外表紫红色，鳞片肉
质稍带红色，扁球形或圆球形，直径
8~10cm。食用洋葱有抗衰老、预防骨质
疏松作用，是适合中老年人的保健食物。
产地：浙江
播种时间：9~10月
花期/采收期：5~6月

### 四季小香葱
*Allium fistulosum*

百合科葱属，多年生，生长适温
15~35℃，株高45~55cm，管状，叶绿色
长约40cm，四季常青。适合家庭盆栽、
地栽。
产地：浙江
播种时间：春、秋
花期/采收期：播后40~50天

### 苋菜
*Amaranthus tricolor*

苋科苋属，耐热、较耐寒、生长快、叶大
圆形、色呈中间红边青色，茎秆肉质、纤
维少、不易老。
产地：浙江
播种时间：春、秋
花期/采收期：播后30~45天

## 南瓜'万圣节'
*Cucurbita moschata*

葫芦科南瓜属，一年生草本，果形美观，外皮与内瓤橙黄色，内含淀粉，口感极佳，适合家庭盆栽，庭院地栽。

产地：浙江
播种时间：春、秋
花期/采收期：80~90天

## 南瓜（小果型混色）
*Cucurbita moschata*

葫芦科南瓜属，一年生草本，果形美观，果实小巧可爱，含淀粉，口感极佳，适合家庭盆栽、庭院地栽。

产地：浙江
播种时间：春、秋
花期/采收期：7~10月

## 南瓜（奇奇怪怪混色）
*Cucurbita moschata*

葫芦科南瓜属，一年生草本，果形美观，果实形态奇异，富含淀粉，口感极佳，适合家庭盆栽、庭院地栽。

产地：浙江
播种时间：春、秋
花期/采收期：7~10月

## 飞碟南瓜
*Cucurbita moschata*

葫芦科南瓜属，一年生草本，果形美观，果实呈飞碟状，富含淀粉，口感极佳，适合家庭盆栽、庭院地栽。

产地：浙江
播种时间：春、秋
花期/采收期：7~10月

## 清香莴笋
*Lactuca sativa*

菊科莴苣属，一年生草本，茎叶均可食用，茎部鲜嫩清香。可多种方式烹饪食用；适合家庭盆栽、庭院地栽。

产地：浙江
播种时间：四季可播
花期/采收期：播后2个月

## 苦瓜
*Momordica charantia*

葫芦科苦瓜属，一年生藤本，瓜肉味苦微甜，清香鲜嫩，可作多种方式烹饪食用；适合家庭盆栽，庭院地栽。

产地：浙江
播种时间：春、夏、秋
花期/采收期：80~90天

## 番茄'金丝雀'
*Lycopersicon esculentum*

茄科番茄属，一年生草本，株高18cm，小果型，自然矮生，果实黄色，味道清甜；适合家庭盆栽。

产地：日本

播种时间：春、夏

花期/采收期：7~10月

## 马蹄番茄
*Lycopersicon esculentum*

茄科番茄属，一年生草本，中晚熟，无限生长；口感优异，甜度高，产量相对较低，单果可达350g；适合家庭盆栽、庭院地栽。

产地：浙江

播种时间：春、秋

花期/采收期：播后约100天

## 千禧樱桃番茄
*Lycopersicon esculentum*

茄科番茄属，一年生草本，中早熟，无限生长；果桃红色，椭圆形，重约20g，糖度达9.6%，风味特佳，不易裂果，每穗结14~31个果；适合家庭盆栽、庭院地栽。

产地：浙江

播种时间：春、秋

花期/采收期：播后约90天

## 番茄'黑珍珠'
*Lycopersicon esculentum*

茄科番茄属，一年生草本，中早熟，无限生长；成熟果呈紫色，后期带有条纹，单果重25~30g，每穗可着生8~10个果，外观美丽，口味沙甜；适合家庭盆栽、庭院地栽。

产地：浙江

播种时间：春、秋

花期/采收期：播后约90天

## 印度魔鬼椒
*Capsicum annuum*

茄科辣椒属，一年生草本，株高约60cm。果实灯笼型，辣度高，嫩果绿色，熟果深红色，果长约6cm，宽约4cm；适合家庭盆栽、庭院地栽。

产地：浙江

播种时间：春

花期/采收期：6~9月

## 泡椒小米辣椒
*Capsicum annuum*

茄科辣椒属，一年生草本，株高约90cm，果实细羊角型，辣度高，果浅绿色，果长约7cm，横茎约1cm，适合家庭盆栽、庭院地栽。

产地：浙江

播种时间：春

花期/采收期：6~9月

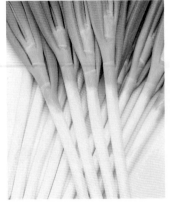

## 章丘大葱
*Allium fistulosum*

百合科葱属，多年生草本，常作一年生栽培，株高120~150cm，茎4~5cm，适合家庭盆栽、地栽。
产地：浙江
播种时间：春、秋
花期/采收期：播后50~70天

## 娃娃菜
*Brassica rapa var.glabra*

十字花科芸薹属，二年生草本，外叶绿色，内叶金黄，高约21cm，茎约8.5cm，口感鲜嫩，早春需于13℃以上栽培，避免抽薹；适合家庭盆栽、庭院地栽。
产地：浙江
播种时间：四季可播
花期/采收期：播后30天

## 荠菜
*Capsella bursa-pastoris*

十字花科荠属，一二年生草本，叶羽状至披针状，叶可食用，清香鲜嫩；适合家庭盆栽、庭院地栽。
产地：日本
播种时间：春、夏、秋
花期/采收期：播后35天

## 四季小青菜
*Brassica rapa var. chinensis*

十字花科芸薹属，一二年生草本，叶绿色，高约20cm，叶柄肥嫩；适合家庭盆栽、庭院地栽。
产地：浙江
播种时间：四季可播
花期/采收期：播后30天

## 苦苣菜
*Sonchus oleraceus*

菊科莴苣属，一二年生草本，细叶，外叶绿色，心叶黄色，单株重450~500g，略有苦味，营养丰富；适合家庭盆栽、庭院地栽。
产地：浙江
播种时间：春、夏、秋
花期/采收期：播后45天

## 冰菜
*Mesembryanthemum crystallinum*

番杏科日中花属，一年生草本，叶长约15cm，叶表有晶状透明细胞，口感咸香鲜嫩，外侧摘叶可多次采收，可生食或炒食，营养丰富；适合家庭盆栽、庭院地栽。
产地：浙江
播种时间：春、夏、秋
花期/采收期：播后45天

### 红油香椿
*Toona sinensis*

楝科香椿属，落叶乔木，取食嫩叶，亦可水培作芽苗菜食用，有独特香气，营养丰富；适合家庭盆栽、庭院地栽。
产地：浙江
播种时间：春、秋
花期/采收期：初春取嫩叶

### 麦草猫草
*Triticum aestivum*

禾本科小麦属，多年生草本，作一年生栽培，取食嫩叶，亦可水培作芽苗菜食用，剪取嫩叶可榨取麦草汁，亦可作猫草等喂食宠物；适合家庭盆栽、庭院地栽。
产地：浙江
播种时间：春、夏、秋
花期/采收期：播后10天取嫩叶

### 四季小香芹
*Apium graveolens*

伞形科芹属，一年生栽培，生长适温10~25℃，株高30~50cm，叶色浓绿，叶柄青绿色，细长纤秀，叶柄质地脆嫩，纤维少，抗病。
产地：浙江
播种时间：春、秋
花期/采收期：播后约50天

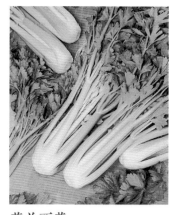

### 荷兰西芹
*Apium graveolens*

伞形科芹属，一年生栽培，生长适温18~28℃，株高70cm。叶绿，叶柄嫩黄绿，基部宽厚，纤维少，香味浓。
产地：浙江
播种时间：春、秋
花期/采收期：播后4~5个月

### 芦笋'玛莎·华盛顿'
*Asparagus officinalis*

百合科天门冬属，多年生，年年采收，生长适温15~30C，株高150cm，冠幅45cm；芦笋是世界十大名菜之一，有"蔬菜之王"的美称，富含多种氨基酸、蛋白质和维生素。
产地：英国
播种时间：春、秋
花期/采收期：栽后第二年及以后

### 木耳菜
*Basella alba*

落葵科落葵属，一年生栽培，生长适温20~30℃，以幼苗、嫩梢或嫩叶供食，质地柔嫩软滑，营养价值高，有清热、解毒功效。
产地：浙江
播种时间：4~9月
花期/采收期：播后约60天

## 迷你小冬瓜
*Benincasa hispida*

葫芦科冬瓜属，早熟，耐热，较耐寒。嫩瓜皮嫩绿色，有少量的梅花斑点，瓜圆筒形，平肩，嫩瓜长25~28cm，横径6~8cm，嫩瓜重0.8~1.0kg，果肉绿色，致密，味清甜，品质佳。老熟瓜翠绿色，果面着生刺毛，无蜡粉，单瓜重2~3kg。

产地：浙江
播种时间：3~6月
花期/采收期：7~10月

## 红甜菜根
*Beta vulgaris*

藜科甜菜属，一年生栽培，生长适温15~30℃，深红色的球形块状根，大小均匀，表皮光滑，肉质鲜红，富含叶酸和钾，有独特香味。

产地：浙江
播种时间：春、秋
花期/采收期：播种后约105天

## 美佳菜
*Brassica chinensis*

十字花科芸薹属，一年生栽培，生长适温15~30℃，叶柄淡绿色，叶片鲜浓绿色，品质好。

产地：浙江
播种时间：四季皆可
花期/采收期：播后30天

## 紫叶青菜
*Brassica chinensis*

十字花科芸薹属，一年生草本，生长适温10~37℃，株高20~30cm，比小青菜、大白菜更好吃，保健蔬菜，富含多种维生素、花青素、膳食纤维。

产地：浙江
播种时间：四季皆可
花期/采收期：播后30~40天

## 鸡毛菜
*Brassica chinensis*

十字花科芸薹属，一年生栽培，生长适温15~30℃，株高15~20cm，叶绿色，叶面平滑，全绿，肥厚，质嫩，纤维少。

产地：浙江
播种时间：春、秋
花期/采收期：播后40天左右

## 芥菜
*Brassica juncea*

十字花科芥属，一年生栽培，生长适温15~25℃，是中国著名的特产蔬菜，具有凉血止血、利尿除湿的功效。

产地：浙江
播种时间：春、夏、秋
花期/采收期：播后约40天

## 西兰花
*Bessica oleracea*

十字花科芸薹属，一年生栽培，生长适温15~25℃，花球高圆形，球色深绿，单球重400g以上，抗病性强。富含叶黄素和玉米黄质，长期食用可以预防白内障。

产地：浙江

播种时间：6~7月

花期/采收期：定植后60~70天

## 球甘蓝
*Brassica oleracea*

十字花科芸薹属，长势强，整齐度高；外叶较直立紧凑，定植后60天可以收获的中早熟品种。单球重1.6~2.0kg，高扁圆球形，球色翠绿有光泽，结球紧实。高温下结球性好。可以密植。耐病，耐热。较耐裂球，在圃性较长。

产地：浙江

播种时间：3~6月/9月

花期/采收期：定植后60天

## 超红紫甘蓝
*Brassica oleracea*

十字花科芸薹属，一年生，生长适温15~25℃，富含维生素，铁和钾特别高，且热量低。早熟，圆球形，叶球紫红色，色彩鲜艳，结球极其紧实，单球重1.5kg左右。本品种结球后耐寒，耐裂球，存圃时间长，极耐搬运，定植后65天左右可收获。

产地：浙江

播种时间：3~6月/9月

花期/采收期：定植后65天

## 白花菜
*Bassica oleracea*

十字花科芸薹属，一年生栽培，生长适温15~30℃，花球高圆形，洁白紧实，单球重1.2~1.5kg，整齐美观，商品性好，抗病性强。

产地：浙江

播种时间：春、秋

花期/采收期：播后70~80天

## 大白菜
*Brassica pekinensis*

十字花科芸薹属，一年生栽培，生长适温15~30℃，大小白菜兼用，作小白菜栽培，一般20天就可以采收。做大白菜栽培，生长期50~55天，单球净重1.5kg左右。

产地：英国

播种时间：春、秋

花期/采收期：播后20~50天

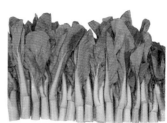

## 菜心
*Brassica rapa*

十字花科芸薹属，早熟，播种至初收约30天，延续采收10天。耐热，耐湿，抗逆性强。4~10月直播，苗期遮阳网覆盖防热防雨，适宜栽培温度22~35℃。

产地：浙江

播种时间：4~10月

花期/采收期：播后约30天

## 刀豆
*Canavalia gladiata*

豆科刀豆属，一年生栽培，生长适温15~35℃，荚长12~14cm，横径0.9~1.0cm，单荚重7.6~8.2g，平均单株结荚24~36个。

产地：浙江

播种时间：3~9月

花期/采收期：播后50天

## 观赏辣椒'火焰'
*Capsicum annuum*

茄科辣椒属，株高30cm，冠幅60cm，成熟期90~95天。半垂吊性，果实成熟时颜色由白色到紫色再到火红色。晒干或者鲜食都是不错的选择。

产地：英国

播种时间：4~7月

花期/采收期：7~10月

## 观赏辣椒'乐可'
*Capsicum annuum*

茄科辣椒属，株高45cm，冠幅60cm，成熟期82~85天。植株紧凑，结实量足，果实从紫色成熟为亮红色。

产地：英国

播种时间：4~7月

花期/采收期：7~10月

## 牛角椒
*Capsicum annuum*

茄科辣椒属，早熟，抗病，连续坐果力强，果实膨大速度快，挂果集中，果色浅绿，果长20~25cm，单果重180~220g。

产地：浙江

播种时间：3~6月

花期/采收期：播后约75天

## 红椒（超辣）
*Capsicum annuum*

茄科辣椒属，一年生栽培，生长适温15~35℃；果实细羊角型、味超辣，嫩果深绿色，熟果深红色，色彩艳丽，果型光滑有光泽，抗病性强，挂果率高，采收期长，一般果长约22cm、横茎1.3~1.5cm。

产地：浙江

播种时间：3~6月

花期/采收期：6~9月

## 朝天椒'天祺'
*Capsicum annuum*

茄科辣椒属，中熟簇生朝天椒，长势强，分枝力强，抗病好，果实辣味重，生长整齐一致，利于集中采收，果长5~6cm，一般每簇结果6~8个。

产地：浙江

播种时间：4~5月

花期/采收期：播后约75天

## 茼蒿（光秆）

*Chrysanthemum coronarium*

菊科茼蒿属，一年生栽培，生长适温
10~30℃，株高20~25cm，叶小、深裂，
叶色浅绿油亮，耐寒、耐抽薹，抗病。

产地：浙江

播种时间：春、秋

花期/采收期：播后28~35天

## 西瓜（红肉）

*Citrullus lanatus*

葫芦科西瓜属，极早熟，坐果后30天左右可
收获。果实椭圆形，果长17~22cm，果径
12~14cm；果重2kg左右。果形整齐，不容易变
形或发生空洞果。果肉浓桃红色，果皮极薄，
可食度高。果肉纤维质少，糖度12~13，甜至皮
际。肉质既细嫩又有一定的紧实度。

产地：浙江

播种时间：3~8月

花期/采收期：播后80~90天

## 西瓜（黄肉）

*Citrullus lanatus*

葫芦科西瓜属，极早熟，坐果后30天左右
可收获。果实椭圆形，单果重2kg左右。
不容易变形或发生空洞果。果肉黄色，果
皮极薄，可食度高。果肉纤维质少，糖度
12~13，甜至皮际。肉质爽脆，鲜甜。

产地：浙江

播种时间：3~8月

花期/采收期：播后80~90天

## 香菜

*Coriandrum sativum*

伞形科芫荽属，一年生栽培，生长适
温10~30℃，株高20~28cm，开展度
15~20cm，叶绿、叶圆、边缘浅没，纤
维少、香味浓。

产地：浙江

播种时间：四季皆可

花期/采收期：播后28~32天

## 甜瓜'情网'

*Cucumis melo*

葫芦科黄瓜属，果重约1.5kg，高球形，
果皮浓灰绿色，上覆整齐，突出明显的细
网纹。极耐白粉病。雌花型成稳定，坐果
性优良，裂果、变形少，优品率高，成熟
期为坐果后50~55天。果肉糖度高，肉质
好，收获后贮藏性极好。

产地：浙江

播种时间：3~8月

花期/采收期：播后90~95天

## 黄瓜

*Cucumis sativus*

葫芦科黄瓜属，一年生栽培，生长适温
15~30℃，蔓性，长势强，瓜长5cm，
粗3.2~3.5cm，表皮深绿，肉质脆，单
瓜重200g。

产地：浙江

播种时间：春、夏、秋

花期/采收期：播后75~90天

## 水果黄瓜
*Cucumis sativus*

葫芦科黄瓜属，迷你型黄瓜，雌性型，耐低温、弱光及高温，抗霜霉病，高抗白粉病，瓜长15~18cm，果重120g左右，持续结瓜能力强。耐热，每节1~2条瓜，无刺，味甜，生长势强，为丰产型水果黄瓜。

产地：浙江
播种时间：春、夏、秋
花期/采收期：播后75~90天

## 红皮南瓜
*Cucurbita moschata*

葫芦科南瓜属，最新育成的强粉红皮南瓜品种。果形美观，皮色鲜红，抗病性好，单果重1.5kg左右。肉色橙黄，富含淀粉，口感极佳，商品率高。

产地：浙江
播种时间：3~6月/9月
花期/采收期：播后90~95天

## 蜜本南瓜
*Cucurbita moschata*

葫芦科南瓜属，精品南瓜，植株匍匐生长，分枝多，蔓粗节间长，瓜条棒槌形，头小尾大：瓜长30~40cm，表皮格黄色，肉厚味甜，口感好，品质极佳，定植后80~90天可收获，抗病性强，适应性强。

产地：浙江
播种时间：春、秋
花期/采收期：播后95~100天

## 西葫芦 '胜寒'
*Cucurbita pepo*

葫芦科南瓜属，中早熟，节间短，耐寒性强，深冬带瓜性好，瓜长22~24cm，粗6cm，圆柱形，皮色浅绿，光泽亮丽。

产地：浙江
播种时间：春、秋
花期/采收期：播后85~90天

## 胡萝卜
*Daucus carota*

伞形科胡萝卜属，一年生栽培，生长适温15~30℃，全生育期100天左右，圆柱形，长18~24cm，直径4~4.5cm，重200~230g。

产地：浙江
播种时间：春、秋
花期/采收期：播后100天

## 迷你胡萝卜
*Daucus carota*

伞形科胡萝卜属，生长适温15~30℃，早熟，肉质口感好，圆柱形，不同寻常的黄色表皮，光滑有活力，含有丰富的维生素A和抗氧化成分。

产地：浙江
播种时间：春、秋
花期/采收期：播后85~90天

## 紫胡萝卜
*Daucus carota*

伞形科胡萝卜属，一年生栽培，生长适温15~30℃，生育期约110天，外层紫色，内层黄色。
产地：浙江
播种时间：春、秋
花期/采收期：播后110天

## 小叶芝麻菜
*Eruca sativa*

十字花科芝麻菜属，一年生栽培，生长适温15~30℃，植株丛生，叶片羽状、茎叶柔嫩，具有芝麻香油味，以鲜嫩茎叶为食，可凉拌和调味佐餐。
产地：浙江
播种时间：春、秋
花期/采收期：播后50~60天

## 小茴香
*Foeniculum vulgare*

伞形科茴香属，多年生草本，作一二年生栽培，生长适宜温度15~20℃，茴香菜含有丰富的维生素B1、B2、C、胡萝卜素以及纤维素，可以刺激肠胃的神经血管，具有健胃理气的功效，是搭配肉食的绝佳蔬菜。
产地：浙江
播种时间：春、秋
花期/采收期：播后85~95天

## 草莓'米格'
*Fragaria x ananassa*

蔷薇科草莓属，多年生，生长适温15~28℃，株高15~20cm，冠幅40cm，成熟期86~90天。果实小，以其芬芳和良好的口感而闻名。坐果率高，类似野生草莓。
产地：英国
播种时间：春、秋
花期/采收期：播后3个月

## 草莓'诱惑'
*Fragaria x ananassa*

蔷薇科草莓属，株高30cm，冠幅40cm，成熟期86天。坐果率稳定的，能够在生长季节里长出稳定数量的红亮草莓。果实小，心形，红色，重约15g。适合盆栽种植，富含维生素C。
产地：英国
播种时间：春、秋
花期/采收期：播后3个月

## 空心菜
*Ipomoea aquatica*

旋花科番薯属，喜高温多湿环境，水分与阳光充足，藤蔓纤维少，食用口感佳。具清热凉血，利尿除湿功效。
产地：浙江
播种时间：4~10月
花期/采收期：播后35~45天

## 无斑甜油麦
*Lactuca sativa*

菊科莴苣属，叶片披针形，端尖，较直立，叶片中等，基部有微皱，纤维极少，香味特浓。本品种具有早熟、抗热、抗病、生长速度快等优点。

产地：浙江
播种时间：春、秋
花期/采收期：播后约60天

## 结球生菜
*Lactuca sativa*

菊科莴苣属，一年生栽培，生长适温15~35℃，球型整齐，单球重600g，结球紧实漂亮，叶型中等，耐热性、耐病性强。

产地：浙江
播种时间：春、秋
花期/采收期：播后60天

## 意大利生菜
*Lactuca sativa*

菊科莴苣属，一年生栽培，生长适温15~35℃，以脆嫩的叶供食，营养丰富。

产地：浙江
播种时间：四季皆可
花期/采收期：播后40天左右

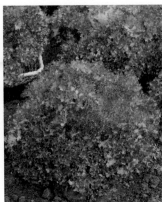

## 生菜'罗莎绿'
*Lactuca sativa*

菊科莴苣属，一年生栽培，生长适温15~35℃，叶缘波浪状，嫩绿色，较嫩，叶质软，口感油滑，味鲜。

产地：浙江
播种时间：春、秋
花期/采收期：播后约40天

## 紫叶生菜
*Lactuca sativa*

菊科莴苣属，一年生栽培，生长适温15~35℃，叶缘波浪状，紫红色，较嫩，叶质软，口感油滑，味鲜。

产地：浙江
播种时间：春、秋
花期/采收期：播后约45天

## 奶油生菜
*Lactuca sativa*

菊科莴苣属，一年生栽培，生长适温15~30℃，非常容易种植，叶片大且肥厚，叶质柔软，食用品质非常好。

产地：日本
播种时间：春、秋
花期/采收期：播后约50~55天

## 咖啡奶油生菜
*Lactuca sativa*

菊科莴苣属，一年生栽培，生长适温15~30℃，国外引进的叶菜新品种，外叶较圆，叶面稍皱、紫淡绿色之间，半包合状，味脆品质极佳。

产地：浙江

播种时间：春、秋

花期/采收期：播后50~55天

## 生菜‘首领’（混色）
*Lactuca sativa*

菊科莴苣属，一年生栽培，生长适温15~35℃，各式俱全的颜色、形状、大小及口感，富含维生素A、维生素C。通过持续而有效的播种，整个夏季都能享受丰收的美味。

产地：英国

播种时间：春、秋

花期/采收期：播后40~50天

## 沙拉菜养心菜
*Lactuca sativa*

菊科莴苣属，一年生栽培，生长适温10~37℃，适宜全国各地栽培；花叶、叶色紫红亮丽，株型美观，叶片无纤维、可生食、凉拌、炒食，风味特佳；富含多种维生素、花青素、微量元素、膳食纤维，有益健康，有降火、降血脂、增强免疫力之功效。

产地：浙江

播种时间：春、夏、秋

花期/采收期：播后40~45天

## 早生丝瓜
*Luffa cylindrica*

葫芦科丝瓜属，早熟，以主蔓结瓜为主，第六节着生第一花序，瓜长25~30cm，横径3.5~5cm，果皮绿色，耐高温、抗旱特强，最佳适温20~38℃。

产地：浙江

播种时间：3~4月/6~8月

花期/采收期：7~8月/10~11月

## 绿果小番茄
*Lycopersicon esculentum*

茄科番茄属，一年生，生长适温15~35℃，中早熟，无限生长；成熟果由绿转略带黄，故俗名"贼不偷"，硬果型、果重最大可达40g，脆嫩可口风味甜。

产地：浙江

播种时间：春、秋

花期/采收期：播后约90天

## 迷你番茄‘红鸟’
*Lycopersicon esculentum*

茄科番茄属，一年生，生长适温15~35℃，本品种为矮生盆栽番茄，株高18cm，果实红色，大小约3cm，味道甜美。

产地：日本

播种时间：4~7月

花期/采收期：7~10月

## 橙色小番茄
*Lycopersicon esculentum*

茄科番茄属，一年生，生长适温15~35℃，中早熟，无限生长，橙色圆果，皮薄、味道十分甜美。
产地：浙江
播种时间：春、秋
花期/采收期：播后60天

## 紫黑水果番茄
*Lycopersicon esculentum*

茄科番茄属，一年生栽培，生长适温15~30℃，蔓性，无限生长，圆形果，果重12~15g，可成串采收，果色深褐色至黑色，茄红素含量高，有浓郁的水果香味。
产地：英国
播种时间：春、秋
花期/采收期：播后约90天

## 红果小番茄
*Lycopersicon esculentum*

茄科番茄属，一年生栽培，生长适温15~35℃，蔓性，无限生长，果实椭圆形，果色鲜红亮丽，单果重15~18g，肉质脆甜，耐贮运。
产地：浙江
播种时间：春、秋
花期/采收期：播后约90天

## 樱桃番茄'园丁宝贝'
*Lycopersicon esculentum*

茄科番茄属，一年生，生长适温15~35℃，蔓长可达2m，冠幅50cm，味道甜美，非常适合配合沙拉和三明治一起食用，可室内阳台或露天花园种植。
产地：英国
播种时间：春、秋
花期/采收期：播后75~90天

## 黄果小番茄'艾迪'
*Lycopersicon esculentum*

茄科番茄属，一年生，生长适温15~35℃，中早熟；迷你、甜黄、梨形的樱桃番茄品种。
产地：英国
播种时间：春、秋
花期/采收期：播后约90天

## 粉果大番茄
*Lycopersicon esculentum*

茄科番茄属，一年生，生长适温15~35℃，早熟，无限生长类型；成熟果粉红色，品质佳，宜生食，色泽鲜亮。
产地：浙江
播种时间：春、秋
花期/采收期：播后75~90天

### 红果小番茄'贝佳斯'

*Lycopersicon esculentum*

茄科番茄属，一年生，生长适温15~35℃；中早熟，无限生长类型，果实大小和形状就像一个个鹌鹑蛋，味道有一种特有的韵味，犹如葡萄汁般；该品种还非常适合晒干做番茄干来食用。

产地：英国

播种时间：春、秋

花期/采收期：播后约90天

### 红果大番茄

*Lycopersicon esculentum*

茄科番茄属，一年生，生长适温15~35℃，中早熟，无限生长类型，果红色，单果重250g左右，果脐小，果肉厚。

产地：浙江

播种时间：春、秋

花期/采收期：播后75~90天

### 薄荷

*Mentha haplocalyx*

唇形科薄荷属，多年生芳香草本植物，耐寒，喜全日照；株高30cm，植株生长很快，冠幅可达100cm，最好种植在容器中以控制其蔓延。

产地：浙江

播种时间：春、秋

花期/采收期：6~8月

### 豆瓣菜

*Nasturtium officinale*

十字花科豆瓣菜属，多年生水生草本植物，生长适温15~25℃，冠幅10~15cm，又称西洋菜、水田芥，比较流行的野菜品种之一。

产地：浙江

播种时间：春、秋

花期/采收期：播后40~45天

### 甜罗勒

*Ocimum basilicum*

唇形科罗勒属，一年生芳香草本植物，生长适温15~30℃，株高40~45cm，冠幅40cm；一种新颖的绿叶甜罗勒品种，叶型大、植株整齐浓密。适合种在窗台、阳台盆栽中。

产地：英国

播种时间：3~6月/9~10月

花期/采收期：5~11月

### 丁香罗勒

*Ocimum basilicum*

唇形科罗勒属，一年生栽培，生长适温15~30℃，株高20~30cm，香味超浓，是作沙拉的理想选择，亦可用作炒菜或意大利面。可以种在窗台、阳台，花园地栽。

产地：英国

播种时间：春、秋

花期/采收期：6~11月

## 香草牛至
*Origanum vulgare*

唇形科牛至属，多年生芳香草本植物，株高及冠幅40~45cm；芳香植物中常用的地中海美食，具有清热解表、理气化湿、利尿消肿之功效，可预防流感；适合种在窗台、阳台盆栽中。

产地：英国

播种时间：3~6月/9月

花期/采收期：7~9月

## 紫苏
*Perilla frutescens*

唇形科紫苏属，一年生草本植物，生长适温15~35℃，株高20~30cm，其叶、梗、果均可入药，嫩叶可生食、做汤，茎叶可腌渍。

产地：浙江

播种时间：春、秋

花期/采收期：播后约70天

## 荷兰豆
*Pisum sativum*

豆科豌豆属，一年生，不耐热。生长适温10~20℃，性喜冷凉长日照，不耐热。藤长1.8m，分枝1~2根，白花，第六至八节低节位始结荚，荚长11cm左右，荚宽2.1cm左右，每荚粒数8~9粒，荚颜色浓绿。

产地：浙江

播种时间：3~4月/8~9月

花期/采收期：5~6月

## 猫薄荷
*Nepeta cataria*

唇形科荆芥属，多年生草本，株高40~70cm，全株含芳香物质，有一定的驱蚊虫效果，宠物猫对其芳香物质有不同程度的喜爱，适合家庭盆栽、庭院地栽。

产地：浙江

播种时间：春、秋

花期/采收期：6~10月

## 樱桃萝卜 '小红宝'
*Raphanus sativus*

十字花科萝卜属，一年生栽培，生长适温15~30℃，全生育期36天，根色深红，脆嫩爽口。

产地：浙江

播种时间：春、秋

花期/采收期：播后约35天

## 红心萝卜
*Raphanus sativus*

十字花科萝卜属，一年生栽培，生长适温15~30℃，果大，直径10cm，白皮，果肉红色，非常香甜，且维生素C含量极高，水果萝卜的上佳之选。

产地：英国

播种时间：春、秋

花期/采收期：8~11月

## 大白萝卜
*Raphanus sativus*

十字花科萝卜属，甜美、可口，易于储存。根长32~37cm，茎6~7cm，根重800~1000g。根部白色、整齐，长圆筒形，商品性好。

产地：浙江
播种时间：春
花期/采收期：播后约60天

## 绿茄子
*Solanum melongena*

茄科茄属，果长棒型，顺直有光泽，鲜绿色，果长28~35cm，横径5~7cm，肉质细嫩，坐果集中，早熟，耐寒耐热，长势强，抗病性好，单果重350~450g，亩产5000~6000kg，适宜室内及露地栽培。

产地：浙江
播种时间：3~6月
花期/采收期：80~85天

## 茄子'黑塔'
*Solanum melongena*

茄科茄属，早熟，整枝、摘叶、收获容易，节间短、分枝强，果实长卵圆形，果长15~20cm，果200g左右，果实浓紫黑色，丰产，耐储运性好。

产地：日本
播种时间：3~6月
花期/采收期：播后80~85天

## 黑圆茄子
*Solanum melongena*

茄科茄属，一年生栽培，生长适温15~35℃，单果重1.5~2kg，果实圆形，黑紫色，油亮，肉厚，籽少籽小。

产地：浙江
播种时间：春、秋
花期/采收期：播后85~90天

## 紫红长茄
*Solanum melongena*

茄科茄属，一年生栽培，生长适温15~35℃，果型顺直，果长38~45cm、果径3~4cm，果色深紫色，果端稍尖，口感极佳。

产地：浙江
播种时间：春、秋
花期/采收期：播后80~85天

## 大叶菠菜
*Spinacia oleracea*

藜科菠菜属，一年生，生长适温15~25℃，菠菜富含丰富维生素C、铁、钙等矿物质，含有大量叶黄素，对于预防白内障有很大帮助。

产地：浙江
播种时间：3~6月/9~10月
花期/采收期：播后40~50天

生菜沙拉碗(红绿混色)

## 生菜沙拉碗 *Lactuca sativa*

菊科莴苣属，一年生栽培，生长适温
15~35℃，叶片从幼嫩到成熟皆可食用，
根据需要可采摘单叶或整个采摘，一般当
叶片长到10cm时可收获，叶片会继续生长
出来，生长迅速，一般可以持续收获3次。

| 颜色 | 产地 | 播种时间 | 花期/采收期 |
|------|------|----------|-------------|
| 红绿混色 | | | |
| 绿色 | 英国 | 春、夏、秋 | 播后约45天 |
| 红色 | | | |

生菜沙拉碗(红色)

生菜沙拉碗(绿色)

## 高羊茅
*Festuca elata*

禾本科羊茅属，冷季型草坪草，丛生型，分蘖能力强，须根发达，入土深。颜色深绿，叶片细腻，低矮。适应性广，极耐磨耐践踏，耐粗放管理，适合家庭休闲区等经常踩踏区域用。春秋状态最好，夏季高温休眠但不夏枯，是长江流域唯一能保持四季常绿的草坪草种。

产地：美国

播种时间：3~5月/9~11月

花期/采收期：播后约50天

## 黑麦草
*Lolium perenne*

禾本科黑麦草属，冷季型草坪草，丛生直立生长，叶片质地细腻柔软，出苗快，建坪速度快。较耐践踏，适合过渡带地区。春季返青快，出苗快，春秋季常绿，夏冬季枯黄。北方常和高羊茅混播，南方和狗牙根混播，建植永久性草坪。

产地：美国

播种时间：3~5月/19~11月

花期/采收期：播后约40天

# 狗牙根

*Cynodon dactylon*

禾本科狗牙根属，暖季型草坪草，俗称百慕大，具根状茎和匍匐枝，草坪低矮。耐践踏，耐低修剪，常用于运动场建植，抗性强，耐粗放管理。春季返青慢，在晚春、夏季、早秋一直常绿，之后温度降低到6~9℃几乎不生长。当温度降到-3~-2℃时地上部分全部枯死，只待来年温度回升返青。常与黑麦草混播，提前返青，延长常绿期。

产地：美国

播种时间：4~8月

花期/采收期：播后约60天